DAS LEADERSHIP BUCH

DAS LEADERSHIP BUCH

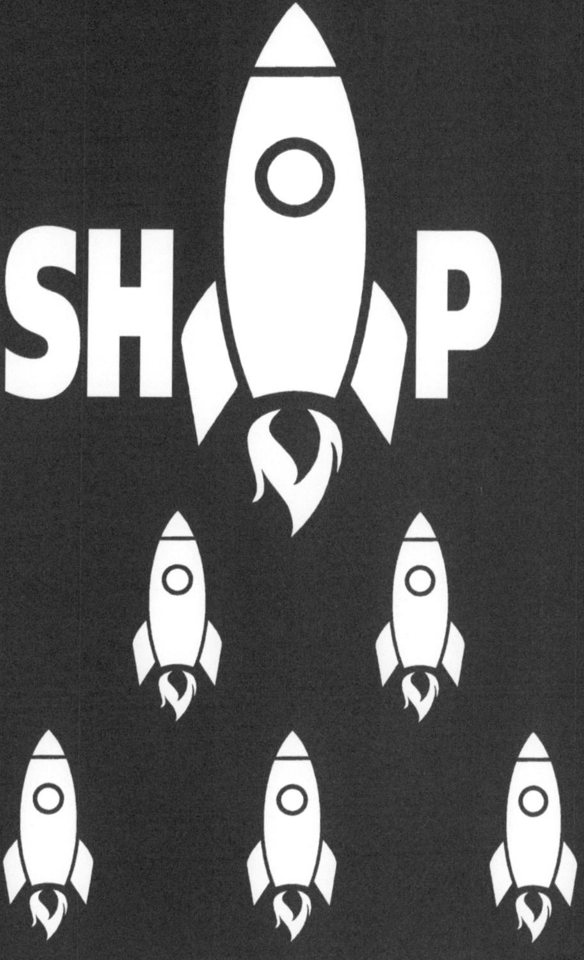

GRUNDLAGEN UND TOOLS,
MIT DENEN GANZHEITLICHE FÜHRUNG
IM ALLTAG ERFOLGREICH GELINGT

DANIEL SEELHOFER

Bibliografische Information der deutschen Nationalbibliothek

Die Deutsche Nationalbibliothek verzeichnet diese Publikation in der Deutschen Nationalbibliografie; detaillierte bibliografische Daten sind im Internet über http://dnb.dnb.de abrufbar.

ISBN 978-3-86894-377-1 (Buch)
ISBN 978-3-86326-875-6 (E-Book)

Programmleitung: Martin Milbradt (mmilbradt@pearson.de)
Lekorat und Korrektorat: Dipl.-Ök. Christina A. Sieger, Essen
Coverillustration: shutterstock.de
Herstellung: Claudia Bäurle, cbaeurle@pearson.de
Satz und Layout: Gerhard Alfes, mediaService, Siegen (www.mediaservice.tv)

Inhaltsverzeichnis

Vorwort

Sehr geehrte Leserin, sehr geehrter Leser,

herzlichen Dank für den Kauf dieses Buches. Damit liegt die Vermutung nahe, dass Sie sich für Führung interessieren. Und nicht nur Sie: Die Eingabe des Begriffs „Führung“ in Google ergibt mehr als 73 Millionen Treffer, der englische Begriff „Leadership“ sogar über 3 Milliarden. Führung hat nachweislich einen starken Einfluss auf eine Organisation: Regelmäßig erzielen gute Führungskräfte auch mit unerfahrenen Teams hervorragende Leistungen, während schlechte Führungskräfte auch die erfahrensten und motiviertesten Mitarbeitenden demoralisieren können. Menschen verlassen Führungskräfte, nicht Organisationen, wie es so schön heißt.

Erfolgreiche Führung setzt sowohl soziale wie auch administrative Fähigkeiten voraus. Manche Experten unterscheiden diesbezüglich zwischen Leadership und Management. Ohne administrative Fähigkeiten führen jedoch auch der charismatischste Auftritt und die beste Vision nicht langfristig zum Erfolg. Umgekehrt müssen erfolgreiche Manager nicht nur planen und organisieren, sondern auch ihre Teammitglieder nachhaltig motivieren können. Daher wird in diesem Buch der englische Begriff „Leadership“ in seiner ursprünglichen Bedeutung umfassender mit ganzheitlicher Führung gleichgesetzt.

Fast wie das Wetter ist Führung ein Dauerthema in allen möglichen Gesprächsrunden. Es stellt sich nur die Frage: Was ist denn eigentlich gute Führung? Unter anderem darauf versucht dieses Buch eine Antwort zu geben. Sie finden darin eine Menge zuverlässiger, dem aktuellen Stand der Forschung entsprechender Informationen zum Thema, ergänzt durch interessante Hintergrundinformationen und eine große Zahl praktischer Tipps und Tools. Struktur und Inhalte sind zusätzlich stark durch meine eigene Führungserfahrung geprägt, die mittlerweile fast 30 Jahre in Organisationen ganz unterschiedlicher Größe und Prägung umfasst. In dieser Zeit durfte ich Teams und Einheiten bis zu rund 2.000 Menschen führen. Darüber hinaus spiegelt sich im Inhalt des Buches auch der intensive Austausch mit Tausenden von Führungskräften wider, die ich im Laufe der vergangenen 15 Jahre im Rahmen meiner Beratungs-, Projekt- und Dozententätigkeit über die ganze Welt verstreut getroffen habe. Was sie alle – vielleicht auch mit Ihnen? – gemeinsam hatten, war ein ewiger Mangel an Zeit. Und obwohl es bereits sehr viele Führungsratgeber gibt, haben sie mich überzeugt, dass trotzdem Bedarf für eine leicht verständliche, anwendungsorientierte und vor allem ganzheitliche Einführung in wichtige Konzepte der Führung besteht. Zusammen mit meinen eigenen Erfahrungen haben diese Interaktionen mein Bild von Führung nachhaltig beeinflusst und sind in das Gesamtbild eingeflossen, das Sie in den Händen halten.

Dieses Buch soll Sie bei Ihrer täglichen Führungsarbeit unterstützen, nicht mehr und nicht weniger. Es ist keineswegs eine komplette Abhandlung von ganz und gar allem, was es über Führung zu wissen gibt. Auch beantwortet es wohl nicht jede Frage, die Sie zu diesem Thema haben könnten. Aber es bietet Ihnen einen strukturierten, raschen Einstieg in erfolgsrelevante Themen, über die Sie als Führungskraft Bescheid wissen müssen. Ich hoffe, Sie ziehen einen Nutzen daraus.

Daniel Seelhofer
Zürich, im Juli 2019

Über den Autor

Prof. Dr. Daniel Seelhofer ist Rektor der OST – Ostschweizer Fachhochschule und Generalstabsoffizier im Range eines Obersten der Schweizer Armee. Seine Lehr- und Forschungsinteressen fokussieren auf Strategie und Führung, insbesondere im interkulturellen Umfeld. Mehr als ein Vierteljahrhundert Führungserfahrung im öffentlichen Sektor und in der Privatwirtschaft fließen in seine Lehr- und Forschungstätigkeit ein.

Daniel Seelhofer wuchs in der Ostschweiz auf. Einen Teil seiner Schulzeit verbrachte er in den Vereinigten Staaten, wo er seinen ersten Schulabschluss machte. Während des Studiums der Wirtschaftswissenschaften absolvierte er zusätzlich die Ausbildung zum Infanterieoffizier der Schweizer Armee und führte später auch eine Kompanie. Anschließend arbeitete er unter anderem als Softwareentwickler und -trainer bei einer großen internationalen Unternehmung und war Mitbegründer eines Softwareunternehmens, bevor er in eine Führungsposition zu einem mittelständischen Dienstleister in Zürich wechselte. Gleichzeitig promovierte er berufsbegleitend mit einer englischsprachigen Dissertation zu ausländischen Führungskräften in der Schweiz. In dieser Zeit begann er auch, in Teilzeit an verschiedenen Fach- und Hochschulen zu unterrichten. Später war er rund zehn Jahre lang Dozent an der Zürcher Hochschule für Angewandte Wissenschaften. Unter anderem war er dort Studienleiter, Stabschef und Prodekan und leitete den Bereich International Business. Außerdem führte er in dieser Zeit ein Infanteriebataillon und war Unterstabschef Operationen einer Territorialdivision.

Er ist Autor einer Reihe von wissenschaftlichen und praxisorientierten Beiträgen und mehreren Sachbüchern zu Führung und Organisation.

Wie Sie dieses Buch nutzen sollten

Zu diesem Buch gibt es die folgende Website: *www.pearson-studium.de/leadership-buch.*

Dort finden Sie:

Anwendungsübungen (mit Musterlösungen), mit denen Sie das Gelernte überprüfen und vertiefen können,

Formularvorlagen, die Sie für die rasche Analyse eines bestimmen Führungsthemas oder -problems verwenden können.

1

Führung: Wovon sprechen wir?

Lernerfolge

Nach diesem Kapitel sollten Sie in der Lage sein:

- die drei Ebenen der Führung zu erklären,
- den Begriff „Führung“ zu definieren,
- die situative Wichtigkeit von Führung einzuschätzen sowie
- ein Führungsproblem mithilfe des Vierfaktoren-Modells grob einzuschätzen.

Die drei Ebenen der Führung

Über Führung wurde bereits viel geschrieben. In der Literatur findet sich jedoch eine Vielzahl von für den Laien oft verwirrenden oder sogar widersprüchlichen Begriffen und Definitionen. Zum Teil liegt dies daran, dass die verschiedenen Autoren nicht vom selben sprechen. Anders gesagt: Führung ist nicht immer gleich Führung. Tatsächlich gibt es drei verschiedene, aufeinander aufbauende Führungsebenen:

- Mitarbeitendenführung
- Taktische Führung
- Strategische Führung

Taktische und strategische Führung können unter dem Begriff *Organisationsführung* zusammengefasst werden.

Dieses Buch beschäftigt sich jedoch mit der ersten Ebene, der *Mitarbeitendenführung*. Sofern nicht explizit anders angegeben, bezieht sich daher der Begriff „Führung" immer darauf.

Im Fokus der Mitarbeitendenführung steht die Leitung kleiner Einheiten und Teams, in der Regel etwa fünf bis acht direkt unterstellte Personen. Es geht also um Führung über *eine* Führungsebene hinweg. Diese Art der Führung ist durch relativ häufige direkte Interaktion zwischen Führungskraft und Unterstellten gekennzeichnet – im Normalfall einschließlich regelmäßiger persönlicher Kontakte[1]. Tatsächlich führen selbst die Chefinnen und Chefs sehr großer Organisationen nur eine Handvoll Menschen direkt. So berichteten Anfang 2019 zehn Personen direkt an den CEO von ABB und acht Personen an denjenigen von Siemens.[2] Diese Anzahl direkt unterstellter Personen wird auch als *Führungsspanne* bezeichnet. Es handelt sich dabei um eine wichtige Kennzahl, denn eine höhere Führungsspanne lässt sich empirisch unter anderem mit einer höheren Fluktuation im Team in Verbindung bringen[3]. Menschen verlassen Führungskräfte, nicht Organisationen. Mehr Menschen zu führen bedeutet automatisch auch, weniger Zeit für den Einzelnen oder die Einzelne aufbringen zu können. Ist die Führungsspanne zu groß, wird nicht mehr geführt, sondern nur noch verwaltet. Dies kann dazu führen, dass sich Unterstellte vernachlässigt fühlen, was wiederum zu schwindender Motivation und damit irgendwann zur Minderung der Teamleistung führt. Als Folge davon ist die übliche Teamgröße in den meisten Organisationen tendenziell kleiner als zehn.

Auf der Ebene der Mitarbeitendenführung sind insbesondere soziale und konzeptionelle Fähigkeiten sowie Fachkompetenz im jeweiligen Aufgabengebiet gefragt.

Die taktische Führung befasst sich demgegenüber mit der Leitung größerer, in der Regel aus mehreren Teams und/oder Funktionsbereichen bestehenden Organisationseinheiten. Die Größe solcher Einheiten ist nicht klar definiert. Oft sind es weniger als 100 Personen, es können aber durchaus auch mehr sein. So umfasst in manchen Unternehmen die typische taktische Organisationseinheit, die Abteilung, bis zu 250

Mitarbeitende, und in vielen Armeen besteht der typische taktische Verband, das Bataillon, aus bis zu 1.000 Soldatinnen und Soldaten. Der Unterschied zu strategischen Einheiten besteht denn auch weniger in der Größe an sich, sondern im Fokus und in Entscheidungstragweite: Taktische Einheiten entwickeln keine eigenen langfristigen Strategien, sondern brechen die Strategien der vorgesetzten Stufe in eigene taktische (mittelfristige) und operative (kurzfristige) Pläne herunter und setzen diese um.

Zusätzlich zu den für die Mitarbeitendenführung nötigen Kompetenzen verlangt die taktische Ebene insbesondere analytische Fähigkeiten, gute Kenntnisse der Organisationsführungsmethodik, Erfahrung im effektiven Einsatz von Stäben und anderen Unterstützungseinheiten (zur Bewältigung von Komplexität im Umfeld und in der Organisation selbst) sowie starke (heute in zunehmendem Maße auch interkulturelle) Kommunikationsfähigkeiten.

Schließlich bezieht sich die strategische Führung auf die langfristige Ausrichtung strategischer Einheiten. Dies können ganze Unternehmen sein, aber in großen Unternehmen durchaus auch einzelne Divisionen, sofern sie strategische Verantwortung tragen. Ob ein KMU[4] mit 50 Mitarbeitenden oder die strategische Geschäftseinheit eines multinationalen Unternehmens mit 10.000 Mitarbeitenden oder mehr: Ausschlaggebend ist, dass Entscheidungen auf dieser Stufe in letzter Konsequenz das langfristige Überleben des Unternehmens beeinflussen.

Diese Ebene verlangt zusätzlich Weitsicht, strategisches Denken und fundierte strategische Managementfähigkeiten.

Jede dieser Ebenen unterscheidet sich also bezüglich Zweck, zeitlichem Fokus und Anzahl der direkt und indirekt geführten Unterstellten. Aber auch bei den oberen beiden Ebenen bleibt die ideale Führungsspanne – also die Anzahl direkt geführter Unterstellter – immer bei einem empfohlenen Maximum von etwa acht Personen. Mit anderen Worten: Einheiten, welche diese Größe überschreiten, sollten in weitere Teileinheiten aufgeteilt werden. Ein Team, das auf 16 Mitarbeitende angewachsen ist, sollte zum Beispiel in zwei Teams von je acht aufgeteilt werden. Eine aus 24 Mitarbeitenden bestehende Abteilung sollte mindestens drei Teams umfassen und so weiter. Die Abteilungsleiterin einer solchen Einheit mit drei Teams hätte also zum Beispiel eine Führungsspanne von etwa drei bis fünf Personen, je nachdem, ob zu den Teamleitungen noch Unterstützungsfunktionen dazukämen.

Natürlich ist dies ein Stück weit kontextabhängig. Wo beispielsweise sehr viele Leute sehr ähnliche Aufgaben verrichten (etwa in Callcentern), sind Teams tendenziell größer, bei hoch spezialisierten Aufgaben tendenziell kleiner.

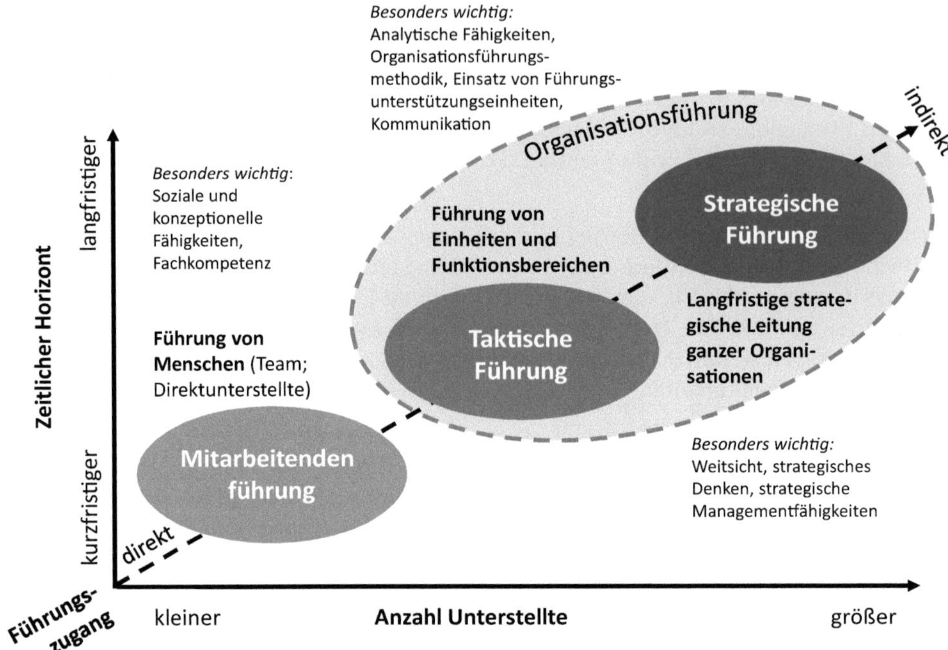

Abbildung 1.1: Die drei Ebenen der Führung
(Quelle: Autor)

Tabelle 1.1 fasst zusammen, wie sich die einzelnen Führungsebenen unterscheiden.

Aspekt	Führungsebene		
	Mitarbeitendenführung	Organisationsführung	
		Taktisch	Strategisch
Zweck	Auftrag/Mission umsetzen		Auftrag/Mission definieren
Fokus der Führungsaufgabe	Motivieren und befähigen der Mitarbeitenden für die Aufgabenerfüllung	Günstige Bedingungen für den Erfolg schaffen	Überleben der Organisation sicherstellen
Führungszugang	Mehrheitlich direkt	Mehrheitlich halbdirekt	Mehrheitlich indirekt
Geführte Einheit	Klein (Team)	Mittel bis groß (Abteilung, Geschäftseinheit)	Ganze Organisation
Betroffene Hierarchiestufen	Eine	Mehrere	Alle
Führungsspanne	Empfohlen: maximal 8 Direktunterstellte		
Zeitlicher Horizont	Tendenziell unmittelbar oder kurzfristig	Tendenziell kurz- bis mittelfristig	Tendenziell mittel- bis langfristig

Tabelle 1.1: Die drei Ebenen der Führung
(Quelle: Autor)

Leadership, Management oder Führung?

Nicht wirklich relevant, aber oft etwas verwirrend ist die uneinheitliche Verwendung der Begriffe „Leadership", „Management" und „Führung". Im englischen Sprachraum, aus welchem ein Großteil der klassischen Führungsforschung stammt, werden die ersten beiden Ausdrücke oft austauschbar verwendet. So sprechen Robert Blake und Jane Mouton, die Autoren des 1964 veröffentlichten Verhaltensgitters[5], eines klassischen Führungsmodells, konsequent von Management. Das Gleiche gilt für einen Großteil der Schriften des in Wien geborenen amerikanischen Managementphilosophen Peter Drucker, einer der Pioniere der modernen Managementlehre. So formulierte er 1954 beispielsweise das heute noch weit verbreitete Prinzip des Management by Objectives, mit dem die Initiative der Mitarbeitenden gefördert und deren Kreativität genutzt werden soll. Nur schon die Tatsache, dass dieser klassische Ansatz im Deutschen üblicherweise mit „Führen mittels Zielvereinbarungen" übersetzt wird, zeigt auf, wie austauschbar die beiden Begriffe oft verwendet werden.

Wenn von Führungskräften in Organisationen gesprochen wird, fällt meist der Begriff „Manager". Klassische Managementausbildungen wie der weltweit verbreitete Master of Business Administration behandeln Führungsthemen üblicherweise als Teil des Curriculums. Anders gesagt: Diese Programme betrachten Führung thematisch als einen Teil von Management. Dies spiegelt sich in der wissenschaftlichen Behandlung der beiden Themen: Führung ist verhaltensorientiert und wird daher vor allem in der Psychologie, Management dagegen vor allem in der Betriebswirtschaftslehre erforscht.

Schon der französische Ingenieur und Autor Henri Fayol, einer der ersten Managementtheoretiker, sah Management allerdings als aus fünf Funktionen bestehend:

- Vorausschauen und planen (*prévoir*)
- Organisieren (*organiser*)
- Anweisen (*commander*)
- Koordinieren (*coordonner*)
- Kontrollieren (*contrôler*)

Darauf aufbauend formulierte er 14 Managementprinzipien, welche aus heutiger Sicht einen Mix aus Organisations- und Führungsprinzipien ausmachen. So wies er etwa auf die Wichtigkeit der Einheitlichkeit in der Auftragserteilung (durch Unterstellung unter nur eine Person) und die Notwendigkeit der Arbeitsteilung hin, was organisatorischer Natur ist und der betriebswirtschaftlichen Effizienz dient. Demgegenüber betonte er auch die Relevanz eines guten Teamgeists, der Disziplin und des Förderns der Initiative von Unterstellten, was klar verhaltensorientierte Führungsthemen im engeren Sinn sind. Bereits in Fayols Führungsprinzipien lässt sich also erkennen, dass Führungserfolg auf beiden Aspekten beruht. Ob diese nun Management oder Führung genannt werden, ist dabei eher zweitrangig.

Allerdings wurde in jüngerer Zeit aufgrund der Unterscheidung zwischen transformationaler und transaktionaler Führung, welche ab den späten 1970er Jahren gemacht wurde, zunehmend zwischen den beiden Begriffen unterschieden. Transformationale Führung, gemäß dieser Unterscheidung, vermittelt Sinn und motiviert, transaktionale sorgt etwa für Effizienz und Koordination. Im Deutschen wird transformationale Führung manchmal mit Leadership gleichgesetzt, transaktionale dagegen mit Management – was allerdings wiederum dem eingangs erläuterten breiteren Verständnis von Management widerspricht. Auch hier zeigt sich also, dass die Begriffe nicht einheitlich verwendet werden. Im modernen Verständnis von Führung, wie es etwa im empirisch gut validierten sogenannten Full-Range-Leadership-Modell zum Ausdruck kommt, werden beide Aspekte gleichermaßen als für langfristigen Führungserfolg nötig erachtet. Dies wird in *Kapitel 2.5* unter „Kontingenztheorien" ausführlich erläutert. Auch das grundlegende Führungsmodell in *Kapitel 4*, das integrierte Modell effektiver Führung (IMEF), baut auf dieser Sicht auf.

Das Verständnis dieser drei Begriffe war und ist also nicht einheitlich. In diesem Buch wird Leadership in breiterem Sinne verstanden und mit ganzheitlicher Führung gleichgesetzt. Diese benötigt sowohl soziale als auch administrative Fähigkeiten und beruht sowohl auf transformationalen als auch transaktionalen Ansätzen. Leader im Sinne ganzheitlicher Führungskräfte sind in der Lage, auf Basis eines soliden moralischen Kompasses – also einer klaren ethischen Grundhaltung – ihre Entscheidungen und Handlungen im Hinblick auf ihre grundlegenden Führungsaufgaben auf die relevanten Einflussfaktoren auszurichten. Diese können etwa emotionaler oder kultureller, aber auch technischer Natur sein. Im erweiterten Sinn gehören auch politische, ökonomische und ökologische sowie rechtliche Überlegungen dazu.

Nach einer Erläuterung relevanter Entwicklungen in der Führungsforschung wird dieser Ansatz in den folgenden Kapiteln vertieft beleuchtet. Im Sinne der Stringenz wird konsequent von Führung gesprochen.

Begriffsdefinition: Wovon sprechen wir *genau*?

Auch wenn wir uns auf die Ebene der Mitarbeitendenführung konzentrieren, beinhaltet der Begriff „Führung" trotzdem eine Vielzahl unterschiedlicher Aspekte. Es fehlt eine allgemein anerkannte Definition. Wie bereits erwähnt, mag dies unter anderem daran liegen, dass unterschiedliche Autoren nicht immer von der gleichen Führungsebene sprechen. Das Konzept der Führung ist aber bereits von Natur aus subjektiv. Menschen haben spezifische, stark kulturell geprägte Vorstellungen von guter Führung (und damit Erwartungen an Führungskräfte), die sich in diesen unterschiedlichen Definitionen widerspiegeln. Dazu kommt, dass ein Großteil der Führungsliteratur angelsächsischen Ursprungs ist und somit die darin gespiegelten impliziten Vorstellungen von „guter Führung" in anderen Kulturen möglicherweise nicht die vorherrschenden impliziten Führungserwartungen wiedergeben.

Tabelle 1.2 listet einige bekannte Definitionen auf, ohne in irgendeiner Weise Anspruch auf Vollständigkeit zu erheben.

Definition	Quelle
Führung ist die Fähigkeit eines Individuums, andere zu beeinflussen, zu motivieren und zu befähigen und damit zur Effektivität und zum Erfolg der Organisation beizutragen, der er oder sie angehört.	House et al. (2004)
Führung ist eine Einflussbeziehung zwischen Führungskraft und Unterstellten, die echte, ihre gemeinsamen Ziele widerspiegelnden Veränderungen anstreben.	Rost (1993)
Führung ist eine Funktion, die darin besteht, sich selbst zu kennen, eine gut kommunizierte Vision zu haben, Vertrauen unter Kollegen aufzubauen und effektive Maßnahmen zur Realisierung des eigenen Führungspotenzials zu ergreifen.	Bennis und Nanus (1985)
Exzellente Unternehmen haben Führungskräfte, die die Zukunft gestalten und etwas bewirken, die durch ihre Werte und Ethik als Vorbilder fungieren und jederzeit Vertrauen schaffen. Sie sind flexibel und ermöglichen es dem Unternehmen, frühzeitig zu reagieren, um seinen kontinuierlichen Erfolg zu sichern.	EFQM (2012)
Führung ist der Prozess, andere zu beeinflussen, um die Mission zu erfüllen, indem sie Zweck, Richtung und Motivation liefert.	U.S. Army (1990)

Tabelle 1.2: Definitionen von Führung (Beispiele)

Obwohl diese und andere Definitionen sich untereinander deutlich unterscheiden, beinhalten sie insgesamt dennoch eine Anzahl relevanter Themen.

Veränderungsorientierung zeigt sich etwa in „Veränderungen", „Maßnahmen" oder auch „reagieren". Handlungsorientierung findet man in „handeln", „Effektivität" und „flexibel" und Zeitorientierung zeigt sich zum Beispiel in „zeitnah" und „Zukunft".

Am meisten finden sich jedoch die zwei Themen Zielorientierung und Menschenorientierung, welche in praktisch allen Definitionen enthalten sind. Zielorientierung zeigt sich etwa in Begriffen wie „Mission", „Vision", „erreichen", „Zweck", „Richtung" oder „Erfolg"; Menschenorientierung in „Führungskraft und Unterstellte", „Einfluss", „motivieren", „befähigen" oder auch „Vertrauen".

Zusammenfassend kann damit die folgende generische Definition von Führung festgehalten werden:

DER BEGRIFF **FÜHRUNG**

bedeutet die Ausrichtung und Fokussierung der Gedanken und Handlungen von Führungskraft und Unterstellten auf einen gemeinsamen Zweck oder ein gemeinsames Ziel.

In Bezug auf die erste Ebene der Führung, die Mitarbeitendenführung, kann dies noch verfeinert werden:

Gute Führungskräfte entscheiden – und zwar rechtzeitig. Ebenso schaffen sie günstige Voraussetzungen für den Erfolg, indem sie beispielsweise ihr Netzwerk nutzen, um zusätzliche Ressourcen zu beschaffen oder das Team vor politischen Ränkespielen zu schützen. Unterstellte müssen für die Erfüllung ihrer Aufgaben motiviert sein und über die nötigen Ressourcen und Kompetenzen verfügen. Erarbeitete Lösungen müssen nicht perfekt sein, aber sie müssen funktionieren. Bei der Umsetzung von Lösungen müssen Führungskräfte immer am Ball bleiben, um Probleme frühzeitig zu erkennen und wenn nötig rechtzeitig eingreifen zu können. Sie tragen die Gesamtverantwortung sowohl für die Aufgabenerfüllung als auch das Wohlergehen ihrer Unterstellten und teilen im Erfolgsfall Anerkennung und Belohnungen mit ihren Unterstellten.

Unter Einbezug dieser Aspekte kann Mitarbeitendenführung folgendermaßen definiert werden:

DER BEGRIFF **MITARBEITENDENFÜHRUNG**

bedeutet rechtzeitig zu entscheiden, tragfähige Lösungen zu entwickeln, die Unterstellten zur Umsetzung zu motivieren und zu befähigen, die Umsetzung zu überwachen, günstige Voraussetzungen für den Erfolg zu schaffen, die Verantwortung für entstehende Konsequenzen zu tragen sowie Anerkennung und Belohnungen mit den Unterstellten zu teilen.

Die Natur der Führung

Führung findet sich an vielen Orten, zum Beispiel in Familien, Schulen, Klubs und Verbänden, in der Verwaltung und Politik, in der Wirtschaft und im Sport, bei der Polizei und im Militär – eigentlich überall. Grundsätzlich entsteht dort, wo sich Menschen treffen, automatisch eine Form von Führung – wenn nicht formell, dann informell. Ironischerweise gilt dies auch für Gruppen, die jegliche Form von Führung ablehnen, etwa Anarchisten.

Die Natur der Führung scheint jedoch schwer fassbar. Der britische Autor und Dramatiker W. Somerset Maugham (1874–1965) soll einmal gesagt haben, es gäbe genau drei Regeln für das Entwickeln eines guten Theaterstücks – nur wisse leider niemand, welche diese seien. In Bezug auf Führung wird sinngemäß oft das Gleiche behauptet. Aber ist das wirklich so?

Führung ist grundsätzlich subjektiv. Dies wirft eine Reihe von Fragen auf. Wie universell anwendbar sind Erkenntnisse zu Führung? Wann wird eine Führungskraft eigentlich als „gut" angesehen? Wann führt er oder sie *objektiv* erfolgreich, ist also effektiv? Warum folgen Menschen einer Person, aber nicht einer anderen? Wie beeinflussen interkulturelle Unterschiede diese Faktoren? Und so weiter.

Gemäß der von Robert Lord und anderen entwickelten *impliziten Führungstheorie (ILT)* entstehen in Menschen im Verlauf ihres Lebens implizite Annahmen und Erwartungen darüber, was gute Führung ist und welche Merkmale und Verhaltensweisen hervorragende Führungskräfte aufweisen.[6] Diese Annahmen sind subjektiv und beeinflussen die Wahrnehmung und Reaktion Unterstellter auf eine neue Führungskraft, da sie unbewusst tief verwurzelte Werte und vergangene Erfahrungen auf diese neue Situation anwenden. Als Folge davon ist eine Führungskraft, die in einem bestimmten Kontext sehr erfolgreich war, dies nicht automatisch auch in einem anderen.

DIE NATUR DER FÜHRUNG IN ZITATEN

„Behandle deine Männer wie deine eigenen geliebten Söhne. Und sie werden Dir in das tiefste Tal folgen."

Sun Tzu (~544–496 v. Chr.), chinesischer General, Stratege und Philosoph.

„Ich habe keine Angst vor einer Armee von Löwen, die von einem Schaf geführt wird. Ich habe Angst vor einer Armee von Schafen, die von einem Löwen geführt wird."

Alexander der Große (356–323 v. Chr.), makedonischer König und Feldherr.

„Behandle die Menschen so, als wären sie, was sie sein sollten, und du hilfst ihnen zu werden, was sie sein können."

Johann Wolfgang von Goethe (1749–1832), deutscher Dichter und Naturforscher.

„Ein Anführer ist ein Händler in Hoffnung."

Napoleon Bonaparte (1769–1821), französischer General und Kaiser.

„Ein Beispiel zu geben ist nicht die wichtigste Art, wie man andere beeinflusst. Es ist die einzige."

Albert Schweitzer (1875–1965), französisch-deutscher Theologe, Philosoph und Arzt.

„Du musst die Veränderung sein, die Du in der Welt zu sehen wünschst."

Mahatma Gandhi (1869–1948), Führer der indischen Unabhängigkeitsbewegung vom Großbritannien regierten Indien.

„Erfolg ist nicht endgültig, Misserfolg ist nicht tödlich: Es ist der Mut zum Weitermachen, der zählt."

Sir Winston Leonard Spencer-Churchill, (1874–1965), britischer Politiker und Premierminister.

„Man führt nicht, indem man Leuten auf den Kopf schlägt. Das ist Körperverletzung, nicht Führung."

Dwight D. Eisenhower (1890–1969), 34. Präsident der Vereinigten Staaten und Oberster Befehlshaber der Alliierten Streitkräfte in Europa während des Zweiten Weltkriegs.

„Management bedeutet, die Dinge richtig zu tun. Führung bedeutet, die richtigen Dinge zu tun."

Peter F. Drucker (1909–2005), amerikanischer Ökonom und Management-Denker.

„Wer andere beherrschen will, muss sich selbst beherrschen."

Karl Martell (688–741), fränkischer Feldherr und Hausmeier des Frankenreichs.

„Ein Anführer ist einer, der den Weg kennt, den Weg geht und den Weg zeigt."

John C. Maxwell (geb. 1947), amerikanischer Führungsautor und Referent.

Führung, wie alle sozialen Interaktionen, ist außerdem komplex. Die Folgen von Entscheidungen und Handlungen sind oft nicht vollständig vorhersehbar und Führungssituationen sind meist dynamisch. Diese Unsicherheit ist eine große Stressquelle für

Führungskräfte, auch wenn dies abstrakt gesehen kulturell unterschiedlich ausgeprägt ist.[7] Die Reduktion dieser Unsicherheit, zum Beispiel durch gute Informationsbeschaffung, fundierte Faktenprüfung oder zuverlässige Berichterstattung durch Mitarbeitende, ist ein wichtiger Aspekt für das Funktionieren von Führung, unabhängig vom jeweiligen Umfeld. Unsicherheit kann etwa durch unvollständige Informationen, aber auch durch organisatorische Faktoren wie Veränderungsprozesse (und den davon ausgelösten expliziten oder impliziten Widerstand dagegen), der Gruppendynamik innerhalb eines Teams sowie persönliche Faktoren wie unterschiedliche Arbeitsweisen, eingeschränktes Denken, Ehrgeiz oder Ego verursacht werden. Andere Aspekte, etwa Zeit- oder Mediendruck, können den Stress weiter erhöhen, was in einer Abwärtsspirale zu Problemen wie Perspektivenverlust und abnehmender Entscheidungsfähigkeit einer Führungskraft führen kann.

Zur Wirkung von Führung

Es wird meist davon ausgegangen, dass Führung einen wesentlichen Einfluss auf die Leistung von Teams und Organisationen hat. Doch stimmt dies wirklich? Tatsächlich wird diese Ansicht nicht von allen geteilt. Manche Menschen negieren die Wirkung von Führung aus ideologischen Gründen. Aber auch in der Wissenschaft gab es eine Zeit, in der nicht völlig unumstritten war, ob Führung wirklich einen messbaren Einfluss auf Organisationsergebnisse hat oder nicht. So fanden mehrere Studien in den 1970er Jahren[8] wenig oder sogar gar keine Wirkung. Eine sehr viel größere Zahl von Studien aus der gleichen Zeit und aus den Jahrzehnten davor und danach ergab hingegen das Gegenteil. Was stimmt also?

Das grundsätzliche Problem liegt darin, dass die Wirkung von Führung kaum direkt zu messen ist. Wenn ein neuer CEO an Bord kommt und die Unternehmung in den Folgejahren Höchstleistungen zeigt, liegt das dann am neuen Chef oder vielleicht doch eher an einer günstigen Umfeldkonstellation? Wenn ein zerstrittenes Team eine neue Chefin erhält und danach merklich besser funktioniert, liegt es dann an dieser neuen Chefin oder doch eher an der Tatsache, dass die Teammitglieder den Wechsel als Signal auffassten, dass man sie ernst nimmt, und entsprechend motivierter zur Sache gehen?

Wie also kann die Wirkung von Führung gemessen werden? In der Forschung wird oft mit „Umgehungslösungen“ gearbeitet. Um die Wirkung von Führung zu messen, so die Logik, vergleiche man die Situation vor und nach einem Führungswechsel. Wenn also unter Ausschluss aller möglichen alternativen Erklärungen Leistungsunterschiede gefunden werden, dann wird davon ausgegangen, dass diese auf die Änderungen bei der Führung zurückzuführen sind. Da stellt sich aber als Nächstes natürlich die Frage, weshalb denn eine Führungskraft gewechselt hat. Wurde sie beispielsweise wegbefördert? Falls sie die Organisation verlassen hat, wurde sie gefeuert oder ist sie von allein gegangen? Waren andere Gründe ausschlaggebend? Diese Art Fragen hat zu drei konkurrierenden Erklärungsansätzen für den Wechsel an der Spitze geführt:[9]

Die *Ritueller-Sündenbock-Theorie*[10] geht davon aus, dass ein Führungswechsel (und damit die Führung als solches) keinen Einfluss auf die Organisationsergebnisse hat. Stattdessen würden Führungskräfte ersetzt, um die Öffentlichkeit zu beruhigen, welche unter dem falschen Eindruck stehe, dass deren Einfluss zu schlechter Leistung geführt habe.

Die *Theorie des gesunden Menschenverstands*[11] besagt hingegen, dass Führungswechsel vor allem nach Perioden schlechter Leistung auftreten und dass nach solchen die Leistung infolge besserer Abstimmung auf veränderte Umfeldbedingungen[12] wieder steigt. Mit anderen Worten: Schlechte Leistung führt dazu, dass schlechte Führungskräfte durch bessere ersetzt werden. Als Konsequenz wäre Führung also wichtig und wirkungsvoll.

Schließlich legt die *Teufelskreis-Theorie*[13] nahe, dass schlechte Organisationsleistung und -effizienz aufgrund schlechter Führung tatsächlich zur Ablösung der betroffenen Führungskraft führt. Dies bringe die Organisation jedoch zusätzlich durcheinander und führe daher zu noch schlechterer Leistung, was wiederum zu neuerlicher Ablösung führe und so weiter. So gesehen wäre Führung also durchaus wichtig. Weil aber der disruptive Effekt des Wechsels den Einfluss der neuen Führungskraft überkompensiere, führe dies zu einer Abwärtsspirale.

Für alle drei Perspektiven lässt sich eine gewisse empirische Unterstützung finden, wenn auch in sehr unterschiedlichem Maße. Wie kann also deren scheinbare Unvereinbarkeit aufgelöst werden? Friedman und Singh[14] schreiben, dass die eigentliche Frage doch sei, *unter welchen Bedingungen* Führungskräfte wichtig seien. Je kritischer die Situation einer Organisation oder eines Teams und je dynamischer die Entwicklung dieser Situation, desto höher ist der Einfluss der Führung.

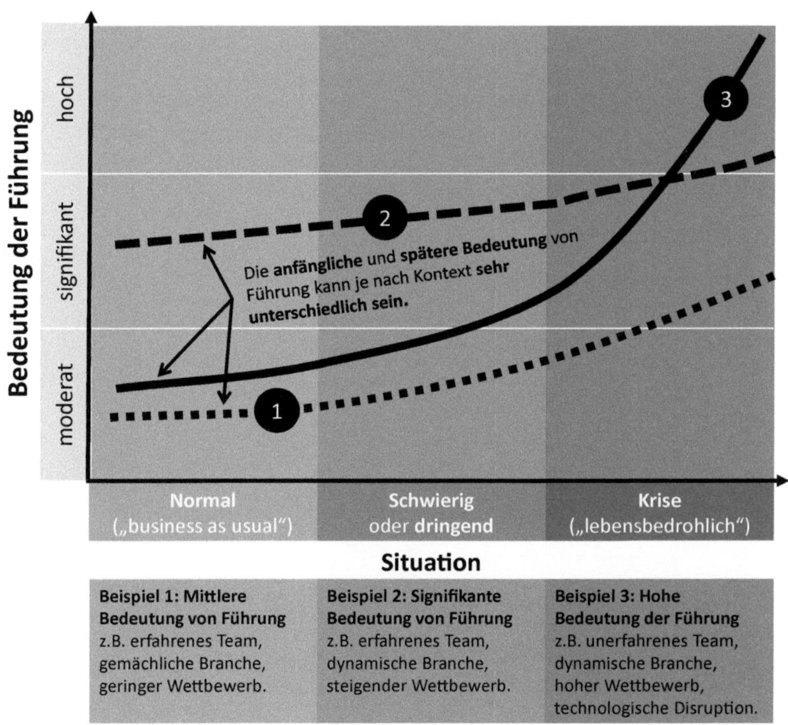

Abbildung 1.2: Die situative Bedeutung von Führung
(Quelle: Autor)

Allerdings scheint der tatsächliche Grad dieses Einflusses nicht immer gleich zu sein. Eine Studie aus dem Jahr 2001, bei der Top-Manager von 531 Unternehmen aus 42 Branchen im Fokus standen, fand beispielsweise große Unterschiede zwischen verschiedenen Branchen.[15] Aspekte wie Branchenkonzentration oder Verfügbarkeit von Finanzmitteln beeinflussten den Entscheidungsspielraum der entsprechenden Führungskräfte stark. Und je kleiner dieser Spielraum, desto kleiner auch der – sowohl positive wie negative – Einfluss von Führung.

Bei der Skala in *Abbildung 1.2* ist zu beachten, dass diese nicht bei „gering“, sondern bei „moderat“ beginnt. Dies spiegelt die oben kurz erläuterte Einsicht wider, dass Führung immer ein wichtiger Faktor für Team- und Organisationsergebnisse ist, auch wenn ihre effektive Bedeutung variieren kann. Mit anderen Worten: Führung ist nicht immer gleich wichtig, aber sie ist nie unwichtig.

Das Dilemma der Führungskräfteentwicklung

Im Zusammenhang mit der Debatte, ob die Gene oder die Erziehung[16] für die Persönlichkeit eines Menschen verantwortlich sind, stellt sich im Kontext der Führung als Erstes die Frage, ob man als Führungskraft geboren werden muss oder nicht. Die bis ins frühe 20. Jahrhundert dominante sogenannte Great-Man-Theorie behauptete in der Quintessenz, dass Führung nicht gelernt werden könne und man entweder zur Führungskraft geboren sei oder eben nicht. Wenn das jedoch stimmen würde, dann wären auch alle Führungskräfte-Entwicklungsprogramme von Anfang an zum Scheitern verurteilt. Die einzig sinnvolle führungsbezogene Aktivität von Unternehmen wäre dann, die jeweils richtigen Führungskräfte für die zu ihnen passenden Aufgaben auszuwählen – auch dies natürlich keine leichte Aufgabe.

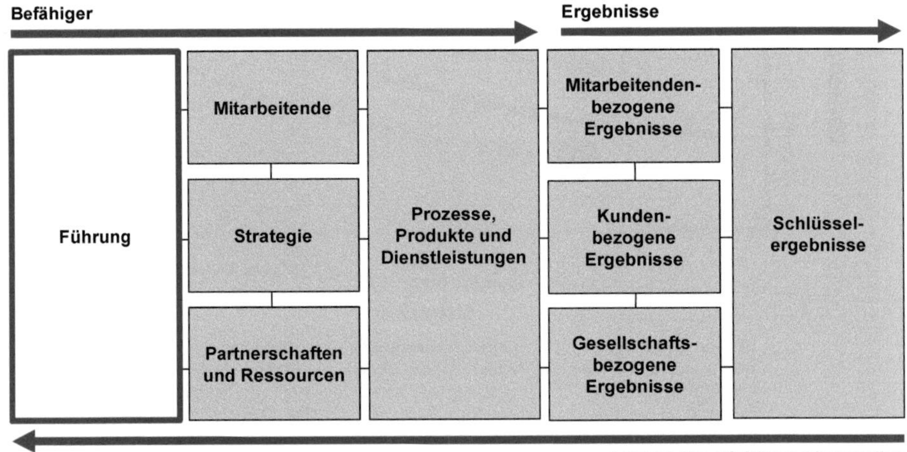

Abbildung 1.3: Die Stellung der Führung im EFQM-Modell
(Quelle: EFQM, 2012:4)

Im weitverbreiteten Exzellenzmodell der Europäischen Stiftung für Qualitätsmanagement (European Foundation for Quality Management EFQM) ist Führung neben „Mitarbeitenden“, „Strategie“, „Partnerschaften und Ressourcen“ und „Prozesse, Produkte und Dienstleistungen“ einer von fünf Befähigern, welche die Organisationsergebnisse in Bezug auf Menschen, Kunden, Gesellschaft und Unternehmen beeinflussen. Dies unterstreicht die Bedeutung der Führung in den Augen dieser einflussreichen Qualitätsmanagementorganisation.

Als Beitrag zu dieser Frage publizierten die beiden Verhaltensgenetiker Thomas Bouchard und Matt McGue im Jahr 2003 einen Überblick über die damals bestehenden Forschungserkenntnisse zur Vererbbarkeit von Persönlichkeitsmerkmalen – einer Forschung, die sie mit ihren Zwillingsstudien stark mitgeprägt hatten. Mit Blick auf die sogenannten Big-Five-Persönlichkeitsfaktoren[17] hielten sie fest, dass diese alle in relativ hohem Maße vererbbar seien:

- Big-Five-Faktor 1: Offenheit für Erfahrungen: 57 %
- Big-Five-Faktor 2: Gewissenhaftigkeit: 49 %
- Big-Five-Faktor 3: Extraversion: 54 %
- Big-Five-Faktor 4: Verträglichkeit: 42 %
- Big-Five-Faktor 5: Neurotizismus: 48 %

Wenn man sich diese Zahlen genauer anschaut, stellt man allerdings fest, dass auch der Umkehrschluss zulässig ist – auch die Umwelt scheint eine recht starke Rolle zu spielen. Auf die Führung bezogen bedeutet dies, dass alle Faktoren, welche das Führungspotenzial einer Person maßgeblich mitbestimmen, zwar (in unterschiedlichem Maße) vererbbar sind, aber eben auch noch sehr viel Raum für Umwelteinflüsse besteht.

Mit anderen Worten: Während manche Menschen durchaus mit viel höherem Führungspotenzial geboren werden können als andere, spielen die Erziehung und Ausbildung einer Person sowie das Vorhandensein (oder nicht) von Vorbildern trotzdem eine fast ebenso wichtige Rolle. Somit starten zwar nicht alle am gleichen Ort, jedoch können die meisten – aber eben nicht alle[18] – Menschen zumindest brauchbare Führungsfähigkeiten erlernen.

In Anbetracht dieser Erkenntnis betreiben viele Organisationen Führungskräfte-Entwicklungsprogramme. Allerdings gibt es bei der Führung keinen Ersatz für Erfahrung. Exzellente Führung erfordert lange Praxis und das Erlernen eines zielführenden Umgangs mit Erfolgen und Enttäuschungen ist ein wichtiger Beitrag zur langfristigen Effektivität von Führungskräften. In diesem Sinne lohnt es sich für eine Organisation also, Mitarbeitende mit Potenzial möglichst früh schon in die Verantwortung zu nehmen.

Die vier Faktoren der Führung

Wenn also Führung wichtig ist und gelernt werden kann, was genau macht sie dann aus? Woraus besteht sie? Was muss betrachtet werden, wenn die Dinge nicht so laufen, wie sie sollten?

Das Vier-Faktoren-Modell[19] stellt eine einfache Art dar, ein Führungsproblem auseinanderzunehmen. Konkret besagt es, dass vier Aspekte eines Führungsproblems gesondert betrachtet werden sollten, um den Ursachen des Problems auf die Schliche zu kommen:

- Faktor 1: die Führungskraft
- Faktor 2: deren Unterstellte
- Faktor 3: Art und Inhalt der verwendeten Kommunikation sowie
- Faktor 4: die Situation, in welcher sich das Team befindet

Natürlich sind diese Aspekte in der Realität alle miteinander verbunden. Die *Führungskraft* beeinflusst die Führungssituation direkt durch ihre Persönlichkeit, Kompetenzen und Entscheidungen. Folglich muss sie ein gesundes Selbstbewusstsein und -vertrauen sowie ein gutes Verständnis der eigenen Fähigkeiten und Grenzen haben und sich kontinuierlich um Entwicklung und Verbesserung bemühen.

Die *Unterstellten* unterscheiden sich zum Beispiel hinsichtlich Erfahrung, Selbstvertrauen, Persönlichkeit – und meist auch bezüglich ihres kulturellen und demografischen Hintergrunds. Folglich benötigen die jeweiligen Teammitglieder einen individuell auf sie zugeschnittenen Führungsansatz sowie das Team als Ganzes braucht einen gemeinsamen, passenden Führungsansatz für die Gruppe. Die Führungskraft muss also die Fähigkeiten, Grenzen, Stärken und Schwächen, aber auch die Persönlichkeiten der einzelnen Teamangehörigen verstehen. Dazu gehört, dass auch relevante individuelle Hintergründe und Vorgeschichten bekannt sind, damit zum Beispiel die Reaktion eines Teammitglieds auf einen bestimmten Führungs- oder Kommunikationsstil vorausgesehen oder wenigstens eingeordnet werden kann. Ebenso muss eine Führungskraft die Gruppendynamik im Team korrekt einschätzen und sich darauf einstellen können.

Kommunikation erleichtert den Austausch von Informationen und Ideen von einer Person zur anderen. Sie ist nur dann wirksam, wenn jede Seite vollständig versteht, was die andere will. Dies wird unter anderem durch verschiedenartige Persönlichkeiten sowie durch die Wahl des Übertragungskanals, aber auch durch kulturelle und sprachliche Unterschiede beeinflusst. Die Führungskraft muss einen auf die Unterstellten und die eigenen Fähigkeiten zugeschnittenen Kommunikationsstil pflegen und diesen situativ anpassen, sowohl was die Inhalte als auch die verwendeten Kanäle und die Häufigkeit der Kommunikation anbelangt. Unerfahrene, unsichere Mitarbeitende möchten oftmals häufigeren Kontakt als erfahrenere Kolleginnen und Kollegen.

Schließlich ist ein solides Verständnis der *Situation* unablässig. Diese verändert sich laufend und unterscheidet sich garantiert in einigen Aspekten von jeder anderen, früher bereits angetroffenen Situation – sogar, wenn sie genau gleich erscheint. Die Übersicht über die Situation zu behalten ist eine Schlüsselfähigkeit exzellenter Führungskräfte. Dabei müssen nicht nur die Schlüsseltreiber und -aspekte verstanden werden, sondern auch die möglichen Entwicklungspfade (die sogenannten Szenarien) und die daraus resultierenden Entscheidungen und deren Folgen.

Tabelle 1.3 fasst diese Überlegungen nochmals zusammen. All diese Aspekte werden in den nachfolgenden Kapiteln weiter vertieft.

Faktor	**Wissensinhalte** (Beispiele)	**Wissensquellen** (Beispiele)	**Erforderliche Fähigkeiten der Führungskraft** (Beispiele)
Führungskraft	• Persönlichkeit • Stärken und Schwächen • Möglichkeiten und Grenzen • Persönlicher Führungsansatz • Anwendbare Führungsstile	• Persönlichkeitstests (z.B. OPQ32. MBTI, EQ, NEO-PI, ...) • Führungsforschung • Feedback • Eigene Erfahrung	• Selbstkenntnis • Selbstdisziplin • Ein realistisches Verständnis der eigenen Stärken und Schwächen
Unterstellte	*Individuell* • Persönlichkeiten • Stärken/Schwächen • Individuelle Vorgeschichten • Motivatoren/Demotivatoren • Reaktion auf einen bestimmten Führungs- und Kommunikationsstil *Als Gruppe* • Gruppendynamik • Gruppengeschichte, Rituale und Symbole	• Persönlichkeitstests (wo sinnvoll) • Beobachtungen • Formelle und informelle Diskussionen • Arbeitsmuster	• Emotionale Intelligenz • Analytische Fähigkeiten • Berufliche Fähigkeiten
Kommunikation	• Verfügbare Kanäle (z.B. Telefon, Face-to-Face, E-Mail) • Erforderliche Häufigkeit der Kommunikation • Angemessener Kommunikationsstil	• Kenntnis der Situation und ihrer Dringlichkeit • Kennen der Unterstellten und ihrer Reaktionen	• Situativ angemessene Kommunikationsfähigkeiten
Situation	• Schlüsseltreiber und -aspekte • Mögliche Entwicklungspfade (Szenarien) • Verfügbare Entscheidungen und ihre Folgen	• Analytische Tools • Führungsmethodologien • Entscheidungshilfen • Erfahrung	• Entschlossenheit • Analytische Fähigkeiten • Berufliche Fähigkeiten

Tabelle 1.3: Die vier Faktoren der Führung
(Quelle: Autor)

Takeaways

Was Sie von diesem Kapitel mitnehmen sollten:

1. Es gibt drei Führungsebenen: Mitarbeitendenführung, taktische Führung und strategische Führung. Die beiden Letzteren werden zusammen auch als Organisationsführung bezeichnet.
2. Die Führungsspanne bezieht sich auf die Anzahl der Direktunterstellten einer Führungskraft. Die empfohlene Führungsspanne liegt in der Regel bei fünf bis acht Personen.
3. Mitarbeitendenführung bedeutet, rechtzeitig zu entscheiden, tragfähige Lösungen zu entwickeln, die Unterstellten zur Umsetzung zu motivieren und zu befähigen, die Umsetzung zu überwachen, günstige Voraussetzungen für den Erfolg zu schaffen, die Verantwortung für entstehende Konsequenzen zu tragen sowie Anerkennung und Belohnungen mit den Unterstellten zu teilen.
4. Führung ist komplex. Unsicherheit führt zu Stress, was wiederum zu Leistungseinbußen und persönlichen Problemen führen kann. Daher sollten Führungskräfte Maßnahmen ergreifen, um diese Unsicherheit zu verringern.
5. Führung ist immer wichtig, aber ihre spezifische Bedeutung hängt von den jeweiligen Umständen ab und steigt mit der Dringlichkeit einer Situation.
6. Einige Menschen werden mit besseren Chancen, gute Führungskräfte zu werden, als andere geboren, aber Führung kann gelehrt und gelernt werden.
7. Bei der Analyse eines Führungsproblems müssen vier Faktoren berücksichtigt werden: die Führungskraft, die Unterstellten (individuell und als Team), die verwendete Kommunikation sowie die spezifische Situation.

Endnoten

1 Im Zuge der Globalisierung kommt es zunehmend vor, dass Teams z.T. über mehrere Länder verteilt sind und sich nur selten oder nie persönlich treffen. Diese Art virtueller Teams stellt jedoch immer noch eine kleine Ausnahme dar. Die große Mehrheit aller Teams ist auf örtlich begrenztem Raum angesiedelt und pflegt regelmäßigen Austausch.

2 ABB (ASEA Brown Boveri) ist ein schwedisch-schweizerisches multinationales Hightech-Unternehmen mit rund 147.000 Mitarbeitenden im Jahr 2018. Die deutsche Siemens ist das größte Industriekonglomerat Europas und beschäftigte im gleichen Jahr rund 379.000 Mitarbeitende.

3 Siehe Dorian et al. (2004).

4 KMU steht für „kleine und mittlere Unternehmen". Nach EU-Definition umfassen diese zwischen 50 und 250 Mitarbeitenden. Darunter spricht man von Kleinstunternehmen, darüber von Großunternehmen.

5 Siehe Kapitel 3 auf Seite 69f.

6 Dieser Punkt wird in Kapitel 5 auf Seite 187 näher erläutert.

7 Deutschland ist zum Beispiel eine Kultur, die eine starke Unsicherheitsvermeidung aufweist. Dies spiegelt sich in der formalisierten, kodifizierten Rechtsordnung und in der Präferenz für einen deduktiven statt induktiven Arbeitsstil wider. Im Gegensatz dazu ist Irland eine Kultur, in der die Vermeidung von Unsicherheit weniger augeprägt ist, mit mehr Vertrauen auf Alltags-Pragmatismus und Kreativität statt Planung sowie Präferenz für einen induktiven Arbeitsstil. Für Details, siehe House et al. (2004).

8 Siehe bspw. Salancik und Pfeffer (1977).

9 Für weitere Details siehe Seelhofer (2007).

10 Im Original Ritual Scapegoat Theory (RST).

11 Im Original Common Sense Theory (CST).

12 Die Idee des „Environmental Fit", also der Anpassung an Umfeldbedingungen, ist ein Schlüsselpostulat der sogenannten Kontingenztheorie. Zusammenfassend lässt sich sagen, dass Strategie und Struktur eines Unternehmens in der Lage sein müssen, mit den Anforderungen des Organisationsumfelds klarzukommen. Wenn sich das Umfeld also signifikant ändert, müssen auch die Strategie und möglicherweise die Struktur angepasst werden.

13 Im Original Vicious Cycle Theory (VCT).

14 Friedman und Singh (1989, Seite 722).

15 Siehe Wasserman, Nohria und Anand (2001).

16 In dieser seit Langem schwelenden Debatte geht es konkret darum, ob das Verhalten einer Person vererbt oder durch Umwelteinflüsse wie Erziehung, soziale Umstände und Ausbildung bestimmt wird. Der Originalbegriff *nature versus nurture* wurde 1874 vom britischen Universalgelehrten Francis Galton geprägt.

17 Diese werden im Abschnitt „Merkmale effektiver Führungskräfte" in Kapitel 3 detailliert erläutert. Siehe Seiten 62 ff.

18 In Ausnahmefällen kann die Kombination bestimmter Persönlichkeitsmuster (etwa ein tief verwurzelter Widerstand gegen Veränderungen gepaart mit mangelndem Einfühlungsvermögen und geringer Verträglichkeit) und z.B. das Fehlen jeglicher positiver Vorbilder während der prägenden Jahre das Erarbeiten grundsätzlicher Führungsfähigkeiten faktisch unmöglich machen.

19 Dieses Modell ist nicht identisch zu den vier Faktoren effektiver Führung von Bower und Seashore. Vielmehr geht die Idee von Führungsproblemen mit vier Faktoren, die alle berücksichtigt werden müssen, auf ein Handbuch der U.S. Army zurück, das in den 1990er Jahren verwendet wurde.

2

Ein kurzer Blick auf die Führungsforschung

Lernerfolge

Nach diesem Kapitel sollten Sie in der Lage sein,

- die Entwicklung der modernen Führungsforschung und -theorie zu verstehen sowie
- die Herkunft der bekanntesten Führungsmodelle und -werkzeuge einzuordnen und diese in einen größeren Zusammenhang zu setzen.

HINWEIS

Dieses Kapitel verschafft Ihnen zunächst einen Überblick. Besonders wichtige Modelle und Werkzeuge und deren Anwendung werden im anschließenden Kapitel noch detaillierter erläutert.

Die Great-Man-Theorie und das Heldenmodell

Obwohl das Interesse an Führung wahrscheinlich so alt ist wie die Menschheit selbst, ist deren systematische Erforschung doch vergleichsweise neu. Sie entstand Mitte des 19. Jahrhunderts mit der Behauptung des schottischen Historikers Thomas Carlyle, dass die Geschichte der Welt gleichbedeutend mit der Biografie „großer Männer" sei. In seinem 1841 erschienenen Buch *On Heroes and Hero Worship and The Heroic in History*[1] besprach er sechs Archetypen von „Helden" (die Gottheit, den Propheten, den Dichter, den Priester, den Schriftsteller, den Herrscher sowie das Genie), welche seiner Ansicht nach die Entwicklung der Menschheit maßgeblich prägten. Durch Eigenschaften wie Charisma, Intelligenz und Willenskraft, aber auch durch göttliche Inspiration würden besondere Menschen die Geschicke der Welt entscheidend beeinflussen. Andere bekannte Zeitgenossen unterstützten diese Ansicht, die als Great-Man-Theorie oder Heldenmodell bekannt wurde. So schrieb Nietzsche in seinen 1876 veröffentlichten *Unzeitgemäßen Betrachtungen*: „Nein, das Ziel der Menschheit kann nicht am Ende liegen, sondern nur in ihren höchsten Exemplaren."[2]

Dieser Logik folgend wäre also das Studium der Biografien solcher Personen ausreichend, um Führung zu erforschen. Schon damals gab es jedoch auch abweichende Stimmen. So bezeichneten zum Beispiel sowohl der englische Sozialphilosoph Herbert Spencer[3] als auch der amerikanische Philosoph und Psychologe William James[4] diese Ansicht als reine Fantasie. Beide bestanden im Gegenteil darauf, dass diese „großen Männer" primär ein Produkt ihrer Umwelt seien – ein Kernkonzept der situativen Führungstheorien, die fast hundert Jahre später populär wurden.[5] In die gleiche Kerbe schlug auch der große russische Literat Leo Tolstoi, der in seinem 1869 erschienenen Jahrhundertwerk *Krieg und Frieden* solche Menschen als „Sklaven der Geschichte" bezeichnete.

Die Great-Man-Theorie war vor allem ein Produkt des damaligen Zeitgeists. Nach dem Zweiten Weltkrieg verschwand sie denn auch wieder aus der seriösen Führungsforschung, ist jedoch auch heute noch in pseudowissenschaftlichen Diskussionen präsent. Und im Sinne von Führungsfallstudien ist die Auseinandersetzung mit der Biografie berühmter Führungskräfte weiterhin sehr populär.

Merkmalstheorien

Das Interesse an den Biografien „großer Männer" weckte auch die Neugierde darauf, was genau denn jemanden zu einer guten Führungskraft mache. Im Zentrum stand dabei vor allem die Frage, welche spezifischen persönlichen Merkmale gute Führungskräfte aufweisen, die sie von weniger guten unterscheiden. Die sogenannte Merkmalsschule[6], welche die Führungsforschung vor allem in den 1930er und 1940er Jahren dominierte, beschäftigt sich mit den mentalen, körperlichen und sozialen Eigenschaften guter Führungskräfte, also mit deren Persönlichkeiten. Untersucht wurden etwa Fragen wie „Welche Merkmale unterscheiden Führungskräfte von Nicht-Führungskräften?" oder „Wie groß sind die Unterschiede zwischen Führungskräften und anderen Menschen?"

Um diese Unterschiede beschreiben zu können, wurden über die Jahre verschiedene Modelle und Messinstrumente entwickelt. Zu den bekanntesten Persönlichkeitsmodellen gehören Carl Jungs psychologische Typen[7], William Moulton Marstons DISG-Modell[8], Raymond Cattels 16 Persönlichkeitsfaktoren[9] und vor allem das in der modernen Persönlichkeitsforschung dominierende Big-Five-Modell[10]. Verbreitete Messinstrumente sind beispielsweise der 16-Persönlichkeitsfaktoren-Fragebogen, das NEO-Persönlichkeitsinventar[11] und der OPQ32-Fragebogen[12]. In der Forschung mittlerweile als unwissenschaftlich betrachtet, im Coaching jedoch ebenfalls verbreitet ist auch der Myers-Briggs-Typenindikator (MBTI)[13].

Während die Merkmalsforschung die Persönlichkeit eines Menschen anfänglich als etwas bereits bei der Geburt Vorhandenes und größtenteils Unveränderliches betrachtete, erkannte man mit der Zeit, dass sich diese insbesondere während des Heranwachsens noch stark entwickeln und verändern kann. Daher verlagerte und erweiterte sich der Forschungsfokus auf diejenigen verhältnismäßig dauerhaften Merkmale (oder Attribute) einer Person, die Führungskräfte von Nicht-Führungskräften unterscheiden.[14] In einer Zusammenfassung der bisherigen Forschung listete Ralph Stogdill 1948 beispielsweise Entschlossenheit, Sprachgewandtheit sowie zwischenmenschliche und administrative Fähigkeiten als wichtige Führungsmerkmale auf.

Die ursprüngliche Merkmalsforschung kam jedoch insbesondere aus drei Gründen bald heftig unter Beschuss. Erstens gelang es ihr nicht, zuverlässig Merkmale zu identifizieren, welche die Entstehung und Wirksamkeit von Führungspotenzial vorhersagen konnten. Zweitens wurden dabei (noch) keine situationsspezifischen Unterschiede im Verhalten von Führungskräften berücksichtigt. Und drittens tendierte sie dazu, sich eher auf nachgelagerte subjektive Interpretationen statt auf möglichst objektive Messungen zu verlassen. Aus diesen Gründen verschob sich der Fokus der Führungsforschung mit der Zeit mehr und mehr auf das Verhalten effektiver Führungskräfte und die Merkmalsforschung geriet zunächst in Vergessenheit.

Aufgrund größerer konzeptioneller Raffinesse und weiterentwickelter wissenschaftlicher Methoden erlebte sie in den 1980er Jahren dann jedoch ein Comeback und ist seither parallel zu anderen Forschungsströmungen wieder präsent. So überprüften beispielsweise David Kenny von der University of Connecticut und Stephen Zaccaro von Virginia Tech die Ergebnisse einer eigentlich erfolglosen Studie von Dean Barnlund aus dem Jahr 1962, in welcher kein zuverlässiger Prädiktor für die Entstehung von Führungsqualitäten gefunden worden war. Dank einer fortschrittlicheren Methodik[15] kamen die beiden in einer 1983 publizierten Studie jedoch überzeugend zu dem Schluss, dass ein beträchtlicher Teil der beobachteten Unterschiede in der Effektivität von Führungskräften tatsächlich auf einige wenige stabile Merkmale zurückzuführen war.

In einem 2002 erschienenen Überblick über die neuere Merkmalsforschung und einer dazugehörigen Meta-Analyse der entsprechenden empirischen Ergebnisse nutzten Timothy Judge und seine Kollegen die mittlerweile etablierten Big-Five-Persönlichkeitsfaktoren als organisatorischen Rahmen für die Resultate früherer Studien. Dabei fanden sie erhebliche Unterstützung für die Merkmalsperspektive, wenn die jeweiligen Ergebnisse auf diese Weise reorganisiert wurden. Zum Beispiel fanden sie heraus, dass mit Extravertiertheit, Offenheit und (wenn auch in geringerem Maß) mit Gewissenhaftigkeit in Verbindung stehende Merkmale sowohl Weiterentwicklung als auch

Effektivität von Führungskräften begünstigten. Verträglichkeit hingegen war zwar positiv für die Effektivität von Führungskräften, aber negativ für deren Entwicklung und Neurotizismus wirkte sich negativ auf beide aus.

Im Jahr 2004 veröffentlichten Zaccaro, Kemp und Bader ihr Führungsattributs- und -leistungsmodell. Dessen Kernannahme ist, dass zwei Gruppen von Führungsattributen – die *distalen* wie kognitive Fähigkeiten, Persönlichkeitsfaktoren und Motivation/ Werte sowie die *proximalen* wie soziale Beurteilungskompetenz, Problemlösungskompetenz und Fachwissen – Führungsprozesse dahin gehend beeinflussen, dass Entwicklung und Effektivität von Führungskräften vorausgesagt werden können. Das Modell basiert auf der Annahme, dass Führung aus dem kombinierten Einfluss mehrerer Merkmale entsteht und dass das spezifische Führungsumfeld diese Beziehung moderiert.

Darauf aufbauend berichteten Kemp, Zaccaro, Jordan und Flippo auf der Jahrestagung der amerikanischen Gesellschaft für Arbeits- und Organisationspsychologie[16] im gleichen Jahr über die Ergebnisse einer Studie, in der die Leistung von Militärs in einer dreitägigen Entscheidungsübung hinsichtlich Metakognition, Mehrdeutigkeitstoleranz und sozialer Intelligenz bewertet worden war. Sie stellten fest, dass die Leistungen von Teilnehmenden, bei welchen alle drei Attribute ein hohes Niveau aufwiesen, signifikant stärker waren als diejenigen von Personen, bei denen dies nicht der Fall war.

Weitere Erkenntnisse aus der neueren Merkmalsforschung sind etwa, dass besonders übermäßig oder schwach energische und selbstbewusste Personen von anderen weniger als Führungskraft gesehen werden als solche, bei denen diese Eigenschaft mittelmäßig ausgeprägt ist,[17] dass sehr authentisch wirkende Personen eher als Führungskräfte akzeptiert werden[18] und dass sich sowohl kognitive[19] als auch emotionale[20] Intelligenz positiv auf das Führungspotenzial einer Person auswirken.[21]

Verhaltenstheorien

Nachdem anfänglich vor allem Führungsmerkmale im Fokus der Forschung standen, verschob sich dieser im Laufe der 1940er Jahre zunehmend auf das Verhalten von Führungskräften. Konkret versuchte die sogenannte Führungsverhaltensschule[22], die festgestellten Schwierigkeiten bei der Identifikation der „richtigen" (internen) Führungsmerkmale zu vermeiden, indem auf (externes) Verhalten fokussiert wurde. Die beteiligten Forscher interessierten sich insbesondere dafür, welche Verhaltensweisen erfolgreiche Führungskräfte aufwiesen, welche Art von Führungsstilen sie anwendeten – oder überhaupt anzuwenden in der Lage waren – und welche Art von Verhaltensänderung erfolgreiche Führungskräfte im Verlauf ihrer Entwicklung durchmachten. Untersucht wurden also Fragen wie etwa „Welches Verhalten zeichnen gute Führungskräfte aus?", „Ist effektives Führungsverhalten hart oder weich?", „Muss effektives Führungsverhalten aufgaben- oder beziehungsorientiert sein?" oder auch einfach nur „Welches Führungsverhalten ist am effektivsten?". Viele, wenn auch bei Weitem nicht alle, dieser Studien wurden in einem Managementumfeld durchgeführt und es wurde in der Regel nicht zwischen Führung und Management unterschieden, wie dies später manchmal der Fall war.

Führungsstile sind eines der beststudierten Führungsverhalten. Eine der frühesten experimentellen Studien[23] dazu wurde bereits in den 1930er Jahren von dem in Deutschland geborenen amerikanischen Soziologen Kurt Lewin zusammen mit seinen Kollegen Ronald Lippitt und Ralph White durchgeführt. Sie identifizierten dabei drei archetypische Führungsstile[24]:

- Autoritär
- Demokratisch
- Laissez-faire

Autoritäre (später auch autokratisch genannte) Führungskräfte trafen Entscheidungen ohne Rücksprache mit anderen und verursachten damit im besagten Experiment ein hohes Maß an Unzufriedenheit.

Im Gegensatz dazu bezogen *demokratische* (später auch als partizipativ bezeichnete) Führungskräfte ihre Unterstellten in den Entscheidungsprozess ein. Bei einem vollständig demokratischen Ansatz führte die Führungskraft dabei einen Gruppenkonsens bezüglich der Entscheidung herbei, während partizipative Führungskräfte sich zwar die verschiedenen Meinungen in der Gruppe anhörten, sich aber das Recht vorbehielten, die Entscheidung auf dieser Basis dann selbst zu treffen. Dieser Stil wurde von den Unterstellten am meisten geschätzt. Allerdings kann er zu Problemen führen, wenn die Führungskraft entscheidungsschwach ist und gleichzeitig ein breites Meinungsspektrum in der Gruppe existiert.

Schließlich minimierte ein *Laissez-faire-Stil* die Beteiligung der Führungskraft am Entscheidungsprozess und ermöglichte es den Unterstellten so, ihre eigenen Entscheidungen zu treffen. Dieser Stil wird zwar oft von (nicht betroffenenen) Menschen zunächst begrüßt, wenn sie gefragt werden, was sie davon halten würden. In der Ausführung führt er unter den drei Stilen allerdings zu den meisten Problemen. Er mag dann einigermaßen funktionieren, wenn ein Team aus hochmotivierten und kompetenten Experten besteht, die weder koordiniert werden müssen noch Informationen benötigen, welche die Führungskraft hat. Allerdings ist dies kaum je der Fall und so stellten die Forscher denn auch fest, dass die so geführten Teams nicht die gleiche Energie aufwendeten und nicht so kohärent in ihrer Arbeit waren wie bei aktiverer Führung.

Diese grundlegende Einteilung von Lewin ist nach wie vor eine der am häufigsten verwendeten Klassifizierungen von Führungsstilen.

1960 veröffentlichte der amerikanische Managementprofessor Douglas McGregor *The Human Side of Enterprise*[25]. In diesem Buch erläuterte er, dass Führungsverhalten einerseits das grundlegende Menschenbild[26] einer Führungskraft reflektiere und dass es andererseits zwei fundamental entgegengesetzte archetypische Menschenbilder gäbe, die er – bewusst in Abgrenzung zu allen anderen damals gebräuchlichen Führungstheorien – *Theorie X* und *Theorie Y* nannte.[27] Die Grundlagen dafür fand er in den Organisationswissenschaften, insbesondere im Human-Relations-Ansatz und in Taylors Scientific Management.

Die *Theorie X* beschreibt ein Menschenbild, in dem Mitarbeitende als Zahnräder in einer Maschine betrachtet werden. Sie sind von Natur aus faul und versuchen, der Arbeit auszuweichen, wann und wo immer sie das können. Ihnen fehlt jeglicher Ehrgeiz und sie scheuen daher Verantwortung und bevorzugen Routineaufgaben. Mehrheitlich können sie keinen geistigen Beitrag zum Funktionieren der Organisation leisten. Sicherheit steht für sie im Vordergrund. Aus diesem Grund sind sie aber auch sehr offen für – positive wie auch negative – Anreize. Sie müssen in der Regel zur Arbeit gezwungen werden, was wiederum eine enge Überwachung nötig macht, mit Strafen für Fehlverhalten und mangelnden Einsatz sowie großzügigen Belohnungen für überdurchschnittliche Leistung. Die nach Taylors Prinzipien organisierten Fließbandfabriken der Automobilindustrie des frühen 20. Jahrhunderts sind ein Beispiel für diesen Ansatz: Den Arbeitern wurden anspruchsvolle Leistungsquoten vorgegeben, deren Einhaltung strikt überwacht und mit verhältnismäßig hohen Boni bei Überschreiten oder Lohneinbußen bei Unterschreiten dieser Quoten verknüpft waren. Führungsstile in einer solchen Umgebung sind typischerweise autoritär.

Die *Theorie Y* hingegen geht davon aus, dass Mitarbeitende ihre geistige und körperliche Arbeit unter den richtigen Umständen durchaus genießen können. Sie sind von Natur aus (selbst-)motiviert und ehrgeizig, optimistisch, dynamisch und flexibel und können somit mehrheitlich einen intellektuellen Beitrag zum Funktionieren der Organisation leisten. Die Hauptaufgabe der Führungskraft besteht daher darin, ein anregendes und leistungsförderndes Arbeitsumfeld sicherzustellen. Ein Beispiel für eine Unternehmung, die eher diesen Ansatz lebt, ist Google. So werden den Mitarbeitenden am Hauptquartier in Mountain View, Kalifornien – dem sogenannten Googleplex – eine Reihe von Spiel- und Entspannungsmöglichkeiten geboten, darunter auch sogenannte Nap Pods, also kleine Schlafräume. Das Unternehmen bietet auch kostenlose Mahlzeiten, Kranken- und Zahnversicherungen und sogar einen Reinigungsdienst für Kleider an, damit sich seine Mitarbeitenden auf ihre Arbeit konzentrieren können. Führungsstile in einer solchen Umgebung sind typischerweise partizipativ.

Führungsprobleme entstehen insbesondere dann, wenn ein Team oder eine Organisation der einen dieser Theorien entspricht, die Führungskraft jedoch der anderen. So kann beispielsweise auf dem Bau nicht einfach darauf vertraut werden, dass schon alle wissen, was sie machen – die Risiken wären viel zu hoch, würde auf Kontrollen verzichtet. Gleichzeitig demotiviert in einer Expertenorganisation nichts die Mitarbeitenden mehr als ein autoritärer Mikromanagementstil.

Obwohl dessen wissenschaftlicher Gehalt verschiedentlich kritisiert wurde, erlangte McGregors Modell schnell großen Einfluss auf die Managementliteratur und -ausbildung, welcher bis in die Neuzeit anhält.[28]

Im Jahr 1964 veröffentlichten die amerikanischen Managementtheoretiker Robert Blake und Jane Mouton ihr *Verhaltensgitter-Modell*[29]. Dieses basierte auf der Annahme, dass sich Führungskräfte vor allem auf zwei Faktoren ausrichten, nämlich Produktion und soziale Beziehungen. Die beiden Autoren gingen dabei davon aus, dass bei den meisten – aber nicht allen – Führungskräften eine der beiden Orientierungen dominiert. Basierend auf dieser Grundannahme identifizierten sie fünf archetypische Führungsstile:

- Überlebensmanagement
- Country-Club-Management
- Aufgabenmanagement
- Kompromissmanagement und
- Teammanagement

Wer *Überlebensmanagement*[30] anwendet, zeigt weder an den Mitarbeitenden noch an der Produktion Interesse und stellt lediglich mit minimalen Maßnahmen das eigene Überleben in der Organisation sicher.

Beim *Country-Club-Management*[31] zeigt sich eine Führungskraft zwar sehr aufmerksam gegenüber den Mitarbeitenden, interessiert sich aber kaum für die Produktion und setzt sich daher auch nicht intensiv mit den Organisationszielen auseinander. Im Vordergrund steht das Beziehungsmanagement.

Beim *Aufgabenmanagement*[32] hingegen fokussiert eine Führungskraft primär auf die Produktion und vernachlässigt dafür das Beziehungsmanagement. Verhalten wird vor allem über Geld gesteuert und im Gegenzug dafür Leistung erwartet. Da dieser Stil oft als sehr autoritär wahrgenommen wird, bezeichnet man ihn manchmal auch als *diktatorisches Management*. Er basiert auf McGregors Theorie X.

Beim *Kompromissmanagement*[33] versuchen durchschnittliche Führungskräfte, mit ihren begrenzten Fähigkeiten ein ausgewogenes Gleichgewicht zwischen Produktion und Beziehungsmanagement zu erreichen.

Schließlich sind bei dem von den Autoren als Ideal betrachteten *Teammanagementstil* fähige Führungskräfte in der Lage, sowohl der Produktion als auch dem Beziehungsmanagement volle Aufmerksamkeit zu schenken und damit sowohl Engagement und Teamarbeit als auch die zielorientierte Aufgabenerledigung zu fördern. Dieser Stil basiert auf McGregors Theorie Y.

Weitere Informationen zum Modell von Blake-Mouton finden Sie in *Kapitel 3* unter „Verhalten effektiver Führungskräfte".[34]

Auch die in den letzten Jahren sehr populär gewordene Forschung zur *emotionalen Intelligenz*, die ursprünglich vor allem merkmalsbasiert war, kann mittlerweile zur Verhaltensschule gezählt werden, da sie häufig auf verhaltensbasierte Fähigkeiten fokussiert. Bereits in den frühen 1980er Jahren stellte Howard Gardner sein Konzept der *persönlichen Intelligenzen* vor,[35] welches aus intrinsischen und extrinsischen Faktoren bestand. Diese sollten der Führungskraft seiner Ansicht nach erlauben, sowohl sich selbst als auch andere Menschen korrekt einzuschätzen.

Auf Basis der bisherigen Forschung zur emotionalen Intelligenz und seinen eigenen Beobachtungen identifizierte der amerikanische Psychologe Daniel Goleman dann Ende der 1990er Jahre mehrere Führungsstile, die er als in Unternehmen üblich erachtete:[36]

- Visionärer Stil
- Coachender Stil
- Affiliativer Stil
- Demokratischer Stil
- Schrittmacherstil sowie
- Kommandostil

Diese Stile ähneln größtenteils den von anderen Autoren beschriebenen, integrieren aber Elemente aus der Forschung zur emotionalen Intelligenz. Laut Goleman verwenden effektive Führungskräfte in einer typischen Arbeitswoche jeden dieser Stile. Eine detaillierte Beschreibung finden Sie in *Kapitel 3* unter „Verhalten effektiver Führungskräfte".[37]

Anfang der 2000er Jahre schlugen Boyatzis und McKee (2002) ein gemischtes Modell der emotionalen Intelligenz vor, welche ihrer Ansicht nach aus Selbsterkenntnis, Selbstmanagement, sozialem Bewusstsein und Beziehungsmanagement besteht.

Schließlich ist ein weiteres bekanntes (und wissenschaftlich validiertes) Modell dasjenige der *emotional-sozialen Intelligenz (ESI)* des amerikanisch-israelischen Psychologen Reuven Bar-On[38], welches aus zehn Schlüsselkomponenten und fünf moderierenden Faktoren besteht. Eine detaillierte Beschreibung finden Sie in *Kapitel 4* unter „Persönliche Ebene"[39].

Macht- und Einflusstheorien

Nach dem phänomenalen Erfolg von Dale Carnegies Selbsthilfe-Megaseller *How to win Friends and Influence People*[40], der 1936 das erste Mal veröffentlicht worden war, beschäftigte sich auch die Führungsforschung einige Zeit lang mit diesem Thema.

Dabei sticht vor allem das Modell der amerikanischen Sozialpsychologen John French und Bertram Raven hervor. Ihr 1959 veröffentlichter Artikel *The Bases of Social Power*[41] beschrieb, dass sich der Einfluss einer Führungskraft auf die Unterstellten auf insgesamt fünf Machtbasen abstütze. Diese wurden bezüglich ihrer Entstehung in zwei Gruppen eingeteilt, positionelle und persönliche Macht.

Positionelle Macht besteht aus legitimer Macht (also eine vorgesetzte Position innezuhaben), Belohnungsmacht (zum Beispiel Lohnerhöhungen und Boni zu versprechen oder Urlaub gewähren zu können) sowie Zwangsmacht (also bestrafen zu können).

Persönliche Macht entsteht aus Wissensmacht (erworben durch Aus- und Weiterbildung sowie Erfahrung) und etwas, was die Autoren als Identifikationsmacht[42] bezeichneten. Diese erlaubt es einer Führungskraft durch Charisma und die Kraft der eigenen Persönlichkeit, die Einstellungen der Unterstellten zu beeinflussen und bei diesen ein Gefühl der Verbundenheit zu entwickeln.

Im Jahr 1965 ergänzte Bertram Raven diese Liste noch um eine sechste Machtbasis, nämlich die *Informationsmacht*[43]. Diese entsteht, wenn eine Person über Informationen verfügt, die andere brauchen oder wollen.

Ein weiterer wichtiger Beitrag zur Macht- und Einflussliteratur ist Robert Cialdinis Buch *Influence: The Psychology of Persuasion*[44] von 1980. Seine Grundannahme war, dass Menschen bei ihren Entscheidungen wegen Informationsüberlastung auf Verallgemeinerungen zurückgreifen. Dieser Ansatz hilft dabei, mit angemessenem Zeit- und Gedankenaufwand trotzdem mehrheitlich optimale Entscheidungen zu treffen. Wer daher diese Verallgemeinerungen versteht, kann sie dazu nutzen, andere zu beeinflussen.

Mit einer Reihe von Beispielen erläutert der Autor zum Beispiel, wie Menschen dazu neigen, Gefälligkeiten (oder was sie für Gefälligkeiten halten)[45] zu erwidern oder Verpflichtungen einzuhalten, auch wenn aus kleinen plötzlich immer größere werden,[46] weil sie in ihrem Verhalten konsistent erscheinen möchten. Menschen reagieren auch instinktiv auf die Information, dass etwas knapp ist – etwa, weil es in seiner Verfügbarkeit eingeschränkt ist.[47] Außerdem neigen Menschen dazu, Autoritätspersonen zu gehorchen[48] und sie werden leichter von Personen überzeugt, die sie mögen.[49] Schließlich liefert die Beobachtung von Referenzpersonen – etwa Arbeitskolleginnen und -kollegen mit ähnlichem Aufgabenspektrum – einen „sozialen Beweis", der dazu führt, dass man unbewusst ähnlich handeln will.

Cialdinis sechs Prinzipien des Beeinflussens sind also:

1. *Gegenseitigkeit:* Wenn man etwas erhält, fühlt man sich verpflichtet, etwas zurückzugeben.
2. *Verpflichtung und Beständigkeit:* Man möchte konsistent bleiben hinsichtlich Dingen, die man bereits früher gesagt oder getan hat.
3. *Knappheit:* Man will mehr von etwas, das man nicht oder nur sehr begrenzt haben kann.
4. *Autorität:* Man folgt glaubwürdigen, fachkundigen Experten.
5. *Sympathie:* Man sagt gerne Ja zu Menschen, die man mag, etwa weil sie körperlich attraktiv sind.[50]
6. *Sozialer Beweis:* Man unterstützt diejenige Meinung, von der man annimmt, dass der Rest der Referenzgruppe sie auch teilt.

Obwohl Cialdini ursprünglich eigentlich nur daran interessiert war, wie Kunden Kaufentscheidungen treffen, können die sechs von ihm identifizierten Prinzipien auch als allgemein entscheidungsbeeinflussende Faktoren betrachtet werden – einschließlich der Entscheidung, einer Führungskraft zu folgen.

Kontingenztheorien

Die sogenannte *Kontingenzschule*[51] entwickelte sich ab Ende der 1950er Jahre. Sie basierte auf der Idee des auch im strategischen Management und in der Organisationslehre populären „Environmental Fit", also des Zwangs zum Einpassen in ein bestimmtes Umfeld. Auf einen Führungskontext übertragen bezeichnet „Fit" das Passen einer Führungskraft zu den Anforderungen einer Führungssituation. Wichtige Beiträge zu dieser Literatur sind Tannenbaum und Schmidts Führungskontinuum[52], Fiedlers Kontingenztheorie[53], Hersey und Blanchards situatives Führungsmodell[54], Houses Pfad-Ziel-Theorie[55] und das normative Entscheidungsmodell[56] von Vroom, Yetton und Jago.

Im Jahr 1958 veröffentlichten Robert Tannenbaum und Warren Schmidt ihr Führungskontinuum in einem Artikel im *Harvard Business Review*. Im Wesentlichen basierend auf Lewins Führungsstilen sahen die Autoren Führung als ein Kontinuum zwischen dem, was sie als „bosszentrierte“ und „unterstelltenzentrierte“ Führung bezeichneten. Zwischen diesen beiden Polen sahen sie sieben verschiedene sogenannte „Führungsmuster“[57], also Führungsstile:

- *Autoritär:* Die Führungskraft trifft die Entscheidung allein und informiert dann das Team.
- *Paternalistisch:* Die Führungskraft trifft die Entscheidung und überzeugt dann die Untergebenen von deren Wert.
- *Konsultativ I:* Die Führungskraft präsentiert Ideen und beantwortet Fragen, bevor sie die Entscheidung trifft.
- *Konsultativ II:* Die Führungskraft präsentiert eine vorläufige Entscheidung, die sich aber noch ändern kann.
- *Partizipativ:* Die Führungskraft stellt das Problem dem Team vor und sammelt Vorschläge, behält sich aber die endgültige Entscheidung vor.
- *Demokratisch:* Die Führungskraft definiert den Rahmen, delegiert die Entscheidung aber an das Team.
- *Laissez-faire:* Die Führungskraft erlaubt den Untergebenen, selbstständig innerhalb eines durch eine höhere Instanz definierten Rahmens zu arbeiten und Entscheidungen selbst zu treffen.

Laut Tannenbaum und Schmidt sollte eine Führungskraft bei der Entscheidung, welchen dieser Stile sie verwenden soll, Folgendes berücksichtigen:

- Merkmale der Führungskraft
- Merkmale der Untergebenen und
- Merkmale der Situation

Die Autoren sehen die wesentlichen Merkmale der Führungskraft in deren Wertesystem, ihrem Vertrauen in die Untergebenen, ihrer natürlichen Führungsneigung (eher autoritär oder eher partizipativ) und ihrer Sicherheit auch in unklaren Situationen.

Relevante Merkmale der Unterstellten sind deren jeweilige Persönlichkeiten sowie das Führungsverhalten, das sie erwarten.[58] Wie viele Freiheiten die Unterstellten erhalten sollen, hängt gemäß den Autoren von deren Wissen und Erfahrungen, ihrem Bedürfnis nach Unabhängigkeit und ihren Erwartungen bezüglich Mitbestimmung sowie ihrer Bereitschaft, Verantwortung zu tragen, ihrer Toleranz gegenüber Ambivalenz, ihrem Interesse an der Problematik und ihrer Identifikation mit den Zielen der Organisation ab.

Als wesentliche Merkmale der Situation schließlich sehen Tannenbaum und Schmidt den Organisationstyp[59], die Effektivität der Gruppe, das zu lösende Problem an und für sich und den herrschenden Zeitdruck.

In diesem Modell sind effektive Führungskräfte also diejenigen, welche diese drei Merkmalsarten genau einschätzen können und in der Lage sind, ihr Führungsverhalten entsprechend anzupassen.

Obwohl vor allem in Nordamerika sehr einflussreich, wurde dieses Modell durchaus auch kritisiert. Hinterfragt wurden etwa die Annahme eines Organisationsumfelds ohne Machtspiele und interne Politik oder die Erwartung des Vorliegens ausreichender Informationen, mit denen die Führungskraft die Wahl des Führungsstils treffen kann. Auch berücksichtige das Modell nur den ersten Schritt der Aufgabenverteilung, also die sogenannte Initiatorstruktur, nicht den gesamten Führungsprozess, der schließlich aber für den Erfolg von Führung verantwortlich sei. In einem Kommentar zum eigenen Artikel von 1973 aktualisierten Tannenbaum und Schmidt ihr Modell dahin gehend, dass sie das organisatorische und gesellschaftliche Umfeld integrierten, den Begriff „Unterstellte" in „Nicht-Manager" änderten und den Begriff eines regelmäßig neu zu definierenden „totalen Freiraums" zwischen „Managern" und „Nicht-Managern" einführten. Weitere Informationen dazu finden Sie in *Kapitel 3* unter „Verhalten effektiver Führungskräfte"[60].

Ein weiteres Modell dieser Gruppe, das sogenannte *Kontingenzmodell,* wurde vom amerikanischen Management-Psychologen Fred Fiedler 1958 eingeführt und 1967 aktualisiert. Es geht davon aus, dass Gruppenleistung vom Führungsstil und der „situativen Günstigkeit" abhängt. Der Führungsstil kann gemäß Fiedler aufgaben- oder beziehungsorientiert sein. Situative Günstigkeit wird durch die Beziehung zwischen Führungskraft und Unterstellten sowie das jeweilige Stressniveau bestimmt. Stress wird als Schlüsselfaktor für die Effektivität von Führungskräften angesehen. Dieser kann von drei Quellen stammen: der vorgesetzten Stufe, der unterstellten Stufe sowie der Situation an sich.

Fiedler untersuchte auch die Rolle von Erfahrung und stellte überraschenderweise fest, dass diese nicht unter allen Umständen die Leistung steigerte. Stattdessen konnte Erfahrung die Leistung unter stressfreien Bedingungen sogar beeinträchtigen, weil oft schablonenhaft zu einer früher schon einmal genutzten Lösung gegriffen wurde, selbst wenn sie dieses Mal nicht passte. In sehr stressigen Situationen (wie einer Krise) ist Erfahrung hingegen entscheidend und führt normalerweise zu besserer Leistung. Als zentrales Kriterium zur Sicherstellung von Führungserfolg sah Fiedler daher die Fähigkeit, eine Gruppensituation zu kontrollieren. Gleichzeitig sah er den Führungsstil einer Person als inhärent, also mehr oder weniger fix, an. Daraus folgt, dass bei Führungsproblemen oft der Austausch der Führungskraft die zielführendste und schnellste Lösung wäre. Weitere Informationen zum Modell von Fiedler finden Sie in *Kapitel 3* unter „Verhalten effektiver Führungskräfte"[61].

Ein weitverbreitetes Modell ist auch das 1969 erstmals veröffentlichte *situative Führungsmodell*[62]. Entwickelt vom amerikanischen Verhaltensforscher Paul Hersey und dem Führungstrainer Ken Blanchard, geht dieses Modell im Gegensatz zu etwa Fiedlers davon aus, dass Führungskräfte ihren Stil ändern können – und dies situativ auch müssen. Konkret sollen sie diesen an die Reife ihrer Unterstellten anpassen. Die Autoren beschreiben dabei vier Reifegrade:

- *Reifegrad 1:* Dem Teammitglied fehlen die zur Erfüllung einer Aufgabe nötigen Fähigkeiten und es ist daher sowohl unfähig als auch nicht gewillt, diese zu erfüllen.
- *Reifegrad 2:* Das Teammitglied ist bereit, an der Aufgabe zu arbeiten, verfügt aber nicht über die erforderlichen Fähigkeiten und kann und will daher keine Verantwortung für das Resultat übernehmen.

- *Reifegrad 3:* Das Teammitglied verfügt über die erforderlichen Fähigkeiten und Erfahrungen und wäre somit in der Lage, die Aufgabe zu erfüllen, hat aber zu wenig Selbstvertrauen oder Leistungswillen.
- *Reifegrad 4:* Das Teammitglied verfügt über die erforderlichen Fähigkeiten und Erfahrungen sowie das nötige Selbstvertrauen und ist daher willens, die Aufgabe zu erfüllen und auch Verantwortung für das Resultat zu übernehmen.

Reife hängt also nach Ansicht der Autoren von der fachlichen Kompetenz sowie der psychologischen Bereitschaft zur Aufgabenerfüllung ab. Wichtig: Der Reifegrad ist aufgabenspezifisch. Ein Teammitglied kann also bezüglich einer bestimmten Aufgabe (beispielsweise Projektplanung) unreif sein, hinsichtlich einer anderen jedoch reif. Dementsprechend sollte sich der Führungsstil also nicht nur an die Gruppe oder das Individuum, sondern auch an die jeweilige Aufgabensituation anpassen.

Je nach Situation kann eine Führungskraft in diesem Modell einen von vier verschiedenen Führungsstilen verwenden:

- *Direktiver Stil:* Unterstellte mit geringer Kompetenz (zum Beispiel wegen Unterqualifikation), aber hoher Bereitschaft (zum Beispiel, weil sie gerade erst in die Organisation eingetreten sind und sich beweisen wollen) sollen primär aufgabenorientiert geführt werden; die Führungskraft definiert also die Rolle einer Person oder Gruppe und gibt spezifische Anweisungen, wie eine Aufgabe auszuführen sei (einschließlich häufiger Fortschrittskontrollen), bietet aber wenig emotionale Unterstützung.
- *Coaching-Stil:* Unterstellte mit geringer Kompetenz und geringer Bereitschaft sollen sowohl aufgaben- als auch beziehungsorientiert geführt werden, da sie einerseits detaillierte Anweisungen, andererseits aber auch starke emotionale Unterstützung (durch Ratschläge, Informationen, positives Feedback und so weiter) benötigen.
- *Unterstützender Stil:* Unterstellte mit hoher Kompetenz (zum Beispiel Forschende), aber niedriger – oder zumindest variabler – Bereitschaft (zum Beispiel aufgrund häufiger organisatorischer Veränderungen und unzureichender Begleitkommunikation) sollen primär emotional gestützt werden, benötigen aber wenig Anweisung (da sie ihren Job gut kennen).
- *Delegativer Stil:* Unterstellte mit hoher Kompetenz und hoher Bereitschaft sollen im Wesentlichen in Ruhe gelassen werden, damit sie ihre Arbeit verrichten können.

Wie bei anderen Modellen ähneln diese Stile solchen früherer Modelle. Der direktive Stil beispielsweise entspricht in etwa Lewins sowie Tannenbaum und Schmidts autoritärem Stil oder Blake und Moutons Aufgabenmanagement. Der Coaching-Stil erinnert an Blake und Moutons Teammanagement, der Unterstützungsstil an das Country-Club-Management der gleichen Autoren und der delegative Stil hat Gemeinsamkeiten mit Lewins und Tannenbaum und Schmidts Laissez-faire-Stilen.

Obwohl intuitiv ansprechend, sind empirische Belege für das situative Führungsmodell gemischt. So haben mehrere große Studien keine Unterstützung für verschiedene seiner Kernaussagen gefunden. Ab Mitte der 1970er Jahre entwickelten beide Autoren unabhängig voneinander separate Versionen des Modells, sodass es heute mehrere ähnliche, aber konkurrierende Versionen davon gibt. Weitere Informationen zu diesem Modell finden Sie in *Kapitel 3* unter „Verhalten effektiver Führungskräfte“[63].

Ein weiteres situatives Modell ist das 1971 veröffentlichte und 1996 revidierte *Pfad-Ziel-Modell* von Robert House. Es geht davon aus, dass das Verhalten einer Führungskraft von der Zufriedenheit, Motivation und Leistung der Unterstellten abhängt. Das Modell leitet seinen Namen von dem Argument ab, dass es in der Verantwortung der Führungskraft liege, den Unterstellten bei der Auswahl des besten Weges zur Erreichung sowohl organisatorischer als auch persönlicher Ziele zu helfen. Die Effektivität von Führungskräften wird gemäß House primär davon bestimmt, wie motiviert und zufrieden die Mitarbeitenden sind und wie gut sie die Führungskraft akzeptieren. Diese Faktoren wiederum hängen vom Hintergrund (Fähigkeiten und Erfahrungen) der jeweiligen Personen, dem Umfeld (Aufgabenstruktur und Teamdynamik) und dem Verhalten der Führungskraft (also deren Führungsstil) ab.

House listet vier solche Führungsstile auf:

- Direktiver Stil
- Unterstützender Stil
- Partizipativer Stil
- Leistungsorientierter Stil

Direktive Führung basiert nach House auf klaren Richtlinien, Leistungsstandards und Kontrollen sowie gegebenenfalls Belohnungen und Strafen.

Unterstützende Führungskräfte kümmen sich um die Bedürfnisse der Unterstellten und sorgen für deren Wohlergehen und Wohlbefinden.

Partizipative Führungskräfte tauschen Informationen mit ihren Unterstellten aus und beziehen sie in die Entscheidungsfindung ein.

Schließlich setzen *leistungsorientierte* Führungskräfte anspruchsvolle Ziele, um die Unterstellten dazu zu bringen, ihre maximale Leistung zu erreichen.

Wie im Servant-Leadership-Modell von Greenleaf streben Führungskräfte in diesem Modell nicht nach Macht, sondern dienen als Coaches, Vermittler und Türöffner für ihre Unterstellten. Im Gegensatz zu Fiedlers Kontingenzmodell, aber in Übereinstimmung mit Hersey und Blanchards situativer Führung geht das Pfad-Ziel-Modell davon aus, dass Führungskräfte situativ jeden der vier Führungsstile übernehmen können.

Die Frage, welcher Führungsstil unter welchen Umständen am besten geeignet ist, steckt hinter dem nächsten Modell. Das *normative Entscheidungsmodell* wurde ursprünglich von dem in Kanada geborenen Yale-Professor Victor Vroom und dem australischen Managementwissenschaftler Phillip Yetton entwickelt und 1973 erstmals veröffentlicht, später aber in Zusammenarbeit mit Arthur Jago erweitert und 1988 in revidierter Form publiziert. Aus diesem Grund wird es oft auch als „Vroom-Yetton-Jago-Modell“ bezeichnet.

Das normative Entscheidungsmodell geht davon aus, dass drei Führungsstile (autokratisch, konsultativ und kollaborativ) die Grundlage für insgesamt fünf Entscheidungsprozesse bilden.

Diese Entscheidungsprozesse sind:

- *Autokratisch I (A1):* Die Führungskraft trifft die Entscheidung ohne Beteiligung der Unterstellten unter Verwendung von Informationen, die leicht verfügbar sind.
- *Autokratisch II (A2):* Die Führungskraft holt vor der Entscheidung zusätzliche Informationen bei den Unterstellten ein, trifft die Entscheidung dann aber allein; die Unterstellten können informiert werden oder auch nicht.
- *Konsultativ I (C1):* Die Führungskraft bespricht Probleme individuell mit Unterstellten und holt Meinungen ein, führt aber keine Team-Meetings durch und trifft die Entscheidung allein.
- *Konsultativ II (C2):* Die Führungskraft bespricht Probleme mit dem ganzen Team, trifft die Entscheidung aber allein.
- *Gruppe II (G2):* Die Führungskraft bespricht Probleme mit dem Team und moderiert dabei die Diskussionen, delegiert die Entscheidung aber an die Gruppe.

Die Wahl des für eine spezifische Führungssituation geeignetsten Entscheidungsprozesses hängt dabei von den Antworten auf acht Fragen ab. Weitere Informationen zum Vroom-Yetton-Jago-Modell finden Sie in *Kapitel 3* unter „Verhalten effektiver Führungskräfte“[64].

Das Pfad-Ziel-Modell und das normative Entscheidungsmodell sind Beispiele *transaktionaler* Führungstheorien. Transaktionale Führungskräfte legen viel Wert auf Organisation und Prozesse, Aufgaben und Kontrollen und sie tauschen greifbare Belohnungen (wie Boni oder Urlaub) gegen Arbeit und Loyalität der Unterstellten ein. Überwiegend transaktionale Führung findet sich häufig in risikoreichen Berufen wie der Erdölgewinnung. Im Gegensatz dazu konzentrieren sich *transformationale* Führungskräfte auf die inneren Bedürfnisse der Unterstellten, vermitteln Sinn, schärfen das Bewusstsein für die Zweckmäßigkeit bestimmter Ziele und arbeiten mit den Unterstellten zusammen, um notwendige Veränderungen zu identifizieren. Das Konzept der transformationalen Führung wurde 1978 vom amerikanischen Historiker und Politikwissenschaftler James McGregor Burns eingeführt.[65]

Die beiden Konzepte der transaktionalen und transformationalen Führung entsprechen in gewissem Maße der älteren Zweiteilung in Aufgaben- und Beziehungsorientierung, welche sich wiederum zum Beispiel in McGregors Theorie X und Theorie Y spiegelt. Oft wird transformationale Führung als überlegen dargestellt, etwa in Führungsworkshops. Bereits seit den frühen 1990er Jahren ist jedoch belegt, dass für effektive Führung beide Aspekte benötigt werden.

Diese Sichtweise wird als *Full-Range-Leadership-Modell* bezeichnet, also etwa „Führung des vollen Spektrums“. Der Begriff wurde 1991 von Bruce Avolio und Bernard Bass geprägt. Sie bezogen sich dabei unter anderem auf eine Studie an 726 Führungskräften, in der sie festgestellt hatten, dass transformationale Führung allein nicht zu überlegener Leistung führte, sondern das effektivste Führungsverhalten sowohl transformationale als auch transaktionale Elemente beinhaltete.[66]

Das Full-Range-Leadership-Modell von Avolio und Bass umfasst neun Elemente:[67]

- Idealisierter Einfluss (Zuschreibung)
- Idealisierter Einfluss (Verhalten)
- Inspirierende Motivation
- Intellektuelle Stimulation
- Individualisierte Berücksichtigung
- Bedingtes Belohnen
- Aktives Management-by-Exception
- Passives Management-by-Exception und
- Laissez-faire

Idealisierter Einfluss (Zuschreibung) bezieht sich darauf, ob die Führungskraft durch die Unterstellten subjektiv als selbstbewusst, mächtig, ethisch und auf höhere Ideale fokussiert wahrgenommen wird.

Idealisierter Einfluss (Verhalten) entsteht durch Handlungen der Führungskraft, die objektiv charismatisch sind und sich auf klare Werte und Überzeugungen sowie ein starkes Sendungsbewusstsein stützen.

Inspirierende Motivation bedeutet die Fähigkeit der Führungskraft, ihre Unterstellten zu motivieren, indem sie optimistisch in die Zukunft blickt, ehrgeizige Ziele betont und eine wünschenswerte, erreichbare Vision kommuniziert.

Intellektuelle Stimulation bezieht sich auf diejenigen Handlungen der Führungskraft, mit welchen die Unterstellten zu kreativem Denken und zum Entwickeln neuer Lösungswege für schwierige Probleme herausgefordert werden.

Unter *individualisierter Berücksichtigung* versteht man Führungsverhalten, welches durch Ratschläge und Unterstützung sowie das Berücksichtigen von deren individuellen Bedürfnissen zur Zufriedenheit der Unterstellten beiträgt, damit diese sich weiterentwickeln und selbst verwirklichen können.

Bedingtes Belohnen bezeichnet das Gewähren von materiellen oder psychologischen Belohnungen auf Grundlage geklärter Rollen- und Aufgabenanforderungen und dem Erfüllen entsprechender Verpflichtungen.

Aktives Management-by-Exception[68] bezieht sich auf die aktive Kontrolle der Aufgabenerfüllung durch eine auf die Einhaltung der entsprechenden Standards bedachte Führungskraft. *Passives Management-by-Exception* liegt dann vor, wenn eine Führungskraft erst eingreift, nachdem bereits Fehler aufgetreten sind oder Standards nicht eingehalten wurden.

Laissez-faire schließlich bezeichnet das Fehlen jeglicher Führung, also ein Verhalten, bei dem die Führungskraft Entscheidungen vermeidet, Verantwortung wegdelegiert und keinerlei Autorität ausübt.

Die ersten fünf dieser Elemente sind transformational und die nächsten drei transaktional. Das letzte Element, laissez-faire, ist weder das eine noch das andere und fungiert im Modell als Kontrapunkt – wenn es stark ausgeprägt ist, müssen die anderen also zwangsweise gering ausgeprägt sein und umgekehrt.

All diese Theorien sind grundsätzlich präskriptiv: Sie beschreiben, welche Praktiken Führungskräfte anwenden *sollen.* Oft ist das aber leichter gesagt als getan. So wie überhaupt alle Menschen sind auch Führungskräfte nicht immer gleich gut in Form, nicht einmal die besten. Menschen sind äußeren und inneren Einflüssen wie etwa guten oder schlechten Nachrichten, persönlichen Problemen oder auch schlechten Erinnerungen (zum Beispiel an frühere Misserfolge oder schwierige Situationen) ausgesetzt. Diese können Stimmungsschwankungen, Ängste und so weiter auslösen. Manche Menschen sind diesbezüglich allerdings wiederstandsfähiger als andere. Man spricht dabei von *Resilienz*[69]. In der Führungspsychologie wird Resilienz als die Fähigkeit bezeichnet, mit Stress und Widrigkeiten umzugehen – eine äußerst wichtige Fertigkeit für Führungskräfte. Gestützt auf eine 1993 publizierte psychometrische Studie definierten die Resilienzpionierinnen Gail Wagnild und Heather Young deren Hauptkomponenten als persönliche Kompetenz (bestehend aus Aspekten wie Selbstständigkeit, Entschlossenheit, Einfallsreichtum und Ausdauer) sowie Akzeptanz von Selbst und Leben (bestehend aus Anpassungsfähigkeit, geistigem Gleichgewicht, Flexibilität und einer ausgewogenen Lebensperspektive). Sie fanden auch heraus, dass Resilienz positiv mit körperlicher Gesundheit, Lebenszufriedenheit und Moral verbunden war, aber negativ mit Depressionen. Mit anderen Worten: Gute Gesundheit und eine positive Lebenseinstellung erhöhen die Resilienz, während Depressionen sie reduzieren – eigentlich ja recht logisch.

Um langfristig erfolgreich zu sein, benötigen Führungskräfte neben transformationalen und transaktionalen Fähigkeiten also auch eine hohe Resilienz. Sie sollten diese daher kontinuierlich überwachen und stärken, um den sich ändernden Anforderungen ihrer Aufgaben langfristig gerecht zu werden. Resilienz wird in *Kapitel 4 unter „Persönliche Ebene“*[70] genauer erläutert.

Funktionale Führungstheorien

Im Gegensatz zu Merkmals- und Verhaltenstheorien geht es bei funktionalen Führungstheorien weniger darum, *warum* etwas getan wird, sondern vielmehr darum, *wie* es getan werden soll. Im Mittelpunkt steht die Annahme, dass Führungserfolg von einer Reihe von Verhaltensweisen nicht nur der Führungskraft, sondern auch der Unterstellten abhängt.

Bereits 1953 berichtete der amerikanische Psychologe Edwin Fleishman, dass Unterstellte dazu neigten, das Verhalten ihrer Vorgesetzten nach zwei Aspekten zu bewerten: Rücksichtnahme und Aufgabenerteilung.[71] Ersteres bezieht sich auf Sorge und Unterstützung, welche Unterstellten durch die Führungskraft zuteil wird. Letzteres meint die Art, wie eine Führungskraft Aufgaben strukturiert und zuweist, beispielsweise mit Blick auf die Sinnhaftigkeit geschnürter Arbeitspakete, Rollendefinitionen sowie Leistungsstandards und deren Bewertung. Zwei vergleichsweise neuere Beiträge aus dieser Forschungsrichtung sind besonders einflussreich geworden: das handlungszentrierte Führungsmodell[72] und die fünf Praktiken beispielhafter Führung[73].

John Adair, ein ehemaliger britischer Offizier, Akademiker und Managementautor, veröffentlichte sein *handlungszentriertes Führungsmodell* erstmals im Jahr 1973. Dieses besagte, dass sich Führungskräfte auf drei Hauptverantwortungen konzentrieren sollten:

- Die Erfüllung von Aufgaben
- Die Leitung des Teams
- Die Führung von Einzelpersonen

Adair sieht diese als überschneidend an, denn die Erfüllung von Aufgaben in einer Organisation erfordert gemeinhin ein Team und damit dieses gut funktioniert, müssen die einzelnen Teammitglieder unter anderem qualifiziert und motiviert sein. Die im ursprünglichen Modell aufgelisteten Fähigkeiten – der Autor selbst sprach von „Kernfunktionen der Führung“ – waren:

- Planen
- Initiieren
- Kontrollieren
- Unterstützen
- Informieren
- Auswerten

Diese sind im Wesentlichen transaktional. In einer überarbeiteten Ausgabe von 1988 änderte Adair die Liste dann in Aufgabendefinition, Planung, Briefing, Controlling, Bewertung, Motivation, Organisation und Vorbildfunktion. Die ältere Version blieb jedoch deutlich bekannter.

Zusätzlich ist Adair auch bekannt für seine „Fünfzig-fünfzig-Regel“. Damit meinte er das Gewicht unterschiedlicher Einflüsse in einer bestimmten Situation. Als Beispiel gab er an, dass etwa fünfzig Prozent der Motivation eines Teammitglieds intrinsisch (also von der Person selbst stammend) seien, während die anderen fünfzig Prozent auf externe Einflüsse, beispielsweise die Art der Führung, zurückzuführen seien. Ebenso sah er fünfzig Prozent des Erfolgs beim Teambuilding bei der Führungskraft und die anderen fünfzig Prozent beim Team selbst und so weiter. Die Beiträge von Adair werden in *Kapitel 4 unter „Ein ganzheitliches Führungsverständnis“*[74] detaillierter erläutert.

Ein zweiter wichtiger Beitrag in dieser Forschungsrichtung stammt von James Kouzes und Barry Posner. Im Jahr 1987 veröffentlichten sie das Buch *The Leadership Challenge*[75]. In diesem fassten sie die Ergebnisse Tausender von Interviews und von mehr als 75.000 schriftlichen Antworten zusammen. Das Resultat waren fünf Verhaltensweisen, die ihrer Ansicht nach alle erfolgreichen Führungskräfte an den Tag legten – die *fünf Praktiken beispielhafter Führung.* Dazu gehören:

- Den Weg modellieren
- Eine gemeinsame Vision inspirieren
- Den Prozess infrage stellen
- Andere zum Handeln befähigen und
- Das Herz ermutigen

Den Weg modellieren bezieht sich auf die Notwendigkeit, klare Prinzipien zu definieren, wie mit Mitarbeitenden auf allen Stufen der Organisation umzugehen sei und wie Ziele verfolgt werden sollten, einschließlich des Herunterbrechens großer, komplexer Ziele in kleinere Zwischenziele. Die Führungskraft setzt den Standard und dient dann als Vorbild für das Team.

Eine gemeinsame Vision inspirieren bezeichnet die Notwendigkeit, dass Führungskräfte sich die Zukunft vorstellen und an ihre Fähigkeit, etwas bewirken zu können, glauben müssen, um das Team aufregende Möglichkeiten sehen zu lassen.

Den Prozess infrage stellen bezieht sich auf die Notwendigkeit, das Denken über den Tellerrand hinaus zu fördern, traditionelle Grenzen zu überschreiten, zu experimentieren und Risiken einzugehen, innovativ zu sein und Veränderungen zu fordern und zu fördern. Unvermeidliche Enttäuschungen werden als Lernchancen angesehen.

Andere zum Handeln befähigen bedeutet, die Unterstellten aktiv einzubeziehen, diese sich fähig und energisch fühlen zu lassen, die Zusammenarbeit zu fördern und den Teamgeist in einer würdevollen Atmosphäre des Vertrauens zu pflegen.

Schließlich bezieht sich *das Herz ermutigen* auf die Notwendigkeit, Hoffnung und Entschlossenheit aufrechtzuerhalten, individuelle Beiträge wertzuschätzen, Belohnungen der Teamarbeit zu teilen und Erfolge zu feiern.

Kouzes und Posner sind auch bekannt für ihr *Inventar der Führungspraktiken*[76], einem weitverbreiteten Instrument zur Beurteilung ihrer fünf beispielhaften Führungspraktiken.

Integrierte psychologische Theorie

Die integrierte psychologische Theorie,[77] die Anfang der 2000er Jahre entstand, deren Wurzeln aber bereits in den 1970er Jahren zu finden sind, hat vor allem im Fokus, *weshalb* Menschen anderen Menschen folgen. Zwei bekannte Konzepte aus dieser Forschungsrichtung sind Greenleafs Servant-Leadership-Ansatz und Scoullers drei Ebenen der Führung.

Servant Leadership – auf Deutsch „dienende Führung" – erlangte vor allem in neuerer Zeit große Verbreitung, stammt aber eigentlich aus den 1970er Jahren. Der amerikanische Management- und Bildungswissenschaftler Robert Greenleaf soll diesbezüglich von Herman Hesses *Die Morgenlandfahrt* inspiriert worden sein. Enttäuscht über das, was Greenleaf als das Scheitern des machtzentrierten, autoritären Führungsstils betrachtete, der seiner Ansicht nach damals in den USA vorherrschte, ging der langjährige AT&T-Mitarbeiter vorzeitig in Pension und gründete 1964 das *Center for Applied Ethics*[78], das 1985 in *Greenleaf Center for Servant Leadership*[79] umbenannt wurde.

Laut Greenleaf bezieht sich der Begriff „Servant" – also „Diener" oder auch „dienend" – auf den Wunsch, anderen zu helfen. Sein „bester Test", wie er es nannte, drückt es so aus:[80]

Wachsen diejenigen, denen so gedient wird, als Personen; werden sie gesünder, weiser, freier, autonomer, eher selbst zu Dienenden?

Als solches ist der Servant-Leadership-Ansatz eher eine Führungsphilosophie als eine Theorie im traditionellen Sinne. Andere Autoren haben jedoch versucht, Greenleafs Ideen konzeptionell weiterzuentwickeln. So beschreibt beispielsweise der Führungsforscher Larry Spears[81] zehn Merkmale von dienenden Führungskräften. Aus seiner Sicht brauchen effektive Führungskräfte sowohl exzellente Zuhörfähigkeiten als auch ein hohes Maß an Empathie. Sie müssen in der Lage sein, Beziehungen, aber auch ihren eigenen Geist und den anderer zu heilen. Sie zeigen Weitsicht und sind sowohl selbstbewusst als auch sozial bewusst, verlassen sich auf Überzeugungskraft und nicht auf Positionsautorität, verfügen über starkes konzeptionelles Denken und sind in der Lage, das Gesamtbild zu sehen. Verantwortung bedeutet für sie, dass ihnen unterstellte Personen oder Einheiten nicht gehören, sondern nur anvertraut sind. Sie bemühen sich um das individuelle Wachstum von Menschen in ihrem Einflussbereich – einschließlich solchem, das nicht direkt der Organisation zugutekommt – und sind in der Lage, den Menschen um sie herum ein Gefühl der Gemeinschaft zu vermitteln.

Ein zweiter populärer Beitrag zu dieser Forschungsrichtung kommt vom ehemaligen CEO James Scouller. In seinem Buch *The Three Levels of Leadership*[82], das 2011 veröffentlicht wurde, bietet er einen Überblick über ältere Führungstheorien und weist auf eine Reihe von Mängeln hin, die jene seiner Ansicht nach aufweisen. Dazu gehören beispielsweise das Versäumnis der ursprünglichen Merkmalsschule, eine Liste universell gültiger optimaler Führungsqualitäten zu finden, die Annahme der Kontingenzschule, dass Führungskräfte ihren Stil beliebig ändern können, oder das Versäumnis der meisten neueren Führungstheorien, die Persönlichkeit von Führungskräften zu berücksichtigen.

Laut Scouller findet Führung auf drei Stufen statt:

- Persönliche Stufe
- Private Stufe
- Öffentliche Stufe

Die persönliche Stufe betrifft Aspekte im Inneren einer Führungskraft. Konkret bezieht sie sich sowohl auf deren Fähigkeiten und Kenntnisse als auch auf ihre Überzeugungen, Emotionen und unbewussten Gewohnheiten. Im Wesentlichen geht es auf der persönlichen Stufe also darum, sich selbst zu führen. Scouller sagt es so:[83]

Im Mittelpunkt steht das Selbstverständnis der Führungskraft, deren Fortschritt in Richtung Selbstbeherrschung und technische Kompetenz sowie das Gefühl der Verbundenheit mit der Umgebung. Dies ist der innere Kern, die Quelle der äußeren Effektivität einer Führungskraft.

Diesbezüglich betont Scouller, dass Führungskräfte etwas entwickeln müssen, was er als Führungspräsenz bezeichnet. Im Wesentlichen meint er damit echtes, ehrliches Charisma[84], eine Ausstrahlung, die andere dazu bringt, einer Führungskraft zu folgen.

Die beiden äußeren Ebenen im Scouller-Modell, private und öffentliche Führung, hängen von der persönlichen Führung ab. Nur wenn eine Führungskraft in der Lage ist, sich selbst zu führen, kann sie auch langfristig effektiv andere führen. Eine Führungskraft muss für eine gemeinsame Vision oder einen gemeinsamen, motivierenden Gruppenzweck sorgen. Sie muss Aufgaben definieren, Maßnahmen zu deren Umsetzung ergreifen und Fortschritte und Ergebnisse kontrollieren. Ebenso ist sie sowohl für die kollektive Einheit (also Teamgeist) als auch die individuelle Auswahl und Motivation der einzelnen Teammitglieder verantwortlich.

Private Führung bedeutet in diesem Zusammenhang die Führung einzelner Teammitglieder, während öffentliche Führung im Sinne dieses Buches Teamführung darstellt.[85] Effektive Führungskräfte haben gemäß Scouller einen gesunden moralischen Kompass, kümmern sich um die Menschen um sie herum und sind in der Lage, Gräben in Beziehungen zuzuschütten. Sie kräftigen den Teamgeist durch ihre Fähigkeit, Menschen zuzuhören und sie zu verstehen. Sie kennen ihre eigenen Stärken und Limits, haben eine Vision der Zukunft und können konzeptionell denken. Statt einfach Befehle zu erteilen, erläutern sie den zu beschreitenden Weg und sie wissen immer, wem die Organisation gehört und was ihre Pflicht gegenüber diesen Eigentümern ist.

Interkulturelle und globale Führung

Als einer der neusten Richtungen in der Führungsforschung entstand die Global-Leadership-Schule Anfang der 2000er Jahre. Allerdings integriert sie neben wichtigen neueren, konkret auf Führung in anderen Kulturkreisen ausgerichteten Ergebnissen auch Erkenntnisse aus Jahrzehnten der Forschung zu interkulturellem Management. Statt von globaler Führung zu sprechen, wird auf Deutsch daher auch meist der Begriff *interkulturelle Führung* bevorzugt.

Diese Forschungsrichtung wird manchmal der Verhaltensschule zugeschlagen. Es geht dabei jedoch um mehr, nämlich um die kulturübergreifende Übertragbarkeit sowohl von Führungsverhalten als auch von Führungsmerkmalen und Kompetenzen. Ebenso wird untersucht, welche impliziten Führungserwartungen Menschen in verschiedenen Kulturen hegen, welche Führungsmerkmale und -verhaltensweisen daher in welcher Weise in der jeweiligen Kultur geschätzt werden und was zum kulturübergreifenden oder sogar globalen Führungserfolg beiträgt.

Das Verständnis kultureller Unterschiede und wie diese Reaktionen von Menschen auf Führungsverhalten und Managemententscheidungen beeinflussen, trägt wesentlich zum internationalen Führungserfolg bei. Als solches ist interkulturelle Führung also eine Querschnittsdisziplin, die sich auf Psychologie (insbesondere Führungs- und Persönlichkeitsforschung), Anthropologie, Soziologie und Managementforschung stützt.

Im Mittelpunkt dieser Forschungsrichtung stehen die GLOBE-Studien. „GLOBE" steht dabei für *Global Leadership and Organizational Behavior Effectiveness*, also „Effektivität globaler Führung und globalen Organisationsverhaltens". Bis heute stellt die originale Langzeitstudie von 2004[86] den wichtigsten Beitrag zum Verständnis von kulturabhängigen und kulturunabhängigen Führungsmerkmalen und von grenzüberschreitend erfolgsversprechendem Führungsverhalten dar. Unter Leitung des Wharton-Professors Robert House sammelten über 200 Forschende während zehn Jahren Daten zu gesellschaftlicher und organisationaler Kultur sowie Vorstellungen von effektiver Führung bei rund 17.300 Führungskräften auf mittlerer Ebene aus 951 verschiedenen Organisationen in 62 Ländern. Auf dieser Grundlage wurden unter anderem 22 allgemein als positiv und acht allgemein als negativ bewertete Führungsmerkmale – die Autoren sprachen von „Attributen" – sowie sechs in allen Ländern verbreitete Führungsstile (von denen aber nur zwei universell als effektiv erachtet wurden) identifiziert.

Drei Jahre später folgte eine zweite Studie[87], bei der Forschende in 25 Ländern vertieft auf Führung und Kultur im jeweiligen Kontext eingingen. Die Resultate der ersten, fragebogenbasierten Studie wurden mittels kontextspezifischer Literaturanalyse, Interviews und Fokusgruppendiskussionen verfeinert.

Im Jahr 2014 folgte eine dritte Studie[88], die spezifisch auf CEOs und ihre Vorstände – überlicherweise als Top-Management-Teams bezeichnet – fokussierte. Zu diesem Zweck sammelten über 70 Forschende Daten von mehr als 1.000 CEOs und über 5.000 Top-Managern aus 24 Ländern. Die Studie ergab einen allgemein starken Einfluss dieser CEOs auf die Ergebnisse ihrer Organisationen. Ebenso stellten die Forschenden fest, dass Erwartungen an diese CEOs stark kulturell geprägt waren und Erfolg unter anderem von der Übereinstimmung zwischen CEO-Verhalten und diesen Erwartungen abhing.

Wird der Fokus etwas geöffnet, kann auch eine Reihe von Ergebnissen aus interkulturellen Managementstudien in die interkulturelle Führungsforschung miteinbezogen werden. Als einen der ersten solchen Beiträge publizierte der amerikanische Soziologe Edward T. Hall 1959 seine Vorstellungen zu polychronem (parallelem) und monochronem (seriellem) Zeitverständnis, zur Niedrig- und Hochkontextkommunikation[89] sowie Proxemik[90]. Im Jahr 1962 folgten dann Florence Kluckhohn und Fred Strodtbeck mit ihrer Wertorientierungstheorie[91], 1980 Geert Hofstede mit seiner Kulturdimensionentheorie, 1981 die erste Version des World Value Survey, 1992 Shalom Schwartz mit seiner Theorie der grundsätzlichen Werte[92], 1993 Fons Trompenaars mit seinem Modell der nationalen Kulturunterschiede, 1996 Richard D. Lewis mit seinem LMR-Modell[93] und 2008 Marie-Joëlle Browaeys und Roger Price mit ihrem summativen Modell kultureller Dimensionen.

Interkulturelle Führung wird in *Kapitel 5*[94] ausführlich behandelt.

Forschungsübersicht

Die unten stehende Tabelle fasst die Entwicklung der modernen Führungstheorie in weitgehend chronologischer Reihenfolge zusammen.

Kern-periode	Theorie-gruppe	Wichtige Autoren *(Beispiele)*	Untersuchte Fragen *(Beispiele)*	Bekannte Modelle und Konzepte *(Beispiele)*
Ab 1840er Jahre	Great-Man-Theorie	• Carlyle (1841) • Galton (1869)	• Was erhebt eine Person über andere? • Wie können erfolgsversprechende Führungskräfte identifiziert werden?	• Biografien berühmter Führungskräfte • Anekdoten
1930er und 1940er Jahre, danach wieder ab 1980er Jahren	Merkmals-theorien	• Cowley (1931) • Kenny und Zaccaro (1983)	• Welche Merkmale unterscheiden Führungskräfte von Nicht-Führungskräften? • Welche Merkmale machen manche Führungskräfte erfolgreicher als andere?	• Sechs Persönlichkeitsfaktoren • Big-Five-Persönlichkeitsmerkmale • EO-Persönlichkeitsinventar • PQ32-Fragebogen • Myers-Briggs-Typenindikator
1940er und 1950er Jahre	Verhaltens-theorien	• Lewin, Lippitt und White (1939) • McGregor (1960) • Blake und Mouton (1964) • Gardner (1983) • Goleman (2000) • Bar-On (2006)	• Welche Verhaltensweisen zeigen Führungskräfte? • Welche Verhalten sind am effektivsten? • Welche Rolle spielen kognitive und emotionale Intelligenz?	• Lewin-Führungsstile • McGregors Theorie X und Theorie Y • Blake und Moutons Verhaltensgitter • Golemans sechs Führungsstile
1950er Jahre	Macht- und Einflusstheorien	• French und Raven (1959) • Raven (1965) • Cialdini (1980)	• Welche Bedeutung hat Macht in der Führung? • Aus welchen Quellen speist sich Macht? • Welche Machtquellen sind am wichtigsten?	• French und Ravens fünf (später sechs) Punkte der Macht • Cialdinis sechs Prinzipien des Beeinflussens
1960er Jahre	Kontingenztheorien	• Fiedler (1958, 1967) • Hersey und Blanchard (1969) • House (1971) • Vroom und Yetton (1973) • Avolio und Bass (2002) • O'Shea et al. (2009)	• Wie wirkt sich eine geänderte Situation auf das Verhalten von Führungskräften aus? • Was ist das effektivste Führungsverhalten in einer bestimmten Situation? • Was ist die optimale Kombination verschiedener Führungsstile? • Können Führungskräfte ihren Führungsstil der Situation anpassen oder nicht?	• Tannenbaum und Schmidts Führungskontinuum • Fiedlers Kontingenzmodell • Hersey und Blanchards situatives Führungsmodell • Houses Pfad-Ziel-Modell • Normatives Entscheidungsmodell von Vroom-Yetton-Jago • Full-Range-Leadership-Modell

Kern-periode	**Theorie-gruppe**	**Wichtige Autoren** *(Beispiele)*	**Untersuchte Fragen** *(Beispiele)*	**Bekannte Modelle und Konzepte** *(Beispiele)*
1970er und 1980er Jahre	Funktionale Führungs-theorien	• Adair (1973, 1988) • Kouzes und Posner (1987) • Seelhofer (2017)	• Welche Kernverantwortungen machen Führung aus? • Welche Kernfunktionen müssen Führungskräfte beherrschen? • Wie tragen diese zur Effektivität von Unternehmen oder Organisationseinheiten bei?	• Adairs handlungszentriertes Führungsmodell • Kouzes und Posners fünf Praktiken vorbildlicher Führung
1970er Jahre, 2010er Jahre	Integrierte psycho-logische Theorie	• Greenleaf (1970) • Scouller (2011)	• Welche moralische Verantwortung bringt Führung mit sich? • Was bringt die Menschen dazu, auf Führungskräfte zu hören? • Wie können Führungskräfte Präsenz gewinnen?	• Greenleafs Servant Leadership • Scoullers drei Führungsebenen
Ab 2000er Jahren	Interkul-turelle Führung	• House, Hanges und Javidan (2004) • Chhokar, Brodbeck und House (2007)	• Welche Führungsmerkmale werden universell positiv oder negativ gesehen; welche sind kontextabhängig? • Welche Merkmale und Verhalten sind kulturintern und kulturübergreifend am effektivsten?	• GLOBE-Kulturdimensionen • GLOBE-Kulturcluster • Universelle und kulturabhängige Führungsmerkmale und -verhalten • GLOBE: sechs universelle Führungsstile

Tabelle 2.1: Entwicklung der modernen Führungsforschung
(Quelle: Autor)

Takeaways

Was Sie von diesem Kapitel mitnehmen sollten:

1. Die Great-Man-Theorie geht davon aus, dass Führung am besten durch das Studium der Biografie großer Führungskräfte erlernt werden kann.
2. Die merkmalsbasierte Führungsforschung versucht, persönliche Eigenschaften zu identifizieren, die Führungskräfte von Nicht-Führungskräften unterscheiden. In einer ersten Phase waren die Resultate gemischt, was dieser Forschungsrichtung starke Kritik einbrachte. Durch Anwendung neuer, fortschrittlicherer Forschungsmethoden konnte seit den 1980er Jahren jedoch eine Reihe von Beziehungen zwischen Persönlichkeitsmerkmalen und der Entwicklung und Effektivität von Führungskräften identifiziert werden.
3. Verhaltensbasierte Führungsforschung untersucht, welche konkreten Verhaltensweisen erfolgreiche Führungskräfte aufweisen. Besonders im Fokus stehen Führungsstile, welche diese Führungskräfte bevorzugt anwenden und anzuwenden in der Lage sind. Zu den bekanntesten Modellen gehören
   - Lewins Führungsstile,
   - McGregors Theorie X und Theorie Y,
   - Blake und Moutons Verhaltensgitter und
   - Golemans sechs Führungsstile.
4. Die Macht- und Einflussforschung untersucht Art, Quellen und Formen von Macht und Einfluss mit Blick auf Führungskräfte. Zu den bekanntesten Modellen gehören
   - French und Ravens fünf (später sechs) Punkte der Macht sowie
   - Cialdinis sechs Prinzipien des Beeinflussens.
5. Kontingenztheorien basieren auf der grundlegenden Idee des „Fit“, also des Einpassens in ein Umfeld. Im Führungskontext bedeutet dies, dass Führungskräfte mit den Anforderungen einer bestimmten Führungssituation kompatibel sein müssen. Zu den bekanntesten Modellen gehören
   - Tannenbaum und Schmidts Führungskontinuum,
   - Fiedlers Kontingenztheorie,
   - Hersey und Blanchards situatives Führungsmodell,
   - Houses Pfad-Ziel-Theorie und das
   - Normative Entscheidungsmodell von Vroom, Yetton und Jago.
6. Funktionale Führungstheorien haben im Fokus, was bei der Führung wie getan werden muss und welche Verantwortungen Führungskräfte dabei tragen. Modelle in diesem Bereich sind
   - Adairs handlungszentriertes Führungsmodell und
   - Kouzes und Posners fünf Praktiken beispielhafter Führung.

7. Die integrierte psychologische Theorie versucht, die Stärken früherer Führungstheorien zu integrieren und gleichzeitig deren Mängel zu berücksichtigen und dabei sowohl auf ethisch-moralische Aspekte einzugehen als auch die Frage zu beantworten, weshalb Menschen anderen folgen. Zu den bekanntesten Beiträgen gehören
   - Greenleafs Servant-Leadership-Philosophie und
   - Scoullers drei Führungsebenen.
8. Die interkulturelle Führungsforschung untersucht die kulturelle Übertragbarkeit von effektiven Führungsmerkmalen und -verhalten. Wichtigste Beiträge dazu sind die GLOBE-Studie, die darauf aufbauende Vertiefungsstudie sowie die Ergänzungsstudie zu CEO-Führung und Top-Management-Teams.

Endnoten

1 Auf Deutsch: „Von Helden und Heldenverehrung und dem Heroischen in der Geschichte".

2 Nietzsche verwendete den Begriff „Übermensch" für diese „höchsten Exemplare" der Menschheit. Bereits in seinen frühen Schriften wandte er ihn ein erstes Mal (in Bezug auf den britischen Dichter Lord Byron, den er „geisterbeherrschender Übermensch" nannte) an, führte ihn aber konzeptionell erst in seinem zwischen 1883 und 1891 veröffentlichten, vierbändigen philosophischen Roman *Also sprach Zarathustra* zu Ende.

3 Der 1820 im englischen Derby geborene Herbert Spencer wandte als einer der ersten die Evolutionstheorie auf gesellschaftliche Veränderungen an und prägte den oft irrtümlich Charles Darwin zugeschriebenen Begriff des „survival of the fittest" (also des Überlebens der am besten angepassten Individuen einer Spezies).

4 Der 1842 in New York geborene William James war von 1876 bis 1907 Professor für Psychologie und Philosophie an der Harvard-Universität. Er gilt als Begründer der Psychologie in den Vereinigten Staaten und als einer der wichtigsten Vertreter des philosophischen Pragmatismus.

5 Siehe Seite 39 ff.

6 Im englischen Original: *Trait School*. Auf Deutsch wird dieser Forschungszweig oft auch als *Eigenschaftsschule* und die zugehörigen Modelle als *Eigenschaftstheorien* bezeichnet.

7 In seinem 1921 erschienenen Werk *Psychologische Typen* erläuterte Jung seine Sicht, dass Menschen die Welt primär durch vier grundsätzliche psychologische Funktionen (Denken, Fühlen, Intuition und Empfinden) wahrnehmen würden. Jung kombinierte diese jeweils mit dem Attribut „extravertiert" oder „introvertiert", woraus sich acht Persönlichkeitstypen ergaben. Sein Modell gilt heute als veraltet und wird in der modernen psychologischen Forschung nicht mehr eingesetzt. Nur seine Unterscheidung zwischen Extraversion und Intraversion fand allgemeine Verbreitung.

8 Marstons Modell wurde 1928 publiziert und besagt, dass Menschen ihre Emotionen mittels vier Grundverhalten (Dominanz, Initiative, Stetigkeit und Gewissenhaftigkeit) zum Ausdruck bringen. Es beruht auf subjektiven Beobachtungen verhaltensauffälliger Kinder.

9 Nach Cattel bestehen Persönlichkeiten aus 16 Grundmustern, die er unter anderem mittels der damals neuen Faktorenanalyse aus dem englischen Merkmalslexikon herleitete und 1946 erstmals veröffentlichte. Die 16 Grundfaktoren sind: Wärme, Logisches Schlussfolgern, Emotionale Stabilität, Dominanz, Lebhaftigkeit, Regelbewusstsein, Soziale Kompetenz, Empfindsamkeit, Wachsamkeit, Abgehobenheit, Privatheit, Besorgtheit, Offenheit für Veränderung, Selbstgenügsamkeit, Perfektionismus und Anspannung.

10 Das Big-Five-Modell wurde erstmals 1961 von Ernest Tupes und Raymond Christal beschrieben und geht davon aus, dass Persönlichkeiten primär durch fünf Faktoren geprägt werden: Offenheit (für Erfahrungen), Gewissenhaftigkeit, Extravertiertheit, Verträglichkeit (im Sinne von Freundlichkeit oder Umgänglichkeit) und Neurotizismus. Es ist auch als Fünffaktorenmodell bekannt, empirisch gut validiert und sehr verbreitet.

11 Das *Revised NEO Personality Inventory* („revidiertes NEO-Persönlichkeitsinventar") ist ein Instrument zur Messung der Big-Five-Persönlichkeitsfaktoren. Die erste Version wurde 1978 publiziert. NEO stand ursprünglich für Neurotizismus, Extraversion und Offenheit, seit der revidierten Fassung werden aber alle fünf Faktoren gemessen. Die aktuelle Version (NEO PI-3) erschien 2010.

12 Der sogenannte *Occupational Personality Questionnaire* (also etwa „berufsbezogener Persönlichkeitsfragebogen") misst ebenfalls die Big-Five-Persönlichkeitsfaktoren, jedoch spezifisch bezogen auf die Präferenzen einer Person hinsichtlich verschiedener Arbeitsstile. Die erste Version wurde 1984 veröffentlicht. Der Fragebogen kommt oft in der Personalauswahl und -entwicklung zum Einsatz.

13 Der Myers-Briggs-Typenindikator – meist zu MBTI verkürzt – wurde von Katharine Cook Briggs und Isabel Myers entwickelt, um Carl Jungs psychologische Typen messen zu können. Hauptzweck ist die Identifikation psychologischer Präferenzen hinsichtlich der Art, wie Menschen die Welt um sich herum wahrnehmen und Entscheidungen treffen.

14 Siehe dazu bspw. Kirckpatrick und Locke (1991).

15 Barnlund verwendete ein Rotationsdesign, bei dem sowohl die Aufgabe als auch die Gruppenmitglieder wiederholt geändert wurden und die Korrelation zwischen dem Führungsrang in einer Gruppe und den durchschnittlichen Führungsrängen in allen anderen Gruppen berechnet wurde. Im Gegensatz dazu verwendeten Kenny und Zaccaro das sogenannte Social-Relations-Modell.

16 Originalname: *Society for Industrial and Organizational Psychology.*

17 Siehe dazu bspw. Ames und Flynn (2007).

18 Siehe dazu bspw. Illies, Morgeson und Nahrgang (2005).

19 Siehe dazu bspw. Bass und Stogdill (1990).

20 Siehe dazu bspw. Goleman, Boyatzis und McKee (2002).

21 Dahin gehend ist allerdings ebenfalls bekannt, dass Gruppen meist Führungskräfte bevorzugen, deren kognitive Intelligenz nicht ausnehmend viel höher als der Gruppendurchschnitt ist. Siehe dazu bspw. Simonton (1985).

22 Im englischen Original: *Behavioral School of Leadership.*

23 Die Autoren sprachen dabei allerdings nicht explizit von Führungsstilen, sondern verwendeten den Ausdruck „Arbeitsklima", welcher das Resultat eines bestimmten Führungsstils beschreibt.

24 Siehe Lewin, Lippitt und White (1939).

25 Auf Deutsch: „Die menschliche Seite der Unternehmung".

26 McGregor sprach diesbezüglich von einer „Kosmologie".

27 Siehe Lawter, Kopelman und Prottas (2015).

28 Siehe zum Beispiel Bobic und Davis (2003); Kopelman, Prottas und Falk (2010); Şahin (2012); Lawter, Koppelman und Prottas (2015); Tahir und Iraqi (2018).

29 Im englischen Original: *Managerial Grid.*

30 Im englischen Original ursprünglich als *impoverished management* (also verarmter Stil) bezeichnet.

31 Später auch als *akkommodierender Stil* bezeichnet.

32 Im englischen Original ursprünglich als *authority-compliance management* (also etwa „Autoritätsgehorsamsmanagement") bezeichnet.

33 Im englischen Original als *middle-of-the-road management* und später auch als *status quo management* bezeichnet.

34 Siehe Seite 85.

35 Siehe Gardner (1983).

36 Siehe Goleman (2000).

37 Siehe Seite 80.

38 Siehe Bar-On (2006).

39 Siehe Seite 129f.

40 Auf Deutsch: *„Wie man Freunde gewinnt und Menschen beeinflusst"*. Die deutsche Version erschien allerdings unter dem Titel *„Wie man Freunde gewinnt: Die Kunst, beliebt und einflussreich zu werden"*.

41 Auf Deutsch also: „Die Grundlagen sozialer Macht" bzw. „Die Basen sozialer Macht".

42 Im englischen Original: *referent power.*

43 Siehe French (1965).

44 Auf Deutsch: „Einfluss: Die Psychologie des Überzeugens".

45 Dies ist die Grundlage für bspw. die Allgegenwärtigkeit von Gratisproben im Marketing.

46 Aus diesem Grundsatz leiten sich z.B. „Testen-vor-Kaufen-Angebote" ab.

47 Dies ist z.B. Teil der Verkaufstaktik der spanischen Modekette Zara, die bewusst weniger von jedem Artikel produziert, als sie voraussichtlich verkaufen könnte, um damit ein Gefühl der Knappheit und Exklusivität zu vermitteln. Dies bringt die Kunden dazu, sofort zum vollen Preis zu kaufen, statt auf Rabatte zu warten – womit wiederum weitgehend die Notwendigkeit entfällt, Restbestände zu Discountpreisen zu verkaufen oder abzuschreiben.

48 Dies ist bspw. die Grundlage für den Einsatz von Ärzten in der Pharmawerbung.

49 Dies ist bspw. einer der Beweggründe für den Einsatz attraktiver Akteure in der Werbung: Menschen glauben tendenziell, dass äußerlich attraktive Menschen auch sozial erwünschte Eigenschaften besitzen. In der Psychologie wird dies als „Stereotyp der körperlichen Attraktivität" bezeichnet.

50 Dies wird auch „Halo-Effekt" genannt (vom englischen Wort „halo", also Heiligenschein).

51 Im englischen Original: *Situational and Contingency School.*

52 Im englischen Original: *Leadership Continuum.*

53 Im englischen Original: *Contingency Theory.*

54 Im englischen Original: *Situational Leadership.*

55 Im englischen Original: *Path-Goal Theory.*

56 Im englischen Original: *Normative Decision Model.*

57 Im Originalartikel benannten die Autoren diese Führungsmuster nicht. Stattdessen beschrieben sie jedes einzelne, entsprechend dem folgenden Beispiel ihres ersten (also autoritärsten) Stils: „Der Manager trifft die Entscheidung und verkündet sie" (Tannenbaum und Schmidt, 1958, Seite 4).

58 Dies steht im Einklang mit der *impliziten Führungstheorie.* Siehe auch Kapitel 5 auf Seite 187 ff.

59 Mit „Typ" meinten die Autoren die aus Werten und Traditionen bestehende Unternehmenskultur. Diese wirkt sich in der Art von Verhaltensweisen aus, die in dieser bestimmten Organisation als akzeptabel oder inakzeptabel betrachtet werden.

60 Siehe Seite 67 ff.

61 Siehe Seite 71 ff.

62 Ursprünglich wurde das Modell als „Führungslebenszyklus-Theorie" bezeichnet, Mitte der 1970er Jahre aber umbenannt.

63 Siehe Seite 74 ff.

64 Siehe Seite 76 ff.

65 Burns sprach genau genommen von der *Transformation* der Führung. Der moderne Begriff der transformationalen Führung wurde 1985 von Bernard Bass eingeführt.

66 Siehe auch O'Shea et al. (2009).

67 Siehe auch Antonakis, Avolio und Sivasubramaniam (2003).

68 Auf Deutsch etwa: „Management in Ausnahmefällen".

69 Abstrakt gesehen beschreibt der Begriff die Fähigkeit eines Systems oder einer Person, negative Einflüsse zu verarbeiten und sich an Veränderungen anzupassen.

70 Siehe Seite 125 ff.

71 Im Wesentlichen spiegelt dies natürlich die in vielen Führungstheorien enthaltene Zweiteilung in Beziehungs- und Aufgabenorientierung wider. Fleishman kam jedoch zu dem Schluss, dass beide Orientierungen für den Führungserfolg wichtig seien. Diese Erkenntnis spiegelt sich etwa in Blake und Moutons Verhaltensgitter und im Full-Range-Leadership-Modell wider.

72 Im englischen Original: *Action Centered Leadership Model.*

73 Im englischen Original: *Five Practices of Exemplary Leadership.*

74 Siehe Seite 97 f.

75 Auf Deutsch: „Die Herausforderung des Führens".

76 Im englischen Original: *Leadership Practices Inventory (LPI).*

77 Im englischen Original: *Integrated Psychological Theory (IPT).*

78 Auf Deutsch: „Zentrum für Angewandte Ethik".

79 Auf Deutsch: „Greenleaf-Zentrum für Dienende Führung" oder auch (auf „Neudeutsch") „Greenleaf-Zentrum für Servant Leadership".

80 Siehe Greenleaf (2002, Seite 27).

81 Siehe Spears (2010).

82 Auf Deutsch: „Die drei Stufen der Führung".

83 Übersetzung durch den Autor. Für das Original, siehe Scouller (2011, Seite 15).

84 Siehe dazu die Diskussion über Führungspräsenz und Charisma in Kapitel 4 auf Seite 123 ff.

85 Scouller bezieht sich ausdrücklich auf die „Führung von zwei oder mehr Personen".

86 Siehe House, Hanges und Javidan (2004).

87 Siehe Chhokar, Brodbeck und House (2007).

88 Siehe House et al. (2014).

89 Je niedriger der Kontext, desto weniger implizites Wissen wird vorausgesetzt. Westliche Länder betreiben tendenziell Niedrigkontextkommunikation.

90 Proxemik bezeichnet das – kulturell unterschiedliche – Bedürfnis einer privaten „Komfortzone" um sich herum. Dies spiegelt sich zum Beispiel im Abstand, den eine Person bei einem Gespräch unbewusst zum Gesprächspartner oder zur Gesprächspartnerin einnimmt.

91 Im englischen Original: *Values Orientation Theory.*

92 Im englischen Original: *Theory of Basic Values.*

93 „LMR" steht für die im Modell vertretenen drei Kulturausprägungen: linear-aktiv, multi-aktiv und reaktiv.

94 Siehe Seite 187 ff.

3

Merkmale und Verhalten effektiver Führungskräfte

Lernerfolge

Nach diesem Kapitel sollten Sie in der Lage sein,

- die Rolle der Persönlichkeit bei der Entwicklung und Effektivität von Führungskräften zu verstehen sowie
- die Ihnen zur Verfügung stehenden Führungsstile und deren Anwendung und Folgen korrekt einzuschätzen.

Als Führungskraft stellen Sie sich die Frage, wie Sie mit den Unterstellten umgehen sollen. Dabei spielen die eigene Persönlichkeit und tief verwurzelte, oft unbewusste Werte und Einstellungen eine große Rolle. Sie profitieren jedoch auch davon, sich mit erhärtetem Wissen und unterschiedlichen Modellen und Führungsstilen auseinanderzusetzen und daraus persönliche Schlüsse abzuleiten. Darum geht es in diesem Kapitel. Im nächsten Kapitel setzen Sie sich dann mit einem ganzheitlichen Modell effektiver – also wirksamer – Führung auseinander. Zusätzlich wird in *Kapitel 5*[1] Wissenswertes rund um das Thema interkulturelle Führung behandelt. *Kapitel 6*[2] beschäftigt sich mit wichtigen Führungsprinzipien sowie typischen Führungsfehlern.

Merkmale effektiver Führungskräfte

Merkmale sind gewohnheitsmäßige Denk- und Gefühlsmuster einer Person. Diese sind im Zeitverlauf recht stabil, unterscheiden sich von Person zu Person – beispielsweise sind manche Menschen extravertiert, andere introvertiert – und beeinflussen das Verhalten.

Welche Merkmale machen also aus einer Person eine bessere Führungskraft als eine andere? Dieser Frage versucht die Merkmalsforschung seit den 1930er Jahren nachzugehen. Ein Überblick darüber wurde bereits in *Kapitel 2* unter „Merkmalstheorien“[3] gegeben. Zusammenfassend lässt sich festhalten, dass sich dieser Forschungszweig vor allem auf den Einfluss der Persönlichkeit auf zwei Aspekte fokussiert, Führungsentwicklung[4] und Führungseffektivität[5].

Führungsentwicklung untersucht, ob – beziehungsweise wieso – jemand als „Führungskräftematerial“ wahrgenommen wird.[6] Es geht dabei also um die Gründe, weshalb jemand zu einer Führungsrolle kommt. Der zweite Aspekt, Führungseffektivität, betrifft den Einfluss und die Leistung einer Führungskraft im Hinblick auf die Aktivitäten und den Erfolg der geführten Einheit. Zu beiden Aspekten war und ist die Führungsforschung bemüht, Merkmale und Verhaltensweisen zu identifzieren, welche diese fördern oder behindern.

In der Pionierphase dieser Richtung, also insbesondere in den 1930er und 1940er Jahren, wurde eine Reihe von Merkmalen identifiziert, von denen vermutet wurde, dass sie zu Führungsentwicklung oder -effektivität beitragen würden. Die zugrunde liegende Annahme war, dass bestimmte Persönlichkeitsmuster Führung begünstigen, während andere sie erschweren. Allerdings waren die entsprechenden empirischen Resultate eher mittelmäßig. Diese Tatsache sowie die große Zahl von identifizierten Merkmalen, die oft von Studie zu Studie sehr unterschiedlich waren, machten diese theoretischen Listen bei der praktischen Auswahl von Führungskräften wenig hilfreich. Um dieses Problem anzugehen, begann die neuere Forschung etwa seit den 1980er Jahren, Merkmale nach etablierten, empirisch validierten Kriterien zu gruppieren und diese Gruppen aggregiert zu betrachten. Dank verbesserter konzeptioneller und methodischer Raffinesse gelang es seither denn auch, relativ eindeutige und stabile Ergebnisse zu erzielen, welche das zentrale Postulat der Merkmalsschule stützen: Persönlichkeit spielt bei Führung eine wichtige Rolle, und zwar sowohl hinsichtlich deren Entwicklung als auch deren Effektivität.

Eine gängige, diesbezüglich oft angewandte und empirisch gut validierte Typologie ist das Big-Five-Modell[7], welches aus fünf Persönlichkeitsfaktoren[8] besteht.

- Big-Five-Faktor 1: Offenheit für (neue) Erfahrungen
- Big-Five-Faktor 2: Gewissenhaftigkeit
- Big-Five-Faktor 3: Extraversion[9]
- Big-Five-Faktor 4: Verträglichkeit und
- Big-Five-Faktor 5: Neurotizismus

Offenheit für Erfahrungen bezieht sich auf generelle Wissbegierigkeit und Abenteuerlust sowie einen Hang zu ungewöhnlichen Ideen und neuen Wegen, Dinge zu tun. Gemessen wird diese Offenheit auf einer Skala zwischen den Polen „erfinderisch/neugierig" und „konsistent/vorsichtig".

Gewissenhaftigkeit erfasst die Zuverlässigkeit und Organisiertheit einer Person. Sehr gewissenhafte Menschen zeigen hohe Selbstdisziplin und Leistungsorientierung und bevorzugen geplantes gegenüber spontanem Verhalten. Die entsprechende Skala reicht von „effizient/organisiert" bis zu „leichtlebig/unvorsichtig".

Extraversion (oft auch als Extroversion bezeichnet) bezieht sich auf die sozialen Interaktionen einer Person. Hochgradig extravertierte Menschen sind sehr kontaktfreudig, selbstbewusst und gesprächig.[10] Sie suchen die Gesellschaft anderer und zeigen ein allgemein hohes Energieniveau. Die entsprechende Skala reicht von „kontaktfreudig/energisch" bis zu „einzelgängerisch/reserviert".[11]

Verträglichkeit fasst zusammen, wie kooperativ und mitfühlend eine Person ist. Geringe Verträglichkeit wird von anderen oft als unangenehmes, streitbares oder sogar verdächtiges Verhalten empfunden. Die zugehörige Skala reicht von „freundlich/mitfühlend" bis zu „schwierig/abgehoben".

Schließlich drückt *Neurotizismus* aus, wie schnell eine Person negative Emotionen wie Wut, Angst und Frustration erlebt. Neurotiker neigen zu einem geringen Selbstwertgefühl und werden oft als nervös, überempfindlich und leicht erregbar angesehen. Ebenso entwickeln sie deutlich häufiger[12] als weniger neurotische Menschen eine Zwangsstörung[13]. Die Skala reicht von „empfindlich/neurotisch" bis zu „sicher/selbstbewusst".

Um diese Big-Five-Faktoren zu messen, wurde im Laufe der Zeit eine Reihe von Instrumenten entwickelt. Zu den bekanntesten gehören der NEO PI-R[14], der NEO FFI[15] und insbesondere der OPQ32[16], der vor allem in Unternehmen häufig für die Auswahl und Entwicklung von Führungskräften eingesetzt wird.

Wie genau der Einfluss der einzelnen Big-Five-Faktoren auf Führungskräfteentwicklung und -effektivität aussieht, wurde in den letzten Jahrzehnten verschiedentlich untersucht. Eine der bekanntesten Studien dazu stammt von Timothy Judge und Kollegen.[17] In einer großen Metastudie untersuchten die Autoren insgesamt 222 Korrelationen aus 78 früheren Studien und gruppierten diese nach den Big-Five-Faktoren. Sie fanden einen klaren Zusammenhang zwischen der Ausprägung einzelner Faktoren und der Entwicklung sowie Effektivität von Führungskräften. *Tabelle 3.1* fasst die Ergebnisse zusammen.

Diesbezüglich sei jedoch angemerkt, dass der Einfluss der einzelnen Persönlichkeitsmerkmale je nach spezifischer Situation einer Organisation schwanken kann. Eine neuere Studie[18] untersuchte beispielsweise die mittlere Managementebene im Schweizer Ableger eines globalen Personaldienstleisters und fand zwar ebenfalls Unterstützung für die Merkmalsperspektive, allerdings waren im untersuchten Organisationskontext, der durch hohen Druck und starke Umsatzorientierung gekennzeichnet war, Merkmale wie Gewissenhaftigkeit und Detailorientierung bessere Prädiktoren für Führungserfolg als beispielsweise Extravertiertheit.

Persönlichkeits-faktoren	Zugehörige Merkmals-ausprägungen (Beispiele)	Einfluss auf Führungskräfte-entwicklung	Einfluss auf Führungskräfte-effektivität
Offenheit	Originalität, Kreativität, Unbefangenheit, Anpassungsfähigkeit	Stark positiv	Positiv
Gewissenhaftigkeit	Initiative, Beharrlichkeit, Hartnäckigkeit, Leistungsmotivation	Stark positiv	Schwach positiv
Extraversion	Dominanz, Geselligkeit, Selbstüberwachung, energische Disposition	Stark positiv	Positiv
Verträglichkeit	Kooperationsbereitschaft, Mitgefühl, Bescheidenheit, Sensibilität, Selbstlosigkeit, Sanftmut, Bedürfnis nach Zugehörigkeit	Negativ	Schwach positiv
Neurotizismus	Geringes Selbstwertgefühl, Feindseligkeit, Angstgefühle, schlechte emotionale Anpassungsfähigkeit	Schwach negativ	Schwach negativ

Tabelle 3.1: Einfluss der Big-Five-Persönlichkeitsfaktoren auf Führungskräfteentwicklung und -effektivität *(Quelle: nach Judge et al., 2002)*

Das Thema Führungserfolg wurde auch im Zusammenhang mit der Frage kulturübergreifend positiv oder negativ gesehener Merkmale untersucht. Detaillierte Ausführungen dazu finden Sie in *Kapitel 5 unter* „Interkulturelle und globale Führung“[19].

Verhalten effektiver Führungskräfte

Wie also sollen Sie mit Ihren Unterstellten umgehen? Müssen Sie als Führungskraft versuchen, Ihren Stil den jeweiligen Unterstellten anzupassen, oder ist es umgekehrt? Gibt es *den* besten Führungsstil? Wenn nein, welcher Führungsstil ist am geeignetsten in welcher Führungssituation? Welche archetypischen Führungsstile gibt es überhaupt? Diesen und ähnlichen Fragen geht die Verhaltensschule der Führungsforschung nach. Die Entwicklung dieser Forschungsrichtung wurde in *Kapitel 2* unter „Verhaltenstheorien“[20]. erläutert. In diesem Unterkapitel geht es nun um einen anwendungsorientierten Blick auf besonders bekannte oder hilfreiche Konzepte und Modelle.

In der Führungsliteratur findet sich eine ganze Reihe von Modellen, aus denen sich eine ansehnliche Liste an Führungsstilen zusammenstellen lässt. Schaut man etwas genauer hin, stellt man allerdings fest, dass viele davon trotz unterschiedlicher Benennung inhaltlich übereinstimmen und die tatsächliche Anzahl an Führungsstilen überschaubar ist.

Wie oft in der Forschung spiegeln die verschiedenen Modelle den Fortschritt der Führungsforschung wider. Waren die entsprechenden Typologien anfänglich noch recht grob, so wurden diese im Laufe der Zeit laufend verfeinert. Es lohnt sich für Sie als Führungskraft, sich mit diesen Modellen und Fragen auseinanderzusetzen und Ihre Schlüsse für die eigene Führungspraxis zu ziehen.

Führungsstile nach Lewin

Im Jahr 1939 publizierte eine Gruppe Forschender unter der Leitung des in Deutschland[21] geborenen amerikanischen Psychologen Kurt Lewin eine der bis heute bekanntesten Typologien von Führungsstilen. Die Autoren stellten fest, dass der Führungsstil der Teilnehmenden an einem Experiment zum Thema Arbeitsklima jeweils einem von drei Ansätzen zugeordnet werden konnte:

- Autoritär
- Demokratisch
- Laissez-faire

Autoritäre Führungskräfte trafen Entscheidungen, ohne ihre Unterstellten miteinzubeziehen. Bei der *demokratischen Führung* hingegen bezogen die Führungskräfte ihre Unterstellten in den Entscheidungsprozess mit ein, behielten sich aber die abschließende Entscheidung vor. Später wurde dieser Ansatz auch als partizipativ bezeichnet, um die Vorstellung eines gruppendemokratischen Wahlprozesses zu umgehen. Bei der *Laissez-faire-Führung* dagegen zogen sich die Führungskräfte fast gänzlich zurück und waren kaum präsent. Die Entscheidung, aber auch die Aufteilung der Arbeit waren der Gruppe überlassen.

In der ursprünglichen Studie erzielten Führungskräfte die besten Ergebnisse mit einem demokratischen Stil, da sich die Gruppenmitglieder als Teil des Prozesses fühlten und motivierter und kreativer bei der Sache waren. Allerdings ist zu bemerken, dass dieser Ansatz in Fällen, bei denen die Führungskraft wenig entscheidungsfreudig ist und gleichzeitig viele unterschiedliche Meinungen in der Gruppe vertreten sind, sehr lange dauern kann.

Führungsstile nach Lewin		
Autoritär (oder autokratisch) Die Führungskraft hat klare Erwartungen, was wann und wie getan werden muss, und trifft die Entscheidung allein.	**Demokratisch** (oder partizipativ) Die Führungskraft bezieht die Gruppenmitglieder in die Entscheidungsfindung ein, behält aber das letzte Wort.	**Laissez-faire** (oder delegativ) Die Führungskraft zieht sich fast gänzlich zurück, bietet wenig oder gar keine Anleitung und überlässt die Entscheidungsfindung den Gruppenmitgliedern.

Abbildung 3.1: Lewins Führungsstile
(Quelle: nach Lewin, Lippitt und White, 1939)

Ein autoritärer Ansatz dagegen führte in der Studie meist zu hoher Unzufriedenheit unter den Gruppenmitgliedern. Trotzdem wird dieser Ansatz manchmal als angebracht betrachtet, insbesondere wenn keine Zeit für Gruppenentscheidungen bleibt oder wenn ausschließlich die Führungskraft über relevantes Wissen verfügt und die Gruppenmitglieder daher keinen Beitrag leisten können. Allerdings ist vor allem der zweite Punkt mit Vorsicht zu genießen: Gerade in egalitären Kulturen wie der Deutschschweiz leidet die Motivation (und damit die Leistung), wenn Unterstellte sich nicht genügend einbezogen fühlen[22] – auch wenn sie objektiv gesehen tatsächlich nichts Materielles beizutragen hätten.

Die schlechtesten Resultate wurden jedoch mit einem Laissez-faire-Stil erzielt. Die fehlende Führungspräsenz führte dazu, dass die Gruppe allein entschied. Vordergründig könnte man meinen, dass die Motivation der Einzelnen steigen würde und sich dieser Stil daher positiv auswirken sollte. Allerdings beobachteten die Forschenden, dass damit auch die Rollen schlecht oder gar nicht definiert wurden und wichtige Informationen die Gruppe nicht erreichten sowie Konflikte unter Gruppenmitgliedern nicht moderiert wurden. Dies dämpfte die Motivation – und damit auch die Leistung – der entsprechenden Teams überproportional stark. Gruppenmitglieder investierten nicht die gleiche Energie und leisteten weniger hochwertige Arbeit als bei anderen Stilen.

Trotz seines – aus heutiger Sicht – recht rudimentären Charakters ist das Lewin-Modell immer noch eine der bekanntesten und am weitesten verbreiteten Klassifizierung von Führungsstilen.

Indem Sie verstehen, welchen dieser Stile Sie persönlich instinktiv bevorzugen und wie sich dieser auf die Unterstellten auswirkt, haben Sie erste Anhaltspunkte dafür, wie Sie als Führungskraft noch effektiver werden können.

Tannenbaum und Schmidts Führungskontinuum

Im Jahr 1958 veröffentlichten Robert Tannenbaum und Richard Schmidt ihr Führungskontinuum. In mancherlei Hinsicht handelt es sich dabei um eine Erweiterung von Lewins Führungsstilen. Herleitung und Details des Modells wurden in *Kapitel 2* unter „Kontingenztheorien“[23] erläutert. Kurz zusammengefasst gehen die Autoren davon aus, dass sich Führungsstile in ein Spektrum zwischen „bosszentrierter“ (also autoritärer) und „unterstelltenzentrierter“ (also delegativer oder laissez-faire) Führung einordnen lassen. Zwischen diesen beiden Polen liegen gemäß diesem Modell sieben Führungsstile:

- Autoritär
- Paternalistisch
- Konsultativ I
- Konsultativ II
- Partizipativ
- Demokratisch
- Laissez-faire

Wie bei Lewin trifft eine *autoritäre* Führungskraft die Entscheidung allein und informiert danach das Team.

Im Unterschied dazu trifft bei der *paternalistischen* Führung die Führungskraft die Entscheidung zwar auch allein, versucht danach aber, die Unterstellten von deren Wert zu überzeugen.

Bei der *konsultativen* Führung diskutiert die Führungskraft wichtige Aspekte vorab mit den Unterstellten, trifft aber danach die Entscheidung ebenfalls allein. Der Unterschied zwischen den Stilen „konsultativ I“ und „konsultativ II“ liegt darin, wie ausgereift die zu diskutierende Entscheidung bereits ist. Beim ersten Stil präsentiert die Führungskraft dem Team nur Ideen, die dann diskutiert werden, beim zweiten eine vollständig ausgearbeitete – wenn auch immer noch vorläufige – Entscheidung.

Bei der *partizipativen* Führung ist der Einbezug des Teams nochmals stärker. Die Führungskraft stellt das Problem vor und sammelt Lösungsvorschläge, behält sich aber die endgültige Entscheidung immer noch vor.

Im Gegensatz dazu definiert die Führungskraft bei der *demokratischen* Führung lediglich den Rahmen, delegiert die Entscheidung dann aber an das Team.

Und bei der *Laissez-faire*-Führung schließlich mischt sich die Führungskraft überhaupt nicht ein, sondern erlaubt den Untergebenen, selbstständig innerhalb eines durch eine höhere Instanz definierten Rahmens zu arbeiten und Entscheidungen selbst zu treffen.

Bei der Auswahl des besten dieser sieben Führungsstile müssen laut Tannenbaum und Schmidt drei Aspekte berücksichtigt werden:

- Merkmale der Führungskraft
- Merkmale der Untergebenen und
- Merkmale der Situation

Merkmale der Führungskraft sind in diesem Modell deren Grundeinstellung bezüglich der Frage, ob sie anderen Menschen grundsätzlich eher vertrauen oder nicht, ihr konkretes Vertrauen in das betroffene Team, ihre natürliche Führungsneigung (eher autoritär oder eher delegativ) sowie ihr Gefühl der Sicherheit auch in unklaren Situationen.

Merkmale des Teams – welches in diesem Modell nur als Ganzes betrachtet wird – sind dessen Bedürfnis nach Unabhängigkeit, seine Bereitschaft, Verantwortung zu übernehmen, seine Toleranz gegenüber Mehrdeutigkeit, sein generelles Interesse an der Aufgabe, seine Identifikation mit der Organisation, seine Fähigkeiten und Kompetenzen sowie seine Erwartung, am Entscheidungsprozess teilzunehmen.

Schließlich nennen die Autoren als Merkmale der allgemeinen Situation die Frage, ob die betreffende Organisation insgesamt eher zentral oder dezentral strukturiert ist, wie effektiv das Team zurzeit arbeitet, ob das vorliegende Problem einfach oder komplex ist und wie hoch der Zeitdruck für dessen Lösung ist.

Das Modell wurde im Laufe der Zeit verschiedentlich kritisiert, vor allem wegen der Annahme, dass Führungskräfte ihren Stil nach Gutdünken anpassen könnten – was aus heutiger Sicht auf viele nicht zutrifft – und der vollständigen Ausblendung der individuellen Ebene der Unterstellten. Trotzdem ist das Modell nützlich, um über spezifische Führungsherausforderungen nachzudenken. Im Originalartikel gaben die Autoren allerdings nur ziemlich abstrakte und allgemeine Ratschläge zur Wahl eines Führungsstils. *Abbildung 3.2* bietet Ihnen eine strukturierte Möglichkeit, diese Entscheidung zu treffen.

	MERKMALE DER FÜHRUNGSKRAFT										
	Grundeinstellung		Vertrauen in das Team			Natürliche Führungsneigung			Gefühl der Sicherheit in unklaren Situationen		
	Eher misstrauisch	Eher vertrauend	Niedrig	Mäßig	Hoch	Eher autoritär	Eher partizipativ	Eher delegativ	Niedrig	Mäßig	Hoch
A	1	2	1	2	3	1	2	3	1	2	3

	MERKMALE DER UNTERSTELLTEN													
	Drang nach Unabhängigkeit		Bereitschaft zur Verantwortung		Toleranz für Uneindeutigkeit		Interesse an der Aufgabe		Identifikation mit der Organisation		Fähigkeiten/ Kompetenz		Partizipations-erwartung	
	Niedrig bis mittel	Mittel bis hoch	Niedrig bis mittel	Mittel bis hoch	Niedrig bis mittel	Mittel bis hoch	Niedrig bis mittel	Mittel bis hoch	Niedrig bis mittel	Mittel bis hoch	Niedrig bis mittel	Mittel bis hoch	Niedrig bis mittel	Mittel bis hoch
B	1	2	1	2	1	2	1	2	1	2	1	2	1	2

	MERKMALE DER SITUATION									
	Struktur der Organisation		Effektivität der Gruppe			Art des Problems		Zeitdruck		
	Zentralisierter	Dezentralisierter	Niedrig	Mäßig	Hoch	Einfacher	Komplexer	Niedrig	Mäßig	Hoch
C	1	2	1	2	3	1	2	1	2	3

	Gesamt						
A +B +C	15-16	17-18	19-20	21-23	24-27	28-32	33-35
	Autoritär	**Paternalistisch**	**Beratend I**	**Beratend II**	**Partizipativ**	**Demokratisch**	**Laissez-faire**
	Führungskraft trifft Entscheidung allein und informiert danach das Team.	Führungskraft trifft Entscheidung und überzeugt danach die Unterstellten von deren Wert.	Führungskraft präsentiert Ideen und beantwortet Fragen, trifft aber Entscheidung allein.	Führungskraft präsentiert vorläufige Entscheidung, die sich aber noch ändern kann.	Führungskraft stellt Problem vor und sammelt Vorschläge, behält sich aber Entscheidung vor.	Führungskraft definiert Rahmen und delegiert danach Entscheidung an das Team.	Führungskraft lässt Team Entscheidung selbstständig innerhalb von höherer Instanz definierter Grenzen fällen.

Abbildung 3.2: Auswahl eines Stils im Führungskontinuum
(Quelle: Autor; nach Tannenbaum und Schmidt, 1958)

BEISPIEL **Anwendung des Führungskontinuums**

Rhiz ist ein 29-jähriger britischer Bauingenieur pakistanischer Abstammung, der kürzlich befördert wurde und nun sein erstes Team führt. Er arbeitet für die Verwaltung einer großen nordwestenglischen Region, die sich derzeit in einer Reorganisation befindet. Seine Unterstellten sind ebenfalls alles Ingenieure. Rhiz selbst ist eher introvertiert und neigt dazu, Menschen zunächst mit Misstrauen zu begegnen, bis er sich vom Gegenteil überzeugt hat. Ihm fehlt es an Erfahrung und deshalb auch an Selbstvertrauen, was sich vor allem in neuen oder unklaren Situationen bemerkbar macht. Sein erster Eindruck des neuen Teams ist, dass dessen Mitglieder sehr kompetent und interessiert an ihrer Arbeit sind. Basierend auf seiner Übergabesitzung mit der früheren Teamleiterin und seinen ersten Beobachtungen scheint sein neues Team ganz zufrieden mit dem aktuellen Stand der Dinge zu sein. Trotz hohem Bildungsstand zeigt niemand ein besonderes Bedürfnis nach Unabhängigkeit oder verlangt eine Beteiligung an Entscheidungsprozessen. Er hat jedoch festgestellt, dass bis auf eine Ausnahme alle extrem informationshungrig sind und ständig alles wissen wollen. Die Regierungsstelle, für die das Team arbeitet, ist jedoch ziemlich bürokratisch, mit langsamer, zentralisierter Entscheidungsfindung und bestenfalls moderater Gesamtproduktivität. Dies ist eine ständige Quelle der Frustration für seine Ingenieure, denn ihre Probleme sind in der Regel recht komplex und deren Lösung hängt oft vom Input anderer ab – der aber meist nur langsam oder gar nicht kommt.

Rhiz ist sich nicht sicher, welcher Führungs- und Entscheidungsstil hier am besten wäre. Auf der einen Seite ist er ein sehr methodischer Mensch und fühlt sich am wohlsten, wenn er zunächst selbst zu einer Entscheidung kommt und danach die Aufträge erteilt. Andererseits hat er gelesen, dass hochqualifizierte Teams vielfach erwarten, Entscheidungen als Gruppe zu treffen. In einer Vorlesung an der Hochschule wurde einmal das Führungskontinuum von Tannenbaum und Schmidt diskutiert. Er holt seine Notizen dazu hervor und füllt die entsprechende Entscheidungsmatrix aus.

Blake und Moutons Verhaltensgitter

Das von Robert Blake und Jane Mouton entwickelte *Verhaltensgitter*[24] basiert auf der Annahme, dass bei der Führung zwei Aspekte einer Organisation im Vordergrund stehen, soziale Beziehungen und die Produktion. Dies entspricht der in der Führungsforschung oft angetroffenen Zweiteilung in Aufgaben- und Beziehungsorientierung. Die Autoren gehen dabei davon aus, dass bei den meisten Führungskräften eine der beiden Orientierungen dominiert, idealerweise sollten jedoch beide Aspekte gleichwertig beachtet werden. Entsprechend umfasst das Modell fünf Führungsstile[25].

- Überlebensmanagement
- Country-Club-Management
- Aufgabenmanagement
- Kompromissmanagement und
- Teammanagement

Diese Stile wurden in *Kapitel 2* unter „Verhaltenstheorien"[26] beschrieben. Kurz zusammengefasst geht es beim *Überlebensmanagement* darum, mit minimalem Aufwand für Beziehungen und Produktion das eigene Überleben in der Organisation sicherzustellen. Naturgemäß bringt dieser Stil der Organisation wenig und sollte nach Möglichkeit nicht endlos toleriert werden.

Country-Club-Management liegt dann vor, wenn die Führungskraft ausschließlich die Beziehungsebene berücksichtigt und das Team somit zwar sehr zufrieden, aber unproduktiv ist.

Umgekehrt kümmert sie sich beim *Aufgabenmanagement* ausschließlich um die Produktion und vernachlässigt die Beziehungsebene gänzlich. Dieser Stil wird denn auch oft als sehr autoritär wahrgenommen.

Beim *Kompromissmanagement* versucht die Führungskraft zwar, beide Ebenen gleichwertig zu berücksichtigen, schafft dies aber wegen begrenzter Fähigkeiten nur teilweise.

Teammanagement liegt dagegen dann vor, wenn eine Führungskraft tatsächlich in der Lage ist, sowohl der Produktion als auch den Beziehungen im Team volle Aufmerksamkeit zu schenken. Dieser Stil wird von den Autoren als Ideal beschrieben.

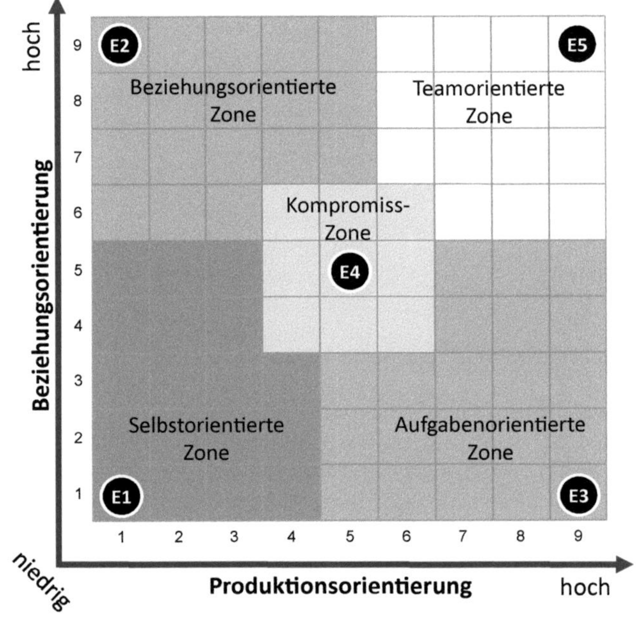

Archetypische Führungsstile im ursprünglichen Verhaltensgitter:	
E1: Überlebensmanagement (1/1) E2: Country-Club-Management (1/9) E3: Aufgabenmanagement (9/1)	E4: Kompromissmanagement (5/5) E5: Teammanagement (9/9)

Zusätzliche Führungsstile im aktualisierten Führungsraster:	
Je nach Bedarf E1, E2, E3, E4 oder E5: Opportunistisches Management	Wechsel zwischen E2 und E3: Paternalistisches Management

Abbildung 3.3: Das Verhaltensgitter nach Blake und Mouton
(Quelle: Autor; nach Blake und Mouton, 1964; McKee und Carlson, 1999)

Die obigen Stile sind Archetypen. In der Führungspraxis zeigt eine Führungskraft in der Regel eine gemischte Ausrichtung. Dennoch gehen die Autoren davon aus, dass bei den meisten Führungskräften zwar zunächst eine Orientierung überwiegt, mit geeignetem Training jedoch echtes Teammanagement möglich ist.

Im Jahr 1999 wurde das ursprüngliche Verhaltensgitter durch Rachel McKee und Bruce Carlson aktualisiert und um zwei neue Stile, opportunistisches und paternalistisches Management, ergänzt. Beim opportunistischen (auch manipulativ genannten) Management wählt die Führungskraft situativ den Stil aus, der ihr gerade den größten persönlichen Nutzen bietet. Und beim paternalistischen Management wechselt die Führungskraft zwischen Country-Club- und Aufgabenmanagement hin und her. Dabei spendet sie Lob und leistet Unterstützung, verbietet sich jedoch Kritik an ihrem Denken oder an ihren Anordnungen.

In der Praxis finden sich diese Ergänzungen jedoch kaum wieder. Die meisten Beschreibungen des Verhaltensgitters beziehen sich auf das ursprüngliche Modell.

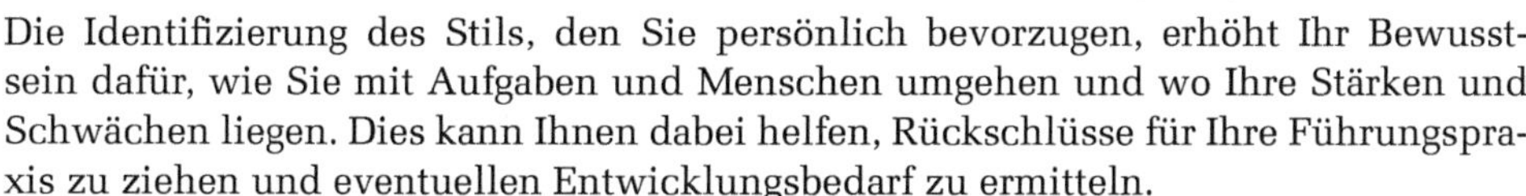

Die Identifizierung des Stils, den Sie persönlich bevorzugen, erhöht Ihr Bewusstsein dafür, wie Sie mit Aufgaben und Menschen umgehen und wo Ihre Stärken und Schwächen liegen. Dies kann Ihnen dabei helfen, Rückschlüsse für Ihre Führungspraxis zu ziehen und eventuellen Entwicklungsbedarf zu ermitteln.

Fiedlers Kontingenzmodell

Wie Blake und Moutons Verhaltensgitter basiert das 1958 erstmals veröffentlichte und 1967 überarbeitete, auch als „Kontingenztheorie der Führung" bekannte *Kontingenzmodell* des in Wien geborenen amerikanischen Psychologen Fred Fiedler auf der grundlegenden Annahme, dass Führungskräfte von Natur aus entweder eher aufgabenorientiert oder eher beziehungsorientiert sind. Als wichtige Zusatzannahme führte Fiedler die Vorstellung ein, dass Teamleistung nicht nur vom Führungsstil abhängt, sondern auch von der sogenannten *situativen Günstigkeit.* Diese wird aus seiner Sicht von drei primären Faktoren bestimmt:

- Der Beziehung zwischen Führungskraft und Team
- Der Aufgabenstruktur
- Der Positionsmacht der Führungskraft

Die Beziehung zwischen Führungskraft und Team kann gut oder schlecht sein. Aufgaben können strukturiert oder unstrukturiert und die Positionsmacht der Führungskraft kann stark oder schwach sein. Aus der Analyse dieser Faktoren kann laut Fiedler die optimale Führungsorientierung für eine bestimmte Situation abgeleitet werden – und, da Fiedler den Führungsstil einer Person als grundsätzlich fix betrachtet, der Bedarf an einer bestimmten Führungskraft.

Wenn die Beziehung zwischen Team und Führungskraft gut und die zu erledigende Aufgabe strukturiert ist, dann bietet sich gemäß diesem Modell eine aufgabenorientierte Führung an. Das Gleiche gilt, wenn die Aufgabe zwar unstrukturiert, die Positionsmacht der Führungskraft jedoch stark ist. Teams benötigen Orientierung und Koordination und die starke Positionsmacht der Führungskraft stellt nach Fiedler sicher, dass die Teammitglieder ihre Aufträge ausführen.

Eine beziehungsorientierte Führungskraft wird laut Fiedler hingegen benötigt, wenn Team und Führungskraft zwar gut zusammenarbeiten, die Positionsmacht von Letzterer jedoch schwach und die Aufgabe unstrukturiert ist. In so einer Situation wird viel Teambuilding, Überzeugung und Ermutigung benötigt. Dies ist beispielsweise oft der Fall bei Ad-hoc-Projektteams, in denen die Teammitglieder nicht organisch der Projektleitung unterstellt sind.

Auch in Situationen, in denen die Beziehung zwischen Führungskraft und Team schlecht ist, sieht Fiedlers Modell grundsätzlich eine beziehungsorientierte Führungskraft vor. Einzige Ausnahme ist, wenn alle drei Faktoren ungünstig sind, also zur schlechten Beziehung noch eine unstrukturierte Aufgabe und eine schwache Positionsmacht der Führungskraft dazukommt. In diesem Fall wird eine aufgabenorientierte Führungskraft wieder bevorzugt, weil sich diese laut Fiedler weniger von der ungünstigen Situation und den daraus resultierenden Emotionen ablenken lässt und die Arbeit ja schließlich doch irgendwie erledigt werden muss.

In Übereinstimmung mit Lewins Vorstellung von einem bevorzugten Führungsstil werden in Fiedlers Modell Führungsstile als tief verwurzelt und damit mehr oder weniger unveränderlich betrachtet. Wenn sich eine Situation also rasch erheblich ändert, muss die Führungskraft möglicherweise ersetzt werden, weil dies meist einfacher ist als das Auswechseln des gesamten Teams – was unter Umständen jedoch durchaus auch eine Option sein kann, je nach Signal, das damit gesendet werden soll. Bei eher schleichender Situationsveränderung mag die Führungskraft in der Lage sein, sich bis zu einem gewissen Grad anzupassen. Fiedlers Modell legt jedoch nahe, dass der vielversprechendste Ansatz immer noch darin besteht, die situative Günstigkeit möglichst kontinuierlich im Sinne der Führungskraft und deren Fähigkeiten zu beeinflussen, etwa durch Teambuilding und Entwicklungsaktivitäten zur Stärkung der Beziehung zwischen Führungskraft und Team. Auch Formalisierungsprozesse, die auf die stärkere Strukturierung der Aufgabe abzielen, und organisatorische Maßnahmen zur Stärkung der Positionsmacht der Führungskraft, etwa die direkte Unterstellung der Mitglieder eines wichtigen Projekts, können hilfreich sein.

Ein wichtiger Faktor bei der Fähigkeit einer Führungskraft, die Günstigkeit einer Situation zu beeinflussen, ist *Stress*. Dieser kann in Fiedlers Modell vom Team oder von der Führungskraft selbst, aber auch von dessen Vorgesetzten stammen. Wirksame Stressbewältigung ist also eine essenzielle Fähigkeit für langfristigen Führungserfolg. Dieser Punkt wird in *Kapitel 4* unter „Persönliche Ebene: Selbstführung“[27] vertieft.

Des Weiteren äußerte sich Fiedler auch zur Rolle von *Erfahrung*. Er stellte fest, dass diese zwar in seinen Beobachtungen unter sehr stressigen Bedingungen – etwa bei hohem Zeitdruck oder in einer Krise – zu besseren Entscheidungen und höherer Leistung führte, unter stressfreien Bedingungen aber regelmäßig das Gegenteil der Fall war. Der Grund liegt darin, dass viele Menschen die Tendenz haben, vorschnelle Schlüsse zu ziehen, sobald etwas bekannt erscheint. Man spricht dann von „falscher Vertrautheit“. Es kommt recht häufig vor, dass jemand ohne weitere Analyse „das Gleiche wie beim letzten Mal“ als einzige mögliche Lösung sieht. Da sich jedoch jede Situation in irgendeiner Weise von früheren unterscheidet, kann dies rasch zu falschen Entscheidungen oder unvollständigen Lösungen führen.

Tabelle 3.2 fasst die Empfehlungen von Fiedler für die Wahl einer Führungskraft im Hinblick auf die situative Günstigkeit zusammen.

Einflussfaktor für situative Günstigkeit				Empfohlene Orientierung der Führungskraft
Führungskraft-Team-Beziehung	Aufgabe	Positionsmacht der Führungskraft		
Gut	Strukturiert	Stark	▶	Aufgabenorientiert
Gut	Strukturiert	Schwach	▶	Aufgabenorientiert
Gut	Unstrukturiert	Stark	▶	Aufgabenorientiert
Gut	Unstrukturiert	Schwach	▶	Beziehungsorientiert
Schlecht	Strukturiert	Stark	▶	Beziehungsorientiert
Schlecht	Strukturiert	Schwach	▶	Beziehungsorientiert
Schlecht	Unstrukturiert	Stark	▶	Beziehungsorientiert
Schlecht	Unstrukturiert	Schwach	▶	Aufgabenorientiert

Tabelle 3.2: Situation und Führungsart in Fiedlers Kontingenzmodell
(Quelle: nach Fiedler, 1967)

Im Zusammenhang mit seinem Kontingenzmodell ist Fiedler außerdem für einen methodischen Kniff bekannt, die Idee des sogenannten *least-preferred co-workers*, also des bei einer Zusammenarbeit am wenigsten geschätzten Kollegen bzw. der am wenigsten geschätzten Kollegin.

Ein typisches Problem in der Verhaltensforschung ist die Verzerrung von Ergebnissen aufgrund der Tatsache, dass Fragebögen durch die eigentlich zu studierenden Personen selbst ausgefüllt werden. Haben diese keine realistische Selbsteinschätzung, stimmen auch die Ergebnisse nicht.[28] Außerdem kommt es auch oft vor, dass jemand – bewusst oder unbewusst – einfach diejenige Antwort ankreuzt, von der er oder sie annimmt, dass dies die erwartete „ideale“ Antwort sei.[29]

Fiedler versuchte diese Probleme zu umgehen, indem er keine direkten Fragen zu Führungseinstellungen stellte, sondern die Probanden aufforderte, sich diejenige Person vorzustellen, mit der sie in der Vergangenheit am wenigsten gut zusammenarbeiten konnten.[30] Diese sollten sie dann mithilfe der sogenannten LPC-Skala[31] beurteilen. Dabei handelt es sich um ein Bewertungsinstrument, welches aus insgesamt 17 gegensätzlichen Adjektivpaaren mit Ausprägungen von eins bis acht besteht, wie im folgenden Auszug zu sehen ist:

Angenehm	8	7	6	5	4	3	2	1	Unangenehm
Unterstützend	8	7	6	5	4	3	2	1	Feindselig
Harmonisch	8	7	6	5	4	3	2	1	Streitsüchtig
Heiter	8	7	6	5	4	3	2	1	Düster

Das positive Adjektiv ergibt also immer acht Punkte, das negative einen.[32] Ziel war es, auf diese Weise die Grundorientierung einer Führungskraft, also aufgaben- oder beziehungsorientiert, zu ermitteln. Fiedler ging davon aus, dass die Urteile aufgabenorientierter Führungskräfte über Menschen, mit denen sie schlecht zusammenarbeiten, härter ausfallen als diejenigen beziehungsorientierter Personen. Tiefere LPC-Resultate weisen damit auf Aufgabenorientierung hin, höhere auf Beziehungsorientierung.[33]

Trotz ihres Namens geht es bei der LPC-Skala also nicht wirklich um den berühmten „am wenigsten geschätzten Kollegen bzw. die am wenigsten geschätzte Kollegin". Stattdessen wird die emotionale Reaktion der Führungskraft auf diese Person erfasst. Fiedlers LPC-Skala wurde neben seiner eigenen Forschung über Führungskräfte auch verschiedentlich auf andere Gruppen angewandt, zum Beispiel auf Wehrdienstleistende[34] und Studierende.[35]

Situative Führung nach Hersey und Blanchard

Paul Hersey und Ken Blanchards *situative Führungstheorie*[36] wurde 1969 veröffentlicht und hat sich seitdem zu einem besonders in der Führungskräfteausbildung sehr einflussreichen Modell entwickelt. Im Gegensatz zu etwa Fiedlers Kontingenztheorie gehen die Autoren davon aus, dass Führungskräfte ihren Führungsstil nach Gutdünken an eine bestimmte Situation anpassen können. Wenn die Situation also korrekt erfasst wird, kann auch der dafür passende Führungsstil angewendet werden, lautet die Logik. Im Umkehrschluss heißt das natürlich auch, dass das Modell somit nur zur Anwendung kommen kann, wenn die Führungskraft tatsächlich dazu in der Lage ist.

Als wichtige Kompetenzen situativer Führungskräfte werden genannt:

- Die Situation zu diagnostizieren
- Sich an die Situation anzupassen
- Mit Unterstellten und anderen zu kommunizieren
- Sowohl Aufgabe als auch Unterstellte voranzubringen

Laut Hersey und Blanchard hängt der situativ angemessene Stil vom Reifegrad der betroffenen Unterstellten ab. Siehe dazu auch die Ausführungen in *Kapitel 2* unter „Kontingenztheorien"[37]. Zusammengefasst sind die vier Reifegrade definiert als:

- *Reifegrad 1:* zu wenig kompetent und somit sowohl unfähig als auch unwillig, die Aufgabe zu erfüllen.
- *Reifegrad 2:* leistungsbereit trotz mangelnder Kompetenz, aber unwillens, Verantwortung für das Resultat zu übernehmen.
- *Reifegrad 3:* kompetent, aber mit Mangel an Selbstvertrauen oder Leistungswillen.
- *Reifegrad 4:* kompetent und erfahren, mit dem nötigen Selbstvertrauen und Leistungswillen; bereit, Verantwortung für das Resultat zu übernehmen.

Relevant für die Reife der Unterstellten sind also deren Kompetenz und Engagement.

Ein *direktiver Stil* ist dann angemessen, wenn die Unterstellten zu wenig kompetent, aber engagiert sind.

Ein *Coachingstil* bietet sich an, wenn gleichzeitig höchstens marginale Kompetenz und mangelhaftes Engagement vorhanden sind.

Ein *unterstützender Stil* ist erforderlich, wenn die Unterstellten zwar durchaus kompetent, aber eben nicht voll engagiert sind.

Und ein *delegativer Stil* kann angewendet werden, wenn die Unterstellten sowohl hoch qualifiziert als auch engagiert sind.

Abbildung 3.4 fasst diese Ausführungen grafisch zusammen.

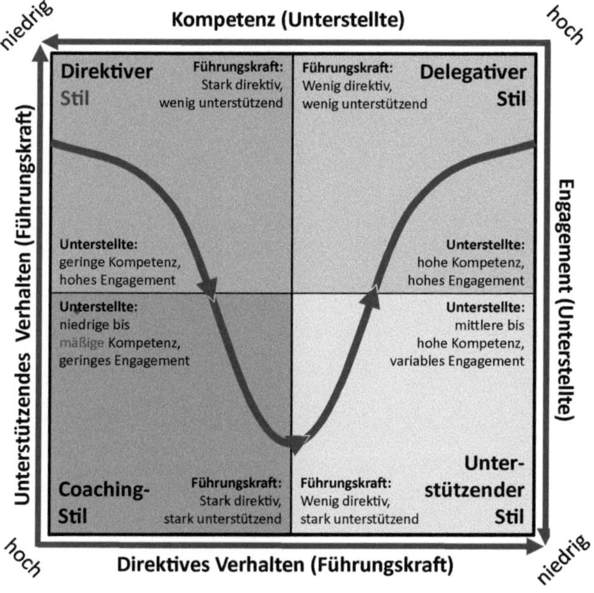

Grundidee:
Die Führungsstile sollten so nah wie möglich an den Reifegrad der Unterstellten angepasst werden.

Abbildung 3.4: Situative Führung nach Hersey und Blanchard
(Quelle: Autor; nach Hersey und Blanchard, 1969)

Wichtig ist in diesem Zusammenhang, dass die Führungskraft sich sowohl für einen Stil für das Team als Ganzes als auch für jedes einzelne Teammitglied entscheiden muss. Bei sehr homogenen Teams mag das immer derselbe Stil sein – meistens ist das aber nicht der Fall. *Tabelle 3.3* stellt ein praktisches Werkzeug dar, mit dem Sie systematisch über Ihren Führungsansatz für jedes Teammitglied und das Team als Ganzes nachdenken können.

Führung der einzelnen Teammitglieder				**Angemessener Führungsstil für jedes Teammitglied***
Teammitglied	**Kompetenz** **1: niedrig** **3: mittel** **5: hoch**	**Engagement** **4: niedrig** **6: variabel** **8: hoch**	**Reifegrad** **(Kompetenz · Engagement)**	
...	...	...	...	...
...	...	...	...	...
...	...	...	...	...
...	...	...	...	...
...	...	...	...	...
...	...	...	...	...

Führung des Teams als Ganzes		Angemessener Führungsstil für das Team als Ganzes*
Durchschnittliche Reife (Summe der einzelnen Reifegrade dividiert durch die Anzahl der Teammitglieder, gerundet)	...	...

Tabelle 3.3: Situative Führung in der Praxis (I)
** Um den passenden Führungsstil zu bestimmen, wählen Sie die unten stehende Punktzahl, welche dem jeweiligen Resultat am nächsten liegt.*

Entscheidungsmatrix		**Engagement**		
		Niedrig *(4)*	Variabel *(6)*	Hoch *(8)*
Kompetenz	Niedrig *(1)*	(4) Direktiver Stil (oder Trennung)	(6) Coachingstil	(8) Direktiver Stil
	Mittel *(3)*	(12) Coachingstil	(18) Unterstützender Stil	(24) Unterstützender Stil
	Hoch *(5)*	(20) Coachingstil (oder Wechsel/Job-Enrichment)	(30) Delegativer Stil	(40) Delegativer Stil

Tabelle 3.4: Situative Führung in der Praxis (II)
(Quelle: Autor; nach Hersey und Blanchard, 1969)

Das normative Entscheidungsmodell nach Vroom, Yetton und Jago

Wie in *Kapitel 2* unter „Kontingenztheorien“[38] erläutert, handelt es sich bei dem *normativen Entscheidungsmodell* um ein situatives Führungsmodell mit dem Zweck, den geeignetsten Entscheidungsprozess in einer gegebenen Führungssituation basierend auf den Antworten zu acht Fragen algorithmisch zu eruieren. Ursprünglich von

Victor Vroom und Phillip Yetton entwickelt und 1973 erstmals publiziert, wurde es 1988 mit Unterstützung von Arthur Jago überarbeitet. Aus diesem Grund ist es auch als *Vroom-Yetton-Jago-Modell* bekannt.

Laut Vroom und Yetton (1973) hängt die Wirksamkeit einer Entscheidung von drei Ergebnissen ab:[39]

1. Der Qualität oder Rationalität der Entscheidung
2. Der Akzeptanz oder Verpflichtung der Untergebenen, die Entscheidung wirksam umzusetzen
3. Der zur Entscheidungsfindung benötigten Zeit

Je höher die Qualitätsanforderung an die Entscheidung, desto mehr Menschen sollten laut den Autoren in die Entscheidungsfindung miteinbezogen werden. Dasselbe gilt, wenn die Akzeptanz durch die Untergebenen entscheidend ist und wenn genügend Zeit bleibt. Das Modell schlägt dazu fünf Entscheidungsprozesse vor. Diesen liegen drei bestimmende Führungsstile zugrunde:

- Autokratisch
- Konsultativ
- Kollaborativ

Der autokratische Stil entspricht Lewins autokratischem und Hersey und Blanchards direktivem Stil, während der konsultative Stil mit Tannenbaum und Schmidts partizipativem Stil und der kollaborative Stil mit Lewins demokratischem Stil übereinstimmt.

Die Entscheidungsprozesse, die sich aus diesen drei grundlegenden Stilen ergeben, unterscheiden sich vor allem in der Beteiligung der Unterstellten.

- *Autokratisch I (A1):* Die Führungskraft trifft die Entscheidung ohne Beteiligung der Unterstellten unter Verwendung der verfügbaren Informationen.
- *Autokratisch II (A2):* Die Führungskraft holt vor der Entscheidung zusätzliche Informationen bei den Unterstellten ein, trifft die Entscheidung dann aber allein; die Unterstellten können informiert werden oder auch nicht.
- *Konsultativ I (C1):* Die Führungskraft bespricht das Problem individuell mit den Unterstellten und bittet um Input, führt aber keine Teamsitzungen durch und trifft die Entscheidung allein.
- *Konsultativ II (C2):* Die Führungskraft bespricht das Problem mit dem ganzen Team, trifft aber die Entscheidung allein.
- *Gruppe II (G2):* Die Führungskraft bespricht das Problem mit dem ganzen Team, fokussiert und leitet die Diskussion und erlaubt der Gruppe, die Entscheidung zu treffen.

Die Auswahl des am besten geeigneten dieser Prozesse hängt von der Antwort auf die folgenden acht Fragen[40] ab:

1. *Qualitätsanforderung:* Gibt es eine kritische Qualitätsanforderung? Ist eine bestimmte Lösung – zum Beispiel aus technischen oder rationalen Gründen – voraussichtlich überlegen?
2. *Verpflichtungsanforderung:* Ist die Akzeptanz der Entscheidung durch die Unterstellten entscheidend für deren effektive Umsetzung?
3. *Leitungsinformation:* Hat die Führungskraft genügend Informationen, um eine qualitativ hochwertige Entscheidung zu treffen?
4. *Problemstruktur:* Ist das Problem strukturiert?
5. *Verpflichtungswahrscheinlichkeit:* Würden sich die Unterstellten voraussichtlich hinter die Entscheidung stellen, wenn die Führungskraft sie allein träfe?
6. *Zielkongruenz:* Tragen die Unterstellten die organisatorischen Ziele mit, die durch die Lösung des Problems erreicht werden sollen?
7. *Unterstelltenkonflikt:* Ist ein Konflikt unter den Unterstellten um bevorzugte Lösungen wahrscheinlich?
8. *Unterstellteninformationen:* Verfügen die Unterstellten über ausreichende Informationen, um zu einer qualitativ hochwertigen Entscheidung beizutragen?

Eine Ja-oder-Nein-Antwort auf jede Frage führt entlang des Entscheidungsbaums in *Abbildung 3.5* zum am besten geeigneten Entscheidungsprozess.

Zusammenfassend wird ein konsultativer Stil dann empfohlen, wenn das Problem nicht klar definiert ist, die Implementation von der Akzeptanz der Entscheidung durch die Unterstellten abhängt, genügend Zeit zur Verfügung steht und/oder die Führungskraft Informationen von anderen benötigt, um das Problem zu lösen. Im Gegensatz dazu wird ein autokratischer Stil als effizienter angesehen, wenn die Führungskraft über ein Thema oder Problem am besten Bescheid weiß, das Team deren alleinige Entscheidung wahrscheinlich ohne Probleme akzeptiert, Zeitdruck herrscht und/oder wenn die Führungskraft sich sicher genug fühlt, allein zu handeln.

Wenn hingegen beispielsweise keine hohe Qualitätsanforderung an die Lösung gestellt wird, die Akzeptanz durch die Unterstellten aber wichtig ist und diese bei einer autokratisch durch die Führungskraft allein gefällten Entscheidung unwahrscheinlich wäre, dann bietet sich ein kollaborativer Stil an. Das Gleiche gilt auch, wenn zwar die Akzeptanz durch die Unterstellten eigentlich nicht entscheidend ist und auch ein Konflikt unter den Unterstellten um eine Lösung nicht wahrscheinlich ist, aber eine hohe Entscheidungsqualität erwartet wird, die Führungskraft nicht über genügend Informationen für eine alleinige Entscheidung verfügt, das Problem genügend strukturiert ist, Zielkongruenz zwischen Führungskraft und Unterstellten herrscht und die Unterstellten über genügend wertvolle Informationen verfügen, um zur Entscheidung beizutragen.

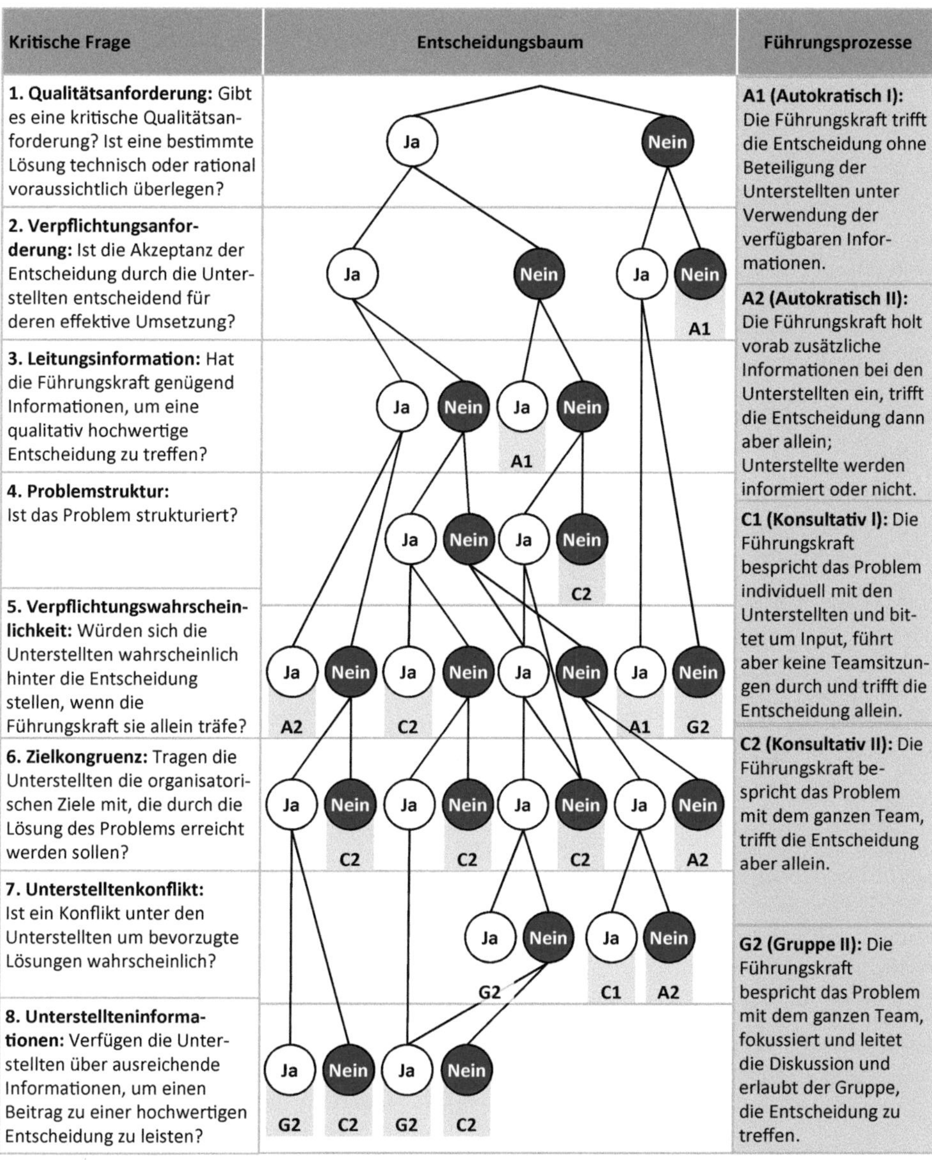

Abbildung 3.5: Normatives Entscheidungsmodell nach Vroom, Yetton und Jago
(Quelle: nach Vroom und Jago, 1988)

Golemans sechs emotionale Führungsstile

Emotionale Intelligenz wird zusammenfassend als die Fähigkeit definiert, Emotionen wahrzunehmen, zu bewerten und zu kontrollieren. Obwohl nicht der erste und auch nicht der wissenschaftlich erhärtetste Beitrag zum Thema, so sind die Schriften des amerikanischen Psychologen Daniel Goleman doch die wohl bekanntesten in dieser Forschungsrichtung. Seit seinem 1995 erschienenen Mega-Bestseller *Emotional Intelligence* vertritt Goleman konsequent die Ansicht, dass emotionale Intelligenz für die geistigen, beruflichen und sozialen Aspekte des Lebens genauso viel oder mehr zählt als die „traditionelle" (also kognitive) Intelligenz. Im 1998 publizierten Nachfolgewerk *Working with Emotional* Intelligence[41] wandte er dieses Argument auch auf den Erfolg am Arbeitsplatz und drei Jahre später im zusammen mit Richard Boyatzis and Annie McKee geschriebenen Kassenschlager *Primal Leadership*[42] schließlich auch speziell auf das Thema Führung an.

In diesem Zusammenhang hervorzuheben sind insbesondere die auch als Goleman-Modell bezeichneten, auf emotionaler Intelligenz basierenden Führungsstile, welche von Goleman in einem im Jahr 2000 erschienenen Artikel im *Harvard Business Review* erstmals beschrieben wurden.[43] Diese sechs *emotionalen Führungsstile* sind:

- Visionärer Stil
- Coachingstil
- Affiliativer Stil
- Demokratischer Stil
- Schrittmacherstil und
- Kommandostil

Jedem Stil liegen spezifische Kompetenzen der emotionalen Intelligenz nach Golemans Definition zugrunde. Ein Schlüsselkonzept dabei ist die Erzeugung von *Resonanz*. Damit meint Goleman die emotionale Reaktion der Unterstellten auf einen bestimmten Führungsstil. Jeder der sechs Führungsstile erzeugt auf andere Weise Resonanz.

Der *visionäre Stil* beispielsweise bewegt Menschen durch eine erstrebenswerte Vision der Zukunft oder einen „gemeinsamen Traum". Dieser Ansatz lässt sich mit „Kommt mit!" zusammenfassen und ist geeignet, wenn Veränderungen eine neue Vision erfordern.

Der *Coachingstil* („Probiert das mal!") kann kompetenten, motivierten Unterstellten helfen, ihre Leistung zu verbessern.

Mit dem *affiliativen Stil* („Wie fühlt Ihr Euch?") können Emotionen beruhigt, Beziehungen gestärkt und Stress kann reduziert werden.

Ein *demokratischer Stil* („Was denkt Ihr?") erleichtert es, Konsens herzustellen, wertvolle Impulse von Unterstellten einzuholen und diese zur aktiven Mitarbeit zu motivieren.

Ein *Schrittmacherstil* („Das geht auch schneller!") kann unter besonderen Umständen geeignet sein, Spitzenleistungen aus kompetenten und motivierten Teams herauszuholen.

Stil	Visionärer Stil	Coachingstil	Affiliativer Stil
Kern	Bewegt Menschen durch Vision einer erstrebenswerten Zukunft oder einen „gemeinsamen Traum"	Entwickelt Menschen und macht sie bereit für die Zukunft	Schafft Harmonie und baut emotionale Bindungen auf
Kernzitat	„Kommt mit!"	„Probiert das mal!"	„Wie fühlt Ihr Euch?"
Verhalten der Führungskraft	Inspiriert; glaubt an die eigene Vision; erläutert, wie individuelle Beiträge den „Traum" fördern	Hört zu, berät, ermutigt; hilft Menschen, die eigenen Stärken und Schwächen zu erkennen	Fördert Harmonie und Teamgeist; ist nett und einfühlsam; löst Konflikte
Basisaspekte emotionaler Intelligenz	Selbstvertrauen, Empathie, Veränderungsbewältigung	Empathie, Selbsterkenntnis, Erkennen von Entwicklungsbedürfnissen	Empathie, Beziehungsaufbau, Kommunikation
Resonanz durch …	… Hinbewegen der Mitarbeitenden zum „gemeinsamen Traum"	… verbinden dessen, was eine Person will, mit den Organisationszielen	… Schaffung von Harmonie durch Verbinden von Menschen
Angemessen um …	… durch eine neue Vision Veränderung zu bewirken	… kompetente, motivierte Mitarbeitende zur Leistungssteigerung zu befähigen	… Emotionen im Team zu beruhigen; zur Motivation, Stressreduktion oder Stärkung von Beziehungen
Basisstil	Transformationale Führung (Bass, 1985)	Coaching (Hersey und Blanchard, 1969)	Country-Club-Management (Blake und Mouton, 1964)

Stil	Demokratischer Stil	Schrittmacherstil	Kommandostil
Kern	Schafft Konsens und Mitarbeit durch Mitwirkung	Setzt hohe Anforderungen an die Leistung	Fordert sofortigen Gehorsam
Kernzitat	„Was denkt Ihr?"	„Das geht schneller!"	„Ausführen, marsch!"
Verhalten der Führungskraft	Hört zu, bringt sich ein, beeinflusst, ohne eigene Meinung durchzudrücken	Setzt hohe Standards; ist ungeduldig, zeigt wenig Empathie, kompromisslos; oft detailversessen und zahlengetrieben	Befiehlt, droht, beobachtet und kontrolliert eng, erzeugt Unzufriedenheit
Basisaspekte emotionaler Intelligenz	Zusammenarbeit, Zuhören, Kommunikation	Gewissenhaftigkeit, Leistungsbereitschaft, Initiative	Eigeninitiative, Leistungsbereitschaft, Selbstkontrolle
Resonanz durch …	… Wertschätzung von Input und aktive Mitarbeit durch Miteinbezug	… Erreichen anspruchsvoller und spannender Ziele	… Beruhigung von Ängsten durch klare Anweisungen in einer Krise
Angemessen um …	… Konsens oder aktive Mitarbeit zu erzielen und wertvolle Inputs zu erhalten	… unter Zeitdruck Top-Resultate mit kompetenten, motivierten Mitarbeitenden zu erzielen	… eine akute Krise zu bewältigen (temporär bei hohem Zeitdruck und/oder mit schwierigem Team)
Basisstil	Demokratisch (Lewin, Lippitt und White, 1939)	Direktiv (Hersey und Blanchard, 1969)	Autokratisch (Lewin, Lippitt und White, 1939)

Tabelle 3.5: Golemans sechs emotionale Führungsstile
(Quellen: nach Goleman, 2000; Goleman, Boyatzis und McKee, 2002)

Und schließlich kann ein *Kommandostil* („Ausführen, marsch!") in Ausnahmefällen temporär der richtige Ansatz sein, etwa bei hohem Zeitdruck und einem schwierigen Team. Oft ist dies in Krisen der Fall, wobei angemerkt sein soll, dass gerade auch in solchen Situationen die Berücksichtigung emotionaler Befindlichkeiten enorm wichtig ist und keinesfalls vernachlässigt werden darf, sobald der Zeitdruck nachlässt und/ oder der existenziell bedrohliche Teil der Krise bewältigt ist.

Wenn Ihnen diese Stile vertraut erscheinen, so ist das kein Zufall. Der visionäre Stil berücksichtigt Aspekte der transformationalen Führung. Der Coachingstil entspricht dem gleichnamigen Stil in Hersey und Blanchards situativem Führungsmodell. Der affiliative Stil erinnert an Blake und Moutons Country-Club-Management und der demokratische an Lewins gleichnamiges „Arbeitsklima". Der Schrittmacherstil enthält Aspekte von Blake und Moutons Aufgabenmanagement und Hersey und Blanchards unterstützendem Stil. Und der Kommandostil ähnelt den autokratischen Stilen nach Lewin, Tannenbaum und Schmidt sowie dem Vroom-Yetton-Jago-Modell, erinnert aber auch an Hersey und Blanchards direktiven Stil. Der zusätzliche Aspekt, den Goleman und Kollegen einbringen, ist die damit verbundene emotionale Wirkung.

Eine Schlüsselannahme in Golemans Werk ist, dass Handlungen und Verhaltensweisen einer Person den emotionalen Zustand der Menschen um sie herum maßgeblich beeinflussen. Das gilt natürlich auch für die Beziehung zwischen Führungskraft und Unterstellten sowie den Teammitgliedern selbst.

Wenn eine Führungskraft beispielsweise sehr launisch ist, hat das meist klare Auswirkungen auf die Stimmung im Team. Dies ist ein wichtiger Punkt, da psychisches Wohlbefinden nachweislich eng mit Leistung verknüpft ist.[44] Laut Golemans Modell kann sich der gerade verwendete Führungsstil daher positiv oder negativ auf das emotionale Wohlbefinden der Unterstellten auswirken, je nach Befindlichkeit und Situation. Goleman ist der Ansicht, dass effektive Führungskräfte in einer typischen Arbeitswoche alle sechs seiner Führungsstile anwenden[45] und in der Lage sind, nahtlos von einem zum anderen zu wechseln. Da dies, wie bereits mehrfach erwähnt, nur auf einen Teil der Führungskräfte zutrifft, muss es als anzustrebendes Ideal gesehen werden, nicht als Realität.

Auch wenn dies also ein umstrittener Punkt ist und dem Modell die empirische Unterstützung weitgehend fehlt, handelt es sich dabei doch um ein interessantes und hilfreiches Werkzeug, mit dem über die emotionalen Bedürfnisse der Unterstellten in einer bestimmten Situation reflektiert werden kann. Auch Führungskräfte, die ihren Stil nicht einfach nach Belieben glaubwürdig ändern können, profitieren davon.

Die GLOBE-Führungsstile

Der Vollständigkeit halber seien hier auch noch die sechs in der 2004 veröffentlichten GLOBE-Studie[46] identifizierten Führungsstile kurz dargestellt. Eine ausführliche Erläuterung dieser Studie, eines Meilensteins in der interkulturellen Führungsforschung, finden Sie in *Kapitel 5* unter „Interkulturelle und globale Führung"[47].

Die GLOBE-Führungsstile[48] waren ein Teilergebnis der mehr als zehnjährigen Arbeit eines internationalen Teams von über 200 Forschenden aus 62 Ländern, die es sich unter anderem zum Ziel gesetzt hatten, die in den verschiedenen Kulturen vorherrschenden impliziten Führungserwartungen zu beleuchten. Daten zu Merkmalen und Verhaltensweisen von im jeweiligen Kontext als hervorragend betrachteten Führungskräften sowie zu gesellschaftlicher und organisationaler Kultur wurden von rund 17.300 Führungskräften auf mittlerer Ebene aus 951 verschiedenen Organisationen gesammelt.

In einem zweistufigen Prozess wurde dann die Vielzahl von festgestellten Führungsmerkmalen und -verhalten zunächst zu 21 sogenannten universellen Führungsskalen verdichtet. Bei diesen handelt es sich um Aggregationen[49], ähnlich der an anderer Stelle erläuterten Zuordnung von Merkmalen zu den Big-Five-Persönlichkeitsfaktoren. Aus den 21 universellen Führungsskalen wurden anschließend die sechs GLOBE-Führungsstile abgeleitet. Diese sind:

- Charismatische/wertebasierte Führung
- Teamorientierte Führung
- Partizipative Führung
- Menschenorientierte Führung
- Selbstschützende Führung
- Autonome Führung

Charismatische/wertorientierte Führung spiegelt die Fähigkeit einer Führungskraft in einem spezifischen kulturellen Kontext wider, andere auf der Grundlage fest verankerter Kernwerte zu inspirieren, zu motivieren und zu Höchstleistungen zu bringen. Beachten Sie, dass die Art, wie dies erreicht wird, je nach Kultur unterschiedlich ist. Dies gilt für alle GLOBE-Führungsstile.

Teamorientierte Führung betont wirkungsvolles Teambuilding und die Erreichung gemeinsamer Ziele. Auf diese Weise werden Teamgeist, Loyalität und gute Zusammenarbeit im Team erreicht.

Der dritte Führungsstil, *partizipative Führung*, wird vor allem im deutschsprachigen Raum als idealtypisch gesehen. Obwohl er in allen von GLOBE untersuchten Kulturen existierte und er nirgendwo als grundsätzlich negativ gesehen wurde, war er nur in wenigen Kulturen tatsächlich der bevorzugte Stil, darunter der Westen Deutschlands und die Deutschschweiz.

Mit *menschenorientierter Führung* wird ein unterstützender, durch Geduld, Rücksicht, Anteilnahme und Großzügigkeit charakterisierter Stil bezeichnet.

Bei der *selbstschützenden Führung* hingegen konzentriert sich die Führungskraft vor allem darauf, die eigene Sicherheit – und allenfalls diejenige des Teams – zu gewährleisten. Ellenbogen werden ausgefahren, Konkurrenten systematisch schlechtgemacht und bei Bedarf die Erfolge von Unterstellten als eigene ausgegeben. Entscheidungen, für die man später zur Verantwortung gezogen werden könnte, werden oft vermieden oder delegiert.

Schließlich handelt es sich bei der *autonomen Führung* gemäß GLOBE-Autoren[50] um einen neuen, in der Literatur vorher nicht aufgetauchten Führungsstil, der durch einen unabhängigen, individualistischen und ichbezogenen Ansatz der Führungskraft gekennzeichnet ist.

Wenn Ihnen diese Stile ebenfalls bekannt vorkommen, so liegen Sie auch diesmal nicht falsch. Vor allem mit Golemans sechs emotionalen Führungsstilen finden sich viele Gemeinsamkeiten, aber auch ältere Modelle spiegeln sich darin wider. Der charismatische/wertebasierte Ansatz nach GLOBE entspricht beispielsweise recht genau Golemans visionärem Stil. Der partizipative Stil in diesem Modell entspricht in etwa den gleichnamigen Stilen in Tannenbaum und Schmidts Führungskontinuum und Houses Pfad-Ziel-Modell, aber auch Golemans demokratischem Stil und dem kollaborativen Stil im Vroom-Yetton-Jago-Modell. Die teamorientierte Führung nach GLOBE enthält Elemente von Golemans visionären und affiliativen Stilen und entspricht als Idealvorstellung durchaus auch der Teamführung im Blake-Mouton-Verhaltensgitter. Die menschenorientierte Führung im GLOBE-Modell erinnert an das Country-Club-Management nach Blake und Mouton sowie an Golemans affiliativen Stil. Und die selbstschützende Führung hat ihre Entsprechung am ehesten im Blake-Mouton'schen Überlebensmanagement. Aufgrund der Art und Stringenz, wie die GLOBE-Stile methodisch hergeleitet wurden, kann daher auch von einer Validierung dieser anderen Stile gesprochen werden. Nur die autonome Führung hat laut GLOBE-Autoren keine solche Entsprechung in der Literatur. Aufgrund der Beschreibung scheint sie jedoch eher delegativen Charakter zu haben.

Auch wenn sich also die meisten der GLOBE-Führungsstile in anderen Modellen wiederfinden, so ist doch deren Sinn und Zweck im Auge zu behalten. Bei den GLOBE-Stilen geht es darum, welcher Stil in welcher Kultur wie gut funktioniert. So gesehen könnte man das GLOBE-Modell also als einen Spezialfall situativer Führung betrachten – nur dass die Situation hier eben primär vom kulturellen Kontext bestimmt wird.

Das Thema interkulturelle Führung wird in *Kapitel 5*[51] ausführlich behandelt.

Einige abschließende Bemerkungen

Vielleicht sind Sie nun ein wenig enttäuscht über die trotz Jahrzehnten der Forschung zum Thema Führungsmerkmale und -stile doch recht gering scheinende Zahl erhärteter Erkenntnisse – und vielleicht auch über die eher unübersichtlich scheinende Anzahl verschiedener Führungsstile. Daher soll besonders Wissenswertes hier nochmals kurz aufgerollt und eingeordnet werden:

Bezüglich positiven und negativen *Führungsmerkmalen* können diese dahin gehend unterschieden werden, wie sie die Entwicklung und Effektivität von Führungskräften beeinflussen. Unter Entwicklung versteht man hier, weshalb jemand überhaupt zur Führungskraft wird und als solche wahrgenommen wird – und deshalb also irgendwann einmal in eine entsprechende Position rutscht. Anders gesagt: Es geht um die Phase, *bevor* jemand zur Führungskraft wird. Beim zweiten Punkt hingegen, der Effektivität oder Wirksamkeit von Führungskräften, geht es um den objektiven Erfolg, den jemand in einer entsprechenden Position hat – also um die Phase, *nachdem* jemand zur Führungskraft wurde.

Primär relevant für eine Organisation ist natürlich der langfristige Erfolg einer Führungskraft. Nur ist es leider so, dass oft Mitarbeitende, welche eigentlich Führungspotenzial aufweisen, entweder gar nicht oder dann erst sehr spät berücksichtigt werden – beispielsweise, weil sie „zu nett" seien und das als Führungskraft nicht gehe. Dieses oft gehörte Argument scheint auf eine weitverbreitete Ansicht zum Thema Führung hinzuweisen, ist aber nachweislich falsch.

Empirisch erhärtete Resultate liegen vor, allerdings primär in aggregierter Weise. Oft werden dafür die Big-Five-Persönlichkeitsfaktoren bemüht: Offenheit für Neues, Gewissenhaftigkeit, Extraversion, Verträglichkeit und Neurotizismus. Wenn einzelne Persönlichkeitsmerkmale auf diese Weise aggregiert betrachtet werden werden, leidet natürlich die Detailgenauigkeit der Einsichten. Ob nun das eine oder das andere Merkmal mehr zur Führungskräfteentwicklung und/oder -effektivität beiträgt, kann dann nicht mit Sicherheit gesagt werden. Genau an diesem Punkt ist die Merkmalsforschung ja auch bisher gescheitert. Allerdings ist das auch gar nicht so relevant. Schließlich haben Sie als Führungskraft sicherlich selbst eine Vorstellung davon, ob eine gewisse Person beispielsweise eher offen für Neues ist oder nicht. Wenn es also darum geht, aus Ihrem Team Kadernachwuchs zu generieren, und sie wissen, dass diese Offenheit für den späteren Führungserfolg positiv ist, dann hilft Ihnen das ja bereits dabei, Ihre Leute mental in zwei Gruppen – offen oder eben nicht – einzuteilen. Auch Extraversion, Gewissenhaftigkeit und Verträglichkeit wirken sich später positiv auf den Erfolg als Führungskraft aus, wobei die konkrete Situation beeinflussen kann, welche dieser Faktoren besonders wichtig sind.[52] Sehr neurotische Personen haben demgegenüber tendenziell weniger Erfolg bei der Führung. Auch das klingt logisch: Wenn sich jemand oft hinterfragt, wenig Selbstvertrauen hat und unter Ängsten leidet, dann wird es schwierig, andere von den gemeinsamen Aufgaben zu begeistern und diese mitzureißen.

Mit diesem Wissen wäre bei der Auswahl von Führungsnachwuchs also schon viel erreicht. Nur ist es in der Realität eben so, dass es beispielsweise als „zu nett" betitelte Personen tatsächlich oft nicht in die engere Auswahl schaffen. Indem man die Persönlichkeitsfaktoren im Auge behält, welche den langfristigen Führungserfolg positiv beeinflussen, können solche Fehler vermieden werden. Aber natürlich ist all das nur ein erster Anhaltspunkt. Am Schluss zählt immer der einzelne Mensch, der unendlich viel komplexer ist als sein Big-Five-Profil.

Auch für Ihre Selbstreflexion mögen diese an sich trivial scheinenden Erkenntnisse durchaus wertvoll sein, wie nachfolgend kurz für die einzelnen Persönlichkeitsfaktoren der Big Five erläutert werden soll.

Offenheit für Neues. Der Mensch ist ein Gewohnheitstier. Viele tun sich schwer mit Veränderungen. Manchmal bleibt jedoch keine Wahl. Wenn man den Veränderungen dann positiv begegen kann, ist das sehr hilfreich für die eigene emotionale Gesundheit und das subjektive Stressempfinden. Sollten Sie also von sich wissen, dass auch Sie nicht so offen sind, dann können Sie bewusst daran arbeiten. Halten Sie sich auf dem Laufenden – Veränderungen vorauszusehen hilft sehr dabei, mit ihnen umzugehen. Versuchen Sie bewusst, ab und zu etwas Neues auszuprobieren. Bitten Sie eine Vertrauensperson um Feedback, welche Fortschritte Sie dabei machen und so weiter.

Gewissenhaftigkeit. Liegengebliebene oder schludrig ausgeführte Arbeit hat die unangenehme Eigenschaft, dass sie irgendwann wieder auf einen zurückfällt. Und auch die Wirkung als schlechtes Vorbild für die Unterstellten ist nicht zu unterschätzen: Wenn sich der oder die Vorgesetzte offensichtlich wenig Mühe gibt, warum soll man sich selbst dann verbiegen? Wenn Sie also von sich wissen sollten, dass Sie es nicht immer so genau nehmen, dann hilft es Ihnen vielleicht, Ihre Arbeit im Voraus (besser) zu planen. Es fällt vielen Menschen bedeutend leichter, sich an einen schriftlichen Plan zu halten statt an einen rein mentalen. Führen Sie sich auch immer wieder vor Augen, dass die total aufgewendete Zeit – etwa wegen nötiger Wiederholungen oder Diskussionen mit Vorgesetzten und Unterstellten – bei schlecht ausgeführter Arbeit oft größer ist, als wenn diese gleich von Anfang an korrekt ausgeführt wird.

Extraversion. Selbstverständlich können Sie auch eine gute Führungskraft sein, wenn Sie von Natur aus eher introvertiert sind. Jedoch ist es eine Tatsache, dass vor allem Menschen, die sehr überzeugend auftreten und selbstsicher auf andere zugehen können, als starke Führungskräfte wahrgenommen werden. Wenn Sie in diesem Bereich Defizite bei sich orten sollten, können Sie daran arbeiten. Dafür gibt es ganz verschiedene Möglichkeiten. Bezüglich der Kompetenz des Auftretens wäre zum Beispiel ein Rhetorikklub eine gute Möglichkeit, in einem geschützten Rahmen an Ihren verbalen und nonverbalen Fähigkeiten zu arbeiten.

Verträglichkeit und Neurotizismus. Die beiden Faktoren gehen oft Hand in Hand. Neurotische Menschen sind tendenziell weniger verträglich und umgekehrt. Tiefe Verträglichkeit äußert sich beispielsweise in Stimmungsschwankungen. Sind Sie oft launisch, dann kann das zum Problem für Ihr Team werden. Wie bereits bei den Ausführungen zu Golemans emotionalen Führungsstilen erwähnt, wirkt sich die Stimmung der Führungskraft auch auf das Team und dessen Leistung aus. Arbeiten Sie also in dem Fall daran. Bitten Sie beispielsweise eine Vertrauensperson, als Ihr Stimmungsbarometer zu dienen. Neurotiker haben eine Tendenz zu geringem Selbstwertgefühl. Sie sind oft scheu und empfinden negative Gefühle wie Ängstlichkeit, Sorge, Wut, Frustration, Neid, Eifersucht oder auch Schuld. In der Folge sind sie auch anfälliger als andere für depressive Stimmung und Einsamkeit. Ebenso haben sie oft einen Hang zu Mikromanagement und tun sich schwer damit, anderen zu vertrauen. Sie sind auch weniger stressresistent als andere, empfinden eine Situation schneller als „unlösbar schwierig" und fühlen sich oft im eigenen Kopf gefangen. Wenn Sie sich in manchen dieser Beispiele wiedererkennen, können Sie etwas dagegen tun. Sowohl geringer Verträglichkeit als auch starkem Neurotizismus kann mit ähnlichen Rezepten begegnet werden. Vor allem Training in emotionaler Intelligenz, aber beispielsweise auch gemeinnützige Freiwilligenarbeit oder kleine Übungen (wie zum Beispiel jeden Morgen drei positive Nachrichten in der Zeitung zu finden) können dabei helfen, neurotische Tendenzen zu reduzieren und verträglicher zu werden. Manchen Menschen hilft positive Affirmation, also das regelmäßige Wiederholen aufmunternder Botschaften an sich selbst. Oder suchen Sie sich ein Hobby, welches Ihnen regelmäßig Erfolgserlebnisse beschert, und so weiter.

Emotionale Intelligenz ist sowieso ganz grundsätzlich von großer Wichtigkeit für erfolgreiche Führung. Sie wird in *Kapitel 4* unter „Die eigene emotional-soziale Intelligenz entwickeln“[53] detailliert erläutert.

Abschließend sei hier noch erwähnt, dass auch hinsichtlich der Frage, welche Führungsmerkmale denn kulturübergreifend funktionieren und welche nicht, solide Erkenntnisse vorliegen. Diese werden in *Kapitel 5* unter „Interkulturelle und globale Führung“[54] erläutert.

Was das Thema Führungsstile anbelangt, so fühlten Sie sich in den vorangegangenen Teilen dieses Kapitels vielleicht manchmal etwas erschlagen von der Fülle der Stile. Tatsächlich wurde eine ganze Anzahl von Modellen vorgestellt, alle mit eigener Liste an Führungsstilen. Wenn man sich diese allerdings etwas genauer anschaut, kommt man zu dem Schluss, dass sie zu einem großen Teil vergleichbar sind und sich in eine relativ begrenzte Anzahl Grundstile einordnen lassen. Entscheidend ist dabei nicht, wie ein bestimmter Stil genannt wird, sondern welche Annahmen im zugrunde liegen und für welche Einsatzzwecke er gedacht ist.

Ganz grundsätzlich können zwei archetypische Führungsorientierungen unterschieden werden: Aufgabenorientierung und Beziehungsorientierung. Dabei handelt es sich um tief verwurzelte Denk- und Gefühlsmuster, die bestimmen, ob Sie als Führungskraft die Erledigung Ihrer (persönlichen und teambezogenen) Aufgaben oder eher Ihre sozialen Beziehungen mit Ihren Unterstellten priorisieren. In der Mehrheit der Führungsmodelle wird davon ausgegangen, dass eine der beiden Ausrichtungen dominiert.

Auch hinsichtlich des grundlegenden Entscheidungsstils können zwei gegensätzliche Ansätze unterschieden werden: eher direktiv oder eher delegativ. Bei Ersterem steht die Führungskraft im Zentrum. Sie formuliert klare Erwartungen und erteilt klare Aufträge (oder sogar Befehle). Bei Letzterem hält sie sich eher im Hintergrund und überlässt die Arbeit und möglicherweise sogar die Entscheidung den Unterstellten.

Somit existieren also vier Grundausrichtungen: direktiv, aufgabenorientiert, beziehungsorientiert und delegativ. In diese lassen sich nun die Führungsstile aller vorgestellten Modelle grob einordnen, wie in *Tabelle 3.6* ersichtlich.

Universale Vorstellungen von Führung und den dazugehörigen Stilen finden sich in drei der älteren Modelle: Lewins Führungsstile (autoritär, demokratisch und laissez-faire), Tannenbaum und Schmidts Führungskontinuum (autoritär, paternalistisch, konsultativ I und II, partizipativ, demokratisch und laissez-faire) sowie Blake und Moutons Verhaltensgitter (Aufgabenmanagement, Kompromissmanagement, Teammanagement, Country-Club-Management und Überlebensmanagement).

Situative Ansätze finden sich in Fiedlers Kontingenztheorie (aufgabenorientiert, beziehungsorientiert), Hersey und Blanchards situativem Führungsmodell (direktiv, unterstützend, Coaching, delegativ) und im Vroom-Yetton-Jago-Modell (autokratisch, konsultativ, kollaborativ).

Ebenfalls vom Ansatz her situativ, jedoch mit der zusätzlichen Annahme verknüpft, dass es bei der Führung vor allem auf die emotionale Resonanz bei den Unterstellten ankommt, sind Golemans emotionale Führungsstile (Kommandostil, Schrittmacherstil, visionärer Stil, Coachingstil, demokratischer Stil und affiliativer Stil).

Nochmals eine andere Basisannahme liegt den GLOBE-Führungsstilen zugrunde. Diese wurden statistisch aus einer Vielzahl von kulturell als positiv oder negativ bewerteten Führungsmerkmalen abgeleitet und kamen in allen in der Studie untersuchten Kulturen vor. So gesehen handelt es sich also um einen kulturell-situativen Ansatz. *Tabelle 3.6* fasst diese Überlegungen zusammen und ordnet die Führungsstile pro Modell in den Gesamtkontext ein.

Wie Sie also sehen können, handelt es sich nicht um eine Unzahl von konkurrierenden Führungsstilen, sondern um eine überschaubare Liste verwandter, von den Grundannahmen her jedoch in Gruppen einteilbarer Stile. Je nachdem, was für Sie gerade im Vordergrund steht, können Sie ein spezifisches Modell zurate ziehen, wenn Sie über die in einer bestimmten Situation hilfreichen Führungsstile nachdenken. Ob Sie sich dabei mehr um die Kompetenz und das Engagement (situatives Führungsmodell), die emotionalen Bedürfnisse (Golemans emotionale Führungsstile) oder die kulturell geprägten Führungserwartungen (GLOBE-Führungsstile) der Unterstellten Gedanken machen, hängt von der spezifischen Fragestellung ab, mit der Sie sich auseinandersetzen.

Bei der Führung basiert vieles auf der Fähigkeit, die emotionale Reaktion anderer richtig einzuschätzen. Es ist denn auch kein Zufall, dass beispielsweise emotionale Intelligenz und die GLOBE-Führungsstile eng miteinander verknüpft sind. Emotionale Intelligenz ist eine Grundfähigkeit, um instinktiv richtig auf die emotionalen Bedürfnisse der Unterstellten reagieren zu können. So gesehen gilt das natürlich nicht nur intrakulturell, sondern auch interkulturell – nur dass diese Bedürfnisse dann (noch) weniger leicht erfassbar sind.

Ebene		Führungsstile			
Grundmuster		**Direktiv**	**Aufgabenorientiert**	**Beziehungsorientiert**	**Delegativ**
Archetypischer Ansatz	Modell	Diverse (z.B. Verhaltensgitter, Pfad-Ziel-Modell, Kontingenztheorie)			
	Stile	Aufgabenorientiert		Beziehungsorientiert	
Universalansatz	Modell	Lewin-Modell (Lewin, Lippitt und White)			
	Stile	Autoritär		Demokratisch	Laissez-faire
	Modell	Führungskontinuum (Tannenbaum und Schmidt)			
	Stile	Autoritär	Paternalistisch; Konsultativ (I und II)	Partizipativ; Demokratisch	Laissez-faire
	Modell	Verhaltensgitter (Blake und Mouton)			
	Stile	Aufgabenmanagement	Kompromissmanagement, Teammanagement	Country-Club-Management	Überlebensmanagement
Situativer Ansatz	Modell	Kontingenztheorie (Fiedler)			
	Stile	Aufgabenorientiert		Beziehungsorientiert	
	Modell	Situative Führung (Hersey und Blanchard)			
	Stile	Direktiv	Unterstützend	Coaching	Delegativ
	Modell	Normatives Entscheidungsmodell (Vroom-Yetton-Jago)			
	Stile	Autokratisch	Konsultativ	Kollaborativ	
Emotional-situativer Ansatz	Modell	Emotionale Führungsstile (Goleman)			
	Stile	Kommando	Schrittmacher; Visionär, Coaching	Demokratisch; Affiliativ	
Kulturell-situativer Ansatz	Modell	GLOBE-Führungsstile (House et al.)			
	Stile	Selbstschützend	Charismatisch/wertebasiert, partizipativ	Teamorientiert, menschenorientiert	Autonom

Tabelle 3.6: Einordnung von Führungsstilen bekannter Modelle
(Quelle: Autor)

Das nächste Kapitel gibt Ihnen konkrete Handlungsempfehlungen für Ihren Führungsalltag.

Takeaways

Was Sie von diesem Kapitel mitnehmen sollten:

1. Die Big-Five-Persönlichkeitsfaktoren sind Offenheit, Gewissenhaftigkeit, Extravertiertheit, Verträglichkeit und Neurotizismus. Die ersten drei haben einen positiven Effekt und die anderen einen tendenziell negativen Effekt auf die Wahl von Führungskräften. Offenheit, Gewissenhaftigkeit, Extravertiertheit und Verträglichkeit wirken sich auch positiv auf die Effektivität einer Führungskraft aus, während die Wirkung von Neurotizismus tendenziell negativ ist.

2. Kurt Lewin und Kollegen identifizierten drei archetypische Führungsstile: autoritär, demokratisch und laissez-faire.

3. Gemäß Tannenbaum und Schmidt existieren Führungsstile auf einem Kontinuum von „bosszentriert", also vollständig autokratisch, bis zu „unterstelltenzentriert", also voll delegativ. Die damit assoziierten Führungsstile sind: autoritär, paternalistisch, konsultativ (I und II), partizipativ, demokratisch und laissez-faire.

4. Das Verhaltensgitter von Blake and Mouton basiert auf der Annahme, dass die meisten Führungskräfte tendenziell eher soziale Beziehungen oder die Produktion in den Vordergrund stellen, also entweder beziehungs- oder aufgabenorientiert sind. Ein Führungsstil, bei dem sich jemand um keines von beidem kümmert, wird als Überlebensmanagement bezeichnet. Einen rein beziehungsorientierten Stil nennen die Autoren Country-Club-Management, während ein rein produktionsorientierter Stil als Aufgabenmanagement bezeichnet wird. Kombiniert jemand bis zu einem Grad beide Orientierungen, kann aber mangels entsprechender Fähigkeiten keine von beiden voll wahrnehmen, wird von Kompromissmanagement gesprochen. Der von allen Führungskräften anzustrebende Idealfall ist laut Modell das Teammanagement, bei dem beide Aspekte vollumfänglich berücksichtigt werden.

5. Das Kontingenzmodell von Fiedler geht davon aus, dass die Leistung eines Teams nicht nur vom – entweder aufgaben- oder beziehungsorientierten – Führungsstil der Teamleitung abhängt, sondern auch von der sogenannten situativen Günstigkeit. Diese wird von drei Aspekten bestimmt: der Beziehung zwischen Führungskraft und Team (gut oder schlecht), der Aufgabenstruktur (strukturiert oder unstrukturiert) und der Positionsmacht der Führungskraft (stark oder schwach).

6. Hersey und Blanchards situatives Führungsmodell geht davon aus, dass der ideale Stil, den eine Führungskraft in einer bestimmten Situation anwenden sollte, von der Reife der Unterstellten bestimmt wird. Diese wiederum hängt von deren Kompetenz und Engagement ab. Wenig kompetente, jedoch engagierte Unterstellte erfordern einen direktiven Führungsstil, während bei nur marginaler Kompetenz und fehlendem Engagement ein Coachingstil erforderlich ist. Kompetente, aber nicht vollständig engagierte Unterstellte wiederum benötigen einen unterstützenden Stil, während ein delegativer Stil angewendet werden kann, wenn die Unterstellten sowohl hoch qualifiziert als auch engagiert sind.

7. Das normative Entscheidungsmodell von Vroom, Yetton und Jago basiert auf drei archetypischen Führungsstilen – autokratisch, konsultativ und partizipativ – und

leitet daraus fünf Entscheidungsprozesse ab: autokratisch (I und II), konsultativ (I und II) sowie Gruppe (II). Die gemäß dem Modell richtige Wahl eines solchen hängt von der Antwort auf acht Fragen ab.

8. Basierend auf der Vorstellung, dass Handlungen und Verhaltensweisen von Führungskräften den emotionalen Zustand ihrer Unterstellten beeinflussen, geht Golemans Modell der emotionalen Intelligenz davon aus, dass Führungsstile in den Unterstellten emotionale Resonanz erzeugen. Das Modell enthält sechs sogenannte emotionale Führungsstile: visionärer Stil, Coachingstil, affiliativer Stil, demokratischer Stil, Schrittmacherstil und Kommandostil. Das Modell geht des Weiteren davon aus, dass Führungskräfte nicht nur in der Lage sind, ihren Stil je nach emotionalem Bedürfnis der Unterstellten situativ anzupassen, sondern dass sie auch in einer typischen Arbeitswoche alle Stile anwenden.

9. Im Rahmen eines mehr als zehnjährigen, interkulturellen Forschungsprojektes, der sogenannten GLOBE-Studie, identifizierten Robert House und Kollegen sechs Führungsstile, welche in allen 62 untersuchten Ländern vorkamen: charismatische/wertebasierte Führung, teamorientierte Führung, partizipative Führung, menschenorientierte Führung, selbstschützende Führung sowie autonome Führung. Die ersten beiden wurden in allen untersuchten Kulturen als gut betrachtet, während die letzten beiden generell negativ gesehen wurden.

Endnoten

1 Siehe Seite 187 ff.

2 Siehe Seite 249 ff.

3 Siehe Seite 32 ff.

4 Auf Englisch spricht man von leadership emergence, also im wörtlichen Sinne eigentlich „Entstehung" oder auch „Auftauchen" der Führung.

5 Siehe Lord, De Vader und Allinger (1986).

6 Siehe Hogan, Curphy und Hogan (1994).

7 Das Big-Five-Modell wurde erstmals 1961 von Ernest Tupes and Raymond Christal beschrieben und geht davon aus, dass die Persönlichkeit einer Person primär durch fünf Faktoren geprägt wird. Es ist auch als Fünffaktorenmodell bekannt.

8 Im englischen Original lassen sich die fünf Faktoren mit der Abkürzung OCEAN leicht merken: „O" für *openness* (Offenheit), „C" für *conscientiousness* (Gewissenhaftigkeit), „E" für *extraversion* (Extraversion), „A" für *agreeableness* (Verträglichkeit) und „N" für *neuroticism* (Neurotizismus).

9 Oft auch als „Extrovertiertheit" bezeichnet.

10 Hier zeigen sich die Grenzen solcher summarischen Ansätze. Auch eine introvertierte Person kann selbstverständlich ein gutes Selbstbewusstsein aufweisen. Bei der Extraversion geht es diesbezüglich vor allem auch darum, wie schnell und wie stark dieses Selbstbewusstsein für andere sichtbar wird.

11 Hier muss angemerkt werden, dass diese Persönlichkeitsfaktoren als relativ stabil angesehen werden. Wo psychische Erkrankungen im Spiel sind, trifft dies allerdings nicht immer zu. Menschen mit bipolarer Störung bspw. können während manischen Phasen als extrem extravertiert wahrgenommen werden, während sie in depressiven Phasen genau den gegenteiligen Eindruck erwecken.

12 Siehe Samuels et al. (2000).

13 Eine Zwangsstörung – auch als anankastische Neurose oder obsessiv-kompulsive Neurose bezeichnet – führt bei erkrankten Personen zu einem inneren Zwang, bestimmte Dinge zu denken oder zu tun, die sie eigentlich als sinnlos oder störend empfinden. Von Zwangsgedanken Betroffene erleben immer wiederkehrende Ängste und Zweifel, müssen bestimmte Gedanken immer und immer wieder wiederholen oder zählen zwanghaft Alltagsgegenstände. Zwangshandlungen sind bspw. der Drang, sich immer und immer wieder die Hände zu waschen, gewisse Dinge – wie etwa Herdplatten oder Türschlösser – andauernd zu kontrollieren, Ausdrücke oder Melodien immer und immer wieder zu wiederholen oder bestimmte Gegenstände zwanghaft in perfekter Symmetrie anzuordnen oder anzufassen.

14 NEO PI-R steht für Revised NEO Personality Inventory, also „revidiertes NEO-Persönlichkeitsinventar". Es umfasst 240 Fragen und misst in der revidierten Fassung alle fünf Big-Five-Persönlichkeitsfaktoren. Jeder Faktor wird zusätzlich in sechs Unterskalen, sogenannte Facetten, unterteilt. Facetten von Verträglichkeit sind bspw. Vertrauen, Freimütigkeit, Altruismus, Entgegenkommen, Bescheidenheit und Gutherzigkeit. Die aktuelle Version, der NEO PI-3, erschien 2010.

15 Der NEO FFI ist die Kurzversion des NEO PI-R und umfasst 60 Fragen.

16 Der OPQ32, oder Occupational Personality Questionnaire (auf Deutsch also etwa „berufsbezogener Persönlichkeitsfragebogen"), ist ein kommerziell verfügbares Instrument zur Messung der Big-Five-Persönlichkeitsfaktoren im Hinblick auf die spezifischen Präferenzen einer Person bezüglich verschiedener Arbeitsstile. Es besteht aus 32 Fragen und ist in mehr als 30 Sprachen verfügbar.

17 Siehe Judge et al. (2002).

18 Siehe Seelhofer und Valeri (2017).

19 Siehe Seite 219 ff.

20 Siehe Seite 34 ff.

21 Lewin wurde 1890 im ostpreußischen Mogilno geboren, das heute Teil von Polen ist. Er ist unter anderem auch für seine psychologische Feldtheorie bekannt.

22 In Übereinstimmung mit Lewins ursprünglichen Ergebnissen ergab eine Studie von Führungskräften der mittleren Ebene bei einem globalen Personaldienstleister, dass Teams unter der Leitung von weiblichen Führungskräften – die deutlich partizipativer führten als ihre männlichen Kollegen – tendenziell bessere Ergebnisse erzielten. Siehe dazu Seelhofer und Valeri (2017).

23 Siehe Seite 41.

24 Im englischen Original: *Managerial Grid.*

25 Im ursprünglichen Modell verwendeten die Autoren die Bezeichnung „Managementstil".

26 Siehe Seite 35 ff.

27 Siehe Seite 125 ff.

28 Im Englischen ist dieses Phänomen als *self-completion bias* („Eigenvervollständigungsverzerrung") bekannt.

29 Im Englischen wird dieses Phänomen als *social desirability bias* („Verzerrung durch soziale Erwünschtheit") bezeichnet.

30 Fiedler gab den Probanden die klare Instruktion, sich nicht die am wenigsten gemochte Person vorzustellen, sondern diejenige, mit der die Zusammenarbeit am schwierigsten war.

31 LPC ist die Abkürzung für den englischen Ausdruck *least-preferred co-worker*, also „der am wenigsten geschätzte Kollege bzw. die am wenigsten geschätzte Kollegin".

32 Damit der Fragebogen nicht nach geometrischen Gesichtspunkten ausgefüllt (also z.B. immer tendenziell auf der linken Seite angekreuzt) wird, werden in Variationen der LPC-Skala einige der Adjektivpaare und die zugehörigen Punktzahlen vertauscht. Links stünden dann also bspw. einige positive Adjektive, die acht Punkte ergeben, gefolgt von einem negativen Adjektiv, das einen Punkt ergibt, gefolgt von weiteren positiven Adjektiven, gefolgt von einem weiteren negativen Adjektiv usw. In manchen Versionen ist sogar jedes zweite Adjektivpaar vertauscht.

33 Im originalen LPC-Instrument wurden Punktzahlen von 63 und darunter als Aufgabenorientierung gewertet und solche von 73 und mehr als Beziehungsorientierung. Dazwischen wurde eine gemischte Grundausrichtung angenommen.

34 Siehe Posthuma (1970).

35 Siehe Rowland und Gardner (1973).

36 Im englischen Original: *Situational Leadership Theory*. Hersey und Blanchards Theorie wurde ursprünglich als *Life-Cycle Theory of Leadership* (also „Lebenszyklustheorie der Führung") bezeichnet, Mitte der 1970er Jahre jedoch umbenannt.

37 Siehe Seite 41 ff.

38 Siehe Seite 43 ff.

39 Die Autoren selbst beziehen sich bei den entsprechenden Ausführungen auf Maier (1963).

40 Die Formulierung und Reihenfolge der Fragen änderte sich zwischen den verschiedenen Modelliterationen leicht. Die hier aufgeführten Fragen stammen von Vroom und Jago (1988).

41 Auf Deutsch: „Arbeiten mit emotionaler Intelligenz".

42 Auf Deutsch in etwa „Urführung" oder auch „ursprüngliche Führung". Siehe Goleman, Boyatzis und McKee (2002).

43 Siehe Goleman (2000).

44 Siehe dazu bspw. Wright und Cropanzano (2000).

45 In seinem im Jahr 2000 erschienenen Harvard-Business-Review-Artikel *Leadership That Gets Results* („Führung, die Resultate bringt") benutzte Goleman das Beispiel eines Golfprofis, der Schläger aus seiner Golftasche gemäß den Anforderungen eines bestimmten Schlags auswählt. Manchmal wird er sich die Auswahl gut überlegen, aber meistens erfolgt sie automatisch. Goleman argumentiert, dass es mit den Führungsstilen genauso sei – eine gute Führungskraft wähle also meist automatisch den zu einer bestimmten Führungssituation passenden Stil aus.

46 GLOBE steht für *Global Leadership and Organizational Behavior Effectiveness*, also „Effektivität globaler Führung und globalen Organisationsverhaltens". Siehe dazu House, Hanges und Javidan (2004).

47 Siehe Seite 219 ff.

48 Die Studie sprach nicht von Führungsstilen, sondern nannte diese Konstrukte „kulturell unterstützte implizite Führungsdimensionen".

49 Beispielsweise besteht die universelle Führungsskala „autokratisch" aus den Merkmalen „autokratisch", „diktatorisch", „herrisch" und „elitär".

50 Siehe House, Hanges und Javidan (2004).

51 Siehe Seite 187 ff.

52 Siehe dazu bspw. Seelhofer und Valeri (2017).

53 Siehe Seite 129 ff.

54 Siehe Seite 219 ff.

4 Ganzheitliche Führung in der Praxis

Lernerfolge

Nach diesem Kapitel sollten Sie in der Lage sein,

- Ihre Hauptaufgaben als Führungskraft zu verstehen und sich selbst diesbezüglich einzuschätzen,
- zu verstehen, was es braucht, um allgemeine Führungsaufgaben und konkrete Aufträge zu erfüllen,
- in der Lage sein, Ihr Team als Ganzes, die einzelnen Teammitglieder sowie sich selbst zu führen, und
- zu wissen, wie Sie Ihre Führungspräsenz und Resilienz erhalten oder erhöhen können.

Ein ganzheitliches Führungsverständnis: Das integrierte Modell effektiver Führung

Rom wurde nicht an einem Tag erbaut und gute Führungskräfte fallen nicht vom Himmel. Neben Erfahrung[1] ist für gute Führung nicht zuletzt ein solides Verständnis der diesbezüglichen Mehrfachverantwortung sowie der nötigen Führungseigenschaften und -kompetenzen wichtig. Was aber sind diese? Diese Frage ist insofern relevant, als die Antwort darauf bestimmt, wie Sie Ihre Zeit und Energie einsetzen und Ihre Prioritäten bestimmen.

Wie aus den vorangegangenen Kapiteln ersichtlich wurde, haben Sie als Führungskraft jederzeit vier Schlüsselaufgaben zu erfüllen:

- Auftragserfüllung
- Teamführung
- Individuelle Führung und
- Selbstführung

Um die Ihnen und Ihrem Team übertragenen Aufträge zuverlässig zu erfüllen, müssen Sie gemeinsam Aktionen und Initiativen planen, diese umsetzen, die Umsetzung kontrollieren, gegebenenfalls Korrekturmaßnahmen ergreifen und dabei jederzeit einen angemessenen Informationsfluss sowohl horizontal (also untereinander) als auch vertikal (also zu vorgesetzten und unterstellten Stellen) sicherstellen.

Dies kann jedoch nur gelingen, wenn Ihre Mitarbeitenden als echtes Team auftreten. Mit anderen Worten, die einzelnen Teammitglieder müssen am gleichen Strick ziehen und ein gemeinsames Ziel verfolgen. Ihnen als Führungskraft kommt dabei eine zentrale Rolle zu. Dabei werden zwei Ebenen unterschieden.

Einerseits muss das Team als Ganzes geführt werden. Scouller[2] spricht hier von „öffentlicher Führung". Auf dieser kollektiven Ebene der Mitarbeitendenführung besteht Ihre Aufgabe als Führungskraft vor allem darin, aktiv die Entwicklung und Aufrechterhaltung positiver Beziehungen unter den Teammitgliedern zu fördern und diese mit Informationen und (zumindest im deutschsprachigen Kontext idealerweise partizipativ gefällten) Entscheidungen zu versorgen, welche Sie für die weitere Auftragserfüllung benötigen. Dabei sollten Sie einen dem Team und der Situation angemessenen Führungsstil pflegen.

Andererseits muss auch jedes einzelne Teammitglied individuell geführt werden. Scouller[3] spricht hier von „privater Führung". Konkret bedeutet dies in der Praxis, dass nicht alle Teammitglieder gleich geführt werden können. Je mehr Erfahrung und je konstruktiver die Einstellung, desto weniger Aufsicht und Kontrolle ist gemeinhin nötig. Zu Ihren Führungsaufgaben gehört diesbezüglich die Motivation, Schulung, Entwicklung und gegebenenfalls Disziplinierung der verschiedenen Teammitglieder, die Zuweisung von Aufgaben sowie das zeitgerechte Versorgen mit relevanten Informationen und nötigen Entscheidungen.

Schließlich erwähnt eine Reihe von Autoren[4] die Wichtigkeit effektiver Selbstführung. Deren Zweck besteht darin, aktiv Maßnahmen zur Aufrechterhaltung Ihrer langfristigen Leistungsfähigkeit und Effektivität als Führungskraft zu ergreifen. Dazu gehört die Förderung Ihrer Führungspräsenz und Resilienz, das Wahrnehmen einer positiven Vorbildfunktion, aber auch das Erkennen und umsichtige Umgehen mit negativen Emotionen und Impulsen sowie das Sicherstellen Ihrer emotionalen Gesundheit.

Um die vier Kernaufgaben der Mitarbeitendenführung zu erfüllen, muss die Führung auf eine solide Basis aus relevanten Verhalten und Kompetenzen gestellt werden. Die meisten Führungskräfte sind von Natur aus tendenziell entweder aufgaben- oder personenorientiert. Wie bereits an früherer Stelle erwähnt, betonen praxisorientierte Führungsmodelle wie diejenigen von Blake und Mouton[5], Hersey and Blanchard[6] und Adair[7] im Einklang mit der neueren Führungsforschung (Stichwort *Full-Range Leadership*[8]), dass effektive Führungskräfte jedoch beide Aspekte möglichst gleichermaßen im Auge behalten sollten. Mit anderen Worten: Die zuverlässige Erfüllung der vier Kernaufgaben der Führung steht auf einem dualen, transaktional-transformationalen Fundament aus Kompetenzen und Verhalten der Führungskraft.

Hinsichtlich Kompetenzen listet beispielsweise Adair, dessen Modell sich explizit und detailliert damit befasst,[9] die Folgenden auf: *planen, initiieren* (synonym mit *implementieren* verwendet), *kontrollieren, unterstützen, informieren* und *bewerten*. Zwei weitere wichtige Kompetenzen, die Fähigkeit zur effizienten und vollständigen Analyse einer Situation sowie die Entschlussfassung auf Grundlage dieser Analyse, sind zwar implizit in diesen Punkten enthalten, werden aber nicht ausdrücklich erwähnt. Sie sind jedoch wichtig und sollten daher formell aufgeführt werden. Diese Liste ist jedoch auch so noch nicht vollständig. So ist für die effektive Ausführung Ihrer Führungstätigkeiten *kommunizieren* ebenfalls eine grundlegende Fähigkeit. Darüber hinaus wurde durch eine Vielzahl von Studien festgestellt, dass die Verwendung von bedingten – üblicherweise leistungsabhängigen – Belohnungen[10] die Zufriedenheit[11], das Engagement[12] und folgerichtig auch die Leistung[13] von Mitarbeitenden erhöht. Gleichzeitig wird bei konsequenter Anwendung auch der integre Ruf der entsprechenden Führungskraft gestärkt.[14] Im Umkehrschluss sollte natürlich auch mangelhafte Leistung adressiert und, wenn andere Maßnahmen nicht helfen, auch sanktioniert werden. Ebenso müssen Grenzen überschreitende Verstöße[15] gegen Regeln oder Sitten im Sinne der Gruppendisziplin (und auch der Motivation der korrekt handelnden Teammitglieder) bestraft werden.

Aus diesen Überlegungen ergibt sich die nachfolgende Liste (transaktionaler) Kernkompetenzen der Führung:

- Analysieren
- Entscheiden
- Informieren/Kommunizieren
- Planen
- Implementieren
- Unterstützen

- Kontrollieren
- Evaluieren
- Belohnen (und Bestrafen)

Um als Führungskraft erfolgreich zu sein, sollten Sie also all diese Kompetenzen beherrschen. Allerdings reicht dies noch nicht aus. Einer der Hauptkritikpunkte an funktionalen Führungstheorien betrifft nämlich ihren primär transaktionalen Charakter (für den Vergleich transaktionaler und transformationaler Führung siehe *Kapitel 2* unter „Kontingenztheorien“). John Adair, einer der Hauptexponenten funktionaler Führungstheorien, ging in einer überarbeiteten Ausgabe seines bekannten, in den Siebzigerjahren veröffentlichten Modells darauf ein, indem er seine ursprünglichen „Kernführungsfunktionen“ um zwei transformationale Elemente erweiterte: *motivieren* sowie *mit gutem Beispiel vorangehen*. Dies wirft die Frage auf, ob dies ausreicht, respektive ob dies alle relevanten transformativen Führungsverhalten umfasst. Die Antwort ist nein. Wie bereits früher dargelegt, besteht transformative Führung nämlich aus vier grundlegenden Komponenten[16].

Idealisierter Einfluss bezieht sich auf die Tatsache, dass erfolgreiche Führungskräfte ihren Unterstellten oft als Vorbild dienen und ihnen Respekt, Vertrauen und sogar Bewunderung entgegengebracht wird. Im Full-Range-Leadership-Modell[17] von Avolio and Bass[18] wird *idealisierter Einfluss* in zwei weitere Komponenten aufgeteilt, nämlich einen attribuierten (also zugeschriebenen) Teil und einen Verhaltensteil. Ersterer bezieht sich auf den Einfluss einer Führungskraft auf Basis dessen, wie sie durch die Unterstellten wahrgenommen wird. Hier spielen also sowohl Reputation als auch Rhetorik einer Führungskraft eine Rolle: Wer einen Ruf hat, in der Vergangenheit Projekte immer erfolgreich abgeschlossen und die Unterstellten fair behandelt zu haben, dem wird das auch für die Zukunft zugetraut. Ein Stück weit mag dies sowohl durch tatsächliche Erfolge oder auch einfach nur durch Behauptungen begründet sein. Charismatische, eloquente Personen haben es leichter, andere für sich einzunehmen. Gerade in Kulturen, in denen Bescheidenheit hochgehalten wird, kann dies allerdings ohne entsprechenden Beweis rasch auch als reine Angeberei betrachtet werden und dann kontraproduktiv wirken. Die zweite Komponente, idealisierter Einfluss auf Basis von Verhalten, betrachtet daher genau diesen Aspekt. Charismatische – also von den Unterstellten als richtig, gut und inspirierend wahrgenommene – Handlungen wirken sich positiv auf den Einfluss einer Führungskraft aus, während unfaire oder unethische Handlungen sich negativ auswirken.

Inspirierende Motivation bedeutet die Fähigkeit der Führungskraft, Unterstellte unter anderem durch eine gemeinsame Vision zu motivieren und zu inspirieren.

Individuelle Berücksichtigung bezieht sich auf die authentische Sorge um und Rücksichtnahme auf Bedürfnisse und Gefühle sowie das Wohlbefinden der einzelnen Unterstellten.

Und *intellektuelle Stimulation* wird dadurch erreicht, dass Unterstellte laufend aufgefordert und herausgefordert werden, noch kreativer und innovativer zu sein.

Wichtige Beiträge			Kernelemente	Kernführungsverhalten
Adair (1973/88)	**Kouzes und Posner (1987)**	**Avolio und Bass (1991)**		
Motivieren		Idealisierter Einfluss (attribuiert)	Als selbstbewusst und erfolgreich angesehen werden	Führungspräsenz entwickeln
			Als mächtig angesehen werden	
	Das Herz ermutigen		Auf Werte und Ethik fokussieren	
			Den Teamgeist fördern	Motivieren und inspirieren
			Rituale und Traditionen definieren	
		Inspirierende Motivation	Eine gemeinsame Vision fördern	
			Unaufgeregten Optimismus zeigen	
			Ehrgeizige Ziele setzen	
			Ehrliche Sorge zeigen	Rücksichtsvolles Interesse zeigen
			Interesse zeigen	
			Offen kommunizieren	
	Andere zum Handeln befähigen	Individuelle Berücksichtigung	Beraten	Befähigen, stimulieren und herausfordern
			Unterstützen	
			Persönliches Wachstum und Selbstverwirklichung ermöglichen	
	Den Prozess hinterfragen	Intellektuelle Stimulation	Kreatives Denken fördern	
			Innovative Lösungen finden	
			Kalkuliert Risiken eingehen	
			Wandel fördern	
Mit gutem Beispiel vorangehen	Den Weg modellieren	Idealisierter Einfluss (Verhalten)	Vorbildlich sein	Mit gutem Beispiel vorangehen
			Eine positive Rolle spielen	
			Lösungen erkunden und erklären	Die Richtung weisen
			Grundsätze festlegen	
			Die Richtung vorgeben	
	Eine gemeinsame Vision inspirieren		Eine gemeinsame Vision fördern	

Dunkelgraue Felder: Nicht im Modell enthalten.

Tabelle 4.1: Herleitung transformationaler Kernführungsverhalten
(Quelle: Autor)

Eine etwas andere, aber grundsätzlich ähnliche Sicht bieten Kouzes und Posner in ihrem Buch *The Five Practices of Exemplary Leadership*[19]. Auf Grundlage einer großen empirischen Studie identifizierten die Autoren die aus ihrer Sicht fünf wichtigsten Praktiken erfolgreicher Führungskräfte: *den Weg modellieren, eine gemeinsame*

Vision inspirieren, den Prozess hinterfragen, andere zum Handeln befähigen und *das Herz ermutigen.*

Abbildung 4.1 vergleicht diese transformationalen Führungspraktiken, beurteilt sie und erstellt eine Synthese. Wie aus dieser Analyse hervorgeht und unter anderem von James Scouller in seinem vor allem auf seinen Erfahrungen als CEO beruhenden Bestseller *The Three Levels of Leadership*[20] beschrieben wurde, ist insbesondere eine gute *Führungspräsenz* ein wichtiges Kapital erfolgreicher Führungskräfte. Schließlich sollten Führungskräfte darüber hinaus auch die eigene emotionale (und idealerweise auch physische) Widerstandsfähigkeit, die sogenannte *Resilienz*, aktiv und systematisch fördern, um auch über einen längeren Zeitraum effektiv – und gesund – zu bleiben.

Die unten stehende Liste fasst diese aus empirischer Sicht für langfristig effektive Führung besonders relevanten Führungsverhalten zusammen:

- Die Richtung weisen
- Mit gutem Beispiel vorangehen
- Die eigene Führungspräsenz und Resilienz fördern
- Motivieren und inspirieren
- Rücksichtsvolles Interesse zeigen
- Befähigen, stimulieren und herausfordern.

Durch den Einbezug all dieser Aspekte entsteht ein ganzheitliches, integriertes Modell effektiver Führung.

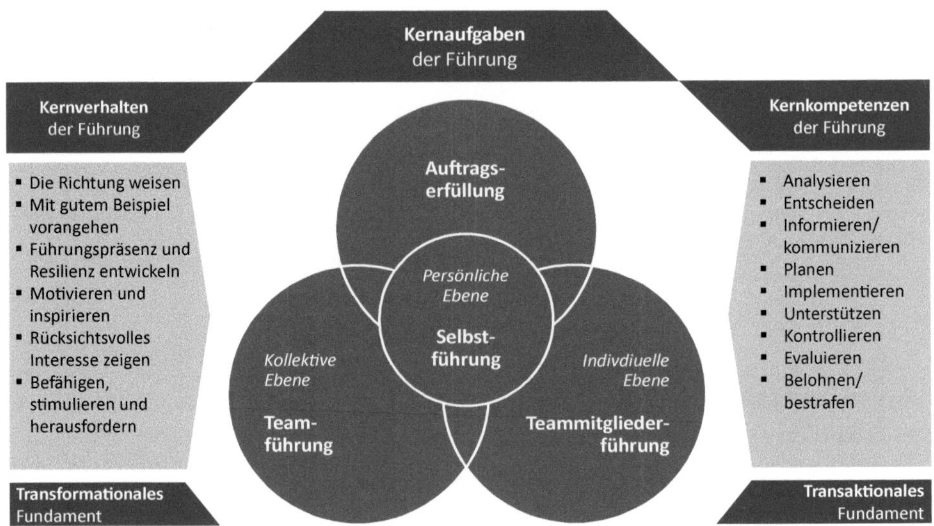

Abbildung 4.1: Integriertes Modell effektiver Führung (IMEF)
(Quelle: Autor)

Wie zuvor erläutert, steht der Kern des Modells – die Erfüllung der vier Kernaufgaben der Führung – auf einem transformationalen Fundament aus sechs Kernverhalten und einem transaktionalen Fundament aus neun Kernkompetenzen.

Führung ist harte Arbeit und diese Liste ist in keiner Weise vollständig. Wenn Sie jedoch alle neun Kernkompetenzen solide beherrschen, sich aktiv um die Anwendung der sechs Kernverhalten bemühen und die vier Kernaufgaben immer im Auge behalten und in die eigenen Überlegungen miteinbeziehen, sind Sie schon sehr weit gekommen auf dem Weg zu guter Führung.

Alle diese Aspekte beeinflussen und durchdringen sich wechselseitig. Indem Sie zum Beispiel die Richtung klar vorgeben und mit gutem Beispiel vorangehen, motivieren und inspirieren Sie Ihre Mitarbeitenden auch. Das Gleiche gilt, wenn Sie ehrliches Interesse an ihnen zeigen und auf ihre persönlichen Bedürfnisse und Situationen soweit wie machbar Rücksicht nehmen. Gleichzeitig erleichtert Ihnen die Förderung Ihrer Führungspräsenz das Erfüllen von Aufträgen mit Ihrem Team, weil dessen Mitglieder vieles dann bereits von sich aus tun werden. Indem Sie Türen für die Unterstellten öffnen (sie also befähigen, ihre Jobs besser zu machen) und sie intellektuell als Vorbild und Sparringspartner stimulieren und herausfordern, motivieren Sie sie gleichzeitig und erleichtern sich dabei auch die eigene Führungsarbeit. Und die Stärkung Ihrer Resilienz ermöglicht es Ihnen, besser mit Rückschlägen und Misserfolgen umzugehen, was wiederum ein positives Beispiel für die Unterstellten abgibt und so weiter.

Die transformationalen Führungsverhalten führen auch zu verbesserter Teamleistung mit Blick auf die transaktionalen Führungskompetenzen. Als Führungskraft müssen Sie diese zwar selbst alle beherrschen, bei größeren Aufgaben können aber viele davon ohne Ihr Team nur ineffizient angewendet werden. So müssen Sie regelmäßig neue oder veränderte Situationen analysieren, Handlungsoptionen identifizieren, Entscheidungen treffen, auf deren Basis Pläne entwickeln und umsetzen und deren Umsetzung kontrollieren. Für all diese Punkte benötigen Sie je nach Umfang eines Auftrags ihr Team mehr oder weniger intensiv und müssen daher die einzelnen Arbeitsgruppen und Teammitglieder bei deren Aufgaben unterstützen und ihnen nicht nur relevante Informationen weitergeben, sondern auch regelmäßig mit ihnen kommunizieren, um den Stand der Arbeiten einschätzen und bewerten sowie wichtige Inputs oder Ideen aufnehmen zu können. Schließlich hat die Tatsache, dass Sie als Führungskraft Leistung regelmäßig bewerten (und natürlich auch besprechen) nicht nur einen Steuerungseffekt, die Belohnung guter Leistungen – und, wenn nötig, die Bestrafung schlechter Leistung oder unangemessenen Verhaltens – hat auch nachweislich einen Einfluss auf Motivation und Leistung des Teams[21].

Aufgrund dieser engen Verknüpfung und gegenseitigen Durchdringung konzentrieren sich die nachfolgenden Ausführungen strukturell auf die vier Kernaufgaben.

Auftragserfüllung

Die endlose Diskussion darüber, ob Führung und Management unterschiedliche Dinge seien oder nicht, bietet wenig Hilfe bei der praktischen Führungsarbeit. Um trotzdem kurz darauf einzugehen: Die Kernkompetenzen im *integrierten Modell Effektiver Führung* entsprechen diesbezüglich mehr oder weniger den (erweiterten) klassischen Managementfähigkeiten, während die Kernverhalten den Begriff *Leadership*, wie er oft im Deutschen verwendet wird, gut widerspiegeln. Wenn es jedoch an einem von beidem mangelt, ist langfristiger Führungserfolg unwahrscheinlich. Entsprechend wird diese Unterscheidung in diesem Buch nicht gemacht. Gute Führungskräfte sollten auch gute Manager sein.

Zunächst müssen jedoch die Begriffe *Aufgabe* und *Auftrag* geklärt werden. Obwohl die beiden Ausdrücke oft austauschbar verwendet werden, sind sie nicht ganz identisch. Im ursprünglich militärischen Sinn ist ein *Auftrag* ein spezifisches zu erreichendes Ziel, zum Beispiel die Einnahme einer Stadt oder die Bereitstellung von Hilfe im Katastrophenfall. In der Wirtschaft wird der Begriff am häufigsten mit dem Leitbild eines Unternehmens oder dem Zweck einer Organisationseinheit („Grundauftrag“) in Verbindung gebracht. Ein solcher Auftrag kann mit einer Reihe von Aufgaben verknüpft sein, die zu seiner Erfüllung ausgeführt werden müssen, welche dann wiederum aus kleineren Teilaufgaben bestehen können und so weiter. So kann beispielsweise der Auftrag eines Vertriebsteams darin bestehen, ein bestimmtes Produkt als Marktführer in einem bestimmten geografischen Gebiet zu etablieren. Ein solcher Auftrag würde eine Reihe von Aufgaben umfassen, darunter die Definition der spezifischen Kundenanforderungen und die Identifizierung der maßgeblichen Faktoren für die Kaufentscheidung, die erforderlichen Anpassungen am Produkt, seine Markteinführung, die Verfolgung der erzielten Fortschritte und das Ergreifen zusätzlicher oder korrigierender Maßnahmen bei Bedarf. Aber auch diese übergeordneten Aufgaben können wiederum in kleinere Teilaufgaben zerlegt werden. So kann etwa das Definieren der spezifischen Kundenanforderungen die Durchführung einer Umfrage sowie einer Reihe von Interviews beinhalten, gefolgt von der schriftlichen Zusammenfassung und Analyse der Ergebnisse. Oder Anpassungen am Produkt können zum Beispiel in Änderungen im Produktdesign, im Produktionsprozess und in der Markenbotschaft bestehen.

Daher werden die beiden Begriffe für die Zwecke dieses Buches wie folgt verwendet:

DEFINITION

Eine **Aufgabe** ist eine bestimmte zu erledigende Arbeit.

Ein **Auftrag** ist eine wichtige, übergeordnete Aufgabe oder Gruppe von Aufgaben mit dem Ziel, ein bestimmtes Endergebnis zu erzielen.

Wie in unserem Führungsgrundmodell hervorgehoben, ist die Erfüllung von Aufträgen eine der Schlüsselverantwortungen der Führung. Erfolg hängt jedoch von einer Vielzahl von Faktoren ab. Einige davon sind für Sie als Führungskraft schwer oder sogar unmöglich zu kontrollieren, wie zum Beispiel das Ergebnis von Machtspielen auf höherer organisatorischer Ebene oder etwa der Zufall. Andere hingegen hängen direkt von Ihnen und Ihrem Team ab. Kein Mensch ist eine Insel, wie das Sprichwort besagt, und die aktive Mitarbeit Ihres Teams ist von größter Bedeutung.

Insbesondere drei Aspekte müssen bei Ihnen und Ihren Teammitgliedern passen: die richtige Einstellung, die richtigen Fähigkeiten und der Faktor Zeit.

Die *richtigen Fähigkeiten* bestehen aus Führungs- und Managementfähigkeiten sowie aufgabenbezogenen und konzeptionellen Fähigkeiten. Sie als Führungskraft müssen natürlich über alle vier verfügen, während Ihre Teammitglieder mindestens die nötigen aufgabenbezogenen und konzeptionellen Fähigkeiten mitbringen sollten.

Die *richtige Einstellung* besteht insbesondere aus einem klaren Auftragsbewusstsein, Zielstrebigkeit, einem guten Kooperationsgeist sowie hoher Leistungs-, Qualitäts- und Dienstleistungsorientierung. Als verknüpfendes Element ist dabei ein gesunder moralischer Kompass – also die Fähigkeit, jederzeit richtig und falsch unterscheiden zu können – besonders wichtig. Diese Aspekte werden auch als das *Heptagon leistungsfördernder Einstellungen* bezeichnet.

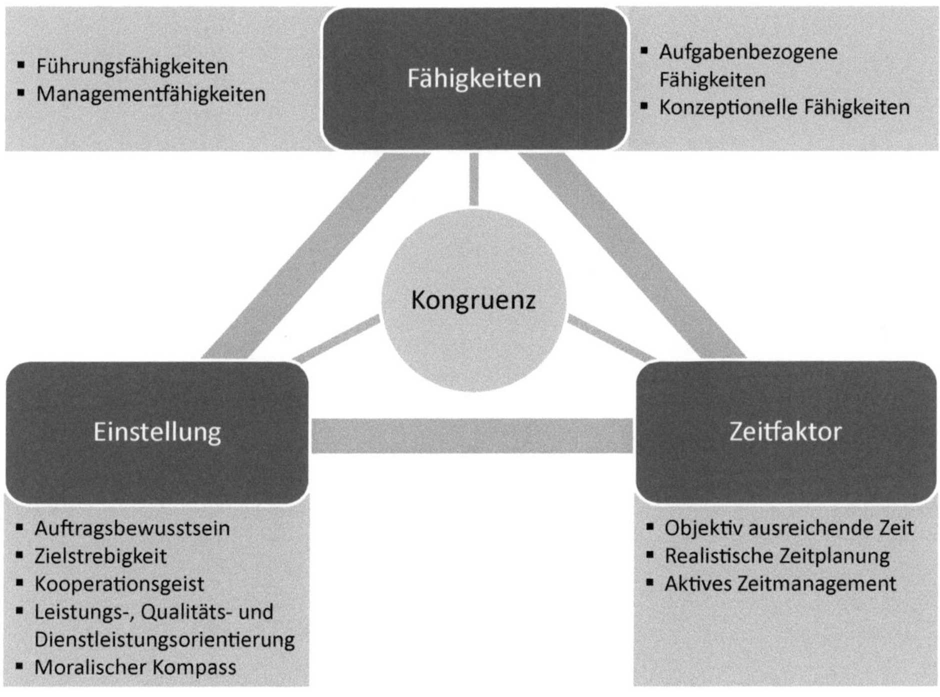

Abbildung 4.2: Erfolgsfaktoren der Auftragserfüllung
(Quelle: Autor)

Bezüglich des Faktors *Zeit* muss für die erfolgreiche Auftragserfüllung zunächst einmal überhaupt objektiv genügend davon zur Verfügung stehen. Diesbezüglich können die Meinungen natürlich auseinandergehen. Erfahrung hilft Ihnen dabei, Aufträge zeitlich plausibel einzuschätzen. Ist zu wenig Zeit vorhanden, können Sie versuchen, bei der vorgesetzten Stelle mehr Zeit herauszuholen. Dies funktioniert im Krisenfall allerdings kaum. Mit Sofortmaßnahmen können Sie dann versuchen, gewisse Abläufe zu beschleunigen, solange damit nicht vorzeitig Entscheidungen vorweggenommen werden. Dies bringt zwar keine zusätzliche Zeit, verhindert aber möglicherweise späteren Zeitverlust. In jedem Fall wichtig ist auch bei genügend Zeit sowohl eine realistische Zeitplanung als auch ein aktives Zeitmanagement. Realistisch ist das Zeitmanagement dann, wenn für die verschiedenen Teilaufgaben eine angemessene Zeit für die Erledigung eingerechnet wird. Und aktives Zeitmanagement beinhaltet das laufende Verfolgen der Aufgabenerfüllung und nötigenfalls auch das Anpassen des Zeitplans.

Die benötigten Fähigkeiten

Als Führungskraft sind Sie letztendlich für die Zusammensetzung Ihres Teams verantwortlich, auch wenn Sie ihre Teammitglieder wohl nur in den seltensten Fällen alle selbst auswählen können. Trotzdem ist es eine wichtige Führungsaufgabe, alle erforderlichen fachlichen und überfachlichen Fähigkeiten im Team sicherzustellen. Dies kann sowohl durch Neu- und Ersatzanstellungen als auch Training erfolgen.

Noch entscheidender sind jedoch Ihre eigenen Fertigkeiten als Führungskaft. Wie kompetent Sie sind, beeinflusst sowohl Ihre Führungspräsenz als auch den Ruf, den Sie sich innerhalb der Organisation erarbeiten. Wie einleitend bereits erwähnt, müssen Sie über alle nötigen Fähigkeiten für die Führung auf der individuellen, kollektiven und persönlichen Ebene verfügen. Neben transformationalen Aspekten gehören dazu auch alle für die Planung, Organisation und Durchführung der Arbeit erforderlichen Managementfähigkeiten. Besonders wichtig sind Fertigkeiten im Projektmanagement, weil die Zerlegung einer Aufgabe in Teilaufgaben genau genommen immer zu einem oder mehreren Projekten führt.

Ein Projekt ist ein temporäres Unterfangen, in der Regel mit klar definiertem Start und Ende. Im traditionellen Sinne besteht Projektmanagement aus der Initiierung, Planung und Gestaltung, Ausführung, Überwachung und Kontrolle sowie dem (erfolgreichen) Abschluss oder (vorzeitigen oder nachträglichen) Beenden des Projekts. Viele Projektmanager sind Autodidakten. Wenn Sie viele Projekte leiten oder für sehr große oder strategisch wichtige Projekte verantwortlich sind, ist es jedoch eine gute Idee, ein formelles Projektmanagementtraining zu absolvieren.

Es existieren eine ganze Anzahl unterschiedlicher Projektmanagementansätze wie zum Beispiel PRINCE2[22], CCPM[23], BRM[24], SCRUM[25] und HERMES[26] und es gibt viele Kurse, in denen Sie den Umgang damit erlernen können.

Dann sind selbstverständlich auch berufsbezogene Fähigkeiten wichtig, zum Beispiel genaues Messen für einen Schreiner oder gute Kenntnisse von Statistik für einen quantitativen Forscher.

Schließlich sind konzeptionelle Fähigkeiten immer dann relevant, wenn es um irgendeine Art von Planung oder Problemlösung geht. Es gibt vier grundlegende konzeptionelle Fähigkeiten:

- Analysieren
- Variantendenken
- Konzeptdefinition und
- Planentwicklung

Analysieren ist eine Schlüsselfertigkeit bei der Entwicklung von fast allem. Wenn Sie analysieren, brechen Sie ein größeres Problem in seine Komponenten herunter, betrachten diese aus allen Perspektiven mit rationalem Denken und geeigneten Analysewerkzeugen und wenden eine solide Logik an, um zu einem begründbaren Ergebnis zu gelangen. Mit anderen Worten: Eine der Schlüsselkomponenten effektiver Führung, gute Entscheidungen, basiert auf der gründlichen Analyse und Bewertung einer Situation oder eines Problems sowie möglicher zukünftiger Entwicklungspfade (oft als *Szenarien* bezeichnet). Es scheint naheliegend, dass dies eine äußerst wichtige Fähigkeit für eine Führungskraft ist. Alles Charisma ist nichts wert, wenn Sie und Ihr Team in die völlig falsche Richtung rennen.

Bis zu einem gewissen Grad kann man das Erstellen einer fundierten Analyse erlernen. Obwohl logisches Denken zum Beispiel für Menschen mit einem intuitiv-erfahrungsorientierten statt einem analytisch-rationalen kognitiven Stil (was stark von den Genen abhängt[27]) schwieriger ist, steht Ihnen eine Vielzahl von analytischen Werkzeugen und Modellen zur Verfügung, mit denen Sie verschiedene Situationen und Probleme unabhängig von Ihrer Persönlichkeit auf bewährte, strukturierte Weise analysieren können. Zu den am häufigsten verwendeten gehören im Geschäftsleben PESTEL[28] (für die Analyse des Makroumfelds einer Organisation), Michael Porters Five-Forces[29]-Modell (für die Analyse der Struktur einer Branche), die SWOT-Analyse (zur Bestimmung der strategischen Anpassung einer Organisation an die Umfeldbedingungen) sowie Heinz Weihrichs Erweiterung, die TOWS-Matrix (zur Entwicklung strategischer Optionen auf der Grundlage von SWOT)[30], aber auch etwa die Ansoff-, McKinsey- und Boston-Consulting-Group-Matrizen (für das strategische Portfoliomanagement) oder die ABC-Analyse[31] (zur Priorisierung von Objekten, zum Beispiel Kundenkategorien). Während formelles Training, wie zum Beispiel ein MBA-Studium, hilfreich sein kann, um diese Werkzeuge zu verstehen, erfordert deren kompetenter Einsatz vor allem Übung. Mit anderen Worten: Je mehr Sie analysieren, desto besser werden Sie darin.

Das *Variantendenken* bezieht sich auf die Fähigkeit, über das unmittelbar Offensichtliche hinauszuschauen und mehrere praktikable Lösungen für ein Problem zu identifizieren. Wenn Sie beispielsweise ein Auto kaufen, denken Sie wahrscheinlich zuerst an Grundbedürfnisse wie den Transport einer bestimmten Anzahl Kinder oder den gewünschten maximalen Benzinverbrauch, aber möglicherweise auch an den mit dem Auto zu erlangenden sozialen Status und so weiter. Haben Sie Ihre Anforderungen definiert, dann stellen Sie wahrscheinlich zuerst Recherchen zu Marken und Modellen an, welche diese erfüllen würden, bevor Sie überprüfen, wo Sie das beste Angebot für Ihr Geld erhalten. Erst danach wickeln Sie dann schließlich den Kauf ab.

Im Wesentlichen können – und sollen – organisatorische Probleme auf die gleiche Weise behandelt werden: Analysieren Sie die Situation, identifizieren Sie verschiedene Varianten zur Lösung des Problems, vergleichen Sie diese in der Regel anhand einiger vordefinierter Kriterien und wählen Sie dann die objektiv beste aus. Es gibt immer mehr als eine mögliche Vorgehensweise.

Variantendenken ist sowohl eine Haltung als auch eine Fähigkeit. Es reduziert das Risiko der zeit- und ressourcenintensiven Umsetzung suboptimaler Lösungen. Viele Menschen haben nämlich die Tendenz, ohne saubere Analyse voreilige Schlüsse zu ziehen und direkt eine bestimmte Lösung anzustreben, wenn sie mit einem Problem konfrontiert sind. Häufig halten sie sich dann hartnäckig an diese erste Bauchreaktion, auch wenn im Nachhinein objektiv bessere Lösungen auftauchen. Indem Sie sich als Führungskraft angewöhnen, immer auch Alternativen in die Überlegungen miteinzubeziehen, kann das ein Stück weit verhindert werden. Und indem sie den im Team vorhandenen Erfahrungsschatz nutzen, können Sie meist ein breiteres Spektrum an Möglichkeiten miteinbeziehen, als wenn Sie allein dies machen.

Vorgehensvarianten können auf verschiedene Weise bewertet werden. Wenn ein Problem relativ einfach ist oder nicht viele Menschen beteiligt sind, reicht es oft aus, Vor- und Nachteile sauber zu vergleichen. Für größere oder komplexere Probleme kann eine Bewertungsmatrix mit Muss- und Soll-Kriterien hilfreich bei der gemeinsamen Erörterung sein. Im Idealfall enthält eine solche Matrix einen Überblick über die allen Varianten gemeinsamen Merkmale sowie die Schlüsselaspekte und Vor- und Nachteile jeder einzelnen Variante, von der üblicherweise zwei bis vier sich deutlich unterscheidende ausgearbeitet werden. Ebenso sollte die Erfüllung definierter Muss-Kriterien (die sogenannten „Killerkriterien") überprüft werden. Standardmäßig sind dies die Machbarkeit, Annehmbarkeit, Eignung und Vollständigkeit einer Lösungsvariante. Eine solche Matrix ist machbar, wenn genügend Ressourcen (Personal, Finanzen, Arbeitsmittel) vorhanden sind und wenn ausreichend Informationen und Zeit für die Umsetzung zur Verfügung stehen. Akzeptabel ist sie, wenn ihre Folgen ethisch vertretbar sind, nicht gegen das Wertesystem der Organisation verstoßen und den Erwartungen der wichtigsten Interessengruppen (Mitarbeitende, Kunden, Aktionäre) entsprochen wird. Geeignet ist sie, wenn sie sowohl die interne als auch die externe Situation berücksichtigt und mit dem übergeordneten Auftrag übereinstimmt. Und vollständig ist sie, wenn alle Aspekte des Problems behandelt werden, das damit gelöst werden soll. Schließlich kann jede Variante auch noch hinsichtlich selbst definierter, möglicherweise gewichteter Kriterien (wie etwa Aufwand- und Ertragsverhältnis oder Einfachheit der Umsetzung) bewertet werden. *Tabelle 4.2* erläutert, wie eine Variantenbewertungsmatrix strukturiert werden kann. Im anschließenden Beispiel wird ein (leicht verkürztes) Anwendungsbeispiel aus der Praxis gezeigt.

Dieser Ansatz funktioniert in den meisten Fällen sehr gut. Für sehr komplexe Probleme gibt es zusätzlich eine Reihe von strukturierten, meist computergestützten Entscheidungsansätzen, wie etwa den analytischen Hierarchieprozess AHP (eine strukturierte Technik zur Organisation und Analyse komplexer Entscheidungen auf der Grundlage von Mathematik und Psychologie), den analytischen Netzwerkprozess ANP (eine allgemeinere Form des analytischen Hierarchieprozesses, bei der Probleme in Netzwerke statt in Hierarchien strukturiert werden) oder den Evidential-Reasoning-Ansatz, der sowohl quantitative als auch qualitative Kriterien zur Behandlung von Problemen mit unterschiedlichen Unsicherheiten anwendet.

Variante	1	2	3
Bezeichnung			
Beschreibung			
Gemeinsame Aspekte aller Varianten	...		
Kernaspekte jeder Variante	...	...	...
Stärken/Vorteile	...	...	...
Schwächen/Nachteile	...	...	...

Killerkriterien						
Machbar bzgl. Ressourcen/ Beschränkungen	Ja	Nein	Ja	Nein	Ja	Nein
Annehmbar bzgl. Folgen	Ja	Nein	Ja	Nein	Ja	Nein
Geeignet bzgl. externer/interner Situation	Ja	Nein	Ja	Nein	Ja	Nein
Vollständig bzgl. kritischer Erfolgsfaktoren	Ja	Nein	Ja	Nein	Ja	Nein
Gesamtwertung	Erfüllt	Nicht erfüllt	Erfüllt	Nicht erfüllt	Erfüllt	Nicht erfüllt

Zusätzliche Entscheidungskriterien (durch Vorgesetzte/-n oder Teamleiter/-in festgelegt)							
Kriterien	**Gewicht** (1–3)	**Wertung** (1–5)	**Gesamt-punkte***	**Wertung** (1–5)	**Gesamt-punkte***	**Wertung** (1–5)	**Gesamt-punkte***
...	...	...	...	...	...	...	...
...	...	...	...	...	...	...	...
...	...	...	...	...	...	...	...

Gesamtergebnis (Summe)	...	...	...
Empfehlung an Entscheidungs-träger/-in	...	...	...

Tabelle 4.2: Variantenbewertungsmatrix
(Quelle: Autor)

BEISPIEL Bewertung von Vorgehensvarianten

Im Folgenden wird in verkürzter Form dargestellt, wie die Einkaufseinheit eines Schweizer mittelständischen Elektronikunternehmens drei Lieferantenvarianten bewertete. Um möglichst objektiv zu bleiben, wurden die echten Lieferantennamen für die anschließende Diskussion im Vorstand durch Codenamen (ALPHA, BRAVO, CHARLIE) ersetzt.

Variante	1	2	3
Bezeichnung	ALPHA	BRAVO	CHARLIE
Beschreibung			
Gemeinsame Aspekte aller Varianten	Alle können die geforderten Mengen liefern. Alle bieten ähnliche Rabatte an. Alle sind Schweizer oder haben eine Vertretung in der Schweiz und stimmen Zürich als Gerichtsstand zu.		
Kernaspekte jeder Variante	Lokaler Marktführer (KMU)	Internationaler Marktführer	Schnell wachsender regionaler Player
Stärken/Vorteile	Vertraut mit den lokalen Gepflogenheiten	Etabliert Zuverlässige Just-in-time-Lieferung	Zuverlässige Just-in-time-Lieferung Aggressive Preisgestaltung
Schwächen/Nachteile	Just-in-time unzuverlässig Niedrigste Rabatte	Weniger vertraut mit den lokalen Praktiken	Finanzielle Ausdauer unklar; ungewisse Zukunftsaussichten

Killerkriterien	ALPHA		BRAVO		CHARLIE	
Machbar bzgl. Ressourcen/Beschränkungen	Ja	Nein	Ja	Nein	Ja	Nein
Annehmbar bzgl. Folgen	Ja	Nein	Ja	Nein	Ja	Nein
Geeignet bzgl. externer/interner Situation	Ja	Nein	Ja	Nein	Ja	Nein
Vollständig bzgl. kritischer Erfolgsfaktoren	Ja	Nein	Ja	Nein	Ja	Nein
Gesamtwertung	Erfüllt	Nicht erfüllt	Erfüllt	Nicht erfüllt	Erfüllt	Nicht erfüllt

Zusätzliche Entscheidungskriterien (vom CEO festgelegt)							
Kriterien	**Gewicht** (1–3)	**Bewertung** (1–5)	**Gesamtpunkte***	**Bewertung** (1–5)	**Gesamtpunkte***	**Bewertung** (1–5)	**Gesamtpunkte***
Sparpotenzial	3	2	**6**	3	**9**	Killerkriterium nicht erfüllt	
Vertrauen	1	4	**4**	1	**1**		
Risiko	2	1	**2**	3	**6**		
Gesamtergebnis		**12**		**16**			
Empfehlung		Als Backup im Auge behalten		**Zu diesem Anbieter wechseln**		Nicht berücksichtigen	

* *Gewichtung · Punkte*

Konzeptdefinition ist eine teils kreative, teils analytische Tätigkeit. Im Wesentlichen ist ein Konzept eine grobe Vorstellung davon, wie eine Variante implementiert werden soll. Das grundlegende Konzeptdokument mag dabei oft nur wenige Sätze oder Absätze lang sein, aber verschiedene Standardmethoden schreiben spezifische Schritte vor, um zu diesem Punkt zu gelangen. So betrachten Kossiakoff und Kollegen[32] beispielsweise Bedarfsanalyse, Konzepterforschung und Konzeptdefinition als integrale Schritte in der systemtechnischen Konzeptentwicklung. Oder bezüglich der Entwicklung eines Geschäftskonzepts rät Nelke[33] dazu, Vision und Ziele zu formulieren, die Stakeholder und ihre Bedürfnisse zu identifizieren und ein Leistungsversprechen zu formulieren, dann die möglichen Konsequenzen und Risiken zu analysieren und Varianten zu priorisieren. Die Idee hinter diesen und anderen Methoden ist, das fertige Konzept strukturiert und logisch unter Berücksichtigung aller relevanten Informationen transparent zu erarbeiten. Das ist der analytische Teil.

Das Konzept zu konkretisieren ist der kreative Teil. Dabei ist Ihr Team wichtig. Es kann hilfreich sein, Gruppen-Kreativitätstechniken wie Osborns Brainstorming[34], Rohrbachs 635-Methode[35], Bonos Sechs Denkhüte[36] oder auch fortgeschrittenere Methoden wie Altshullers TRIZ[37] oder Sickafus‘ USIT[38] anzuwenden.

Auch wenn das Kernkonzeptdokument in diesem Sinne recht kurz und prägnant sein mag, ist es in der Regel angebracht, einige Rahmeninformationen miteinzubeziehen. Dies ist natürlich besonders wichtig, wenn das Konzeptdokument für sich selbst sprechen muss, zum Beispiel, weil es nur per E-Mail verschickt, aber nicht persönlich präsentiert und erläutert wird.

Als Grundstruktur für ein generisches Konzept haben sich die folgenden sieben Elemente – in der angegebenen Reihenfolge – sehr bewährt:

1. Notwendige *Hintergrundinformationen* (zum Beispiel erhaltener Auftrag samt Hintergrund, Anforderungen und Einschränkungen, Grundlagendokumente und so weiter)
2. Konzeptbezogene *Ziele* und *Stoßrichtungen*[39] (diese sollten unmissverständlich und SMART[40] formuliert sein)
3. Die wichtigsten *Einflussfaktoren* (zum Beispiel Veränderungstreiber oder Anliegen von Anspruchsgruppen)
4. Die bewerteten *Varianten* im Überblick (einschließlich einer Begründung sowie allenfalls Zusatzinformationen zur Variantenentscheidung)
5. Das eigentliche *Konzept* (das heißt das grundsätzliche Vorgehen auf Basis der gewählten Variante)
6. Ein (zumindest grober) *Zeitplan* (der zeigt, was bis wann zur Umsetzung des Konzepts und damit zur Erfüllung des Auftrags getan werden muss)
7. *Organisatorische und administrative Aspekte* (zum Beispiel eine Liste der beteiligten Teams mit Kontaktinformationen oder eine Schätzung der zusätzlich benötigten Ressourcen und Unterstützung)

Planentwicklung schließlich ist der Prozess der detaillierten Ausarbeitung des Konzepts und seiner Umsetzung. In der Regel werden Teile oder alle der im Konzeptdokument enthaltenen Informationen wiederholt und näher beschrieben, zusammen mit zusätzlichen Informationen, die für die Ausführung des Plans relevant sind. Es kann durchaus sein, dass Ihnen dabei von der Organisation eine Standardstruktur vorgeschrieben oder zumindest empfohlen wird. Für einen Businessplan beispielsweise gibt es eine Anzahl verbreiteter Vorlagen. *Abbildung 4.3* enthält drei Beispiele.

Augenscheinlich sind die Empfehlungen der drei Institutionen nicht identisch, aber inhaltlich ähnlich. Am Ende spielt es keine Rolle, welcher Struktur man folgt. Welchen Plan Sie auch immer schreiben, er kann beliebig strukturiert werden, solange er vollständig, logisch und leicht verständlich ist. Für einen generischen Plan können Sie auch einfach der gerade beschriebenen Konzeptstruktur folgen und bei Bedarf weitere Details und Unterabschnitte hinzufügen.

Inhaltsempfehlung für Standard-Businesspläne

U.S. Small Business Administration (SBA)	**Shell liveWIRE**	**Credit Suisse**
1. Executive Summary	1. Executive Summary	1. Executive Summary
2. Unternehmensbeschreibung	2. Geschäftsmodell	2. Unternehmen und Strategie
3. Marktanalyse	3. Produkt oder Dienstleistung	3. Produkte und Dienstleistungen
4. Organisation und Management	4. Markt	4. Markt und Kunden
5. Dienstleistung oder Produktlinie	5. Marketingplan	5. Wettbewerb
6. Marketing und Vertrieb	6. Management und Organisation	6. Marketing
7. Finanzierungsbedarf	7. Break-even-Analyse	7. Produktion, Lieferung und Beschaffung
8. Finanzielle Prognosen	8. Finanzielle Prognosen	8. Forschung und Entwicklung
9. Anhänge	9. Sensibilitäts- oder Risikoanalyse	9. Standort und Verwaltung
	10. Finanzbedarf	10. Informations- und Kommunikationstechnologie
	11. Anhänge	11. Management, Instrumente, Organisation
		12. Risikoanalyse
		13. Finanzen

Abbildung 4.3: Verbreitete Businessplan-Strukturen
(Quelle: SBA, n. d.; Shell liveWIRE, 2015; Credit Suisse, 2016)

Die richtige Einstellung

Ein weiterer Schlüsselfaktor für zuverlässige Auftragserfüllung ist eine positive, fokussierte Einstellung. Bereits bei der Auswahl Ihrer Teammitglieder sollte darauf geachtet werden. Sie ist jedoch auch ein typisches Ergebnis guter Führung. Dies bedingt insbesondere, dass Sie selbst diese Einstellung vorleben müssen. Sie als Führungskraft sind ein Vorbild für Ihr Team – und wenn Ihre Einstellung passt, wird sie sich normalerweise automatisch auch auf Ihre Teammitglieder übertragen.

Was umgangssprachlich als „gute Einstellung" bezeichnet wird, hat ganz verschiedene Komponenten. Insbesondere sieben davon sind wichtig für nachhaltig gute Leistungen:

- Ein klares Auftragsbewusstsein
- Hohe Zielstrebigkeit
- Ein ausgeprägter Kooperationsgeist
- Gegenseitiges Vertrauen
- Eine starke Leistungs-, Qualitäts- und Dienstleistungsorientierung

Auftragsbewusstsein bezieht sich darauf, dass der erhaltene Auftrag (oder, bei Fehlen eines solchen, die nach bestem Wissen und Gewissen angenommene Erwartung der vorgesetzten Stelle) bei allen Überlegungen mitschwingt und alle Handlungen darauf ausgerichtet werden. Der Auftrag soll also über dem eigenen Ego und persönlichen Interessen stehen, soweit ethisch vertretbar.[41]

Zielstrebigkeit beschreibt, wie stark eine Person auf die zu erreichenden Ziele fokussiert ist. Lässt sie sich leicht ablenken oder setzt sie Zeit und Energie für Dinge ein, die nicht zielführend sind, ist sie wenig zielstrebig.

Ein ausgeprägter *Kooperationsgeist* führt zu höherer Teamleistung, weil Informationen besser, schneller und vollständiger geteilt werden und weniger Zeit mit mehrfach ausgeführter oder nicht zielführender Arbeit verschwendet wird. Eine Auswirkung eines solchen Kooperationsgeists ist zum Beispiel, dass weniger ausgelastete Teammitglieder besonders belasteten Kolleginnen und Kollegen von sich aus Unterstützung anbieten, ohne von der Führung explizit dazu aufgefordert zu werden. Dieser Kooperationsgeist ist ein Stück weit persönlichkeitsabhängig. Eher neurotische Personen haben mehr Mühe damit.

Aber auch Personen, die eigentlich dafür bereit sind, benötigen gegenseitiges *Vertrauen*, um wirklich zielführend zu kooperieren. Dieses Vertrauen muss zwischen den Teammitgliedern selbst, aber auch zwischen Ihnen als Führungskraft und Ihren Unterstellten bestehen und entsteht nicht über Nacht. Das Team muss sich dafür gut kennen und benötigt die Erfahrung erfolgreicher Zusammenarbeit. Das ist einer der Gründe, weshalb zum Beispiel dezentrale Krisenteams (deren Mitglieder in der Regel aus verschiedenen Bereichen einer Organisation stammen) regelmäßig zusammen üben müssen.

Eine starke *Leistungsorientierung* bedeutet, dass eine Person bereit ist, für das Erreichen der definierten Ziele einen hohen Aufwand zu betreiben und im Bedarfsfall die eigenen Bedürfnisse hintanzustellen. Damit einher sollte eine hohe *Qualitätsorientierung* gehen, weil ansonsten die reine Ausrichtung auf Leistung noch keine qualitativ guten Ergebnisse garantieren würde.

Schließlich ist auch eine ausgeprägte *Dienstleistungsorientierung* wichtig. Diese geht Hand in Hand mit dem angesprochenen Kooperationsgeist und erweitert diesen über das Team hinaus, indem auf die Arbeit des Teams angewiesene interne und externe Stellen als Kunden betrachtet und behandelt werden, deren Bedürfnisse man idealerweise proaktiv bedient.

Eine Organisation sollte diese Einstellungen systematisch bei allen Mitarbeitenden fördern. Instrumente dafür sind etwa regelmäßige Erwartungsklärungen mit den Unterstellten, wechselseitiges Feedback und Teamentwicklungs-Workshops, aber auch schriftlich festgehaltene Führungsprinzipien (solange diese nicht nur auf dem Papier stehen bleiben, was leider zu oft der Fall ist) und Verhaltenskodizes.

Allen Handlungen sollte dabei ein solider *moralischer Kompass* zugrunde liegen, also die Fähigkeit, jederzeit Richtig von Falsch unterscheiden zu können. Ohne diesen kann zum Beispiel hohe Zielstrebigkeit durchaus auch zu unethischem Verhalten führen, indem etwa Projektmanager mittels Bestechung ans Ziel kommen wollen.

All diese Aspekte stehen in gegenseitiger Wechselwirkung, wie *Abbildung 4.4* zeigt.

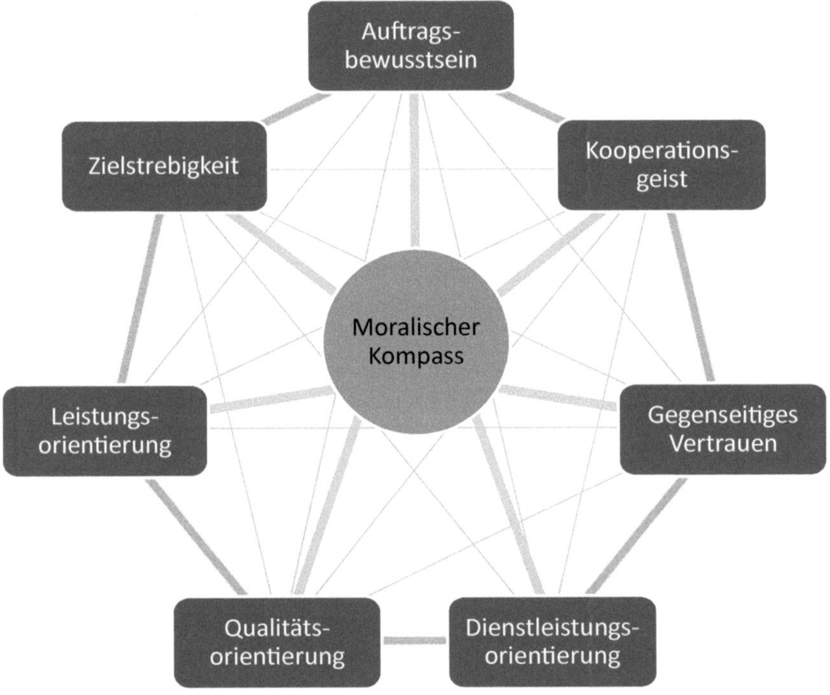

Abbildung 4.4: Das Heptagon leistungsfördernder Einstellungen
(Quelle: Autor)

Sogar wenn alle Ihre Teammitglieder grundsätzlich über alle diese Einstellungen verfügen (was üblicherweise nicht der Realität entspricht), erfordert deren Aufrechterhaltung doch Ihre stetige Aufmerksamkeit als zuständige Führungskraft. Viele Teams, insbesondere erfolgreiche, entwickeln manchmal eine Art Arroganz, einen übertriebenen Teamstolz, der die Zusammenarbeit mit anderen Teams schwieriger machen kann. Umgekehrt können erfolglose Teams ebenfalls unerwünschte Gewohnheiten annehmen, zum Beispiel das Einlegen übertrieben langer Pausen oder das zeit- und nervenraubende Hinterfragen jeder neuen Aufgabe.

Diese Einstellungen im Auge zu behalten und sich ab und zu auch zu fragen, wo Sie selbst und Ihre Unterstellten diesbezüglich stehen, wird zum Erfolg des Teams beitragen. Ihre Rolle als Führungskraft ist dabei besonders wichtig. Viele Menschen ahmen nämlich bewusst oder unbewusst Führungskräfte nach, die sie respektieren (oder vielleicht sogar bewundern), sodass Ihr persönliches Beispiel einen großen Beitrag zur zielführenden mentalen Ausrichtung Ihres Teams leistet. Effizienz und Produktivität sowie die Zufriedenheit externer und interner Kunden werden steigen, während die Fehlerquote sinkt. Die Arbeit in einem solchen gut funktionierenden Team ist angenehmer als in einem disfunktionalen, was sich wiederum positiv auf das Wohlbefinden und die langfristige Gesundheit der Teammitglieder auswirkt.

Der Faktor Zeit

Die Erfüllung eines Auftrags ist im Wesentlichen gleichbedeutend mit dem Durchführen eines Projekts – und bekanntermaßen ist dort Zeitmanagement der Schlüssel zum Erfolg. Eine Lösung, die zwar perfekt ist, aber leider zu spät kommt, ist oft wertlos, weil etwa die Konkurrenz den Markt bereits erobert hat oder eine wichtige Vorstandsentscheidung bereits ohne Ihren Beitrag getroffen worden ist.

Drei Aspekte müssen bezüglich des Faktors Zeit insbesondere beachtet werden: Es muss objektiv genügend Zeit für die Erfüllung des Auftrags zur Verfügung stehen, Ihre Zeitplanung muss realistisch sein und Sie müssen ein aktives Zeitmanagement betreiben.

Ob *objektiv genügend* Zeit zur Verfügung steht, ist oft nicht einfach so ersichtlich. Insbesondere was „objektiv" in diesem Zusammenhang bedeuten soll, ist eine schwierige Frage. Naturgemäß arbeiten nicht alle Menschen gleich schnell. Während daher für die einen eine gewisse Zeitspanne mehr als ausreichend sein mag, kann diese für andere deutlich zu wenig sein. Dementsprechend können hier die Meinungen manchmal diametral auseinandergehen, zum Beispiel zwischen Ihnen und Ihren eigenen Vorgesetzten oder zwischen Ihnen und Ihrem Team.

Wenn Sie einen Auftrag annehmen, für den zu wenig Zeit zur Verfügung steht, setzen Sie Ihr Team sinnlosem Stress aus, der dann am Ende doch zu nichts führt. Wenn Sie aber reflexartig immer zuerst darauf pochen, es stehe zu wenig Zeit zur Verfügung, auch wenn dies objektiv nicht der Fall sein sollte, schaden Sie Ihrem Ruf als Führungskraft. Diese Beurteilung, ob die Zeit ausreicht oder nicht, ist gar nicht so einfach, und viele Führungskräfte haben die Tendenz, entweder zu viel oder zu wenig zu protestieren.

Was also ist objektiv ausreichende Zeit? Um dies abschätzen zu können, müssen sowohl Umfang und Schwierigkeitsgrad der involvierten Aufgaben als auch die Fähigkeiten und Arbeitsgeschwindigkeit der zur Verfügung stehenden Ressourcen (sprich: Ihrer Mitarbeitenden) in Betracht gezogen werden. Erfahrene Führungskräfte haben es hier leichter. Je öfter Sie ähnliche Aufgaben bereits erledigen mussten, desto besser können Sie den Zeitbedarf einschätzen. Dabei gehen Sie üblicherweise von der zur Verfügung stehenden *Nettozeit* aus. Diese ist die verfügbare Zeit abzüglich aller Zeiträume, in denen Sie nicht am Auftrag arbeiten können oder wollen. Stellen Sie sich beispielsweise vor, ein Businessplan sei frühmorgens am 2. Mai fällig und es sei jetzt der 18. April abends.

Bei einem Arbeitstag von acht Stunden und fünf Arbeitstagen pro Woche stünden also zunächst einmal maximal neun Arbeitstage zur Verfügung, was einer Bruttoarbeitszeit von 72 Stunden entspräche. Nun ist es ja aber selten so, dass Sie ausschließlich an einer einzigen Aufgabe arbeiten können. Gleichzeitig ist es bei einem sehr dringlichen Auftrag durchaus denkbar, dass Sie und Ihr Team auch einmal abends oder sogar am Wochenende arbeiten. Nehmen wir aber an, Abende und Wochenenden seien hier keine gefragt und Sie könnten mit Ausnahme eines eintägigen Teamworkshops vollumfänglich an diesem einen Auftrag arbeiten, dann stünden also 64 Stunden Nettozeit für die Auftragserfüllung zur Verfügung. Auf Seite 118 finden Sie ein detaillierteres Beispiel, wie die verfügbare Nettozeit ausgerechnet werden kann.

Steht zu wenig Zeit zur Verfügung, haben Sie zwei Möglichkeiten: Entweder, Sie verhandeln mit der auftraggebenden Stelle und holen mehr Zeit heraus, oder Sie versuchen, mehr Ressourcen (Personal, Geld, Arbeitsmittel) für die Auftragserfüllung zu beschaffen. Oder sogar beides.

Wenn Sie einmal wissen, wie viel Zeit und Ressourcen Ihnen zur Verfügung stehen, müssen Sie zwingend einen Zeitplan aufstellen. Ihre Zeitplanung sollte dabei sowohl fair als auch realistisch sein und rechtzeitige Erledigung sollte vor Perfektion stehen.

Ein Zeitplan ist dann *fair*, wenn er die verfügbare Nettozeit zwischen Planung und Implementation nach der sogenannten Drittelsregel zuteilt: Maximal ein Drittel sollte auf Ihrer Stufe für Planung und Vorbereitungsarbeiten (inklusive Auftragserteilung an die Ausführenden) eingesetzt werden, damit für die Implementation genügend Zeit bleibt. Wenn beispielsweise ein Geschäftsbereich beauftragt wurde, ein neues Vergütungssystem für die Mitarbeitenden zu entwickeln und innerhalb von sechs Monaten umzusetzen, sollte die Personalabteilung des Bereichs nicht länger als zwei Monate für die Entwicklung und Einführung des neuen Systems benötigen, da den Linieneinheiten sonst nicht genügend Zeit für die Umsetzung zur Verfügung stünde. In diesem konkreten Fall wären das zum Beispiel die Aktualisierung aller betroffenen Dokumente (wie Stellenbeschreibungen) sowie die Durchführung einer Reihe von Informationsveranstaltungen und Einzel- und Gruppengesprächen mit den betroffenen Mitarbeitenden. All dies braucht Zeit und es wäre unfair, würde die Personalabteilung der Linie diese Zeit stehlen – auch wenn dies in der Realität wohl leider recht verbreitet ist.

Abbildung 4.5 stellt den kaskadenartigen Einsatz dieser Drittelsregel schematisch dar.

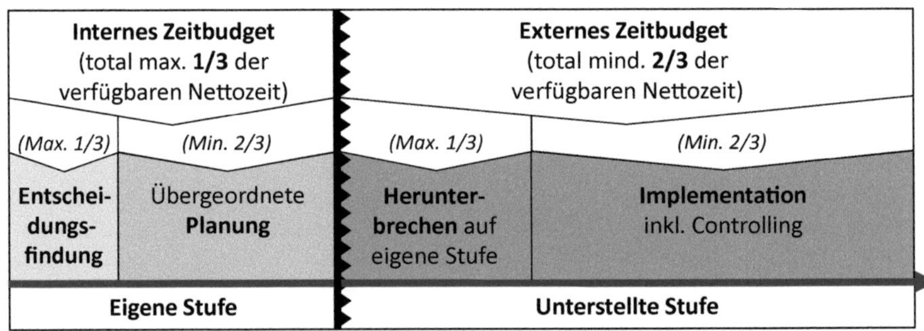

Abbildung 4.5: Die Zeitplanungskaskade
(Quelle: Autor)

Diese Zeitregel gilt sowohl auf funktionaler als auch auf hierarchischer Ebene: Wenn Sie und Ihr Team an etwas arbeiten, sollten Sie selbst als Führungskraft auf keinen Fall mehr als ein Drittel (und idealerweise weniger) der insgesamt verfügbaren Nettozeit für die Vorbereitung und Erteilung der Aufgaben Ihres Teams aufwenden und falls auch andere, unterstellte Ebenen der Organisation beteiligt sind, sollten Sie und Ihr Team zusammen nicht mehr als ein Drittel beanspruchen. Und so weiter.

Es ist wichtig, sich diese Regel regelmäßig vor Augen zu halten. Menschen neigen dazu, unter Zeitdruck Abhängigkeiten außerhalb ihres unmittelbaren Verantwortungsbereichs aus den Augen zu verlieren. Infolgedessen haben die meisten Führungskräfte (und Unterstützungseinheiten wie Stäbe) die Tendenz, zu viel von der verfügbaren Nettozeit für ihre eigenen Aufgaben einzusetzen und zu wenig für die nachfolgenden Ebenen übrig zu lassen.

Schließlich ist ein Zeitplan *realistisch*, wenn für alle Aufgaben und Teilaufgaben genügend Zeit eingeplant wurde, um sie in der geforderten Qualität zu erledigen. Umgekehrt ist ein Zeitplan demzufolge unrealistisch, wenn nicht genügend Zeit zur Verfügung steht, um alle Aufgaben und Teilaufgaben im minimal erforderlichen Detaillierungsgrad und der minimal erforderlichen Qualität auszuführen. Bezüglich Qualität ist anzumerken, dass meist eine gute, aber rechtzeitig fertig gestellte Lösung besser ist als eine perfekte, aber zu späte. Man spricht hier von der „Achtzigprozentregel" – also lieber 80 Prozent zur richtigen Zeit statt 100 Prozent zu spät.

Ob ein Zeitplan realistisch ist, hängt auch stark von Ihnen selbst und Ihrem Team ab. Als Führungskraft ist es wichtig, dass Sie effizient mit Ihrer Zeit umzugehen wissen und diese richtig einsetzen. Insbesondere müssen Sie eine sinnvolle Balance finden zwischen der Arbeit an Ihren eigenen Beiträgen – welche oft Engpässe für die gesamte Auftragserfüllung darstellen, wenn die anderen darauf warten müssen – und der Zeit, die Sie für die Koordination, Unterstützung und Kontrolle der Arbeit des Teams aufwenden.

Unerlässlich ist ein kompetent erstellter und regelmäßig aktualisierter Zeitplan. Meist haben in Arbeitsgruppen nicht alle Mitglieder jederzeit den Überblick über alle Aufgaben, weil das zu viel der wertvollen Nettozeit in Anspruch nähme, die dann wiederum für die eigentliche Arbeit fehlen würde. Dies gilt besonders, wenn unter Zeitdruck gearbeitet wird. Sie als Führungskraft sind verantwortlich dafür, dass alle Aufgaben und Teilaufgaben rechtzeitig erledigt werden, um insgesamt auf Kurs zu bleiben. Da oft unvorhergesehene Dinge passieren, muss der Zeitplan regelmäßig überprüft und notfalls angepasst werden. In hektischen Situationen empfiehlt es sich, dies nicht selbst zu machen, sondern es an jemanden aus dem Team zu delegieren, um sich eigene Kapazitäten freizuhalten.

Die Schlüsselfrage bei der Zeitplanung ist:

Wann müssen wir wie, wie lange, in welchem Tempo und mit welchen Ressourcen handeln?

Wann bezieht sich hier auf den spätest möglichen Zeitpunkt, zu dem mit den Aufgaben und Teilaufgaben begonnen werden muss, um den Auftrag noch zu erfüllen. Natürlich lohnt es sich, so früh wie möglich zu beginnen, um unnötigen Stress zu vermeiden, aber es ist unerlässlich, diesen „Punkt ohne Wiederkehr" (*point of no return*) zu bestimmen, um ihn nicht zu verpassen. Dafür benötigen Sie ein gutes Verständnis für die wichtigsten Arbeiten, die durchgeführt werden müssen, einschließlich deren Zeitanforderungen.

Wie bezieht sich auf die spezifischen Aufgaben und Teilaufgaben, die zu erledigen sind. Eine Schlüsselfrage betrifft die Granularität: Wie detailliert sollten Sie planen? Steht wenig Zeit zur Verfügung und verbrauchen Sie diese fast komplett für die Planung, ist dies (sehr) kontraproduktiv. Andererseits sinken die Erfolgschancen auch, wenn zu wenig Zeit aufgewendet wird, um die Ausgangslage zu verstehen und die wichtigsten Dinge zu identifizieren, die getan werden müssen. Die Balance macht es also aus. Als Faustregel gilt: Je höher der Zeitdruck, desto geringer die Granularität.

Wie lange betrifft die eingesetzten Ressourcen: Wenn bestimmte Teilaufgaben über einen längeren Zeitraum laufen, müssen ihnen möglicherweise mehr Personen zugeteilt werden. Dies verhindert, dass Teammitglieder sich zu stark verausgaben. So arbeiten beispielsweise Sanitäter, Polizisten und Feuerwehrleute im Schichtbetrieb, weil ihr Dienst rund um die Uhr benötigt wird. Daher ist (zumindest theoretisch) der Personalbedarf so berechnet, dass genügend Erholungspausen eingelegt werden können, um ein Ausbrennen zu verhindern. Mehr Personal bedeutet allerdings auch höhere Kosten, weshalb auch hier eine geeignete Balance anzustreben ist.

In welchem Tempo leitet sich aus der total verfügbaren Nettozeit ab. Oft steht leider weniger Zeit zur Verfügung, als idealerweise für einen Auftrag aufgewendet werden sollte. Auch unter diesem Aspekt kann es daher angezeigt sein, wenn möglich mehr Personal einzusetzen. Beachten Sie jedoch, dass dies nur bis zu einem bestimmten Punkt funktioniert. Danach hebt der zunehmende Koordinationsaufwand der Teamleitung diesen Effekt auf und verkehrt ihn schließlich sogar ins Gegenteil. Generell gilt: Je besser die Führungskraft, desto größer kann das eingesetzte Team sein.[42] Insbesondere unter hohem Zeitdruck sind die verschiedenen Teilteams jedoch idealerweise gut eingespielt und größtenteils selbstorganisierend. Meist sollten diese daher nicht mehr als drei bis vier Personen umfassen.

Mit welchen Ressourcen bezieht sich schließlich auf die Notwendigkeit, Aufgaben und Teilaufgaben den verfügbaren personellen, finanziellen und möglicherweise anderen Ressourcen anzupassen. Steht wenig Zeit zur Verfügung, können Sie selbstverständlich wie oben beschrieben mehr Personal einsetzen (wenn Sie es haben) oder zumindest beantragen (wenn es anderswo in der Organisation zur Verfügung steht). Die Ressourcenfrage geht aber darüber hinaus. Zum Beispiel muss auch geklärt werden, wie viel Geld für jede Teilaufgabe benötigt wird, welche Aufgaben davon Vorrang haben sollten und wer am besten an ihnen arbeitet. Dieser letzte Punkt sollte die besonderen Stärken und Schwächen der einzelnen Teammitglieder berücksichtigen. Ist jemand eher neurotisch? Möglicherweise wäre er oder sie ausgezeichnet für das Zeitmanagement geeignet. Sind andere eher kreativ? Übertragen Sie ihnen die Verantwortung für die Entwicklung neuer Ideen. Wiederum andere denken sehr strukturiert? Lassen Sie sie das Konzept entwickeln. Jemand schreibt sehr gut? Lassen Sie ihn oder sie den Plan basierend auf dem Konzept schreiben. Natürlich ist dies nur ein Grundprinzip. Oft werden die gleichen Personen verschiedene dieser Rollen und Aufgaben übernehmen, weil die Ressourcen knapp sind – was ja eigentlich meistens der Fall ist. Dann ist es besonders wichtig, die verschiedenen Teilaufgaben klar zu priorisieren.

Sind nun alle Teile dieser zeitbezogenen Schlüsselfrage beantwortet, kann die eigentliche Zeitplanung beginnen.

Effektives Zeitmanagement besteht aus den folgenden Schritten:

- Ermitteln und Aufteilen der insgesamt verfügbaren Nettozeit und Personenstunden
- Ermitteln und Bewerten der zu erfüllenden Aufgaben und Teilaufgaben
- Ermitteln und Priorisieren der internen und externen Meilensteine
- Erstellen eines internen und externen Zeitplans
- Regelmäßige Überprüfung und Aktualisierung des Zeitplans

Die *insgesamt verfügbare Nettozeit und die insgesamt verfügbaren Personenstunden* zu ermitteln und aufzuteilen sollte ganz am Anfang der Zeitplanung stehen, weil dies ein Gefühl der Dringlichkeit erzeugt. Andernfalls kann zu viel wertvolle Zeit für die Zusammenstellung der verschiedenen Aufgaben und Teilaufgaben aufgewendet werden – manche Menschen verlieren sich regelrecht darin. Steht jedoch ausreichend Zeit zur Verfügung, können die ersten beiden Schritte durchaus auch vertauscht werden, je nach persönlicher Präferenz.

Die verfügbare Nettozeit definiert die Zeitachse, während die Netto-Personenstunden die Gesamtzahl der Arbeitsstunden darstellen, welche für die Auftragserfüllung eingesetzt werden können. Anders gesagt: Der Gesamtauftrag – alle Meilensteine – müssen innerhalb der verfügbaren Nettozeit abgeschlossen sein, sodass Sie die verfügbaren Netto-Personenstunden den verschiedenen Aufgaben und Teilaufgaben entsprechend zuordnen müssen. Natürlich sind Ihre Teammitglieder viel mehr als die Summe ihrer Arbeitsstunden und sollten keinesfalls allein darauf reduziert werden, aber eine erste Vorstellung davon, wie viele Personenstunden tatsächlich verfügbar sind, hilft Ihnen bei der Feststellung, ob der Auftrag realistischerweise in der zur Verfügung stehenden Zeit erledigt werden kann oder ob Sie entweder zusätzliche Ressourcen oder mehr Zeit benötigen.

Die *Identifizierung und Bewertung der zu erfüllenden Aufgaben und Teilaufgaben* ist notwendig, um einen Arbeitsplan entwickeln zu können. Dessen Granularität hängt wie bereits besprochen vom Zeitdruck ab: Je mehr Zeit, desto detaillierter. Zumindest sollten Sie die Teilaufgaben der ersten Ebene identifizieren, also die wichtigsten zu erledigenden Arbeitspakete. Dabei müssen Sie auch mindestens eine grobe Vorstellung davon haben, wie viel Zeit für jedes Paket ungefähr benötigt wird. Nur so können Sie realistische interne Fristen festlegen und, wo nötig, Meetings planen. Wie bereits mehrfach erwähnt, ist dies stark erfahrungsabhängig. Es ist daher auch keine Schande, jemanden mit mehr Erfahrung um Rat zu fragen.

Im optimalen Fall (also ohne Zeitdruck) stellen Sie zunächst die Liste der Hauptaufgaben und der wichtigsten Teilaufgaben zusammen. Dann schätzen Sie ab, wie viel Zeit für jede Aufgabe benötigt wird und wie alle Aufgaben zusammenhängen. Das wiederum erlaubt Ihnen festzulegen, in welcher Reihenfolge die einzelnen Aufgaben und Teilaufgaben angegangen werden sollen und welche allenfalls parallel erledigt werden können. Auf diese Weise kommen Sie relativ rasch zu der für die Erledigung aller Aufgaben erforderlichen Gesamtzeit und damit auch zu Datum und Uhrzeit der Fertigstellung. Das ist die Logik hinter der beliebten Projektmodellierungstechnik „Critical Path“. Oft werden Aufträge jedoch mit klarer Terminierung erteilt. Ob in diesem Fall die Zeit ausreicht, lässt sich leicht durch den Vergleich der insgesamt zur Verfügung stehenden Nettozeit mit den netto verfügbaren Personenstunden feststellen. Wie Letztere erhoben werden können, ist im nachfolgenden Beispiel dargestellt.

Als Nächstes identifizieren und priorisieren Sie die *internen und externen Meilensteine.* In seiner ursprünglichen Bedeutung ist ein Meilenstein buchstäblich ein Stein, der entlang einer Straße gesetzt wurde und die Entfernung in Meilen von oder zu einem bestimmten Ort anzeigte. So ließ schon der assyrische König Sargon II. um etwa 720 v. Chr. an seinen Reichsstraßen Steine mit Entfernungsangaben aufstellen. Im modernen Sinn ist ein Meilenstein jedoch ein bedeutendes Zwischenergebnis auf dem Weg zur Vollendung eines Ganzen. In der Regel fallen Meilensteine mit dem Abschluss großer Arbeitspakete zusammen. Oftmals ist es nach Erreichen eines Meilensteins sinnvoll, das Team (oder zumindest einen Teil davon) für ein Meeting zusammenzubringen, um den Wissensstand zu synchronisieren, Fragen zu diskutieren und zusätzliche Inputs zu erhalten.

BEISPIEL Berechnung der Nettozeiten

Am 27. Februar wird ein Qualitätsteam im deutschen Ableger eines großen multinationalen Maschinenbauunternehmens beauftragt, eine Prozesslandkarte mit den entsprechenden Prozessbeschreibungen für ein bevorstehendes Qualitätsaudit zu erstellen. Die Dokumente sind bis zum 15. März zur internen Prüfung fällig. Das Team besteht aus fünf Personen: Christine (die Teamleiterin), Tom, Linda, Sonja und Michael. Alle arbeiten schon seit geraumer Zeit zusammen und haben vergleichbare berufliche Hintergründe und Erfahrungen.

		Nettozeit (h)			Verfügbare Netto-Personenstunden											
					Normal						Reserve					
Tag	**Datum**	**Normal**	**Reserve**	**Kommentare**	Christine	Tom	Linda	Sonja	Michael	**Total**	Christine	Tom	Linda	Sonja	Michael	**Total**
Mo	27.02.20XX	2	0	Organisationszeit	2	0	0	0	0	**2**	0	0	0	0	0	**0**
Di	28.02.20XX	8	2	Reserve: Abend	8	8	8	8	8	**40**	2	2	2	0	2	**8**
Mi	01.03.20XX	8	2	Reserve: Abend	8	8	4	4	0	**24**	2	2	2	0	2	**8**
Do	02.03.20XX	6	2	Morgen: 2-h-Teammeeting	6	6	6	6	6	**30**	2	2	0	0	2	**6**
Fr	03.03.20XX	0	0	Ganztages-Teamworkshop	0	0	0	0	0	**0**	0	0	0	0	0	**0**
Sa	04.03.20XX	0	4	Reserve; Linda im Ausland	0	0	0	0	0	**0**	4	4	0	0	4	**12**
So	05.03.20XX	0	0	GESPERRT	0	0	0	0	0	**0**	0	0	0	0	0	**0**
Mo	06.03.20XX	8	2		8	8	8	0	8	**32**	2	2	2	0	2	**8**
Di	07.03.20XX	8	2		8	8	8	0	8	**32**	2	2	2	0	2	**8**
Mi	08.03.20XX	8	2		8	8	8	8	8	**40**	2	2	2	0	2	**8**
Do	09.03.20XX	4	0	Nachmittag: anderes Projekt	4	4	4	4	4	**20**	4	4	4	0	4	**16**
Fr	10.03.20XX	8	0	Firmenfest am Abend	7	7	7	7	7	**35**	0	0	0	0	0	**0**
Sa	11.03.20XX	0	8	Reserve	0	0	0	0	0	**0**	8	0	4	0	4	**16**
So	12.03.20XX	0	0	GESPERRT	0	0	0	0	0	**0**	0	0	0	0	0	**0**
Mo	13.03.20XX	8	4		8	8	8	8	8	**40**	4	4	0	4	4	**12**
Di	14.03.20XX	0	8	Reserve	0	0	0	0	0	**0**						**0**
Mi	15.03.20XX	0	4	Reserve	0	0	0	0	0	**0**	4	4	0	0	0	**8**
	Total	**68**	**40**							**295**						**110**

Nachdem sie den Auftrag erhalten hat, beschließt Christine, die zwei vom Tag noch übrig bleibenden Stunden mit ersten Vorbereitungsarbeiten zu verbringen und das Team erst am nächsten Morgen zu informieren. Sie setzt sich hin und berechnet zunächst die insgesamt verfügbare Nettozeit, indem sie die Tage bis zum definierten Endzeitpunkt durchgeht. Sie plant, den Auftrag während der normalen Arbeitszeit zu erledigen und Abende und Wochenenden nur als Notfallreserve einzuberechnen. Die Verfügbarkeiten der einzelnen Teammitglieder sind ihr bereits bekannt. Diese benötigt sie, um die zur Verfügung stehenden Netto-Personenstunden zu berechnen.

Sonja ist alleinerziehende Mutter und kann abends und am Wochenende nicht. Alle anderen haben keine Einschränkungen. Basierend auf diesen groben Berechnungen geht Christine nun davon aus, dass 68 Nettostunden zur Verfügung stehen. Anders gesagt: Die Aufgabe muss ab dem jetzigen Zeitpunkt in etwa 8½ regulären Arbeitstagen erledigt werden. Bei unvorhergesehenen Problemen kann dies durch Arbeit an Abenden und Wochenenden auf maximal 108 Stunden ausgedehnt werden. Für die verschiedenen Teilaufgaben stehen insgesamt 295 Personenstunden von den fünf Teammitgliedern zur Verfügung, die bei Bedarf auf insgesamt 405 Personenstunden ausgedehnt werden können.

Sobald nun die insgesamt verfügbare Nettozeit und die zur Verfügung stehenden Netto-Personenstunden sowie die verschiedenen Arbeitspakete und Meilensteine festgelegt wurden, kann ein Zeit- und Arbeitsplan erstellt werden. Dieser stellt dar, wie die wichtigsten Arbeitspakete, Meilensteine und Meetings innerhalb der verfügbaren Nettozeit verteilt sind. Dieser Schritt bedingt ein gutes Verständnis des vorhandenen Zeitdrucks, der verfügbaren Arbeitskräfte und deren Stärken und Schwächen sowie des Zeitbedarfs der verschiedenen großen Arbeitspakete. Meist empfiehlt sich die Aufteilung in eine tabellarische Übersicht der minimal und maximal benötigten Zeit pro Aufgabe sowie einen (grafischen oder tabellarischen) personenbezogenen Zuordnungsplan.

Natürlich ist diese Art der Arbeitsplanung recht grob, und wenn genügend Zeit zur Verfügung steht und Sie etwa die Critical-Path-Methode oder eine andere Technik bevorzugen, dann ist das natürlich Ihnen überlassen. Ist die Zeit knapp, funktioniert diese rudimentäre Technik mit etwas Übung und Erfahrung aber sehr gut.

Alle bisherigen Schritte dienten dem Zweck der Überprüfung, ob der Auftrag realistischerweise in der definierten Zeit erledigt werden kann, und der Identifikation der nötigen Arbeitspakete. Sind sie nun alle ausgeführt worden, kann ein *interner und externer Zeitplan* entwickelt werden. Die interne Sicht beinhaltet minimal alle Meilensteine, idealerweise jedoch auch alle anderen Arbeitsschritte. Die externe Sicht umfasst wichtige Ereignisse im Zusammenhang mit für den Auftrag wichtigen Interessengruppen sowie alle relevanten Ereignisse und Fristen auf der übergeordneten und untergeordneten Ebene.

BEISPIEL **Zeit- und Aufgabenzuweisung**

Lara und ihr vierköpfiges Team arbeiten in der Corporate Academy eines globalen Stahlproduzenten. Aus heiterem Himmel werden sie mit der dringenden Entwicklung einer viertägigen Krisenmanagementübung für das Top-Management des Unternehmens beauftragt. Sie müssen bei null anfangen, denn das ursprünglich damit beauftragte Team hat noch absolut nichts getan. Auf dem Papier sind zwar noch etwa zehn Tage übrig, aber durch die überschlagsmäßige Berechnung der verfügbaren Nettozeit* erkennt Lara, dass eigentlich nur noch 32 Nettostunden verbleiben. Glücklicherweise sind alle Teammitglieder voll verfügbar, wodurch insgesamt etwa 95 Personenstunden (PS) zusammenkommen. Als Sofortmaßnahme sichert sich Lara zusätzlich die Dienste einer Praktikantin, womit sich diese Zahl auf rund 120 erhöht. Als Nächstes setzt sie sich an ihren Schreibtisch und überlegt, was zu tun ist. Schließlich stellt sie die folgende Arbeitsliste zusammen:

	Aufgaben (Ebene 1)	Zeitbedarf (Std. min./max., ca.)	Meilenstein
1	Konzept	6 bis 8	1
2	Veranstaltungsort und Logistik	12 bis 16	-
3	Basisszenario	3 (1 Person) bis 18 (Team)	2
4	Übungsplan und Briefing	4 bis 6	-
5	Skript (Szenario-Rollout und Dilemmata)	8 bis 12	3
6	Unterstützende Dokumente und Medien	14 bis 18	-
7	Schiedsrichter/Coaches planen und instruieren	6 bis 8	-
8	Fertige (physische) Dokumentenpakete	6 bis 8	4
9	Präsentationen und Vorlagen (Intro/Debriefings)	4 bis 6	-

Mit einem erleichterten Seufzer stellt sie fest, dass sie wohl über genügend Ressourcen verfügt. Als Nächstes versucht sie, diese Aufgaben sinnvoll auf die enge Zeitachse zu verteilen. Zur Sicherheit orientiert sie sich dabei am maximalen Zeitbedarf pro Aufgabe. Dazu kommt der Zeitbedarf für die nötigen Meetings. Danach erstellt sie einen groben Zeit- und Arbeitsplan – im Wissen, dass dies noch keinen vollständigen Zeitplan darstellt (da dieser auch nicht projektbezogene und externe Aspekte berücksichtigen müsste), sondern nur zur Überprüfung dient, ob alle Aufgaben rechtzeitig erledigt werden können.

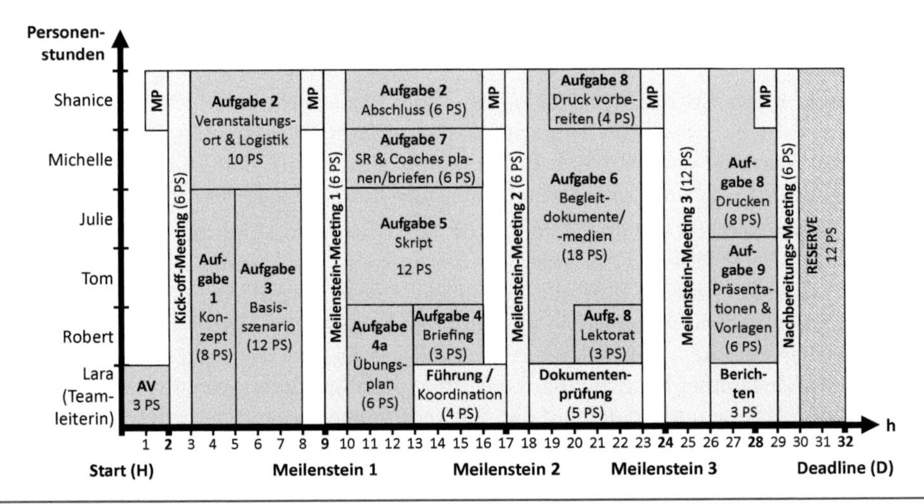

Es besteht daher ein deutlicher Unterschied zwischen dem zuvor erläuterten Zeit- und Arbeitsplan und diesem endgültigen Zeitplan. Während Ersterer zur Überprüfung ausreichender Zeit und Ressourcen benötigt wird, dient Letzterer sowohl der Koordination unter den verschiedenen Teammitgliedern als auch der Sicherstellung, dass keine wichtigen internen oder externen Ereignisse oder Fristen verpasst werden. Anders gesagt: Wenn während zehn Tagen total 32 Nettostunden zur Verfügung stehen, berücksichtigt der Zeit- und Arbeitsplan nur diese 32 Stunden, während der interne und externe Zeitplan die ganzen zehn Tage vollständig darstellt. Erfahrene

Führungskräfte erstellen diesen finalen Zeitplan oft direkt, wenn die Zeit drängt. Bei fehlender Übung empfiehlt es sich aber, auch die vorangegangenen Schritte vollständig und schriftlich auszuführen.

Der finale Zeitplan kann viele Formen annehmen. Es gibt eine Reihe grafischer und tabellarischer Darstellungsmöglichkeiten, alle mit ihren Vor- und Nachteilen. *Tabelle 4.3* zeigt eine bewährte Musterstruktur, die Ihnen als Ausgangspunkt dienen kann.

Denken Sie immer daran, dass sich die Investition einiger zusätzlicher Minuten in einen guten Zeitplan lohnt. Dieser sollte möglichst selbsterklärend sein, auch wenn viel los ist, damit Sie ihn nicht alle fünf Minuten erläutern müssen. Wie bereits zuvor erwähnt, kann es sich bei größeren Aufträgen auch lohnen, die Erstellung (oder zumindest die Aktualisierung) des Zeitplans zu delegieren, damit Sie sich von dieser wichtigen, aber manchmal auch aufwendigen Arbeit zurückziehen und die gewonnene Kapazität für andere Aufgaben einsetzen können.

Zeitplan	**Tag**	**DD.MM.YYYY**												**...**	
	Zeit	**8**	**9**	**10**	**11**	**12**	**13**	**14**	**15**	**16**	**17**	**18**	**...**	**...**	**...**
Intern	Teaminterne Meilensteine														
	Aufgabenpaket 1														
	Aufgabenpaket 2														
	...														
	...														
Extern	Termine der vorgesetzten Stufe														
	Termine der unterstellten Stufe														
	Termine wichtiger Interessengruppen														
	...														
	...														

Tabelle 4.3: Musterzeitplan
(Quelle: Autor)

Ein weiterer wichtiger Aspekt der realistischen Zeitplanung ist die Einbeziehung von Puffer-[43] oder Schlupfzeiten. Dies sind kleine Reservezeitfenster, die in den Zeitplan eingefügt werden und sicherstellen sollen, dass nachfolgende Arbeiten auch bei unvorhergesehenen Verzögerungen rechtzeitig beginnen können. Natürlich sollten die Puffer nicht zu lang sein, insbesondere bei hohem Zeitdruck. Sind sie jedoch zu kurz, nützen sie nichts. Der Trick ist also auch hier, das richtige Gleichgewicht zu finden. Dies hängt unter anderem davon ab, ob es sich um eine routinemäßige Aufgabe handelt oder nicht, aber auch von der Kompetenz und Erfahrung des Teams sowie der Länge der zu puffernden Aufgabe. Je weniger routinemäßig und unvorhersehbarer eine Aufgabe ist und je weniger Erfahrung ein Team hat, desto mehr Pufferzeit ist angezeigt.

Tabelle 4.4 listet einige Standardpufferzeiten. Diese sind erfahrungsbasiert, aber da sich Aufgaben stark unterscheiden können, sollten sie nicht ohne Weiteres angewendet werden. Die tatsächlichen Pufferzeiten, die für eine bestimmte Aufgabe angezeigt sind, können erheblich davon abweichen.

Aufgabendauer	**Aufgabentyp und/oder Teamerfahrung**	
	Routineaufgabe und/oder erfahrenes Team	**Keine routinemäßige Aufgabe und/oder unerfahrenes Team**
< 60 min	5 min	10 min
60–90 min	10 min	20 min
90–180 min	15 min	30 min
> 180 min	20 min	40 min
> 1 Tag	1 h	2 h
> 5 Tage	4 h	1 Tag

Tabelle 4.4: Standardpufferzeiten
(Quelle: Autor)

Die Erstellung eines realistischen, vernünftigen Zeitplans ist oft ein iterativer Prozess. Als Führungskraft können Sie durchaus mit einem sehr groben Anfangszeitplan beginnen, der in wenigen Minuten Einzelarbeit buchstäblich auf einer Serviette erstellt werden kann. Dies erlaubt Ihnen, nötige Sofortmaßnahmen einzuleiten und erste Aufgaben zu verteilen. Auf der Grundlage dieses ersten Entwurfs kann dann später ein detaillierterer und besser dargestellter, interner und externer Zeitplan erstellt werden. Wie gesagt – oft nicht von Ihnen, sondern von einer durch Sie bezeichneten Person.

Der letzte Schritt, um den Faktor Zeit im Griff zu behalten, ist schließlich die *regelmäßige Überwachung und Aktualisierung des Zeitplans.* Das ist nicht so trivial, wie es klingt. Insbesondere unter hohem Zeitdruck vergessen Teams oft, den Zeitplan zu aktualisieren, auch wenn er irgendwann ganz offensichtlich nicht mehr der Realität entspricht. Dies kann (und wird in der Regel) zu allerlei Problemen wie Doppelspurigkeiten und anderen Reibungsverlusten, aber auch generell Missverständnissen und damit immer mehr auch Terminüberschreitungen führen. Dies wiederum bringt unnötigen Stress für die Beteiligten mit sich und kann im Extremfall auch die gesamte Auftragserfüllung gefährden. Da Sie als Führungskraft gerade in so einer Druckperiode sehr gefordert sein werden, ist es auch unter diesem Aspekt sinnvoll, das Zeitmanagement an jemanden zu delegieren und es nur zu überwachen.

Den Faktor Zeit zu kontrollieren ist unerlässlich. Im Endeffekt entscheiden Sie anhand Ihrer Einschätzung der jeweiligen Situation selbst, wie detailliert Sie planen und welche Werkzeuge Sie einsetzen. Dabei müssen Sie sich mit dem üblichen Zielkonflikt abfinden: Je detaillierter Ihr Plan, desto einfacher die Koordination der verschiedenen

Aufgaben Ihres Teams, aber desto mehr der kostbaren Nettozeit verbrauchen Sie auch für diese Planung.

Obwohl die in diesem Abschnitt dargelegten Überlegungen zunächst kompliziert erscheinen mögen, handelt es sich doch um praxiserprobte, einfach einsetzbare Prinzipien und Techniken, die Ihnen schnell zur Gewohnheit werden.

Persönliche Ebene: Selbstführung

Für den langfristigen Führungserfolg ist es wichtig, sich selbst gut zu kennen und, so gesehen, sich genauso wie das Team und die einzelnen Teammitglieder auch selbst zu führen. In dieser Hinsicht stehen Sie als Führungskraft vor fünf Herausforderungen:

- Die eigene Führungspräsenz entwickeln
- Die eigene Resilienz fördern
- Jederzeit mit gutem Beispiel vorangehen
- Die eigene emotional-soziale Intelligenz (weiter-)entwickeln
- Die eigene Arbeits- und Freizeit sinnvoll strukturieren

Die ersten drei stellen Schlüsselverhalten der Mitarbeitendenführung gemäß dem *integrierten Modell Effektiver Führung* dar, die anderen beiden sind notwendige Voraussetzungen dafür.

Die eigene Führungspräsenz entwickeln

Selbst mit vergleichbarer Ausbildung und Erfahrung fällt manchen Führungskräften die Führungsarbeit viel leichter als anderen. Sie besitzen eine Qualität, die oft als Charisma bezeichnet wird und die Menschen anzieht. Laut dem Führungsforscher Bernard Bass[44] basiert Charisma auf zwei Aspekten der transformationalen Führung:

- Idealisierter Einfluss:[45] Die Führungskraft wird als authentisches, glaubwürdiges Vorbild mit hoher Integrität angesehen.
- Inspirierende Motivation: Die Führungskraft hat die Fähigkeit, die Unterstellten zu motivieren, indem sie diese mit Optimismus, anspruchsvollen Zielen und einer wünschenswerten, erreichbaren Vision begeistert.

Der ehemalige Topmanager James Scouller[46] bevorzugt den Begriff Führungspräsenz, denn seiner Meinung nach kann eine Führungskraft Charisma anderen auch vorspielen, indem sie sich etwa auf einen formellen Titel und/oder gute schauspielerische Fähigkeiten verlässt. Er sieht Führungspräsenz als etwas Grundlegenderes, Tiefergehendes an:

Was ist Präsenz? Im Kern ist es Ganzheit – die seltene, aber erreichbare innere Konfluenz von Identität, Zweck und Gefühlen, die schließlich zur Freiheit von Angst führt. Es offenbart sich als magnetische Ausstrahlung, welche Sie auf andere haben, wenn

Sie Ihr authentisches Ich sind, ihnen Ihren vollen Respekt und Ihre Aufmerksamkeit geben, ehrlich kommunizieren und Ihre einzigartigen Charakterzüge fließen lassen. Als Führungskraft müssen Sie technisch kompetent sein, um den Respekt anderer zu gewinnen, aber es ist Ihre einzigartige, authentische Präsenz, welche die Menschen inspiriert und sie dazu anregt, Ihnen zu vertrauen – kurz gesagt, Sie als Chef zu wollen.

Zur Entwicklung und Erhaltung Ihrer Führungspräsenz hat Scouller drei Empfehlungen:

1. Entwickeln Sie Ihre technischen und administrativen Fähigkeiten dauernd weiter.
2. Pflegen Sie eine positive Haltung[47] gegenüber anderen.
3. Arbeiten Sie an psychologischer Selbstbeherrschung.

Solide technische und administrative Kenntnisse und Fähigkeiten sind wichtig für das Ansehen einer Führungskraft, insbesondere in Expertenteams. Fehlende Kompetenz führt zu fehlendem Respekt. Eine positive Haltung gegenüber anderen Menschen erlaubt das langfristige Aufrechterhalten von guten Beziehungen, speziell in Kombination mit einer gemeinsamen Vision oder gemeinsamen Zielen. Schließlich ermöglicht bewusste Arbeit an der eigenen psychologischen Selbstbeherrschung – insbesondere bezogen auf gute Selbstwahrnehmung und das Loslassen limitierender Überzeugungen und Einstellungen – die Reduktion von Selbstwertproblemen, welche es oft schwierig machen, eine echte Verbindung zu Kollegen/Kolleginnen und Unterstellten aufzubauen und diese wirklich zu schätzen. In diesem Zusammenhang ist die angesprochene Selbstwahrnehmung ein wichtiges Konstrukt. Zu verstehen, was Sie selbst antreibt, wie Sie von anderen wahrgenommen werden, auf welche Reize und Provokationen Sie besonders reagieren und wie diese Ihren eigenen Gemütszustand – und seinen Einfluss auf Interaktionen mit anderen – beeinflussen, hilft Ihnen dabei, die Reaktionen anderer besser einschätzen und darauf angemessen reagieren zu können, sei dies bei Familienmitgliedern, Freunden, Kollegen/Kolleginnen oder Unterstellten.

Neben dieser vor allem mentalen Sicht beinhaltet Führungspräsenz aber auch einen physischen Aspekt. Wie das Wort „Präsenz" ja bereits andeutet, müssen Sie als Führungskraft für Ihre Leute auch in genügender Weise sichtbar und verfügbar sein. Man nennt dies auch „Führung von vorne". Vor allem, wenn es hart auf hart kommt, müssen die Unterstellten spüren, dass Sie das Gleiche durchmachen, Sie dem gleichen Druck ausgesetzt und den gleichen Anforderungen unterworfen sind wie diese.

Auch Ihr eigener Leistungsausweis trägt stark zu Ihrer Führungspräsenz bei. Charismatisches Auftreten, bei dem man aber weiß, dass nichts dahintersteckt, verpufft bald wirkungslos. Haben Sie sich einen Ruf als erfolgreiche, integre und für Ihre Leute einstehende Führungskraft erarbeitet, trägt das viel zu Ihrer Führungspräsenz bei.

Der Trick besteht also zusammenfassend darin, sowohl geistig als auch körperlich präsent zu sein, sein Metier zu beherrschen und anderen auf positive Art zu begegnen. Ein erfolgreiches Beschreiten dieser feinen Linie wird Ihr Ansehen als Führungskraft nachhaltig stärken und bei anderen Vertrauen zu Ihnen schaffen, was Ihnen wiederum die Führungsarbeit erleichtert.

Die eigene Resilienz fördern

Wie bereits in *Kapitel 2* erläutert, beschreibt Resilienz Ihre Fähigkeit, mit Stress fertig zu werden, sich an Veränderungen anzupassen und mit Rückschlägen umzugehen. Die Resilienzpioniere Gail Wagnild und Heather Young[48] definieren die Grundidee so:

„Resilienz" bedeutet emotionale Ausdauer und wird verwendet, um Menschen zu beschreiben, die Mut und Anpassungsfähigkeit im Angesicht widriger Umstände zeigen.

Hauptkomponenten der Resilienz sind persönliche Kompetenz (bestehend aus Aspekten wie Eigenständigkeit, Entschlossenheit, Findigkeit und Ausdauer) sowie Akzeptanz seiner selbst und des Lebens (bestehend aus Anpassungsfähigkeit, geistigem Gleichgewicht, Flexibilität und einer ausgewogenen Lebensperspektive). Zusammen wirken diese Aspekte nach Ansicht der beiden Autorinnen positiv auf die körperliche Gesundheit, Lebenszufriedenheit und Zuversicht, während sie die Wahrscheinlichkeit von Depressionen verringern.

Besonders wenn Ihnen Führung eher schwerfällt, können Ihre Führungsaufgaben für Sie eine Quelle von Stress (ein sogenannter Stressor oder Stressfaktor) sein. Die Vermeidung von übermäßigem Stress ist jedoch von großer Bedeutung für Ihr langfristiges Wohlbefinden. Zu den negativen Auswirkungen von Stress gehören Herzprobleme, verminderte Konzentration, schlechtere Anpassungsfähigkeit, geringere Motivation, höhere Reizbarkeit und häufigere Konflikte, die im Extremfall sogar zu Drogenmissbrauch und Depressionen führen können. All dies wirkt sich negativ auf Ihre Effektivität als Führungskraft und letztendlich auch Ihre sozialen Beziehungen aus, einschließlich Ihres Familienlebens.

Die Schweizerische Agentur für Gesundheitsförderung[49] schätzte 2015, dass mehr als ein Drittel aller Schweizer Mitarbeitenden unter häufigem oder sehr häufigem Stress leiden. Naturgemäß wird dieser Prozentsatz unter Führungskadern noch höher sein.

Eine Reihe von Faktoren trägt zur Verbesserung Ihrer Resilienz bei:[50]

- Ihre Fähigkeit, Stressoren richtig zu identifizieren
- Ihre Fähigkeit, Ihre eigenen Stärken und Schwächen realistisch einzuschätzen
- Ihr Selbstvertrauen durch wiederholte erfolgreiche Problemlösung und
- Ihre soziale Unterstützung, wie zum Beispiel eine liebevolle Beziehung oder ein glückliches Familienleben

Um Stressoren zu identifizieren und Stress so zu vermeiden oder abzuschwächen, müssen Sie ein klares Verständnis dafür haben, was Sie belastet. Es gibt unzählige Quellen von Stress und was als Stress empfunden wird, ist von Person zu Person unterschiedlich. Häufige berufliche Stressfaktoren sind unter anderem:[51]

- Technische Probleme (wie Computerabstürze)
- Sicherheitsrisiken (wie unsichere elektrische Leitungen)
- Kooperationsprobleme (wie Terminüberschreitungen von Kollegen/Kolleginnen)
- Ein demotivierendes Unternehmensklima (zum Beispiel wegen übermäßigem Klatsch)
- Soziale Probleme (zum Beispiel wegen aggressiver Kollegen/Kolleginnen)

- Quantitative Überlastung (zum Beispiel wegen zu vieler Aufgaben oder zu vieler Meetings)
- Qualitative Überlastung (zum Beispiel durch Zuteilung von Aufgaben, für die man sich nicht qualifiziert fühlt)
- Schwierige Entscheidungen (wie die Entlassung eines leistungsschwachen Teammitglieds)
- Konflikte zwischen Beruf und Privatleben (wie das Verpassen von Familienanlässen wegen der Arbeit)
- Private Probleme, die mit zur Arbeit gebracht werden (wie außereheliche Affären eines Ehepartners)

Naturgemäß ist diese Liste nicht vollständig. Und nicht alle der Faktoren in der obigen Liste würden Sie gleichermaßen belasten. Die eigenen Stressoren zu identifizieren, ist ein wichtiger erster Schritt. Haben Sie dies einmal erfolgreich getan, können Sie Maßnahmen ergreifen. Zu diesen gehören unter anderem:

- Eine optimistische Lebenseinstellung
- Ein regelmäßiger, offener Austausch mit eigenen Vorgesetzten und Unterstellten
- Die Schaffung eines Arbeitsumfelds, in dem Sie sich wohl (oder zumindest nicht chronisch unwohl) fühlen
- Die klare Kommunikation Ihrer Bedürfnisse (einschließlich der Bitte um Hilfe, falls nötig)
- Die regelmäßige Klärung von Erwartungen und Rollen (in Bezug auf Unterstellte, sich selbst und Vorgesetzte)
- Das Einlegen kurzer, erholsamer Pausen
- Das Sicherstellen einer angemessenen Work-Life-Balance (einschließlich ausreichend Zeit für familiäre und/oder persönliche Beziehungen)
- Das Fördern der eigenen körperlichen und geistigen Fitness (einschließlich ausreichend Bewegung und einer gesunden Ernährung)

Obwohl Teile dieser Liste etwas esoterisch angehaucht wirken mögen, gibt es doch reichlich Belege[52] dafür, dass tägliche positive Emotionen und eine allgemein positive Einstellung den Stress deutlich reduzieren. Auch sich am Arbeitsplatz wohlfühlen kann positive Emotionen hervorrufen, daher ist auch die aktuelle Tendenz vieler Organisationen, Arbeitsplätze zu depersonalisieren, klar kontraproduktiv. Auch gute Zweiwegekommunikation ist wichtig, um Rollen, Erwartungen und Bedürfnisse zu klären und so Missverständnisse zu reduzieren, die sonst zu Angst, Ressentiments oder emotionalen Konflikten führen können.

Ebenso kann die gewohnheitsmäßige Sicherstellung einer vernünftigen Work-Life-Balance und allgemein guter Fitness stressbedingte negative Auswirkungen wirksam verhindern. Natürlich gilt dies nicht nur für Sie, sondern auch für Ihre Unterstellten. Es gehört zu Ihren Führungsaufgaben, deren Stress im Zaum zu halten – natürlich soweit Umstände und individuelle Bedürfnisse es zulassen.

Und schließlich dürfen Sie auch nicht vergessen, analog zu Ihrem Handy auch ab und zu Ihre eigenen Batterien wieder aufzuladen. Regelmäßig eine kurze Pause einzulegen wirkt sich positiv auf Ihr Wohlbefinden aus. Dies gilt insbesondere, wenn Sie – wie viele Führungskräfte – von dauernden Meetings gefordert werden. Wie lange diese Pausen dauern und wie oft sie gemacht werden sollten, ist von Person zu Person unterschiedlich. Einige sind an einem langen, harten Tag ausreichend entspannt, wenn sie ein oder zwei kurze Kaffeepausen einlegen, andere müssen sich jede zweite Stunde einige Minuten Zeit nehmen. Welche Routine auch immer zu Ihnen passt: Gewöhnen Sie sich diese an. Sowohl Ihre langfristige Führungseffektivität als auch Ihr persönliches Wohlbefinden werden es Ihnen danken.

Mit gutem Beispiel vorangehen

Ob Sie sich dessen nun bewusst sind oder nicht: Als Führungskraft sind Sie immer auch ein Vorbild für Ihr Team, entweder im positiven oder im negativen Sinne. Abhängig von den Persönlichkeiten Ihrer Unterstellten werden einige Sie herauszufordern versuchen, andere werden Sie (bewusst oder unbewusst) nachahmen und wieder andere werden sich abgrenzen wollen. Niemand aber wird Sie auf Dauer komplett ignorieren können.

Es gibt zahlreiche wissenschaftliche Belege dafür, dass das Vorbild der Führungskraft die Unterstellten beeinflusst, zum Beispiel im Kontext von Verkaufsteams[53], Organisationen des öffentlichen Sektors[54] und der Gesundheitsversorgung[55] oder auch bezüglich der Förderung von Corporate Citizenship[56], um nur einige zu nennen. Ihr Vorbild als Führungskraft ist ein Signal an die Unterstellten, dass sich eine Aktivität oder ein Verhalten lohnt.[57] Dies bezieht sich sowohl auf positive wie negative Handlungen Ihrerseits und auch ganz generell auf Ihren Stil, Ihre Ausdrucksweise und Ihre Eigenheiten. In den meisten Teams beginnen einige Teammitglieder unweigerlich, die Teamleitung bewusst oder unbewusst nachzuahmen. Dies kann auf kleine, eher unauffällige Weise geschehen, zum Beispiel bezüglich der Art, wie sich Menschen kleiden. Diese Art der Nachahmung von Führungskräften kann aber auch viel weiter gehen, im Extremfall bis hin zu körperlichen Eingriffen. Als etwa der eigentlich stark kurzsichtige damalige CEO des später gescheiterten amerikanischen Energieriesen Enron seine Brille nach einer LASIK-Laseraugenoperation plötzlich nicht mehr benötigte, machten es ihm innerhalb kurzer Zeit viele seiner Unterstellten nach, sodass plötzlich kaum noch jemand im oberen Management des Unternehmens eine Brille trug.[58] Dieses eigentlich triviale Beispiel zeigt exemplarisch, wie in einer sehr hierarchischen, gleichgeschalteten Unternehmenskultur dieses Bedürfnis der Nachahmung von Führungskräften auch destruktive Auswirkungen haben kann. Wenn die Führungskraft keine Brille mehr trägt, dann machen es auch (einige) Unterstellte nicht mehr. Wenn die Führungskraft die Investoren belügt, dann machen das auch (einige) Unterstellte. Und wenn die Führungskraft regelmäßig bei den Spesen betrügt oder auf Firmenkosten Spaßreisen veranstaltet, werden das über kurz oder lang auch (einige) Unterstellte tun und so weiter. Daher ist es besonders wichtig, mit objektiv gutem Beispiel voranzugehen. Dafür wichtig ist ein solider moralischer Kompass, wie bereits an früherer Stelle erläutert. Bei komplexeren Entscheidungen können ethische Entscheidungshilfen, wie etwa diejenigen des Ethikforschers Mathias Schüz[59], eingesetzt werden.

Folglich können Sie als Führungskraft also rein durch Ihr persönliches Beispiel bereits die Art von Verhaltensweisen fördern, die Sie von Ihren Teammitgliedern erwarten. Vorleben ist (noch) wichtiger als sagen. Ist Ihnen Pünktlichkeit bei den Unterstellten wichtig? Achten Sie darauf, selbst immer pünktlich zu sein. Möchten Sie eine positive Grundhaltung bei den Unterstellten? Zeigen Sie sich selbst optimistisch. Sie möchten, dass mehr Teamgeist gezeigt wird und Ihre Mitarbeitenden sich weniger beschweren? Leben Sie es vor, indem Sie selbst aufhören, sich über Ihren eigenen Chef oder Ihre Chefin zu beschweren.

BEISPIEL **Robs Gang oder die Schwarze Hand**

In einem großen britischen Consultingunternehmen erhielt ein bestehendes Team von etwa 30 Consultants und Büroangestellten eine neue Leitung. Rob, Anfang 40, war bekannt dafür, dass er schon verschiedentlich schwierige Projekte und Teams zum Erfolg geführt hatte. Als kontaktfreudiger, freundlicher Mensch und charismatischer Anführer, der sich ganz offensichtlich ehrlich für seine Untergebenen interessierte und sich um sie kümmerte, war er im Unternehmen sehr beliebt und geachtet. Er war aber auch bekannt dafür, dass er einen kleinen Tick hatte: Er ignorierte die implizite Kleiderordnung seiner Organisation geflissentlich. Als Pragmatiker, wie er sich selbst oft und gern bezeichnete, ärgerte er sich sehr darüber, dass er täglich Anzug und Krawatte zur Arbeit tragen sollte, auch wenn er dies unbequem und unpraktisch fand. Im Gegensatz zu seinem Vorgänger und zu fast allen Kollegen trug er daher formelle Kleidung nur zu formellen Anlässen und Geschäftstreffen. Ansonsten trug er schwarze Jeans und schwarze Hemden oder Poloshirts. Sehr bald begann sein neues Team darauf zu wetten, wie lange dieses Verhalten von Robs Vorgesetzten toleriert werden würde. Andere Themen, die während der Kaffeepausen zum Unternehmensklatsch beitrugen, waren sein militärischer Hintergrund (die schwarze Kleidung ersetzte angeblich seine Uniform), sein Beziehungsstatus (man wusste nichts über ihn und ersetzte dies mit Gerüchten) oder die Frage, ob denn seine Art, sich zu kleiden, nun lediglich langweilig oder auch unprofessionell sei. Er war jedoch auf Anhieb sehr beliebt und die Leistung des Teams verbesserte sich bald spürbar. Nach ein paar Wochen verstummte der Klatsch. Etwa gleichzeitig begannen manche Teammitglieder, sich ebenfalls ganz in Schwarz zu kleiden. Zunächst waren es nur wenige, aber mit der Zeit wurden es immer mehr, bis schwarze Kleidung zu einer Art Teamuniform wurde. Dies veranlasste andere im Unternehmen, Robs Team scherzhaft als „die Schwarze Hand" zu bezeichnen – nach einer spanischen Anarchistengruppe des 19. Jahrhunderts. Das Team selbst bezeichnete sich als „Robs Gang". Rob war ein scharfer Beobachter und guter Zuhörer und wusste daher rasch Bescheid. Er entschied aber für sich, dass dies gut für die Teammoral sei und mischte sich daher nicht ein.

Was kann also aus diesem Beispiel gelernt werden? Das Kopieren von Robs Kleidung zeigt die Beliebtheit und den hohen Stellenwert, den er für sein Team einnahm. Menschen kopieren oft bewusst oder unbewusst ihre Vorbilder. Diese ungesteuert entstandene „Teamuniform" signalisierte starke Bindungen und hohe Loyalität im Team und Vertrauen zwischen dem Team und seinem Leiter. Dies kann sowohl für das Arbeitsklima als auch für die Leistung des Teams förderlich sein. Wenn es deswegen jedoch zu einer Zersplitterung des Teams und internen Streitereien kommen sollte (wenn zum Beispiel nicht alle Teammitglieder einverstanden wären und die anderen Druck auf sie ausübten), wäre das Gegenteil der Fall. Die Führungskraft sollte daher diese Art Dynamik sorgfältig beobachten und gegebenenfalls ihr eigenes Verhalten anpassen oder, falls nötig, das Thema mit den betreffenden Teammitgliedern oder sogar dem gesamten Team besprechen.

Die eigene emotional-soziale Intelligenz entwickeln

Eines Ihrer wichtigsten „Instrumente" als Führungskraft ist Ihre emotionale und soziale Intelligenz. Sie erlaubt Ihnen etwa, den Gemütszustand oder die Reaktion anderer Personen korrekt einzuschätzen und die Bedürfnisse der Menschen, mit denen Sie in Kontakt kommen, richtig zu beurteilen. Außerdem ermöglicht sie Ihnen, Reaktionen anderer auf bestimmte Verhalten oder Informationen vorauszusehen – oder zumindest festzustellen, wenn diese anders als erwartet ausfallen, und darauf zu reagieren. Dies ist besonders wichtig, wenn zusätzlich noch kulturelle Unterschiede im Spiel sind (siehe dazu *Kapitel 5*).

Etwas abstrakter formuliert geht es darum, emotionale Informationen zu erkennen, zu interpretieren und als Teil der allgemeinen Problemlösung zu verarbeiten.[60] Basierend auf den Faktoren Selbstbewusstsein, Selbstmanagement, soziales Bewusstsein und Beziehungsmanagement ermöglicht es Führungskräften, ihre (unter Umständen dem Führungserfolg im Weg stehenden) Emotionen so zu managen, dass sie auch unter Druck konzentriert arbeiten und klar denken können, flexibel bleiben und sich frühzeitig an neue Realitäten anpassen.[61]

Obwohl der Begriff „emotionale Intelligenz" durch den amerikanischen Psychologen Daniel Goleman mit seinem gleichnamigen Buch von 1995 bekannt gemacht wurde, gehen dessen Anfänge auf den Beginn des 20. Jahrhunderts zurück. Ein vergleichbares Konstrukt, die soziale Intelligenz, wurde in Edward Thorndikes 1920 veröffentlichten Schriften über Intelligenz eingeführt und in seinen nachfolgenden Forschungen vertieft. Thorndike interessierte vor allem, was sozial intelligentes Verhalten ausmachte.

Einer der ersten Versuche, soziale und emotionale Aspekte von Intelligenz zu integrieren, war Howard Gardners 1983 erstmals veröffentlichtes Buch *Frames of Mind*. In diesem stellte er fest, dass sogenannte persönliche Intelligenzen[62] sowohl aus intrapersonellen als auch aus interpersonellen Aspekten bestanden. Mit anderen Worten: Seiner Ansicht nach beinhaltet diese Art von Intelligenz sowohl Faktoren, welche die Führungskraft selbst betreffen (wie etwa die Fähigkeit, die eigene Stimmung korrekt einzuschätzen), als auch solche, welche sich aus deren Interaktionen mit anderen Menschen ergeben (wie etwa der Fähigkeit, unerwartete Reaktionen als solche zu erkennen).

Im Jahr 2006 stellte dann der amerikanisch-israelische Psychologe Reuven Bar-On sein Modell der emotional-sozialen Intelligenz[63] (ESI) vor. Er definierte das Konstrukt wie folgt:[64]

Emotionale und soziale Intelligenz ist ein Querschnitt aus miteinander verbundenen emotionalen und sozialen Kompetenzen, Fähigkeiten und Moderatoren, die bestimmen, wie effektiv wir uns selbst verstehen und ausdrücken, andere verstehen und mit ihnen in Beziehung treten und die täglichen Anforderungen bewältigen.

Sein Modell besteht aus zehn Schlüsselkomponenten und fünf Moderatoren der emotional-sozialen Intelligenz. Die zehn Schlüsselkomponenten sind:

- Selbstachtung
- Interpersonelle Beziehung
- Impulskontrolle
- Problemlösen
- Emotionale Selbstwahrnehmung
- Flexibilität
- Realitätschecks
- Stresstoleranz
- Durchsetzungsvermögen
- Empathie

Die fünf Moderatoren sind:

- Optimismus
- Selbstverwirklichung
- Glück
- Unabhängigkeit
- Sozialgruppenverantwortung

Zusammen ermöglichen Ihnen diese Schlüsselkomponenten und Moderatoren der emotional-sozialen Intelligenz das effektive Funktionieren als Führungskraft.

Selbstachtung bezieht sich dabei auf Ihre Fähigkeit, sich selbst genau wahrzunehmen, zu verstehen und zu akzeptieren. Es ist schwierig, rücksichtsvolles Interesse an Ihren Unterstellten an den Tag zu legen, wenn Sie sich selbst nicht mögen. Das Gleiche gilt aber auch, wenn sich jemand etwas zu sehr mag: Selbstverliebtheit macht es schwierig, gute Beziehungen mit anderen aufzubauen. Realistische Selbstachtung braucht Zeit zur Entwicklung und ist schwer zu erreichen. Regelmäßige Realitätschecks, wie weiter unten beschrieben, sind daher wichtig.

Interpersonelle (also zwischenmenschliche) Beziehungen beziehen sich auf Ihre Fähigkeit, sich im Allgemeinen gut mit anderen zu verstehen und gegenseitig zufriedenstellende Beziehungen aufzubauen. Das hängt zum Teil von Ihrer eigenen Persönlichkeit ab. Wenn Sie von Natur aus ziemlich extravertiert sind, haben Sie wahrscheinlich keine Probleme damit, neue Menschen kennenzulernen. Um jedoch stabile, befriedigende Beziehungen zu schaffen, braucht es mehr als nur eine aufgeschlossene Natur. Es ist etwa auch wichtig, Versprechen einzuhalten, auf den anderen zu achten und offen und ehrlich, aber diplomatisch zu sein.

Impulskontrolle bezeichnet Ihre Fähigkeit, Ihre Emotionen effektiv und konstruktiv zu kontrollieren. Offensichtlich ist dieser Faktor eng mit anderen – etwa der emotionalen Selbstwahrnehmung – verbunden. Wenn Sie Ihren eigenen emotionalen Zustand nicht erkennen und kontrollieren können, kann sich dieser auf andere übertragen. Sind Sie zum Beispiel stark gestresst und bringen das in einem Meeting klar zum Ausdruck, wird der Stresslevel anderer Teilnehmer automatisch auch steigen. Wenn Sie wütend und aufbrausend sind und verbal auf Unterstellte losgehen, wird das diese umgekehrt entweder auch wütend oder zumindest betroffen machen und so weiter.

Das Erkennen der eigenen Emotionen ist der erste Schritt, um mit ihnen umgehen zu können. Wie Sie das am besten machen, hängt stark von Ihrer Persönlichkeit und Erfahrung ab. Einige Führungskräfte vermeiden – soweit möglich – Meetings, wenn sie schlechte Laune haben. Andere sind in der Lage, ihre negativen Emotionen abzuschalten und sozusagen auf die lange Bank zu schieben, um sie dann später zu verarbeiten. Wenn Sie diese Fähigkeit entwickelt haben, können Sie Stress und schlechte Gefühle zum Beispiel damit abbauen, dass Sie nach der Arbeit Zeit mit der Familie verbringen, sich mit Freunden treffen oder ins Fitnessstudio gehen – oder was immer sonst für Sie funktioniert. Ein hoher Schweizer Armeeoffizier zum Beispiel geht mit Stress und negativen Emotionen so um, dass er im Hinterhof Holz spaltet und dann das Resultat dieses Stressabbaus als Kaminholz an seine Freunde verschenkt. Beachten Sie dabei, dass sich Arbeitsstress auch auf das Privatleben auswirken kann, wenn Sie sich nicht entsprechend abgrenzen können. Haben Sie damit Mühe, kann es besser sein, *bevor* Sie nach Hause gehen mit den negativen Emotionen fertig zu werden.

Emotionales und soziales Problemlösen bezeichnet Ihre Fähigkeit, Probleme persönlicher und zwischenmenschlicher Natur zu erkennen und zu lösen. Dies betrifft sowohl Ihre eigenen Probleme als auch die Ihrer Unterstellten. Sind Sie frustriert wegen einer privaten oder beruflichen Beziehung? Lernen Sie damit umzugehen. Wenn nicht, leidet Ihre Effektivität als Führungskraft darunter. Kämpfen einige Teammitglieder mit persönlichen Problemen wie einer Kampfscheidung oder einer Midlife-Krise? Vielleicht benötigen sie zusätzliche Arbeit, die sie davon ablenkt. Vielleicht brauchen sie aber auch eine Auszeit, um sich mit ihren Problemen sauber auseinanderzusetzen. Oder vielleicht wünschen sie sich auch nur jemanden zum Reden. Andere wiederum wollen dann lieber einfach in Ruhe gelassen werden. Zu spüren, wann jemand emotional was braucht (und dieses Bedürfnis dann, wenn möglich, auch zu befriedigen), ist eine sehr wichtige Führungsfähigkeit und trägt zu starken Bindungen bei.

Emotionale Selbstwahrnehmung ist die Fähigkeit, sich der eigenen Emotionen bewusst zu sein – und sie auch zu verstehen. Auch wenn dies trivial klingt, so verbringen einige Menschen doch ihr ganzes Leben auf der Suche nach dieser Art Verständnis. Gibt es vielleicht Teammitglieder oder Kollegen bzw. Kolleginnen, mit denen Meetings immer in einer Debatte oder sogar im Streit enden, obwohl man sich sonst eigentlich mag? Haben Sie heute morgen das Haus nach einem Streit mit Ihrem Ehepartner verärgert verlassen? Hat Sie Ihre Chefin sauer gemacht? Das Erkennen, was bei Ihnen eine bestimmte Reaktion auslöst (die sogenannten Trigger), wie Sie auf spezifische Situationen emotional reagieren und wie sich diese Reaktionen auf Ihr Umfeld auswirken, hilft Ihnen dabei, solche Probleme besser in den Griff zu kriegen und damit als Führungskraft effektiver zu werden.

Flexibilität bezieht sich auf Ihre Fähigkeit, Ihre Gefühle und Ihr Denken neuen Situationen anzupassen. Die meisten Menschen mögen Veränderungen nicht wirklich. Diese erhöhen nämlich die Unsicherheit über zukünftige Entwicklungen (und die eigene Rolle darin), und Unsicherheit kann bedrohlich sein[65]. Da es für Unternehmen jedoch von entscheidender Bedeutung ist, sich an Veränderungen im Umfeld anzupassen, kann Wandel unvermeidlich sein. Als Führungskraft liegt es daher in Ihrer Verantwortung, sowohl offen für notwendige Veränderungen zu sein als auch proaktiv Bereiche zu identifizieren, in denen Sie, Ihr Team oder Ihre Organisation Veränderungen vornehmen müssen.

Realitätschecks sind ein wichtiges Werkzeug, um die Übereinstimmung Ihrer Gefühle und Ihres Denken mit der externen Realität objektiv zu validieren. Gut dafür geeignet ist offenes Feedback von Unterstellten, Kollegen/Kolleginnen und Vorgesetzten, wobei es für wirklich ehrliches Feedback eine Vertrauenskultur braucht. Hier erkennt man auch gut, dass die verschiedenen Aspekte der emotional-sozialen Intelligenz alle miteinander verbunden sind. Damit Sie beispielsweise auch negatives Feedback annehmen können, braucht es eine gute emotionale Selbstwahrnehmung und Impulskontrolle.

Stresstoleranz bezeichnet Ihre Belastbarkeit. Diese wird unter anderem durch Ihre Fähigkeit beeinflusst, Ihre Emotionen effektiv und konstruktiv zu steuern.

Durchsetzungsvermögen im Kontext der emotional-sozialen Intelligenz bezieht sich auf Ihre Fähigkeit, Ihre Emotionen und Ansichten selbstbewusst und offen, aber konstruktiv auszudrücken, ohne dabei aggressiv zu wirken.

Schließlich ermöglicht Ihnen *Empathie*, eine der wichtigsten Führungseigenschaften überhaupt, sich in die Lage einer anderen Person hineinzuversetzen. Ein altes indianisches Sprichwort soll lauten:

Wer nicht eintausend Schritte in den Schuhen eines anderen gegangen ist, hat kein Recht, über diesen zu urteilen.

Dies bringt den Kern der Sache gut zum Ausdruck: Als Führungskraft muss man etwas auch mit den Augen anderer sehen können. Wenn Sie zu verstehen versuchen, weshalb einige Teammitglieder bestimmte Vorschläge ablehnen, dann fragen Sie sich, wie Sie an Ihrer Stelle auf diese reagieren würden. So ist es beispielsweise in einigen Unternehmen nicht erlaubt, dass Personen, die nicht zum Führungskader zählen, beim Mittagessen am Tisch des Managements sitzen. In Kulturen mit niedriger Machtdistanz (wie etwa der Schweiz) kommt dies selten gut an und Betroffene fühlen sich dann rasch geringgeschätzt. In Kulturen mit großer Machtdistanz (wie China oder Japan) ist die Akzeptanz für solche Unterscheidungen dagegen deutlich höher.

Empathie ermöglicht Ihnen zu verstehen, warum Menschen auf eine bestimmte Art reagieren. Sie beruht sowohl auf intellektuellen als auch auf emotionalen Faktoren. Kennen Sie eine Person einigermaßen, können Sie gestützt auf sekundäre Informationen (zum Beispiel durch Lesen, Hören oder Beobachten) rein intellektuell durchaus voraussehen (oder zumindest nachträglich erkennen), warum jemand auf eine bestimmte Situation in einer gewissen Weise reagiert. Wenn Sie selbst jedoch bereits einmal eine vergleichbare Situation durchlebt haben (also in den sprichwörtlichen „Schuhen des anderen gewandert" sind), können Sie auch emotional spüren, was die andere Person in dieser Situation empfindet. Dies erlaubt Ihnen, viel glaubwürdiger herüberzubringen, dass Sie die andere Person und ihr Dilemma wirklich verstehen – ein beträchtlicher Vorteil in der Führung. Ein Mitarbeiter einer Amsterdamer Anwaltskanzlei weigerte sich zum Beispiel jahrelang, an Firmenfesten teilzunehmen. Dies führte immer wieder zu Konflikten mit Kolleginnen und Kollegen sowie Vorgesetzten, bis eine neue Chefin auf einfühlsame Weise das Gespräch mit ihm suchte und herausfand, dass er seit Jugendtagen eine irrationale Abneigung gegen das Tanzen hatte, weil er deswegen gehänselt worden war. Er nahm nicht an den Firmenfesten teil, weil dort üblicherweise auch getanzt wurde und er schlecht Nein sagen konnte. Die neue Chefin konnte sich dem Problem aufgrund ihrer Beobachtungen und auf Basis des Firmenklatsches annähern und, da sie selbst ein ähnliches Thema mit öffentlichem Singen hatte, auch den emotionalen Aspekt wirklich verstehen und nachfühlen. So fanden sie einen Kompromiss: Er würde teilnehmen, jedoch mit einer offiziellen Funktion betraut werden, auf die er jeweils verweisen konnte und die ihn vom Tanzen abhalten würde, ohne dass er Nein sagen musste.

Intelligenz und Erfahrung sind also wichtige Eckpfeiler der Empathie. Wenn Sie wissen möchten, wie sich Ihre Arbeiter in der Fabrik fühlen, dann sprechen Sie mit ihnen (für das intellektuelle Verständnis), aber verbringen Sie auch selbst einige Zeit dort (für das emotionale Verständnis). Wenn man als Offizier Soldaten führt, hilft es, auch einmal ein gewöhnlicher Soldat gewesen zu sein. Wer administratives Personal führt, sollte selbst auch einmal solche Arbeiten ausgeführt haben und so weiter.

Empathie ist besonders wichtig in Berufen und Funktionen, in denen zwischenmenschliche Interaktionen im Vordergrund stehen, wie etwa in der Krankenpflege, in der Hausarztmedizin – und im Management. Eine Reihe von Studien hat gezeigt, dass Empathie aktiv trainiert werden kann,[66] dass Training in der Regel Handlungskomponenten beinhalten sollte (also „learning by doing"), und dass positiv empathische Vorbilder ein höheres Maß an Empathie bei Unterstellten fördern können[67]. Dies ist ein weiteres Beispiel für den zuvor beschriebenen Führungskräfte-Nachahmungseffekt.

Diese zehn Schlüsselkomponenten der emotional-sozialen Intelligenz stehen aber nicht allein da. So wie Pflanzen Wasser, Sonnenlicht, Nährstoffe, saubere Luft und gesunden Boden zum Wachstum benötigen, entwickeln sich auch emotional-soziale Fähigkeiten im richtigen mentalen Zustand besser. Fünf Moderatoren bilden im Bar-On-Modell[68] den Nährboden dafür.

Optimismus bezieht sich auf Ihre Fähigkeit, positiv zu denken und immer die hellere Seite des Lebens zu sehen. Menschen werden von optimistischen, selbstbewussten Führungskräften angezogen. Diese Art von positiver Führung wiederum steigert nachweislich den Optimismus, das Engagement und die Leistung der Unterstellten.[69] Der Trick besteht jedoch darin, diesen grundlegenden Optimismus nicht in Hybris, also übertriebene Zuversicht ohne Grundlage, umschlagen zu lassen. Deshalb ist es immer von Vorteil, wenn Sie einer weniger optimistischen Person auch erklären können, weshalb Sie selbst so zuversichtlich sind.

Selbstverwirklichung entsteht, wenn Menschen ihre Ziele und Potenziale realisieren können. Sie ist ein wichtiger Faktor in der Motivationstheorie und ermöglicht es Führungskräften und Unterstellten, ihre intrinsische Motivation langfristig zu erhalten. In gewissem Maß hängt der Grad der Kongruenz von Zielen auf Stufe der Organisation, des Teams sowie einzelner Mitarbeitender von den Persönlichkeiten der Betroffenen ab. Egoistische, nur den eigenen Zwecken dienende Ziele, die offensichtlich nicht mit den Team- und Organisationszielen übereinstimmen, wirken sich nachteilig auf die Gesamtleistung aus, da sie insbesondere diejenigen Unterstellten demotivieren, die im Gesamtrahmen denken. Wenn man andererseits eigene Ziele und Wünsche komplett negiert, wird man irgendwann die eigene Motivation verlieren. Wichtig ist also, Ihre eigenen Ziele und diejenigen Ihrer Unterstellten mit denjenigen des Teams und der Organisation insgesamt in Einklang zu bringen. Dies ist eine äußerst wichtige Führungsaufgabe auf allen Ebenen, also sowohl auf persönlicher als auch individueller und kollektiver Ebene.

Glück, der nächste Moderator, ist abstrakt gesehen der Zustand, in dem man mit sich selbst, anderen und dem Leben im Allgemeinen im Reinen ist. Der Ausdruck beschreibt also das subjektive emotionale Wohlbefinden. Eine glückliche Führungskraft ist eine effektive(re) Führungskraft. Leider ist Glück aber nicht einfach so zu haben, wozu auch die Verkaufszahlen aller möglichen Glücksratgeber passen. Glück ist ein schwer fassbares Ideal. Tatsächlich hängen nur etwa 40 Prozent des Glücks einer Person von intrinsischen – und somit selbst beinflussbaren – Faktoren ab. Weitere etwa zehn Prozent sind auf aktuelle Lebensumstände (wie verfügbares Einkommen oder Gesundheit) zurückzuführen, während der große Rest von den Genen abhängt.[70] Sich kurzfristig glücklicher zu fühlen, indem man den intrinsischen Teil manipuliert, ist relativ einfach: Kaufen Sie sich ein Geschenk, genießen Sie ein leckeres Stück Kuchen, verbringen Sie einen Nachmittag an der frischen Luft, veranstalten Sie einen tollen Teamanlass oder tun Sie sonst etwas, von dem Sie wissen, dass es Ihnen gut tut. Die eigentliche Herausforderung besteht aber darin, nachhaltig glücklich zu sein. Interessanterweise deuten neuere Studien darauf hin, dass diese Art Glück geübt werden kann.[71] Positive Aktivitätsinterventionen, oder PAIs, sind simple, selbstgesteuerte kognitive oder verhaltensorientierte Strategien, die darauf abzielen, Gedanken und Verhaltensweisen von glücklichen Menschen widerzuspiegeln und somit auch das eigene Glück zu verbessern. Zu den oft empfohlenen Techniken gehören beispielsweise das Verfassen von Dankesschreiben an Menschen, die einem etwas Gutes getan haben, aber auch das Ausführen eigener netter Gesten gegenüber anderen Menschen oder das stille Reflektieren über die guten Dinge im eigenen Leben. In ihrem Buch *The How of Happiness* aus dem Jahr 2008 zählte die amerikanische Psychologieprofessorin Sonja Lyubomirsky fünf Faktoren auf, die zu nachhaltigem Glück beitragen:

- Die Förderung positiver Emotionen (durch PAIs)
- Optimales Timing und Vielfalt der PAIs (Verwendung dann, wenn sie am meisten bewirken)
- Soziale Unterstützung (Erfüllung des menschlichen Grundbedürfnisses nach Zugehörigkeit)
- Motivation, Anstrengung und Engagement (Gründe finden, um PAIs weiterzuführen)
- Gewohnheit (PAIs automatisch machen)

Ganz offensichtlich sind Glück und Resilienz eng miteinander verbunden: Durch das Glücklichsein wird man auch widerstandsfähiger gegenüber Rückschlägen und Widrigkeiten und indem man resilienter wird, lässt es sich auch über einen längeren Zeitraum hinweg glücklicher sein. Um die Bedeutung von Glück und Wohlbefinden als universelle Ziele der Menschheit anzuerkennen, erklärten die Vereinten Nationen den 20. März zum Internationalen Tag des Glücks.

Unabhängigkeit ist vorhanden, wenn man selbstständig und frei von emotionaler Abhängigkeit von anderen ist. Wer pathologisch die Zustimmung von anderen Menschen – Vorgesetzten, Kollegen/Kolleginnen, Unterstellten, Lebenspartnern und so weiter – braucht, ist nicht emotional unabhängig. Selbstbewusste, durchsetzungsstarke und glückliche Führungskräfte sind in der Regel auf gute Art unabhängig. Wenn Sie erkennen, dass Sie eine ungesunde emotionale Abhängigkeit von jemand anderem haben, die

Sie unglücklich macht und Ihre Effektivität als Führungskraft behindert, dann versuchen Sie, die Ursachen des Problems zu identifizieren. Manche werden zum Beispiel im Unterbewusstsein an einen dominanten Elternteil erinnert, wenn sie mit Vorgesetzten zu tun haben, und legen daher unabsichtlich Abwehrreaktionen an den Tag. Andere sind unsicher und brauchen übermäßig viel Bestätigung, meist im beruflichen wie im privaten Leben. Oft können solche problematischen Handlungsweisen durch Bewusstwerden vermieden oder zumindest verringert werden. Was auch immer die Quelle einer Abhängigkeit sein mag: Das Identifizieren und Adressieren ist zentral für deren Auflösung. Dieses Adressieren kann die Form eines offenen Gesprächs annehmen, sofern es sich bei der anderen Person nicht um eine manipulative oder sogar persönlichkeitsgestörte Person handelt, die das ausnutzen könnte. Im Extremfall kann einer solchen Abhängigkeit aber auch durch Auflösung der Beziehung, etwa durch einen Jobwechsel oder die Trennung von einem Lebenspartner, begegnet werden. Ganz allgemein hilfreich ist auch das kontinuierliche Arbeiten an der Verbesserung des eigenen Selbstvertrauens.

Schließlich bezieht sich die *Sozialgruppenverantwortung*[72] auf Ihre Identifikation mit der eigenen sozialen Gruppe und der Zusammenarbeit mit anderen. Wie es der Name schon ausdrückt, geht es also um Übernahme von Verantwortung innerhalb dieser sozialen Gruppe, zum Beispiel einer Familie oder einem Team. Dieses Konstrukt ist eng mit dem der Loyalität verbunden. De Hoogh und Den Hartog[73] definieren es noch allgemeiner als moralisch-rechtlichen Verhaltenskodex, der interne Verpflichtung gegenüber der Gruppe, Sorge um andere, Sorge um die Folgen von Handlungen und (moralische) Bewertung dieser Handlungen umfasst.

Um diese Schlüsselkomponenten und Moderatoren der emotional-sozialen Intelligenz zu messen, entwickelte Bar-On das *Emotional Quotient Inventory* (EQ-I), einen Fragebogen, der eine Schätzung der emotional-sozialen Intelligenz einer Person liefert. Er besteht aus Fragen zum Umgang mit Stress sowie zu intrapersonellen, interpersonellen und adaptiven Eigenschaften und Fähigkeiten. Der Fragebogen wurde 1997 erstmals veröffentlicht und ist eines der am weitesten verbreiteten Instrumente zur Messung der emotional-sozialen Intelligenz.

Wie aus der *Tabelle 4.5* ersichtlich, ist die Mehrheit der Elemente der emotional-sozialen Intelligenz vor allem auch für die Selbstführung relevant. Dies mag überraschen, ist aber folgerichtig: Nur wenn Sie mit sich selbst im Reinen sind und Ihre Emotionen im Griff haben, können Sie auch andere gut führen. Aber natürlich ist emotional-soziale Intelligenz auch für die Führung anderer äußerst wichtig. Zu beachten ist dabei, dass sich die entsprechenden emotionalen und sozialen Kompetenzen von der frühen Kindheit bis etwa zum Alter von vierzig Jahren mehr oder weniger kontinuierlich verbessern, sich aber ihre Entwicklung durch Training erheblich beschleunigen lässt[74].

Typ		Element	Ziel	Zugehöriges FKV*
Schlüsselkomponenten	Interpersonell	Empathie	Nachvollziehen können, wie sich andere fühlen.	Team-/Teammitgliederführung
		Interpersonelle Beziehung	Aufbau von gegenseitig befriedigenden Beziehungen und guter Umgang miteinander.	
	Anpassungsfähigkeit	Emotional-soziales Problemlösen	Probleme persönlicher und zwischenmenschlicher Natur effektiv lösen.	
		Flexibilität	Gefühle und Denken effizient an neue Situationen anpassen.	Selbstführung
		Realitätschecks	Sein Denken und seine Gefühle mit der objektiven Realität in Einklang bringen.	
	Intrapersonell	Emotionale Selbstwahrnehmung	Seine Emotionen wahrnehmen und verstehen.	
		Selbstachtung	Sich selbst richtig wahrnehmen, verstehen und akzeptieren.	
		Durchsetzungsvermögen	Seine Emotionen und Ansichten konstruktiv und effektiv zum Ausdruck bringen.	
	Stressmanagement	Impulskontrolle	Ausgeglichen sein und seine negativen Emotionen unter Kontrolle halten.	
		Stresstoleranz	Emotional effektiv und effizient mit Stress umgehen können.	
Moderatoren	Allgemeine Stimmung	Glück	Sich zufrieden fühlen mit sich selbst, anderen und dem Leben allgemein.	
		Optimismus	Positiv denken und immer die hellere Seite des Lebens sehen.	
	Intrapersonell	Selbstverwirklichung	Seine Ziele und sein Potenziale realisieren.	
		Unabhängigkeit	Selbstständig und frei von emotionaler Abhängigkeit von anderen sein.	
	Interpersonell	Sozialgruppenverantwortung	Sich mit seiner sozialen Gruppe identifizieren und mit anderen kooperieren.	Team-/Teammitgliederführung

*FKV: Führungskernverhalten

Tabelle 4.5: Elemente der emotional-sozialen Intelligenz
(Quelle: nach Bar-On, 2006)

Insgesamt überschneidet sich das Konstrukt der emotional-sozialen Intelligenz deutlich mit dem der im letzten Abschnitt erläuterten Resilienz, insbesondere in Bezug auf intrapersonelle Aspekte, Anpassungsfähigkeit und Stressmanagement. Daher wird die zielgerichtete Entwicklung der eigenen emotional-sozialen Intelligenz automatisch auch die eigene Resilienz verbessern.

Die eigene Arbeits- und Freizeit sinnvoll strukturieren

Haben Sie manchmal Schwierigkeiten, mit all Ihren Aufgaben Schritt zu halten? Wenn ja, hilft Ihnen möglicherweise eine bessere Strukturierung Ihrer Arbeits- und Freizeit dabei, dies besser in den Griff zu kriegen. Eine gute Wochenstruktur kann

Stress reduzieren und Ihnen helfen, sich besser zu konzentrieren. Vielleicht haben Sie wie viele Führungskräfte auch das Problem, dass Sie oft Ihre eigenen Bedürfnisse vernachlässigen. Auch wenn Sie lieber nicht über Ihre Work-Life-Balance nachdenken, sollten Sie es trotzdem tun. Langanhaltender Stress und komplette Unterdrückung der eigenen Bedürfnisse führt nämlich irgendwann unweigerlich zu einer Reduktion Ihrer Führungsleistung – und kann im schlimmsten Fall sogar im Burnout enden.

Die bewusste Strukturierung Ihrer Woche kann Ihnen helfen, sich einerseits durch das Schaffen thematischer Fenster besser zu konzentrieren und sich andererseits Ihre Work-Life-Balance nicht nur vor Augen zu halten, sondern diese auch bewusst zu steuern. Manche Menschen können dies rein im Kopf. Die Visualisierung (im Sinne einer Skizze, einer Tabelle oder eines Diagramms) kann jedoch sehr hilfreich sein, insbesondere dann, wenn Sie sich mit anderen Personen (wie zum Beispiel Familienmitgliedern) abstimmen müssen. Um die gefürchtete „Analyse-Paralyse" – also das Stillstehen wegen zu detaillierter Analyse – zu vermeiden, sollte dieser Plan nur die Grundmuster regeln, ohne zu detailliert zu sein. Die fortlaufende Planung konkreter Termine folgt dann später auf Grundlage dieses Musters. Mit anderen Worten: Ihr Wochenplan ist kein Projektplan und auch kein Kalender, sondern es ist ein Werkzeug, das Ihnen helfen kann, ein bestimmtes Gleichgewicht zu erreichen. Dieses dient dann als Vorlage für Ihre tatsächliche Terminplanung. Es reicht daher aus, relativ großzügige Zeitblöcke für bestimmte, idealerweise thematisch geordnete Aktivitäten festzulegen. Zum Beispiel kann jedem Tag ein übergeordnetes Tagesthema (etwa „interne Meetings" oder „Projektarbeit") zugewiesen und die Tage können dann in grobe Blöcke von etwa vier Stunden unterteilt werden.

Eine Musterstruktur ist in der nachfolgenden *Tabelle 4.6* abgebildet. Ein reales Beispiel finden Sie auf der folgenden Seite.

Ihre Woche							
Wochentag	Montag	Dienstag	Mittwoch	Donnerstag	Freitag	Samstag	Sonntag
Tages-Thema	...	...	...	...	...	...	...
Aktivitätsblöcke							
Morgen	...	...	...	...	...	...	...
Mittagspause	...	...	...	...	...	...	...
Nachmittag	...	...	...	...	...	...	...
Abend	...	...	...	...	...	...	...

Tabelle 4.6: Wochenstruktur (Muster)
(Quelle: Autor)

Ein solcher Wochenstrukturplan ist nicht unveränderlich. Vielmehr bietet er eine grobe Struktur, die Ihnen helfen kann, Ihre Termine thematisch zu gruppieren, um sich nicht dauernd in neue Sachlagen eindenken zu müssen – eine simple Maßnahme, die aber Ihre Effizienz und Effektivität bereits deutlich steigern kann.

BEISPIEL Pauls Woche

Paul ist 43 Jahre alt und leitet einen Geschäftsbereich eines großen österreichischen Bauunternehmens. Freunde und Familie beschreiben ihn als einen Workaholic. Seit vielen Jahren kämpft er mit seiner Work-Life-Balance. Dies hat zu einer Reihe von Problemen geführt, wie zum Beispiel Gewichtsproblemen, Bluthochdruck und Spannungen in seiner Ehe. Bei einem Gesundheits-Workshop, an dem er auf Drängen seiner Chefin (widerwillig) teilgenommen hatte, war unter anderem erläutert worden, wie wichtig es sei, zur besseren Stressbewältigung die eigene Arbeits- und Freizeit zu strukturieren. Nachdem er das Thema zuerst mit seiner Frau und seinem besten Freund Christian besprochen hatte, beschloss er, diesen Vorschlag einmal umzusetzen. Bei der Durchsicht des ersten Entwurfs seines Wochenstrukturplans wurde ihm klar, dass seine Work-Life-Balance nicht existierte. Dies ermutigte ihn, sich endlich zu bemühen, und er begann noch einmal von vorne. Sein zweiter Entwurf sah dann so aus:

<table>
<tr><th></th><th colspan="7">Pauls Woche</th></tr>
<tr><td>Wochentag</td><td>Montag</td><td>Dienstag</td><td>Mittwoch</td><td>Donnerstag</td><td>Freitag</td><td>Samstag</td><td>Sonntag</td></tr>
<tr><td>Tagesthema</td><td>Admin</td><td>Unternehmenszeit</td><td>Teamzeit</td><td colspan="2">Kunden/ Projekte</td><td>„Ich"-Zeit</td><td>Familienzeit</td></tr>
<tr><td></td><td colspan="7">Aktivitätsblöcke</td></tr>
<tr><td>Morgen</td><td>Interne Arbeit und/oder Besprechungen</td><td rowspan="3">Vorstandstreffen oder Arbeit an strategischen Projekten und/oder Sitzungen mit Kollegen/ Kolleginnen</td><td>Meetings mit Unterstellten</td><td colspan="2">Kundengespräche und/ oder Projektarbeit</td><td>Sprachunterricht</td><td rowspan="3">Familie</td></tr>
<tr><td>Mittagspause</td><td>Fitness</td><td>Fitness</td><td colspan="2">Geschäftsessen</td><td>Familie</td></tr>
<tr><td>Nachmittag</td><td>Interne Arbeit und/oder Besprechungen</td><td>Team- und bilaterale Treffen</td><td colspan="2">Kundengespräche und/ oder Projektarbeit</td><td>Kinder oder Sport</td></tr>
<tr><td>Abend/ Nacht</td><td>Private Admin</td><td colspan="2">Unternehmens-/ Kunden-/ Networkinganlässe</td><td>Squash mit Chris</td><td>Ehefrau</td><td colspan="2">Familie/Freunde</td></tr>
</table>

Nach ein paar Monaten ist er von dieser einfachen, wenig zeitaufwendigen Methode überzeugt. Die Visualisierung und bewusste Reflexion seiner Wochenstruktur halfen ihm zu erkennen, wie wenig Zeit er früher für sich und seine Familie aufgewendet hatte. Durch den bewussten Einbau von Fenstern für Familie, Freunde und sich selbst konnte er dies korrigieren und fühlt sich mittlerweile viel ausgeglichener. Seine Arbeit hat nicht darunter gelitten, da er konzentrierter arbeitet und sich weniger verzettelt. Nach eigenen Angaben hält er sich nicht sklavisch an diese Struktur. Immer mal wieder komme etwas Unvorhergesehens dazwischen, etwa dringende Kundenanliegen. Aber indem er diese Wochenstruktur als Vorlage für alle Termineinträge unter seiner Kontrolle nehme, habe er schon viel gewonnen und seinen Stress im Vergleich zu vorher markant reduziert.

Wenn diese Struktur für Sie nicht mehr funktioniert, passen Sie sie einfach an. Achten Sie dabei jedoch darauf, dass Sie die drei Hauptziele nicht aus den Augen verlieren: Ihre Stressbelastung zu senken, eine gute Balance zwischen Beruf und Privatleben zu finden und somit Ihre Führungsleistung langfristig zu stärken. Insbesondere eine solide Work-Life-Balance erhöht Ihre Belastbarkeit, beugt dem Burnout-Syndrom vor und steigert sowohl Ihr allgemeines Wohlbefinden als auch Ihre Effektivität.

Schließlich ist es für eine Führungskraft meist hilfreich, eine Aufgabenliste zu führen – auch wenn dies keine besonders beliebte Arbeit ist. Eine solche Liste hilft Ihnen aber dabei, die eigenen und die den Unterstellten zugewiesenen Aufgaben und deren Prioritäten im Auge zu behalten. Die Gefahr besteht allerdings durchaus, dass dabei übertrieben wird. Insbesondere eher neurotische Führungskräfte haben die Tendenz, solche Listen sehr kleinteilig zu führen und von den Unterstellten (zu) oft und äußerst detailliert Rechenschaft zu verlangen. Dies kann rasch als Mikromanagement ausgelegt werden und sich dann negativ auf die Motivation – und somit auch Leistung – auswirken. Seien Sie sich dessen also bewusst und versuchen Sie, eine sinnvolle Balance zu finden.

Nr.	Aufgabe	Erstellt	Verantwortlich	Termin	%	Status	Bemerkungen
..	..	..	..	..	..	..	..
123	Finanzbericht Q4 erstellen	10.09.2018	Rob Meister (rome)	18.01.2019	80 %	Überfällig	Genehmigung durch CEO nötig.
125	Risikobericht einreichen	07.01.2019	(Ich)	29.02. 2019	30 %	Auf Kurs	Koordination mit Stab nötig.
124	Marketingplan anpassen	17.02.2019	Lola Loughlin (lolo)	05.05.2019	30 %	Auf Kurs	Koordination mit Produktion nötig.
...	...	...	...	...	...	...	...

Tabelle 4.7: Aufgabenliste (Beispiel)
(Quelle: Autor)

Im Grunde genommen reicht für eine Aufgabenliste eine recht einfache Struktur: Eine Aufgabe muss klar und eindeutig identifiziert werden können (zum Beispiel durch eine Nummer) und benötigt Angaben zu ihrem Zweck, wer für sie verantwortlich und wann sie fällig ist sowie welche Fortschritte bisher erzielt wurden. *Tabelle 4.8* zeigt eine Beispielstruktur. Wie oft diese mit den Betroffenen dann besprochen wird, hängt von Ihrer Beziehung mit der jeweiligen Person und insbesondere Ihrem Vertrauen in diese ab. Idealerweise beschränkt sich die routinemäßige Thematisierung jedoch auf definierte bilaterale Meetings[75].

Individuelle Ebene: Führung der einzelnen Teammitglieder

Die Art und Weise, mit der Sie sich selbst führen, spiegelt sich in der Führung anderer wider. Dabei müssen Sie neben der Führung des Teams als Ganzes auch einen individuellen Ansatz für jedes Teammitglied finden. Als Führungskraft erfüllen Sie dabei vier grundlegende Interaktionsrollen:

- Trainer/-in
- Befähiger/-in
- Vermittler/-in und
- Herausforderer/-in

Als Trainer/-in ist es Ihre Aufgabe, nicht nur Ergebnisse zu fordern, sondern Teammitgliedern auch aufzuzeigen, wie sie diese erreichen können. Dazu gehört auch, dass Sie für die nötige Weiterbildung der einzelnen Teammitglieder sorgen. Manchmal kann es sinnvoll sein, dass Sie dies gleich selbst übernehmen, auf jeden Fall aber sollten Sie entsprechende Bedürfnisse regelmäßig mit Ihren Unterstellten thematisieren und diese auch diesbezüglich motivieren und fördern. Genau wie beim Sport erfordert dies ein solides Verständnis dessen, was das Team tun soll. Es klingt logisch, dass das Trainieren einer Fußballmannschaft leichter von der Hand geht, wenn man selbst Fußball gespielt hat. Wenn Sie daher sicherstellen, dass Ihre eigenen fachlichen Fähigkeiten dem verlangten Standard ebenfalls entsprechen,[76] können Sie diese Rolle leichter erfüllen.

Als Befähiger/-in stellen Sie motivations- und leistungsfördernde Arbeitsbedingungen sicher, beschaffen benötigte Informationen und öffnen die richtigen Türen. Außerdem geben Sie Ihren Teammitgliedern den notwendigen, individuell angemessenen Spielraum. Dies erhöht nicht nur deren Motivation, sondern verbessert auch die Gesamteffizienz des Teams und reduziert letztendlich Ihren Führungsaufwand. Die Sicherstellung der richtigen Einstellung bei allen Mitarbeitenden wird Ihnen dies deutlich leichter machen.

Als Vermittler/-in versuchen Sie, insbesondere drei Arten von Konflikten zu lösen, die oft in Teams auftreten:

- Beziehungskonflikte (basierend auf Meinungsverschiedenheiten, die möglicherweise gar nichts mit der Arbeit zu tun haben)
- Aufgabenkonflikte (aufgrund von Meinungsverschiedenheiten darüber, was zu tun ist) und
- Prozesskonflikte (aufgrund von Meinungsverschiedenheiten darüber, wie die Arbeit zu erledigen ist und wer was tun sollte)

Konflikte können langanhaltende Spannungen verursachen, welche die Zufriedenheit der Mitarbeitenden und schließlich auch die Leistung des Teams beeinträchtigen. Tatsächlich hat sich in einer Reihe von wissenschaftlichen Studien ein konsequentes, lösungsorientiertes Konfliktmanagement als vorteilhaft für die Teamleistung erwiesen.[77] Gleichzeitig wurde allerdings auch festgestellt, dass ein gewisses niederschwelliges Konfliktniveau durchaus leistungsfördernd sein kann, weil es die Menschen zwingt, sich mit (auch ungeliebten) Themen auseinanderzusetzen, ihren Geist für unterschiedliche Perspektiven zu öffnen und kreativ zu sein.[78] Als Führungskraft müssen Sie daher nicht jeden kleinsten Funken aufkeimender Zwietracht zertreten, sondern Sie müssen in der Lage sein, diejenigen Konflikte zu erkennen und zu lösen, welche den Teamgeist nachhaltig gefährden. Ein gewisser Wettbewerb unter den Teammitgliedern oder auch zwischen Teammitgliedern und Ihnen kann beispielsweise durchaus gesund und nützlich sein, birgt aber immer auch die Gefahr, bei Überborden persönliche Ressentiments auszulösen, welche dann konsequent angegangen und gelöst werden müssen. Wird das nicht getan, können diese die betreffenden Mitarbeitenden – und schließlich auch das ganze Team – von der Arbeit ablenken und somit die Leistung des Teams negativ beeinflussen.

Konfliktmanagement ist allerdings ein kniffliges Unterfangen. Einerseits sollten Sie unparteiisch bleiben, wenn Teammitglieder untereinander streiten, und unbeeindruckt bleiben (oder zumindest so erscheinen), wenn Unterstellte die Konfrontation mit Ihnen suchen. Andererseits müssen Sie aber auch Ihrem grundlegenden Gefühl von Recht und Unrecht folgen und klar Position gegen inakzeptables Verhalten (wie etwa Mobbing) beziehen. Es gibt verschiedene Werkzeuge, die Ihnen helfen können, Ihr Konfliktverhalten besser zu verstehen, darunter das Conflict Mode Instrument[79] von Thomas Kilmann oder Walter Vernon Clarks DISG-Instrument[80].

Schließlich stellen Sie als Herausforderer/-in sicher, dass alle Unterstellten ihre beste Arbeit machen und unter Einhaltung definierter Standards angemessen zum Team beitragen. Dies erfordert Fingerspitzengefühl. Nicht alle, die momentan nicht ihr Bestes leisten, sind unverbesserliche Faulenzer. Wenn man beim ersten Anzeichen eines Einbruchs bei Qualität oder Quantität der Arbeit jemanden hart angeht, ist das meist (sehr) kontraproduktiv. Häufig kann eine vorübergehende Leistungseinbuße auf familiäre, gesundheitliche oder anderweitige Probleme, etwa eine Midlife-Krise, zurückzuführen sein. Wenn Sie in dieser für die Person schwierigen Zeit eher sachte agieren und zuerst Unterstützung anbieten, anstatt sofort den Druck zu erhöhen, kann dies sehr motivierend wirken und langfristig die Beziehung nur stärken. Andererseits darf man aber auch nicht einfach wegsehen, wenn jemand tatsächlich einfach arbeitsscheu ist (ja, solche Menschen gibt es auch). Es geht also darum, die Mitarbeitenden so gut zu kennen, dass diese Unterscheidung gemacht werden kann. Ist jemand tatsächlich in einem Tief, kann diskutiert werden, wie lange und auf welche Weise die Person möglicherweise geschont oder unterstützt werden soll. Wichtig ist dabei, dass auch Grenzen klar aufgezeigt und (zum Beispiel hinsichtlich organisatorischer Rahmenbedingungen) eingeordnet werden. Wenn jemand weder die geforderte Leistung noch die richtige Einstellung zeigt und auch nicht auf andere Weise gewinnbringend zum Team beiträgt, kann es im Ausnahmefall auch einmal sinnvoll sein, sich von dieser Person zu trennen. Solche Maßnahmen sollten jedoch immer nur als letztes Mittel ergriffen und niemals leichtfertig oder aus einer Laune heraus eingesetzt werden.

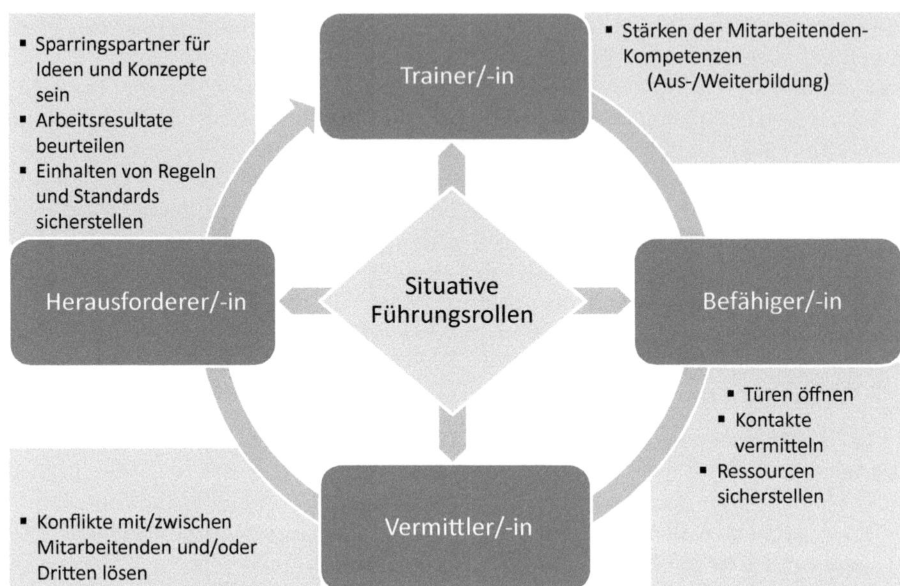

Abbildung 4.6: Die vier Interaktionsrollen der Führung
(Quelle: Autor)

Die Rolle als Herausforderer/-in beinhaltet aber noch mehr. Zum Beispiel fordern Sie Unterstellte als Sparringspartner auf, Ihre Ideen und Problemlösungen zu erklären und je nachdem auch zu rechtfertigen. Und als Teufelsadvokat weisen Sie auf Unstimmigkeiten und unlogische Aspekte hin und bringen, wo nötig, Alternativen ins Spiel. Natürlich muss dies auf konstruktive Art und Weise im Sinne des Ganzen erfolgen und eben nicht nur, um jemanden in seine Schranken zu weisen. Vielmehr sollte es Einigkeit darüber bestehen, ob die geleistete Arbeit den allgemein verstandenen und kommunizierten Standards entspricht und ob die vorgeschlagene Lösung machbar, akzeptabel, geeignet und vollständig ist. Beachten Sie dabei aber, dass manche Menschen sehr empfindlich in Bezug auf ihre Arbeit sind. Es kann sich als Führungskraft daher lohnen, Zweck und Motivation für diesen Ansatz offen auf den Tisch zu legen: Als Führungskraft stellen Sie bestimmte Aspekte der Arbeit – konstruktiv – infrage, nicht die Person selbst. Diese Unterscheidung ist ungemein wichtig und muss glasklar gemacht werden. Sehr beziehungsorientierte Personen haben damit manchmal mehr Mühe als eher aufgabenorientierte. Beachten Sie, dass diesbezüglich auch interkulturelle Unterschiede mitschwingen können, zum Beispiel die insbesondere in Asien sehr wichtige Thematik des Gesichts beziehungsweise Gesichtsverlusts (siehe dazu *Kapitel 5*).

Als Führungskraft wechseln Sie fließend zwischen diesen Rollen, je nach Situation und Art der Interaktion mit dem Team als Ganzes und den einzelnen Mitarbeitenden. So gesehen können Sie sie als Hüte betrachten, welche Sie situationsgerecht aufsetzen.

Unabhängig davon, welche Rolle Sie zu einem bestimmten Zeitpunkt gerade einnehmen, stehen Sie bei Ihren Mitarbeitenden immer vor ähnlichen Herausforderungen: sie zu motivieren und zu inspirieren, ihnen die Richtung zu weisen und das Beste aus ihnen herauszuholen. Information und Kommunikation sind dabei zentral. Daher müssen Sie für ihre Direktunterstellten systematische Interaktionsmöglichkeiten zur Verfügung stellen, am besten in Form eines regelmäßigen bilateralen Meetings[81]. Ihre Leute müssen wissen, wann sie Zugang zu Ihnen haben, um Unterstützung und Entscheidungen abzuholen. Auch ehrliches Interesse an Ihren Unterstellten und angemessene Rücksichtnahme auf diese sind sehr wichtig

Die Führung der einzelnen Mitarbeitenden beinhaltet also vier der bereits bekannten Führungskernverhalten sowie zwei unterstützende Verhalten:

- Motivieren und inspirieren
- Die Richtung weisen
- Befähigen, stimulieren und herausfordern
- Rücksichtsvolles Interesse zeigen
- Einen angemessenen Führungsrhythmus festlegen

Es liegt auf der Hand, dass diese Verhalten alle miteinander verbunden sind. Indem Sie die Richtung weisen, motivieren und inspirieren Sie auch. Indem Sie Unterstellte befähigen, stimulieren und herausfordern, tragen Sie auch zu deren Motivation bei. Das Gleiche gilt, wenn Sie Ihren Mitarbeitenden ausreichend Interaktionsmöglichkeiten bieten und echtes Interesse an ihnen zeigen sowie in angemessenem Maße Rücksicht auf ihre jeweilige individuelle Situation nehmen (beispielsweise, wenn jemand alleinerziehender Elternteil ist und morgens etwas später kommen oder abends etwas früher gehen möchte). Führung ist eine ganzheitliche Herausforderung.

Nachfolgend werden diese Verhalten näher erläutert.

Motivieren und inspirieren

Motivierte Menschen arbeiten besser und härter. Um eine optimale Teamleistung zu erzielen, ist es daher notwendig, dass Sie die Motivationsstruktur jedes Teammitglieds verstehen. Generische Motivationsmodelle können Sie dabei anleiten, aber im Endeffekt müssen Sie jede und jeden Ihrer Unterstellten so gut wie möglich kennen. Nur dann können Sie wirklich einschätzen, was diese (möglicherweise auch im Gegensatz zu dem, was sie sagen) tatsächlich motiviert.

Wichtige Faktoren, die zur Motivation Ihrer Teammitglieder beitragen, sind:

- Eine gemeinsame Vision
- Zielkongruenz zwischen Ihren Zielen als Führungskraft, den Zielen des Teams und den Zielen der einzelnen Teammitglieder
- Belohnungen, die von der Erreichung dieser Ziele abhängig gemacht werden
- Fairness bei der Vergabe dieser Belohnungen

In der Managementliteratur wird als Ausgangspunkt für Motivation häufig die Arbeitszufriedenheit beschrieben. Eine der frühesten und berühmtesten Theorien zur Arbeitszufriedenheit ist Edwin A. Lockes 1976 veröffentlichte Range-of-Affect-Theorie[82]. Diese besagt, dass die Arbeitszufriedenheit durch die wahrgenommene Diskrepanz zwischen dem, was eine Person von einem Job erwartet, und dem, was sie derzeit subjektiv zu haben glaubt, bestimmt wird. Diese Beziehung wird durch persönliche Werte moderiert. Mit anderen Worten: Schätzt jemand Geld besonders, wird er oder sie bei festgestellten Unterschieden zum Gehalt anderer, gleichgestellter Mitarbeitenden unzufriedener reagieren als jemand, der weniger monetär orientiert ist.

Die Arbeitszufriedenheit ist zum Teil von wesentlicher Bedeutung. Studien über eineiige Zwillinge, die getrennt voneinander aufwuchsen, haben ergeben, dass deren Arbeitszufriedenheit trotz oft komplett unterschiedlicher Arbeitsplätze tendenziell ähnlich hoch ist.[83] Richter, Locke und Durham[84] schlugen Ende der 1990er Jahre daher das Modell der *Core Self-Evaluations*[85] vor. Es ersetzt die Affekttheorie nicht, sondern ergänzt und erweitert diese, indem es darauf hindeutet, dass intrinsische Arbeitszufriedenheit (also die arbeitsbezogene Grundzufriedenheit) von der Selbstsicht einer Person in Bezug auf vier Kernaspekte abhängt:

- Selbstwertgefühl, also der Wert, den man sich selbst beimisst
- Selbstwirksamkeitserwartung, also die Stärke des Glaubens an die eigene Kompetenz
- Kontrollüberzeugung, also die grundlegende Einstellung hinsichtlich der Frage, ob man selbst die Kontrolle über das eigene Leben habe (= internale Kontrollüberzeugung) oder man umgekehrt der Kontrolle durch externe Kräfte (wie das Schicksal oder übermächtiger Vorgesetzter) ausgeliefert ist (= externale Kontrollüberzeugung) und
- Neurotizismus, also die persönlichkeitsbedingte Tendenz, negative Gefühle wie Angst, Launenhaftigkeit, Neid, Frustration oder Eifersucht zu erleben

Höheres Selbstwertgefühl und eine größere Selbstwirksamkeitserwartung sowie eine internale Kontrollüberzeugung erhöhen die Arbeitszufriedenheit, während ein höheres Maß an Neurotizismus und eine externale Kontrollüberzeugung sie verringern. In diesem Zusammenhang sei angemerkt, dass die Kontrollüberzeugung kulturellen Mustern folgt: Menschen aus kollektivistischen Gesellschaften wie China, Indonesien oder Brasilien haben tendenziell eine externale, Mitglieder individualistischer Gesellschaften wie Neuseeland, den USA oder der Schweiz dagegen eher eine internale Kontrollüberzeugung.[86]

Wer über einen höheren Grad grundsätzlicher Arbeitszufriedenheit verfügt, kann sich natürlich trotzdem über subjektiv wahrgenommene Unterschiede aufregen. Trotzdem wird eine solche Person aber in der Regel über das gesamte Arbeitsleben hinweg zufriedener sein. Als Führungskraft ist es daher wichtig zu wissen, wer im Team zur Zufriedenheit und wer zur Unzufriedenheit neigt. Hat man dies einmal erkannt, ist es deutlich einfacher, legitime Beschwerden von simplem Gemotze zu unterscheiden. Dabei spielt wiederum die Persönlichkeit eine Rolle. Extravertierte Personen werden normalerweise recht klar sagen, was sie stört. Ruhigere, mehr in sich gekehrte Mitarbeitende hingegen brauchen mehr Vorgesetztensensibilität, weil sie durchaus auch ernste Probleme oft eher in sich hineinfressen, statt diese anzusprechen. Das in Führungskreisen recht häufig geäußerte Diktum „Wer nichts sagt, hat auch nichts zu sagen" ist falsch. Denn tatsächlich beginnt eine ernsthafte Dissonanz in Teams oft damit, dass introvertierte Teammitglieder nicht über subjektiv erlebte Kränkungen sprechen. Stattdessen schlucken sie ihren Stolz herunter und sagen nichts, tragen dann aber das Thema lange mit sich herum. Dies kann die Beziehung solcher Menschen sowohl zu den Kolleginnen und Kollegen wie auch zu Ihnen als Führungskraft belasten oder sogar gefährden. Als Führungskraft müssen Sie sich daher immer darüber im Klaren sein, was in Ihrem Team vor sich geht und wie zufrieden die einzelnen Teammitglieder gerade etwa sind.

Um Aussagen und Reaktionen einordnen und verstehen zu können, müssen Sie darüber hinaus die Hauptantreiber Ihrer Unterstellten kennen. Der Mensch wird durch eine Vielzahl von Dingen motiviert. Die Maslow'sche Hierarchie der Bedürfnisse liefert eine gute Typologie dazu. Obwohl ursprünglich kein empirisch validiertes Modell, erfuhr seine Bedürfnispyramide schnell weite Verbreitung nach ihrer ersten Veröffentlichung in Maslows 1943 erschienenem Artikel *A Theory of Human Motivation*[87].

Maslow führte darin die Idee ein,[88] dass der Mensch fünf Grundbedürfnisse hat, die nacheinander erfüllt werden müssen:

- Physiologische Bedürfnisse (zum Beispiel Essen, Trinken, Schlafen und Wärme)
- Sicherheitsbedürfnisse (zum Beispiel Schutz vor körperlichen Schäden)
- Sozialbedürfnisse (zum Beispiel geliebt zu werden und dazuzugehören)
- Wertschätzungsbedürfnisse (zum Beispiel Status und Anerkennung für Leistungen)
- Selbstverwirklichung (zum Beispiel durch sinnstiftende Aufgaben)

Die Befriedigung höherer Bedürfnisse (wie etwa Wertschätzung) ohne vorhergehende Erfüllung grundlegenderer Bedürfnisse (zum Beispiel Sicherheit) führt nicht zu nachhaltig höherer Motivation. Dies scheint auch intuitiv logisch. Von den Kollegen oder Kolleginnen bewundert zu werden ist in einem Arbeitsumfeld, in dem man jederzeit an einem Unfall sterben kann, nicht allzu viel wert, wie das Beispiel der frühen Chicagoer Fleischfabriken zeigt[89]. Nur wenn akzeptable Sicherheitsstandards eingehalten werden, sind übergeordnete Bedürfnisse wie Wertschätzung wirklich relevant für die Motivation.

Maslows Theorie wurde im Laufe der Jahre wiederholt kritisch hinterfragt. Eine Reihe von Studien versuchte, sie empirisch zu validieren oder zu widerlegen, mit gemischten Ergebnissen. Einige Berufe – etwa bei der Feuerwehr oder Polizei – sind von Natur aus gefährlich. Jedoch sind dies auch Tätigkeiten, in denen trotz der eher unsicheren Arbeit Kameradschaft und Wertschätzung durch die Kolleginnen und Kollegen eine ausgesprochen wichtige Rolle spielen. Andererseits wird eine asbesthaltige Feuerwache selbst die belastbarsten Feuerwehrleute irgendwann demotivieren, ganz unabhängig von der Anerkennung, die sie von Kollegen erhalten. Die Maslowsche Bedürfnispyramide ist daher als hilfreiches Gedankenmodell zum Verständis für Motivationstendenzen, aber nicht als eine Art Naturgesetz zu verstehen.

Eine etwas detailliertere Perspektive auf die Motivation bietet die 1959 vorgestellte Zwei-Faktor-Theorie[90] des amerikanischen Psychologen Frederick Herzberg, welche die zwei Konzepte der Arbeitszufriedenheit und Motivation verbindet. Ihre Grundprämisse ist, dass bestimmte Faktoren in einem Arbeitsumfeld Zufriedenheit stiften, während andere Faktoren Unzufriedenheit verursachen. Ein Mensch kann jedoch nur motiviert werden, wenn er bereits zufrieden ist. Mit anderen Worten: Die Beseitigung von Unzufriedenheit, die etwa durch schlechten Teamgeist oder unsichere Arbeitsbedingungen ausgelöst wurde, führt nicht automatisch zu motivierten Mitarbeitenden. Vielmehr braucht es zwei Gruppen von Faktoren, die sogenannten Hygienefaktoren und Motivatoren. Erstere sorgen dabei für Zufriedenheit, während Letztere die Motivation fördern.

Nehmen wir einmal an, ein Team sei sowohl unzufrieden als auch demotiviert. Die Verbesserung extrinsischer Hygienefaktoren wie Lohn, Status, Sicherheit, Bürokratie oder Teamgeist führt zwar zu zufriedenen, aber noch nicht zu motivierten Teammitgliedern. Gemäß Herzberg können nur intrinsische Faktoren, die Motivatoren, zu nachhaltiger Motivation führen – aber erst, nachdem vorhergehende Zufriedenheit sichergestellt wurde. Solche Motivatoren sind zum Beispiel sinnstiftende Arbeit, herausfordernde Aufgaben, Erfolgserlebnisse, Anerkennung für eine gute Leistung, damit verbundene größere Verantwortung und Möglichkeiten zur persönlichen Weiterentwicklung.

Anzeichen z.B.:
- *Schlechter Teamgeist*
- *Viele Fehlzeiten*
- *Mangelnde Leistung*

Situation 1
Die Mitarbeitenden sind ***unzufrieden und unmotiviert.***

Hygiene-Faktoren

z.B.
- Bezahlung
- Status
- Sicherheit
- Arbeitsbedingungen
- Nebenleistungen
- Bürokratie und Verwaltungspraktiken
- Zwischenmenschliche Faktoren

Anzeichen z.B.:
- *Guter Teamgeist*
- *Akzeptable Fehlzeiten*
- *Durchzogene Leistung*

Situation 2
Die Mitarbeitenden sind ***zufrieden, aber unmotiviert.***

Motivatoren

z.B.
- Sinnstiftende Arbeit
- Anspruchsvolle Aufgaben
- Anerkennung
- Erfolgserlebnisse
- Verantwortung
- Möglichkeit der persönlichen Weiterentwicklung

Anzeichen z.B.:
- *Guter Teamgeist*
- *Wenig Fehlzeiten*
- *Gute Leistung*

Situation 3
Die Mitarbeitenden sind ***zufrieden und motiviert.***

Abbildung 4.7: Herzbergs Zwei-Faktoren-Theorie der Motivation
(Quelle: nach Herzberg, 1968)

Der Führungsstil des oder der direkten Vorgesetzen stellt einen weiteren wichtigen Motivator (oder eben auch Demotivator) dar. Bekanntermaßen verlassen Mitarbeiter nicht Organsationen, sondern Vorgesetzte.

Wie sich eine Führungskraft verhält, wirkt sich aber nicht nur auf die Motivation aus, sondern kann sogar inspirierend wirken – oder eben auch nicht. Motivation und Inspiration sind nicht dasselbe, stehen jedoch in einer engen Wechselwirkung. Inspiration bezeichnet eine plötzliche Eingebung, eine erhellende Idee oder einen schöpferischen Einfall. Inspirierende Führung ist die Fähigkeit einer Führungskraft, als positives Vorbild zu dienen, eine Vision zu kommunizieren und die gemeinsamen Bemühungen mittels Symbolen zu bündeln.[91] Sie regt die Unterstellten zur Nachahmung als inspirierend empfundener Verhalten an und bringt sie auf neue Ideen. Somit trägt Inspiration zur Motivation bei.[92] Gleichzeitig lassen sich motivierte Menschen leichter inspirieren.

Geschichten von inspirierenden[93] Führungskräften gibt es viele. Es scheint ein natürliches Bedürfnis vieler Menschen zu sein, zu anderen aufschauen zu können. Solch inspirierende Führungskräfte verlassen sich nicht auf einfache, transaktionale Leistung-gegen-Belohnung-Schemata, sondern haben einen tiefgehenden Einfluss auf ihre Unterstellten und ihre Organisation und treiben positive Veränderungen voran.[94] Schlüsselfaktoren, die dazu beitragen, die Unterstellten zu inspirieren, sind:[95]

- Stolz
- Respekt
- Zuversicht
- Vertrauen

Stolz ist oft das Ergebnis von sichtbarem Erfolg und einem positiven Zugehörigkeitsgefühl. Wenn also ein bestimmtes Teammitglied oder das Team als Ganzes in einem Meeting mit höheren Führungskräften positiv erwähnt wurde, geben Sie dies weiter. Etablieren Sie Rituale und Traditionen, die Ihrem Team und seinen Mitglieder das Gefühl vermitteln, etwas Besonderes zu sein. Und seien Sie ein positives Vorbild für Ihre Unterstellten, sodass diese alle anderen Führungskräfte in der Organisation mit Ihnen vergleichen und sich damit brüsten, die beste Chefin oder den besten Chef zu haben. Wichtig ist allerdings, dass Stolz nicht in Arroganz umschlägt, weil dies die Zusammenarbeit mit anderen erschwert. Wenn nötig, bremsen Sie Ihr Team also auch einmal.

Respekt ist, was Ihre Unterstellten empfinden, wenn sie Sie als positives Vorbild sehen. Nicht jede Person kann auf die gleiche Weise Respekt erlangen und nicht jede Situation erfordert den gleichen Ansatz. Im Militär kann die körperliche Leistungsfähigkeit ein entscheidender Aspekt sein, während dies in einem Büroumfeld viel weniger ein Faktor ist. Ein guter moralischer Kompass und jederzeit hochgehaltene persönliche Werte sind jedoch immer wichtig. Kompetenz, Fairness, Authentizität, Verlässlichkeit und eine gewisse Berechenbarkeit (im positiven Sinne) sind oft genannte Faktoren, wenn Menschen gefragt werden, weshalb sie eine Führungskraft respektieren. Diesbezüglich wichtig ist, dass Respekt auf Gegenseitigkeit beruht. Wenn andere Menschen merken, dass sie nicht respektiert werden, ist es umgekehrt auch rasch vorbei damit.

Zuversicht ist die Vorstellung, dass sich die Dinge positiv entwickeln werden. Dieses Gefühl wird durch Erfolgserlebnisse in der Vergangenheit, das Vertrauen in die Führung und Mitarbeitenden sowie allgemein durch positive Verstärkung gefördert. Zuversichtliche Teams leisten mehr und Teams sind dann zuversichtlich, wenn ihre einzelnen Mitglieder zuversichtlich sind. Um deren Zuversicht zu fördern, müssen Sie sich den Respekt Ihrer Unterstellten verdienen und ein positives Vorbild sein. Darüber hinaus sollten Sie einen regelmäßigen, offenen Dialog innerhalb des Teams sicherstellen, Erfolge feiern und Best-Practice-Beispiele untereinander austauschen. Und gelegentlich hilft auch ein wenig Seelenmassage.

Vertrauen besteht dann, wenn eine Person bereit ist, sich auf eine andere zu verlassen. Vertrauen existiert nicht von Anfang an, sondern muss sorgfältig aufgebaut und stetig gepflegt werden. Um Vertrauen in die Führung zu schaffen, sind positive Erlebnisse – zum Beispiel Wort halten – sehr wichtig. Ein wesentlicher Faktor ist auch, wie gut man sich untereinander kennt. Sie können das gegenseitige Vertrauen Ihrer Unterstellten beispielsweise fördern, indem Sie informelle Anlässe organisieren, bei denen sich die Teammitglieder besser und von einer anderen Seite her kennenlernen können.

Zusammenfassend sollten Sie also zum Zweck des Motivierens und Inspirierens darauf achten, dass sowohl Hygienefaktoren als auch Motivatoren stimmen. Darüber hinaus sollten Sie darauf hinarbeiten, Ihren Teammitgliedern ein Gefühl des Stolzes zu vermitteln, sich ihren Respekt zu verdienen, sie mit Zuversicht in die eigenen Fähigkeiten und diejenigen des Teams als Ganzes zu erfüllen und das Vertrauen zwischen den verschiedenen Teammitgliedern sowie zwischen dem Team und Ihnen aktiv zu fördern.

Individuell die Richtung weisen

Auch die größte Motivation und die beste Inspiration werden nichts nützen, wenn unklar bleibt, was zu tun ist. Eine Führungskraft muss die Richtung weisen. Dies beinhaltet eine Reihe von Dingen. Es geht eben nicht nur darum, „Mir nach, Marsch!" zu rufen und vorauszueilen. Selbstverständlich gehört mit gutem Beispiel voranzugehen[96] dazu. Jedoch müssen auch gemeinsame Ziele moderiert und definiert werden und es gilt, den Weg zu diesen sowohl zu erläutern als auch gemeinsam zu erforschen.[97] Und natürlich sollten die Unterstellten mittels Charisma und guter Reputation[98] dazu gebracht werden, aktiv mitzuziehen.

Hinsichtlich der Erarbeitung von Lösungen zur Erreichung gemeinsamer Ziele sollte Ihr Schwerpunkt je nach Reife und Kompetenz der jeweiligen Unterstellten entweder mehr auf der Erforschung (verschiedener möglicher Wege) oder der Erläuterung (eines bestimmten Weges) liegen. Auch wenn es für Sie als Führungskraft zunächst etwas mühsam sein mag, so lohnt es sich doch, Ihre Unterstellten wann immer möglich selbst zu Lösungen kommen zu lassen und sie dabei wenn nötig zu coachen. Dies steigert nicht nur deren Selbstvertrauen und Motivation, sondern auch ihre Problemlösefähigkeiten und somit langfristig die Teamleistung bei gleichzeitiger Reduktion Ihres Aufsichts- und Kontrollaufwands.

Selbst wenn Ihre Unterstellten sehr erfahren, kompetent und selbstorganisierend sind, wird jedes Teammitglied trotzdem ab und zu eine Richtungsanweisung von Ihnen brauchen. Meistens geht es dabei natürlich um arbeitsbezogene Fragen, aber gelegentlich können auch private Angelegenheiten thematisiert werden. Die Art und Weise, wie Sie die Richtung weisen, hat einen großen Einfluss darauf, wie stark sich ein Teammitglied aufgehoben und geschätzt fühlt – was sich wiederum auf Motivation und Leistung auswirkt.

Befähigen, stimulieren und herausfordern

Damit Ihre Unterstellten die ihnen übertragenen Aufgaben wirklich erfüllen und für die Resultate Verantwortung übernehmen können, müssen sie entsprechende Befugnisse erhalten. Man spricht hier von Aufgaben-, Kompetenzen- und Verantwortungskongruenz.

Aufgaben können dabei sowohl diejenigen sein, die zu einer bestimmten Stelle gehören (und idealerweise in der Stellenbeschreibung festgehalten sind), aber auch zusätzlich zugewiesene Projekte und Aufgaben. Kompetenzen bezieht sich nicht auf Verfügungsmacht im Weber'schen Sinne[99], sondern gibt an, was Teammitglieder ohne Rücksprache mit Vorgesetzten tun dürfen. Und Verantwortung bedeutet, sowohl die Früchte des Erfolgs als auch die Folgen des Scheiterns zu tragen. Zusammen bilden diese Faktoren das Befähigungsdreieck, wie in *Abbildung 4.8* wiedergegeben.

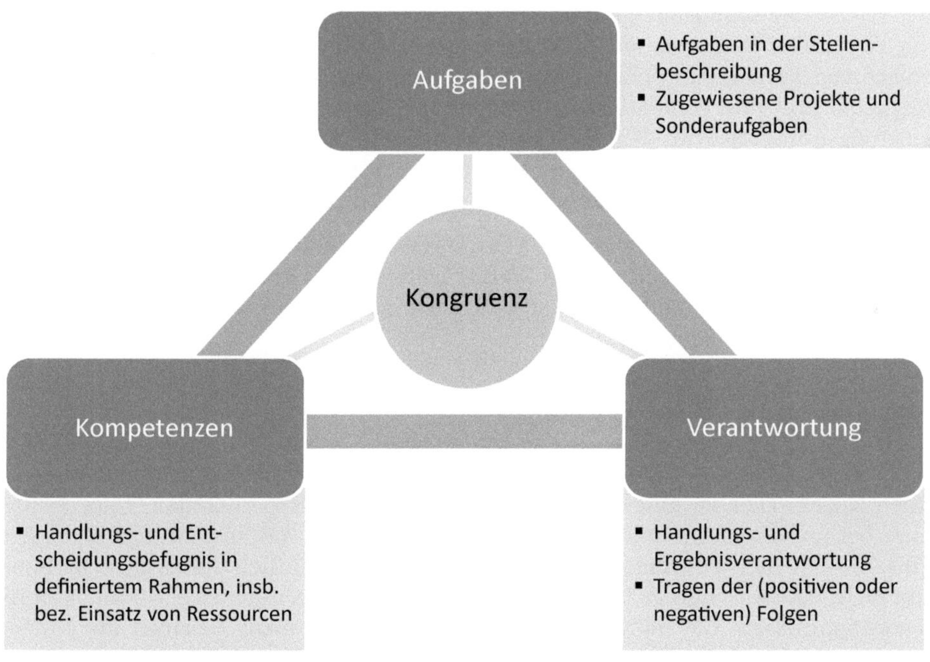

Abbildung 4.8: Das Befähigungsdreieck (AKV)
(Quelle: Autor)

In der Realität sind diese drei Faktoren jedoch eben häufig nicht kongruent. Stellen Sie sich vor, Sie sollen ein neues Projekt von strategischer Bedeutung für Ihr Unternehmen leiten, zum Beispiel die Entwicklung eines neuen Produkts oder einer neuen Dienstleistung. Trotz ihrer Bedeutung wird solchen Projekten oft kein hauptamtliches Personal zugeordnet. Vielmehr werden alle Mitglieder des Projektteams in Teilzeit von ihren Linieneinheiten entsandt. In diesem Modell haben Sie als Projektleitender keine direkten Belohnungs- oder Bestrafungsbefugnisse, sind aber für die Ergebnisse voll verantwortlich. Somit hängen Erfolg oder Misserfolg in besonderem Maße von Ihren planerischen Fähigkeiten und Ihrer Überzeugungskraft ab. Und als ob das noch nicht genug wäre, ist es durchaus denkbar, dass Sie auch kaum Budgetbefugnisse haben und selbst für kleine Anschaffungen die Erlaubnis einer vorgesetzten Stelle einholen müssen. Wie aber sollen Sie guten Gewissens die Verantwortung für den Projekterfolg übernehmen können, wenn man Ihnen so viele Steine in den Weg legt? Wenn die drei Elemente des Befähigungsdreiecks nicht ausbalanciert sind, ist das objektiv unfair – und reduziert die Erfolgsaussichten. Natürlich haben manche fähigen Projektleitenden trotzdem Erfolg, aber auch diese wären wohl mit weniger Aufwand zum Ziel gekommen, hätten Aufgaben, Kompetenzen und Verantwortung besser zusammengepasst. Daher sollten Sie als Führungskraft immer sicherstellen, dass diese drei Faktoren für jede Aufgabe, die Sie jemandem übertragen, so gut wie möglich aufeinander abgestimmt sind.

In Übereinstimmung mit Robert Greenleafs Vorstellung von Servant Leadership, also dienender Führung, stellt Ihre Unterstützung als Führungskraft einen weiteren, für den Teamerfolg sehr wichtigen Aspekt dar. Dies kann vom sprichwörtlichen Öffnen von Türen über Beratung und Zurverfügungstellung Ihrer Expertise bis hin zur Weitergabe von Kontakten reichen. Dazu gehört aber auch die Entwicklung Ihrer Teammitglieder und Ihre Unterstützung bei der beruflichen und persönlichen Weiterentwicklung – dies alles mit dem Ziel, deren Fähigkeiten (zum Beispiel durch Training), ihre Bereitschaft, Verantwortung zu tragen (durch zunehmend schwierigere Aufgaben) und ihr Selbstvertrauen (durch Erfolge und positives Feedback) zu erhöhen.

Schließlich gelingt es erfolgreichen Führungskräften auch, durch ihre Ideen, ihren Enthusiasmus und ihr positives Vorbild ihre Unterstellten intellektuell und emotional zu stimulieren und sie gleichzeitig ständig dazu herauszufordern, noch bessere Wege zur Lösung von Problemen zu finden.

Rücksichtsvolles Interesse zeigen

In der Regel schätzen es die meisten Menschen, wenn ihre Vorgesetzten Interesse an ihnen zeigen. Dies ist eine bereits seit den Hawthorne-Experimenten[100] der 1930er Jahre bekannte Maxime und auch ein Aspekt, der in Führungstrainings oft betont wird. Dies ist auch Führungskräften bewusst, welche eigentlich dieses ehrliche Interesse nicht haben.[101] Infolgedessen kommt es oft zu nicht authentisch wirkenden Lippenbekenntnissen, die motivationstechnisch langfristig mehr Schaden als Nutzen anrichten können, auch wenn sich Unterstellte mit weniger entwickeltem sozialem Gespür zu Beginn meist recht erfolgreich durch oberflächliche Fragen zu unverfänglichen Themen täuschen lassen. In jedem Team gibt es jedoch normalerweise Leute, welche diese Art von Verhalten rasch durchschauen und langfristig nicht tolerieren. Auch wenn eine solche Führungskraft nicht offen herausgefordert wird, weil sie zum Beispiel kritikunfähig und möglicherweise auch nachtragend ist, werden diese Unterstellten mit ihrer Meinung gegenüber den Kolleginnen und Kollegen nicht hinter dem Berg halten. Dies führt irgendwann unweigerlich zu Spannungen im Team oder zwischen dem Team und der Führungskraft.

Interesse allein reicht jedoch nicht. Das Interesse muss auch rücksichtsvoll sein. Mit anderen Worten: Wenn man immer genau im falschen Moment die falsche Frage stellt, obwohl man sich ja eigentlich ehrlich für die andere Person interessiert, ist das trotzdem wenig förderlich. Fingerspitzengefühl ist also gefragt. Die Rücksichtnahme zeigt sich aber vor allem auch darin, wie man auf durch entsprechende Gespräche festgestellte Probleme reagiert. Ist ein Teammitglied frisch geschieden und wohl etwas verloren und einsam, will das aber nicht zugeben? Vielleicht reagiert es gut auf eine Einladung zu einem Bier. Kommt eine teilzeitarbeitende, alleinerziehende Mutter finanziell wegen der KITA-Gebühren – die in manchen Ländern wie zum Beispiel der Schweiz sehr hoch sein können – unter Druck? Vielleicht kann sie ihre fünfzig Prozent Arbeitszeit in zwei verlängerten Tagen leisten, damit sie einen Tag Gebühren sparen kann und so weiter. Natürlich muss man dabei das gesamte Teamgefüge im Auge behalten. Wichtig ist Gleichbehandlung. Dies bedeutet nicht, dass alle im Team gleich behandelt werden müssen, aber alle in der gleichen Situation (zum Beispiel müsste eine solche Arbeitsorganisation dann auch anderen alleinerziehenden Eltern offen stehen).

Eine erfolgreiche Führungskraft muss also ehrlich an anderen Menschen und deren Befindlichkeit interessiert sein – und darauf auch in angemessenem Maße Rücksicht nehmen. Diese Idee ist natürlich eng verwandt mit dem bereits besprochenen Thema der Empathie: Sich stetig für andere zu interessieren, ihre Probleme und Befindlichkeiten zu verstehen und gemeinsam angemessene Lösungen zu erarbeiten ist einfacher, wenn man sich gut in andere hineinversetzen kann. Empathiearme oder egoistische Führungskräfte langweilen sich dabei jedoch meist schnell und sind dementsprechend oft unfähig, ehrliches, rücksichtsvolles Interesse zu zeigen.

Selbstverständlich ist auch bei guten Führungskräften dieses Interesse nicht immer gleich groß. Wenn Sie mit eigenen Problemen kämpfen, ist es schwer, die Probleme anderer ebenfalls im Kopf zu behalten. Oft ist aber nicht tatsächlich fehlendes, sondern eher nicht zum Ausdruck gebrachtes Interesse das Problem. Auch wenn Ihnen die Befindlichkeit Ihrer Leute eigentlich nicht egal ist, gehen Sie vielleicht nicht darauf ein, weil Sie der Meinung sind, das sei Privatsache und der Job gehe sowieso vor. Und manche Menschen werden es Ihnen auch danken, wenn Sie sich nicht einmischen. Viele hingegen werden ein offenes Ohr oder ein nettes Wort sehr schätzen. Sie brauchen also das richtige Gespür dafür, wann Sie sich wie verhalten sollen. Damit sind wir wieder bei der emotionalen Intelligenz.

Primär aufgabenorientierte Führungskräfte sind denn auch für die Führung von Teams, die viel emotionale Unterstützung benötigen, weniger geeignet als primär beziehungsorientierte. Reife Teams, die vor allem einen anspruchsvollen Job unter Zeitdruck erledigen wollen, sind dafür meist mit einer eher aufgabenorientierten Führungskraft besser bedient (siehe dazu Fiedlers Kontingenzmodell in *Kapitel 2*). Exzellente Führungskräfte sind in der Lage, beide Rollen situativ einzunehmen. Wo das nicht der Fall ist, kann auch ein Wechsel der Führungskraft einmal angezeigt sein, wenn sich die Teamsituation fundamental ändert.

Wenn Sie als Führungskraft nur wenig Interesse an Ihren Unterstellten zeigen und kaum Rücksicht auf deren individuelle Probleme und Befindlichkeiten nehmen, werden Sie es schwer haben, langfristige Führungserfolge zu erzielen. In so einem Fall wären Sie am ehesten dafür geeignet, reife Teams mit hohem Autonomiegrad und klar definierten Aufgaben zu führen. Emotionale Intelligenz und ein grundsätzliches

Interesse an anderen Menschen – und wie es diesen geht – sollte jedoch zu den Einstellungs- und Beförderungsanforderungen für alle Führungskräfte gehören.

Einen angemessenen Führungsrythmus festlegen

Wie bereits an früherer Stelle erwähnt, ist es sehr wichtig, sich genügend Zeit für seine Unterstellten zu nehmen. Dies fördert sowohl deren Moral als auch den reibungslosen Ablauf der Dinge. Tatsächlich hat das Vorhandensein oder Fehlen von Möglichkeiten für eine klare persönliche Interaktion einen signifikanten psychologischen Einfluss auf die meisten Unterstellten. Zeit für sie zu haben ist nicht nur relevant für den Austausch von Informationen, die Diskussion von Problemen und die Entscheidungsfindung, sondern es wird auch als Zeichen der Wertschätzung aufgenommen. Weniges ist so demotivierend wie eine nicht greifbare Führungskraft – außer einer desinteressierten.

Ein wichtiges Werkzeug, um diesen Austausch zu institutionalisieren, ist Ihr Führungsrhythmus. Im Grunde genommen ist dies nur ein systematischer Plan, wann Sie sich mit wem treffen. Diese Meetings sollten in einer gewissen Regelmäßigkeit stattfinden, daher der Begriff „Rhythmus". Wie genau man diesen Plan zusammenstellt und kommuniziert, ist Geschmackssache. Einige Führungskräfte nehmen diese Termine in die allgemeine Teamagenda auf. Andere führen eine spezielle Liste dafür und wieder andere stellen sie im Kopf zusammen und tragen die Termine dann direkt in die Agenden der Unterstellten ein. Wichtig ist nur, dass sich der Führungsrhythmus ausschließlich auf führungsbezogene Termine bezieht. Er ist also ein Werkzeug für Sie als Führungskraft. Sie müssen die Übersicht behalten und legen den Rhythmus fest. Aus Sicht der einzelnen Teammitglieder sind ja nur die Termine relevant, die sie direkt betreffen. Es wird daher empfohlen, den Führungsrhythmus und die allgemeine Teamagenda getrennt voneinander zu führen.

Der Großteil der Termine in Ihrem Führungsrhythmus wird sich normalerweise auf Ihre Direktunterstellten beziehen, aber natürlich beinhaltet er auch periodische Interaktionen mit allen anderen, die sie direkt oder indirekt führen. Solche Termine können bilateraler Natur sein, aber auch das Team als Ganzes oder zum Beispiel Projektgremien betreffen, bis hin zu mehrere hierarchische Stufen umfassenden Einheiten wie einer Abteilung. Die Dauer einer Sitzung hängt dabei von der Komplexität der zu behandelnden Themen ab, aber als grobe Faustregel sollte ein solches Meeting normalerweise nicht länger als 90 Minuten dauern – bei guter Vorbereitung und straffer Führung meist sogar deutlich weniger. Die Frequenz der Meetings ist abhängig von der spezifischen Situation des Teams und der jeweiligen Mitarbeitenden. Erfahrung, Vertrauen und Einstellung beeinflussen den Bedarf an Interaktion. Je unerfahrener die Mitarbeitenden sind, je weniger Vertrauen sie haben und je schlechter deren Einstellung ist, desto öfters sollten Meetings stattfinden. *Tabelle 4.8* zeigt ein Beispiel für den Führungsrhythmus eines Teams von fünf Experten.

Meeting	Teilnehmende	Rhythmus	Wochentag	Zeit	Zielwoche			
					1	2	3	4
Team								
Team-besprechung	Ganzes Team (obligatorisch)	Vierzehn-täglich	Mittwoch	09.00–10.30	X		X	
Teamrunde mit Kaffee + Tee	Ganzes Team (freiwillig)	Wöchentlich	Dienstag	10.00–10.15	X	X	X	X
Team-workshop	Ganzes Team (obligatorisch)	Jährlich (Oktober)	Freitag	08.00–18.00		X		
Team-dinner	Ganzes Team (freiwillig)	Jährlich (April)	Dienstag	18.00–21.00				X
Einzelpersonen								
Bilaterales Meeting 1	Direktunterstellte/-r 1	Vierzehn-täglich	Mittwoch	09.00–10.30		X		X
Bilaterales Meeting 2	Direktunterstellte/-r 2	Vierzehn-täglich	Mittwoch	10.45–12.15		X		X
Bilaterales Meeting 3	Direktunterstellte/-r 3	Vierzehn-täglich	Mittwoch	14.30–16.00		X		X
Bilaterales Meeting 4	Direktunterstellte/-r 4	Vierzehn-täglich	Mittwoch	10.45–12.15	X		X	
Bilaterales Meeting 5	Direktunterstellte/-r 5	Vierzehn-täglich	Mittwoch	14.30–16.00	X		X	

Tabelle 4.8: Führungsrhythmus eines Teams (Beispiel)
(Quelle: Autor)

Der Führungsrhythmus sollte Ihre bereits besprochene Wochenstruktur widerspiegeln (siehe Seite 138). Es lohnt sich, bilaterale Meetings mit Ihren Direktunterstellten so zu gruppieren, dass Sie sich während eines klar definierten Zeitraums auf diese Themen konzentrieren können. Dies ist besonders hilfreich, wenn Sie dazu neigen, seriell zu arbeiten, also gerne eine Sache fertig machen, bevor Sie die nächste angehen. Im Beispiel in *Tabelle 4.9* ist der Mittwoch der für Teamangelegenheiten – das Teammeeting sowie die bilateralen Führungsmeetings – definierte Wochentag. Damit sind die entsprechenden, oft inhaltlich miteinander verbundenen Themen auf einen Tag konzentriert und alle anderen Tage für anderweitige Aufgaben frei, mit Ausnahme eines Freitags im Jahr für den Teamworkshop.

Das Konzept des Führungsrhythmus ist skalierbar. Mit zunehmender Einheitsgröße muss mehr Zeit für Führungsaufgaben aufgewendet werden, aber das Grundprinzip bleibt dasselbe. *Tabelle 4.9* zeigt einen exemplarischen Führungsrhythmus für eine Abteilung von etwa 50 Personen, aufgeteilt in fünf Teams und einen kleinen Abteilungsstab. Darin strukturiert der Abteilungsleiter seine Woche wie folgt: Montags werden interne und administrative Arbeiten erledigt. Dienstage sind für Aufgaben der nächsthöheren Organisationsebene vorgesehen, beispielsweise Divisions- oder Vorstandssitzungen, je nach Größe des Unternehmens. Mittwoche sind für Führungsaufgaben im Zusammenhang mit den Hauptaufgaben der Abteilung reserviert, zum

Beispiel die Herstellung eines bestimmten Produkts oder das Anbieten einer Dienstleistung; daher finden das Abteilungsführungsmeeting und die bilateralen Meetings mit den Teamleitenden an diesem Tag statt. Schließlich sind Donnerstage und Freitage für externe Aufgaben reserviert, zum Beispiel Kundengespräche oder Projektarbeit.

Meeting	Teilnehmende	Rhythmus	Wochentag	Zeit	Zielwoche			
					1	2	3	4
Team								
Abteilungs-führungsmeeting	Direktunterstellte (Teamleitende)	Vierzehn-täglich	Mittwoch	09.00–10.30	X		X	
Abteilungs-meeting	Alle (obligatorisch)	Monatlich	Montag	13.30–15.00			X	
Abteilungsrunde mit Kaffee + Tee	Alle (freiwillig)	Wöchentlich	Dienstag	10.00–10.15	X	X	X	X
Abteilungs-workshop	Alle (obligatorisch)	Jährlich (Oktober)	Freitag	08.00–18.00		X		
Abteilungs-dinner	Alle (freiwillig)	Jährlich (April)	Dienstag	18.00–21.00				X
Fokus-Tage 1	Alle (kein Urlaub)	Februar	Di–Do	08.00–18.00			X	
Fokus-Tage 2	Alle (kein Urlaub)	August	Di–Do	08.00–18.00			X	
Stellvertreter-Lunch	Alle stellvertretenden Teamleitenden	Zweimal im Jahr	Montag	12.00–14.00		X		
Einzelpersonen								
Bilaterales Meeting 1	Teamleiter/-in 1	Vierzehn-täglich	Mittwoch	09.00–10.30		X		X
Bilaterales Meeting 2	Teamleiter/-in 2	Vierzehn-täglich	Mittwoch	10.45–12.15		X		X
Bilaterales Meeting 3	Teamleiter/-in 3	Vierzehn-täglich	Mittwoch	14.30–16.00		X		X
Bilaterales Meeting 4	Teamleiter/-in 4	Vierzehn-täglich	Mittwoch	10.45–12.15	X		X	
Bilaterales Meeting 5	Teamleiter/-in 5	Vierzehn-täglich	Mittwoch	14.30–16.00	X		X	
Bilaterales Meeting 6	Stabschef/-in	Wöchentlich	Montag	09.00–10.30	X	X	X	X
Extern								
Strategische Projekte	Alle Projekt-leitenden	Monatlich	Montag	15.00–17.00		X		

Tabelle 4.9: Führungsrhythmus einer Abteilung (Beispiel)
(Quelle: Autor)

Fokustage sind dazu gedacht, konzentriert gemeinsam an etwas zu arbeiten. Zum Beispiel können sie sehr nützlich sein, um verzögerte Projekte wieder auf Kurs zu bringen oder Ideen für ein neues Produkt, eine neue Dienstleistung oder eine innovative Problemlösung zu entwickeln. Dazu müssen die Mitarbeitenden verfügbar sein. Es sollte also während dieser speziellen Zeitfenster möglichst kein Urlaub beansprucht werden und Sie sollten daher darauf achten, diese so zu legen, dass sie nicht in die Schulferien oder in andere relevante Zeitblöcke, etwa Feiertage oder die Jahresabschlussperiode, fallen. Im Beispiel in *Tabelle 4.9* bestehen die Fokustage aus zwei Blöcken von je drei Tagen, die in einem Abstand von etwa einem halben Jahr angeordnet sind. Zusätzlich nimmt der Abteilungsleiter die stellvertretenden Teamleiterinnen und -leiter zweimal im Jahr zusammen, um sie besser kennenzulernen, sie weiterzubilden und ihre Ideen und Inputs aufzunehmen.[102] Außerdem trifft man sich wöchentlich am Dienstag zum gemeinsamen Tee oder Kaffee. Immer im Herbst findet der jährliche Teamworkshop statt, an dem die gesamte Abteilung einen Tag im Wald beim Teambuilding und gemeinsamen Problemlösen verbringt, und im Frühling verbindet das freiwillige Teamdinner jeweils das Lernen oder Vertiefen eines relevanten Themas mit gemütlichem Beisammensein. Alle diese Aktivitäten sollen den Teamgeist stärken und die Effektivität und Effizienz der Teamarbeit erhöhen, denn sie helfen den Teammitgliedern unter anderem, sich besser kennenzulernen.

Hauptzweck Ihres Führungsrhythmus bleibt jedoch, dass Sie sich regelmäßig mit Ihren Unterstellten austauschen – und die entsprechenden Zeitfenster transparent ankündigen, sodass die betroffenen Mitarbeitenden sich darauf ausrichten und vorbereiten können. Diesbezüglich kann es sinnvoll sein, einen Standard hinsichtlich der erwarteten Vorbereitung zu definieren. *Tabelle 4.10* zeigt ein Beispiel. Ein solcher Standard erhöht die Vergleichbarkeit zwischen den verschiedenen Bereichen und Personen und erlaubt Ihnen ein einfacheres Verfolgen der Fortschritte und Themen in einem Bereich. Andererseits kann es auf Widerstand stoßen, wenn von allen das Gleiche erwartet wird. Je nach Autonomiebedürfnis Ihrer Unterstellten und dem für Sie durch den Standard entstehenden Nutzen lohnt es sich, diesen auch gegen Widerstand durchzusetzen – oder stattdessen das Nichtfestlegen eines solchen Standards als Konzession und Vertrauensbeweis an das Team zu deklarieren.

Bilaterales Meeting				
Teilnehmende			**Einheit**	
Unterlagen			**Datum**	
Aktuelle Infos/Fragen, „Hot News"				
Kurzrückblick (was ist gelaufen seit dem letzten Meeting?)				
Diskussionspunkte				
Nr.	**Bereich/Thema**	**Details/Bemerkungen**	**Vorschlag weiteres Vorgehen**	**Entscheidung**
…	…	…	…	…
…	…	…	…	…
…	…	…	…	…

Tabelle 4.10: Vorbereitung auf bilaterale Meetings (Muster)
(Quelle: Autor)

Kollektive Ebene: Führung des Teams

Mitglieder von leistungsstarken Teams unterstützen sich gegenseitig, arbeiten gut zusammen, teilen gemeinsame Ziele und sind stolz auf ihr Team und die Tatsache, dass sie dazugehören. Das Ganze ist mehr als die Summe seiner Teile, wie es ja heißt. Als Führungskraft spielen Sie eine äußerst wichtige Rolle bei der Förderung dieses Prozesses, indem Sie das Team aufbauen und entwickeln und ihm die Richtung weisen. Dafür müssen Sie jederzeit wissen, was im Team – und auch darum herum – läuft. Auch das Festlegen und Durchsetzen von Standards und das Durchführen produktiver Meetings gehört dazu. Gerade das Letztere ist eine oft unterschätzte, aber sehr wichtige Fähigkeit, die sowohl die Produktivität als auch das Selbstverständnis des Teams beeinflusst. Peter Drucker bezeichnete die Durchführung produktiver Meetings sogar als eine der Schlüsselqualifikationen erfolgreicher Führungskräfte.[103]

Effektive Führung des Teams als Ganzes beinhaltet also insbesondere folgende Aspekte:

- Das Team entwickeln
- Dem Team (als Ganzes) die Richtung weisen
- Die Situation beherrschen
- Standards (durch-)setzen
- Produktive Meetings durchführen

Wie bereits auf der individuellen ist auch auf der kollektiven Ebene das Weisen der Richtung ein Kernführungsverhalten gemäß dem integrierten Modell effektiver Führung. Die anderen vier sind unterstützende Verhalten. Alle sind wiederum miteinander verwoben: Wenn das Team nicht sauber aufgebaut und entwickelt wird (was zu sogenannter Teamkohärenz führen sollte), kann es auch keine langfristig fruchtbare Zusammenarbeit zwischen seinen Mitgliedern und somit keine nachhaltige Leistung geben. Wenn Sie als Führungskraft nicht jederzeit den Überblick behalten und auf dem Laufenden sind, können auch beim besten Teamgeist und optimaler Kooperation trotzdem die falschen Dinge getan werden. Und wenn Sie keine Standards festlegen und durchsetzen, werden Sie zu viel Zeit damit verbringen, Fragen zu beantworten und Ergebnisse zu kontrollieren.

Abbildung 4.9 fasst diese Überlegungen zusammen und gibt einen Überblick darüber, was jeder Punkt in etwa mit sich bringt.

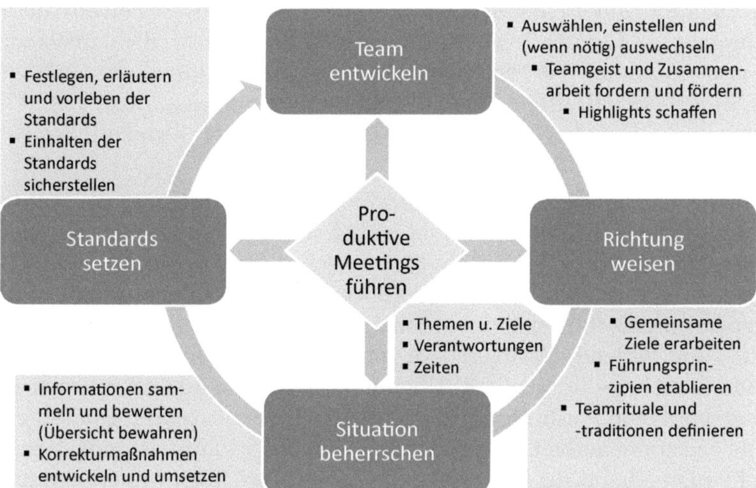

Abbildung 4.9: Fünf Kernaspekte der Teamführung
(Quelle: Autor)

Diese Aspekte werden im Folgenden näher erläutert.

Das Team entwickeln

Hohe Teamkohärenz – Zusammenhalt innerhalb des Teams – und gute Zusammenarbeit sind wichtige Voraussetzungen für Leistung. Naturgemäß ist es einfacher, dies zu beeinflussen, wenn Sie Ihr Team selbst zusammenstellen konnten. In den meisten Fällen wird jedoch eine neue Führung ein bereits bestehendes Team übernehmen. Mit anderen Worten: Als Führungskraft müssen Sie normalerweise in der Lage sein, mit den Mitarbeitenden zu arbeiten, die Sie haben – ob es Ihnen gefällt oder nicht.

Es ist durchaus möglich, dass auch ein reifes Team, in dem sich die Mitglieder eigentlich gut mögen und gegenseitig unterstützen, nicht optimal arbeitet. Spaß zu haben ist gut für den Zusammenhalt im Team und damit grundsätzlich auch für dessen Leistung. Allerdings kann der Spaß auch überborden und dann kontraproduktiv sein. Wenn der Hauptinhalt jedes Arbeitstages darin besteht, einander Streiche zu spielen und gemeinsam lustige Internetvideos zu schauen, dann leidet die Leistung natürlich, auch wenn sich alle super verstehen. Erfolgreiche Teamarbeit hängt von guter Zusammenarbeit (mit Betonung auf „Arbeit“) der Teammitglieder ab. Diese basiert auf den folgenden Bedingungen:[104]

- Existenz gemeinsamer Ziele
- Parität zwischen den Teammitgliedern
- Gemeinsame Verantwortung für Zusammenarbeit und Ergebnisse
- Gemeinsame Nutzung von Ressourcen

Selbst wenn gemeinsame Ziele existieren, sind diese für Ihr Team vielleicht nicht immer klar. Möglicherweise wurden sie durch eine höhere Ebene der Organisation festgelegt. Oder Sie und Ihr Team haben sich bereits vor längerer Zeit auf diese geeinigt und nun besteht ein Teil des Teams aus neuen Mitarbeitenden, die damals nicht dabei waren. Wie auch immer: Wie bereits mehrfach erwähnt, ist eine Ihrer wichtigsten Aufgaben als Führungskraft, Ihrem Team die Richtung zu weisen. Dazu gehört auch, auf die Existenz und Substanz gemeinsamer Ziele hinzuweisen – und auf den Nutzen der gemeinsamen Verfolgung derselben.

Fast alle Teams haben eine interne Hackordnung. Unterschiede in der Wahrnehmung von Status und sozialer Stellung sollten jedoch nicht so ausgeprägt sein, dass sie die Zusammenarbeit im Team gefährden. Man spricht hier von Parität, also dem Fehlen hierarchischer oder sozialer Unterschiede, welche die Kommunikation behindern und zu Ressentiments führen können. Emotionale Spannungen behindern die Zusammenarbeit[105] und fehlende Parität ist ein guter Nährboden für solche Konflikte. Wenn sich jemand zu schade für gewisse Arbeiten ist und jemand anderes sich wegen des eigenen bescheidenen Ausbildungshintergrunds nicht zu wehren getraut, dann funktioniert die Zusammenarbeit kaum optimal. Obwohl wichtig, ist jedoch auch Parität allein nicht ausreichend für hervorragende Leistungen. Teams müssen auch gut ausbalanciert sein hinsichtlich der Persönlichkeiten der einzelnen Teammitglieder und der Rollen, welche diese im Team übernehmen können.

Eine der bekanntesten Teamrollentypologien ist das Modell der Neun Teamrollen von Belbin. Basierend auf einer primär in den 1970er Jahren durchgeführten Studie über Teamrollen in Führungsteams wurde es 1981 erstmals veröffentlicht[106] und seitdem kontinuierlich aktualisiert[107]. Trotz begrenzter empirischer Unterstützung ist dieses Modell bei Managern und Managementtrainern auf der ganzen Welt weitverbreitet.

Gemäß Belbin sind Teams dann ausgeglichen, wenn alle neun Rollen „natürlich" vertreten sind.[108] Dies ist dann gegeben, wenn jede der Rollen durch Teammitglieder auf Basis von deren Fähigkeiten und Persönlichkeit eingenommen werden kann, ohne sich dabei verstellen zu müssen. Da viele Teams weniger als neun Personen umfassen, kann ein Teammitglied somit auch mehrere Rollen ausfüllen. Belbin geht dabei davon aus, dass eine Person eine natürliche (oder stärkste) Rolle hat, aber auch für eine oder mehrere zusätzliche Rollen geeignet sein kann.

Belbins Modell ist bei Weitem nicht die einzige Typologie von Teamrollen. Einige Autoren haben Modelle mit bis zu 15 verschiedenen Rollen vorgeschlagen.[109] Wiederum andere sind der Meinung, die relevanten Unterscheidungen seien deutlich simpler als in Belbins Modell. Zum Beispiel behaupten Fisher, Hunter und Macrosson,[110] dass es vor allem darauf ankomme, einen guten Mix aus beziehungsorientierten und aufgabenorientierten Teammitgliedern zu gewährleisten.

Unabhängig davon, welche Teamrollentypologie Sie hilfreich finden: Wenn Sie ihr Team selbst zusammenstellen können, ist die Gewährleistung eines guten Gleichgewichts naturgemäß viel leichter. Ist dies nicht der Fall, ist Teambuilding zentral. Eine fruchtbare Zusammenarbeit entsteht zwar nicht auf Kommando, aber als Führungskraft können Sie diese wirksam unterstützen. Je nachdem, welchen Entwicklungsstand Ihr Team schon erreicht hat, variiert Ihre Rolle dabei.

Alle Teams durchlaufen eine Reihe von Entwicklungsphasen. Laut dem amerikanischen Pädagogen Bruce Tuckman, der das bekannteste dieser Modelle erstmals 1965 publizierte, ist dies nicht nur notwendig, sondern auch unvermeidlich. In seinem Modell gehen Teams durch fünf Phasen: *forming, storming, norming, performing* und *adjourning*. Auf Deutsch werden diese manchmal als Kontakt (forming), Konflikt (storming), Kontrakt (norming), Kooperation (performing) und Auflösung (adjourning) bezeichnet, oft werden jedoch auch die englischen Begriffe verwendet.

Fokus	Teamrolle	Beitrag an das Team	In Kauf genommene Schwächen
Intellektuelle Problemlösung	Erfinder/-in	• Kreativ, ideenreich, unkonventionell • Löst schwierige Probleme	• Ignoriert Nebensächlichkeiten • Zu beschäftigt, um effektiv zu kommunizieren
	Spezialist/-in	• Zielstrebig, selbstständig, engagiert • Bietet spezialisiertes Wissen und rare Fähigkeiten	• Trägt nur auf einer schmalen Front bei • Reitet auf Details herum
	Beobachter/-in	• Nüchtern, strategisch, anspruchsvoll • Sieht alle Optionen • Bewertet genau	• Mangel an Antrieb und der Fähigkeit, andere zu inspirieren
Aktion	Umsetzer/-in[111]	• Diszipliniert, zuverlässig, konservativ, effizient • Verwandelt Ideen in Handlungen	• Etwas unflexibel • Reagiert langsam auf neue Möglichkeiten
	Macher/-in	• Herausfordernd, dynamisch, lebt unter Druck auf • Hat den Antrieb und den Mut, Hindernisse zu überwinden	• Anfällig für Provokationen • Neigt dazu, andere zu überfahren und/oder deren Gefühle zu verletzen
	Perfektionist/-in	• Sorgfältig, gewissenhaft • Sucht nach Fehlern und Lücken • Liefert pünktlich	• Neigt dazu, sich übermäßig Sorgen zu machen • Delegiert ungern
Beziehungen	Teamarbeiter/-in	• Kooperativ, scharfsinnig, diplomatisch • Hört zu, baut auf, verhindert Friktionen	• Unentschlossen unter Druck
	Koordinator/-in[112]	• Ausgereift, selbstbewusst, gute/-r Vorsitzende/-r • Klärt Ziele, fördert Entscheidungsfindung, delegiert gut	• Kann oft als manipulativ angesehen werden • Gibt eigene Arbeit ab
	Wegbereiter/-in	• Extravertiert, enthusiastisch, kommunikativ • Erkundet Chancen • Entwickelt Kontakte	• Zu optimistisch • Verliert nach der anfänglichen Begeisterung das Interesse

Tabelle 4.11: Belbins Neun Teamrollen
(Quelle: nach Belbin, 2012)

Forming. Neue oder stark veränderte Teams durchlaufen zunächst eine Findungsphase, in der sich die einzelnen Teammitglieder gegenseitig kennenlernen und mit den anstehenden Herausforderungen und den entsprechenden Zielen vertraut machen. Teammitglieder verhalten sich konstruktiv, es bestehen aber noch keine starke Bindungen zwischen ihnen. In dieser Phase können Sie als Führungskraft die Teambildung unterstützen, indem Sie Gelegenheiten zum gegenseitigen Kennenlernen schaffen. Diese können von einfachen Vorstellungsrunden in ersten Teambesprechungen bis hin zu aufwendigen, von professionellen Coaches durchgeführten Anlässen mit Teambuilding- und Problemlösungsübungen reichen.

Storming. Als Zweites durchläuft ein Team eine Sturm- und Drangphase, in der allerlei Konflikte zwischen den unterschiedlichen Persönlichkeiten und Meinungen im Team entstehen. Diese müssen gelöst werden, bevor das Team weitermachen kann. Als Führungskraft müssen Sie sicherstellen, dass diese Konflikte nicht so destruktiv werden, dass langanhaltende Ressentiments entstehen oder das Team sogar wieder auseinanderfällt. Sie vermitteln zwischen den Streithähnen, schaffen Möglichkeiten zur Versöhnung und moderieren Konsens über die einzuschlagende Richtung. Da vor allem der letzte Punkt hilft, die bei Neuem immer bestehende Unsicherheit zu reduzieren, sinkt damit auch das Konfliktniveau und -potenzial.

Norming. In der Normierungsphase führen gelöste Meinungsverschiedenheiten und geklärte Rollen zu einem Gefühl von Einheit und Teamgeist. Man spricht hier auch von Teamkohärenz. Die verschiedenen Teammitglieder beginnen, Verantwortung für die Erfüllung von Aufgaben und die Erreichung von Zielen zu übernehmen und sind nun in der Lage, Eigenarten und Launen der anderen zu tolerieren. Ihre Rolle als Führungskraft besteht in dieser Phase vor allem darin, Kreativität und Denken „über den Tellerrand hinaus“ zu fördern. Ironischerweise kann aber gerade der für diese Phase typische starke Fokus auf Harmonie in der Gruppe zur Unterdrückung unpopulärer oder kontroverser Meinungen führen, was die Breite der in Entscheidungen einbezogenen Gesichtspunkte reduziert und sich somit dann wieder negativ auf die Teamleistung auswirken kann. Als Führungskraft müssen Sie also gerade in dieser Situation sicherstellen, dass alle Meinungen gehört werden.

Performing. In der Leistungsphase haben die Teammitglieder endlich einen kompetenten, motivierten und autonomen Arbeitszustand erreicht, in dem häufig Entscheidungen vom gesamten Team getroffen und getragen werden. Neben aktiver Teilnahme an der Arbeit des Teams ist Ihre Rolle als Führungskraft in dieser Phase vor allem die einer Befähigerin oder eines Befähigers, indem Sie mittels möglichst optimaler Rahmenbedingungen die Voraussetzungen für den Erfolg des Teams schaffen. Dies kann die Bereitstellung einer guten Infrastruktur, den Schutz des Teams vor politischen Ränkespielchen oder auch (im übertragenen Sinn) das Öffnen der richtigen Türen umfassen. Hat das Team diese Phase einmal erreicht, kann ein zu autoritärer Führungsstil der Motivation und Leistung des Teams mehr schaden als in vorherigen Phasen, in denen ab und zu auch einmal ein Machtwort gefragt sein konnte.

Adjourning. Nach einer Analyse der Forschung seit der Veröffentlichung seines ersten Artikels fügte Tuckman 1977 eine fünfte Phase hinzu. Diese Auflösungsphase wird absolviert, falls die dem Team zugewiesene Aufgabe abgeschlossen oder neu zugeordnet und das Team somit obsolet wurde. Besonders ist, dass diese Phase jederzeit im Teamentwicklungsprozess eingeleitet werden kann. Oft wird das Team dann entweder aufgelöst oder mit einem anderen Team fusioniert. Ihre Rolle als Führungskraft ist in dieser Phase die Leitung des administrativen Abschluss- und Auflösungsprozesses. Ebenso ist es sehr wichtig, die (meist gemischten oder negativen) Gefühle der Teammitglieder anzuerkennen und ihnen Gelegenheit zu geben, diese auszudrücken – zum Beispiel mit einer offiziellen Abschlussfeier.

Beachten Sie, dass dieser Prozess der Teamentwicklung nie völlig abgeschlossen ist, solange das Team existiert. Sowohl externe als auch interne Faktoren können dazu führen, dass ein Team in frühere Phasen zurückfällt, und die meisten länger bestehenden Teams durchlaufen eine Reihe solcher Zyklen. Die Anforderungen an Sie als Führungskraft sind dementsprechend hoch: Sie müssen erkennen, in welcher Phase sich das Team befindet, und Ihren Führungsansatz entsprechend anpassen.

Tabelle 4.12 fasst diese Überlegungen zusammen.

Die Motivation der einzelnen Teammitglieder und die Kohärenz des gesamten Teams können zusätzlich durch aktive Gestaltung gelegentlicher Highlights erhöht werden. Deren Bedeutung ist in früheren Phasen der Teamentwicklung tendenziell höher, aber Highlights sind immer nützlich, um den Teamgeist zu fördern und positive Stimmung zu schaffen. Deren Art und Häufigkeit hängt natürlich vom Charakter des jeweiligen Teams und dem verfügbaren Budget ab, jedoch muss ein Highlight nicht zwangsweise teuer sein.

Entwicklungsphase	**Schwerpunkte**	**Rolle der Führungskraft**		**Störfaktoren (Beispiele)**	
				Teambezogene	**Führungsbezogene**
Forming (Kontakt)	Das Team lernt sich kennen und nimmt die anstehenden Herausforderungen und die damit verbundenen Ziele zur Kenntnis	• Gegenseitiges Kennenlernen moderieren • Richtung weisen	• Die Richtung weisen • Mit gutem Beispiel vorangehen • Führungspräsenz und Resilienz entwickeln • Motivieren und inspirieren • Rücksichtsvolles Interesse zeigen • Befähigen, stimulieren und herausfordern	• Egoistisches Verhalten • Fehlendes Engagement	• Behinderung des Aufbaus persönlicher Beziehungen
Storming (Konflikt)	Persönlichkeitskonflikte, Vorurteile und unklare Rollen führen zu Meinungsverschiedenheiten	• In Konflikten vermitteln • Versöhnungsmöglichkeiten schaffen • Konsens über einzuschlagende Richtung moderieren		• Persönlichkeitskonflikte • Meinungsverschiedenheiten • Vorurteile	• Einseitige Parteinahme • Ignorieren relevanter Konflikte
Norming (Kontrakt)	Gelöste Konflikte und geklärte Rollen erlauben das Entstehen eines positiven Teamgeists und eines Gefühls der gemeinsamen Verantwortung für das zu Erreichende	• Kreativität fördern • Denken „über den Tellerrand hinaus" sicherstellen		• Fehlende Einsicht • Ablehnung neuer Normen	• Verlust des Überblicks über das Gesamtbild • Nichtberücksichtigung relevanter Alternativen
Performing (Leistung)	Kompetente, motivierte Teammitglieder erfüllen die Aufgaben des Teams effizient und effektiv	• Optimale Rahmenbedingungen schaffen		• Verzettelung • Ablehnung notwendiger Führung	• Verlust an Führung wegen zu starker operativer Involvierung
Adjourning (Auflösung)	Das Team löst sich auf, nachdem der Auftrag erledigt ist oder der Zweck des Teams hinfällig wurde	• Abschluss-/Auflösungsprozess leiten • Möglichkeiten für Mitglieder schaffen, Gefühle auszudrücken		• Unfähigkeit, in die Zukunft zu schauen und (mit etwas Neuem) weiterzumachen (etwa wegen zu starker Verherrlichung der „guten alten Zeiten")	

Tabelle 4.12: Die Rolle der Führungskraft in der Teamentwicklung
(Quelle: Autor; nach Tuckman, 1977)

Ob es nun darum geht, dass die Teammitglieder bei Pizza und Bier etwas die Seele baumeln lassen können, Sie alle zu einem Grillabend einladen oder das Team gemeinsam eine kulturelle Veranstaltung besucht: Wichtig ist nur, dass die Aktivität auch tatsächlich von möglichst dem ganzen Team als Highlight wahrgenommen wird – und nicht nur von Ihnen. Hier zeigt sich in der Praxis, dass solche Aktivitäten zwar meist gut gemeint sind, jedoch oft am Geschmack der Betroffenen vorbeizielen, weil die Führungskraft die Lage falsch einschätzt (und/oder sich selbst überschätzt) und dem Team daher keine verschiedenen Möglichkeiten unterbreitet. Aber selbst um geeignete Varianten zu identifizieren, müssen Sie Ihre Leute gut kennen. Zum Glück wird aber bei gutem Einvernehmen die Tatsache, dass Sie sich bemüht haben, auch geschätzt, wenn das geplante Highlight nicht so toll ankommt. Wichtig ist also, dass Sie als Führungskraft nicht nur aktiv darüber nachdenken, was Highlights für Ihr Team wären (und ob diese mit den Unternehmensvorschriften kompatibel sind), sondern dass Sie auch sicherstellen, dass diese mit einer gewissen Regelmäßigkeit stattfinden. Unten sehen Sie ein Beispiel, wie solche Highlights systematisch geplant werden können.

Dem Team die Richtung weisen

Bei der Erklärung des Gesamtbildes, der Bereitstellung von Hintergrundinformationen oder der Förderung einer gemeinsamen Vision ist es oft viel effizienter, das gesamte Team zusammenzubringen, als alles mehrmals zu erklären. Genau wie bei der Führung von Einzelpersonen bedeutet die Führung des gesamten Teams unter anderem, ein gutes Vorbild zu sein, eine gemeinsame Vision und gemeinsame Ziele zu fördern, den Weg zu Lösungen zu erläutern und gemeinsam zu erforschen sowie ganz allgemein Standards und Prinzipien festzulegen und teaminterne Rituale und Traditionen zu etablieren.

BEISPIEL **Geplante Highlights**

Anfang 2019 bestand das Department of International Business der Zürcher Hochschule für Angewandte Wissenschaften aus rund 60 Personen aus 24 Ländern, die neben der lingua franca, Englisch, mehr als 20 Sprachen sprachen. Angesichts dieser Vielfalt, der Breite an Aufgaben (Lehre, Weiterbildung, Beratung und Forschung sowie internationale Dienstleistungen für die Hochschule) und der Tatsache, dass ihre Räumlichkeiten auf mehrere Gebäude verteilt waren, empfand der Abteilungsleiter das Weitergeben und Teilen von Informationen sowie die Förderung von Verständnis, Vertrauen und Wertschätzung für die Teamkohärenz und Zusammenarbeit als entscheidend. Der erste Punkt wurde durch einen einheitlichen, systematischen Führungsrhythmus abgedeckt, mit regelmäßigen bilateralen Meetings und einem zweiwöchentlichen Abteilungsführungsmeeting mit allen sieben Teamleitenden der Abteilung sowie einem monatlichen Abteilungsmeeting, an dem alle Angehörigen der Abteilung teilnahmen. Dazu kam ein jährliches Einzelgespräch mit allen Abteilungsmitgliedern. Für die Teamkohärenz als wichtiger wurden jedoch informelle Veranstaltungen gesehen, bei denen man sich außerhalb der normalen Hierarchien und Rollen begegnen konnte. Nach Rücksprache mit den Abteilungsangehörigen wurde die übliche Weihnachtsfeier durch eine Reihe kleinerer Veranstaltungen ersetzt, welche der Diversität der Abteilung besser gerecht wurden. Ergänzt wurden diese durch einen jährlichen, ganztägigen Outdoor-Team-Workshop. Im Laufe der Zeit entstand die folgende Liste von Aktivitäten:

Highlight	Beschreibung	Frequenz	Teilnahme
Outdoor-Teambuilding-Workshop	Ein Tag im Wald mit einer Reihe von Teambuilding-Übungen und Gruppenaufgaben sowie einem Grillabend	Jährlich (Oktober)	Obligatorisch (außer Abend)
Neujahrsapéro	Gemeinsames Einläuten des neuen Jahres bei Häppchen und Getränken	Jährlich (Januar)	Freiwillig
Interkulturelle Abendveranstaltungen	Durch die Teams organisierte Abendanlässe zu einem interkulturellen Thema, welche die inhaltliche Ausrichtung der Abteilung spiegeln, etwa ein chinesisches Neujahrsfest, ein amerikanisches Thanksgiving-Dinner, ein skandinavisches Mittsommerfest und eine orientalische Nacht	Etwa einmal pro Quartal	Freiwillig
St. Patrick's-Day-Anlass	Angeleitete Whiskey-Degustation mit anschließendem gemeinsamem Pub-Besuch	Jährlich (März)	Freiwillig
Brown Bag Lunch	Weiterbildungsmöglichkeit über Mittag, bei der alle ihr eigenes Mittagessen mitbringen und währenddessen essen	Unregelmäßig	Freiwillig
Rooftop Friday	Gemütliches Beisammensein (mit Getränken und kleinen Snacks) auf der Dachterrasse des Hauptgebäudes	Monatlich (letzter Freitag)	Freiwillig
Teamrunde mit Kaffee + Tee	Informelles Beisammensein bei Kaffee und Tee im Wechsel zwischen Gebäuden	Wöchentlich (Dienstag)	Freiwillig

Rituale und Traditionen können ein Team näher zusammenbringen und ein Gefühl der Zugehörigkeit fördern, solange sie nicht erniedrigend oder ausschließend sind[113]. Diese können ganz simpel sein, wie zum Beispiel ein regelmäßiges Kaffeetreffen oder ein jährlicher Teamworkshop, aber auch aufwendiger, wie zum Beispiel wiederkehrende Preisverleihungen, gemeinsame Skiwochenenden oder eine jährliche Städtereise, die das Team privat durchführt. Wichtig ist lediglich, dass die Highlights vom Team verstanden und akzeptiert werden und dass die Teammitglieder nicht nur aus Furcht oder dem Wunsch zu gefallen mitmachen.

Die Situation beherrschen

Obwohl Sie nie alles wissen können, hängt das Treffen von Entscheidungen davon ab, eine Situation oder ein Problem so gut wie möglich zu verstehen. Bei großen Entscheidungen scheint das selbstverständlich. Aber was ist mit all den kleinen, alltäglichen Entscheidungen, die Sie treffen müssen? Als Führungskraft sollten Sie immer darum bemüht sein, die Situation zu beherrschen. Dazu müssen Sie insbesondere die Übersicht bewahren, und zwar sowohl über große, übergreifende Themen wie die Strategie Ihrer Organisation oder die Stärken und Schwächen der Konkurrenz als auch über teaminterne, operative Angelegenheiten, beispielsweise das aktuelle Leistungsvermögen der jeweiligen Teammitglieder, wer gerade Probleme zu Hause hat oder wer mit wem aktuell nicht auskommt. Dafür können Sie vier Dinge tun, die Ihnen dabei helfen:

- Eine Kultur der Transparenz fördern
- Sich einen integren Ruf verdienen
- Auf dem Laufenden bleiben
- Gezielte Fragen stellen

Die Förderung einer Kultur der Transparenz ist der erste Schritt, um sicherzustellen, dass Informationen die richtigen Adressaten erreichen – also sowohl Sie als Führungskraft wie auch diejenigen Unterstellten, welche die Information benötigen. Diese Kultur der Transparenz führt dazu, dass Ihre Mitarbeitenden mit der Zeit von sich aus auf Sie zukommen, um aktiv Informationen auszutauschen. Dies entlastet Sie und sorgt für einen allgemein besseren Informationsfluss. Eine solche Kultur entsteht in der Regel jedoch nicht von selbst. In einer Umfrage unter mittleren Führungskräften fand Carol Kinsey Goman eine weitverbreitete mangelnde Bereitschaft zum Informationsaustausch sowohl unter Führungskräften als auch Unterstellten.[114] Zu den Gründen gehörten unter anderem Informationshortung aus Eigennutz („Wissen ist Macht"), Unsicherheit hinsichtlich des tatsächlichen Werts der besessenen Informationen, mangelndes Vertrauen untereinander oder zur verantwortlichen Führungskraft sowie allgemein Angst vor negativen Folgen. Ebenfalls oft genannt wurde das schlechte Beispiel von Vorgesetzten, die ebenfalls Informationen zurückhielten.

Die Förderung einer Kultur der Transparenz erfordert, dass alle diese Fragen angegangen werden. Natürlich spielt Ihr Verhalten als Führungskraft eine große Rolle dabei. Zunächst einmal müssen Sie Ihre Erwartungen explizit deklarieren. Auch wenn bei reifen Teams die Teammitglieder allgemein besser kooperieren und einige Teammitglieder möglicherweise generell von sich aus aktiv Informationen teilen, so zeigt das Beispiel oben doch, dass dies eben normalerweise nur für eine Minderheit von Menschen gilt. Es braucht also Ihre Intervention als Führungskraft. Und Sie müssen dabei natürlich auch selbst mit gutem Beispiel vorangehen. Seien Sie offen und ehrlich, auch wenn ein Thema eher unangenehm sein sollte. Teilen Sie relevante Informationen systematisch und regelmäßig, sofern sie nicht der Vertraulichkeit unterliegen, und vermeiden Sie nach Möglichkeit eine häppchenweise Weitergabe (da diese die Gefahr von Missverständnissen markant erhöht)[115]. Beweisen Sie Ihren Unterstellten, dass sie Ihnen vertrauen können. Ermutigen Sie sie, sowohl im Austausch untereinander als auch mit Ihnen die ungeschminkte Wahrheit – auf gesichtswahrende Weise natürlich – zu sagen, ohne Angst vor negativen Konsequenzen. All dies unterstützt eine offene Informationskultur, welche Ihnen hilft, den Überblick zu bewahren, und somit dazu beiträgt, die Situation zu beherrschen.

Sich einen integren Ruf zu verdienen hängt mit dem vorherigen Punkt zusammen. Andere werden Informationen viel bereitwilliger mit Ihnen teilen, wenn sie sicher sind, dass sie Ihnen vertrauen können und dass Sie diese Informationen nicht zu unethischen Zwecken oder zum Schaden der derjenigen einsetzen werden. Ihre persönliche Integrität als Führungskraft muss unbestreitbar sein. Dazu gehört der sorgfältige Umgang mit vertraulichem Wissen. Häufig teilt Ihnen jemand etwas – ausdrücklich oder stillschweigend – nur unter der Bedingung mit, dass die Information nicht weitergegeben wird. Überlegen Sie gut, bevor Sie dem zustimmen. Vertraulichkeit schränkt die Art und Weise ein, wie Sie die Informationen bei Ihren Führungsaufgaben verwenden können. Das Jonglieren mit zu vielen vertraulichen Informationen erhöht auch die Wahrscheinlichkeit, dass Sie unabsichtlich gegen diese Abmachung verstoßen. Sind Sie aber einverstanden, müssen Sie sich danach um jeden Preis daran halten. Einzige Ausnahme wäre die Weitergabe aus übergeordnetem Interesse oder weil sonst größerer Schaden entstünde als bei der Nichtweitergabe.

Ehrlichkeit im Umgang mit anderen ist generell ein Schlüsselaspekt. Sie müssen Ihr Wort halten. Immer. Ohne Ausnahmen. Insbesondere, wenn Sie dabei nichts zu gewinnen oder sogar etwas zu verlieren haben. Nichts ruiniert Ihren integren Ruf schneller, als wenn sie Ihr Wort brechen, besonders wenn dies nachteilige Auswirkungen auf die ursprüngliche Quelle der Information haben sollte oder wenn Sie es eindeutig tun, um sich selbst zu schützen.

Auf dem Laufenden bleiben bedeutet, durch genaue Beobachtung der Welt um sich herum wichtige Erkenntnisse zu gewinnen. Dazu sollten Sie sowohl offizielle wie auch inoffizielle Informationskanäle anzapfen, etwa Industrie- und Unternehmenspublikationen, Bücher, Zeitungen und Zeitschriften, aber auch Vorgesetzte, Kollegen/Kolleginnen und Unterstellte. Darunter kann auch einmal ein informelles Treffen zum Kaffeekränzchen oder Feierabendbier sein. Tatsächlich kann Büroklatsch, obwohl oft als geschmacklos und unzuverlässig abgetan, durchaus zusätzliche Erkenntnisse liefern, die Ihnen dabei helfen, offizielle Informationen zu interpretieren. Das Schwierige dabei ist natürlich, Fakten zuverlässig von Wunschvorstellungen zu trennen, aber Klatsch und Tratsch enthalten oft ein Körnchen Wahrheit. Die Kombination von offiziellen und inoffiziellen Informationen ermöglicht es Ihnen, aus vielen sich überschneidenden – und möglicherweise auch widersprüchlichen – Datenpunkten eine Art mentales Mosaik zu formen. Möglicherweise haben Sie auch schon das Bild eines Gesichts gesehen, dass eigentlich eine Collage aus ganz vielen kleinen Gesichtern ist. Nicht alle dieser kleinen Bildchen passen optimal zum Gesamten, aber in der Summe bilden sie ein deutlich erkennbares größeres Gesicht. Im übertragenen Sinne ist dies natürlich die Quintessenz der Nachrichtendienst- und Business-Intelligence-Arbeit. Aber auch als Führungskraft erfassen Sie alle Informationen, welche Ihnen dabei helfen, die Punkte des Gesamtbilds miteinander zu verbinden, damit Sie das ganze Bild sehen können. Dazu bedarf es einer stetigen Erfassung und Interpretation relevanter Informationen aus allen möglichen Quellen.

Gezielte Fragen zu stellen hilft Ihnen dabei, Informationslücken systematisch zu schließen. Es ist nämlich eher ungewöhnlich, dass Ihnen andere Menschen ganz genau das, was Sie wissen müssen, in der korrekten Reihenfolge und im richtigen Detaillierungsgrad mitteilen. Gezielt gute Fragen zu stellen ist daher eine wichtige Führungsfähigkeit. Dies mag zwar trivial erscheinen, erfordert aber doch eine gewisse Vorbereitung. Zum Beispiel sollten Sie sich vorher über den Zweck des Gesprächs im Klaren sein. Sind Sie auf der Suche nach Fakten oder einer Meinung? Wollen Sie Informationen oder eine Einschätzung? Auch sollten Sie den Bezugsrahmen Ihres Gesprächspartners kennen (zum Beispiel Ausbildung und Berufserfahrung) und Ihre Sprache entsprechend anpassen. Dies kann tatsächlich bedeuten, die Sprache anzupassen, sofern Sie denken, dass die Diskussion in einer anderen Sprache fruchtbarer sein könnte. Natürlich bedingt das aber, dass Sie die besagte Sprache ausreichend gut sprechen. Ob mit oder ohne Sprachwechsel: Zur Anpassung der Sprache gehört auch die Abstimmung des Sprachregisters. Sprechen Sie in einer Weise, die Ihren

Gesprächspartnern hilft, dem Gespräch zu folgen. Verwenden Sie also Begriffe und Ausdrücke, mit denen diese etwas anfangen können.

Ihre Fragen sollten fokussiert, eindeutig, leicht verständlich und neutral formuliert sein. Vermeiden Sie es, Suggestivfragen zu stellen, also die Antwort in eine bestimmte Richtung zu lenken. Versuchen Sie, wunde Punkte und heikle Themen vorauszusehen und entweder zu umschiffen oder bewusst anzusprechen, je nach Gesprächszweck. Bereiten Sie Sondierungsfragen und anschauliche Beispiele vor. Zusätzlich kann es eine gute Idee sein, auch einige Fragen zu stellen, auf die Sie die Antwort eigentlich bereits kennen. Dies hilft Ihnen nämlich bei der Beurteilung, wie ehrlich geantwortet wird. Beachten Sie dabei jedoch unbedingt, dass unvollständige oder falsche Antworten nicht zwingend darauf hinweisen, dass Sie jemand aktiv hinters Licht führen will. Möglicherweise weiß die Person die Antwort auch einfach nicht oder stützt sich zumindest auf unvollständige Informationen, fühlt sich aber nicht sicher genug, um dies zuzugeben. Je besser Sie Ihre Gesprächspartner kennen und verstehen, desto besser können Sie auch die entsprechenden Antworten einschätzen.

Schließlich ist es entscheidend, sauber zu dokumentieren, um die Situation auch langfristig zu beherrschen. Die wenigsten Personen können alle relevanten Informationen rein mental speichern und bei Bedarf dann jederzeit darauf zugreifen – ganz zu schweigen davon, dass dies für die Zusammenarbeit im Team sowieso nicht ideal wäre. Deshalb sollten Sie wesentliche Informationen schriftlich festhalten. Dies heißt im Wesentlichen, Notizen zu führen und diese regelmäßig zu überprüfen, zu interpretieren und zu aktualisieren. Manche Führungskräfte führen ein Journal, andere erstellen Ordner voller Dokumente und wieder andere tippen alles im Laptop (oder sogar im Tablet oder Smartphone) ein. Wichtig ist nur, dass Sie ein effektives und effizientes System haben, mit dem relevante Informationen ausgewählt und festgehalten werden.

Da Sie als Führungskraft öfters auch mit vertraulichen Informationen zu tun haben, kann es sich lohnen, diese Art der Dokumentation selbst vorzunehmen, auch wenn das einen gewissen Arbeitsaufwand bedeutet. Auf diese Weise sind Sie nicht von der Interpretation oder Zuverlässigkeit einer anderen Person abhängig. Das bedeutet natürlich nicht, dass es diesbezüglich keine sinnvolle Arbeitsteilung zwischen Führungskraft und Unterstützungspersonal geben kann. Wichtig ist, dass diese Notizen so organisiert sind, dass Sie leicht darauf zugreifen und relevante Punkte finden können. Denken Sie jedoch daran, dass Informationen normalerweise besser im Kopf bleiben, wenn man sie selbst aufschreibt. Sollten Sie die Niederschrift delegieren, sollten Sie sie zumindest genau überwachen. Als Führungskraft sind Sie verantwortlich dafür, eine saubere Dokumentation aller relevanten Informationen sicherzustellen und jederzeit eine vollständige Übersicht über die aktuelle Situation zu haben.

Zu den Dingen, die Sie im Auge behalten sollten, gehören unter anderem

- Entscheidungen
- Erhaltene oder erteilte Aufträge
- Wichtige Fristen
- Andere Informationen, die für die Arbeit Ihres Teams relevant sind

Entscheidungen werden beispielsweise oft in Sitzungsprotokollen festgehalten, während Aufträge und Fristen in Aufgabenlisten geführt werden. Sie sollten aber auch öffentlich zugängliche und private Informationen, die Sie für relevant für die Mission Ihres Teams halten, niederschreiben. Im Idealfall machen Sie dies möglichst rasch, damit Sie es nicht vergessen. Die entsprechenden Notizen sollten regelmäßig auf ihre fortwährende Relevanz und Richtigkeit überprüft und bei Bedarf neu interpretiert werden. Wenn eine Information nicht mehr relevant ist, wird sie gelöscht oder in ein Archiv verschoben. Letzteres benötigt Platz, hat aber den Vorteil, dass Sie auch Jahre später noch darauf zugreifen können, wenn sich die Irrelevanz doch als falsch herausstellt.

Abbildung 4.10 fasst diese Überlegungen zusammen.

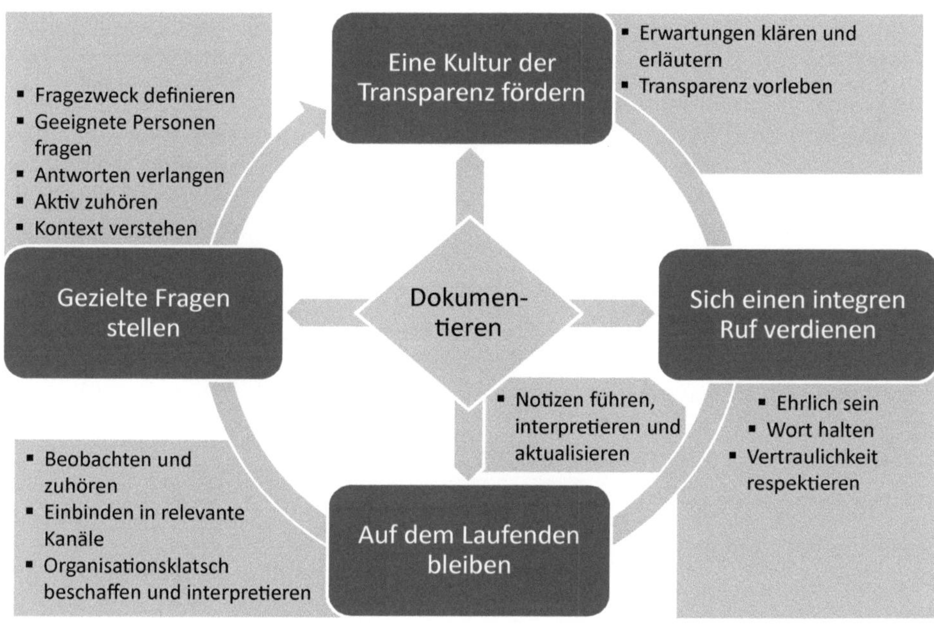

Abbildung 4.10: Fünf Schlüsselaktivitäten zur Situationsbeherrschung
(Quelle: Autor)

Standards setzen

Die Festlegung klarer und realistischer Standards kann Ihnen helfen, die Teamleistung zu steigern und gleichzeitig Ihre eigene Arbeitsbelastung und diejenige Ihrer unterstellten Kader zu reduzieren. Führungskräfte sind vielbeschäftigte Menschen und Standards können deren Kontroll- und Interventionsaufwand verringern. Natürlich spielt dabei die Persönlichkeit auch eine Rolle: Neurotische Führungskräfte tendieren zum Mikromanagement.[116] Die Festlegung und Durchsetzung von Standards ändert daran nicht grundlegend etwas, aber sie erhöht trotzdem systematisch die Effizienz und Qualität der Arbeit eines Teams auch in solchen Fällen, indem sie Unsicherheit und Reibungsverluste reduziert.

Standards sollten eindeutig und messbar sein, sodass weder bei ihrer Auslegung noch bei der Bewertung der entsprechenden Leistung Spielraum besteht. Neben Inhalt und gewünschtem Ergebnis sind Zeit, Qualität, Quantität und maximale Kostenerwartungen für bestimmte Aufgaben zu definieren. Einmal festgelegt, sind diese Standards strikt durchzusetzen, wenn sie vollständig wirksam sein sollen. Dabei spielt Vertrauen eine wichtige Rolle. Wenn jemand in der Vergangenheit immer wieder gute Leistungen erbracht und eine hohe Qualität geliefert hat, werden Sie dieser Person wahrscheinlich auch bei einer neuen Aufgabe vertrauen und ihr einen erheblichen Spielraum geben – dies im Gegensatz zu Neueingetretenen oder zu Teammitgliedern, die wiederholt Ihre Erwartungen enttäuscht haben. Aber auch Ihr eigenes Vorbild ist gefragt. Wenn Sie als Führungskraft beispielsweise Fristen gewohnheitsmäßig nicht einhalten, werden sich Ihre Unterstellten fragen, warum sie es dann sollen.

Standardisiert werden können zum Beispiel die Art, wie Meetings durchzuführen sind oder wie Projekte vorbereitet und durchgeführt werden, aber auch Leistungsnormen hinsichtlich Zeit, Qualität und Quantität für das Ausüben einer bestimmten Tätigkeit. Am Ende entscheiden Sie als Führungskraft darüber, was sich zu standardisieren lohnt und was nicht, wo Vorgaben gemacht werden sollen und wo nicht. Natürlich sind Sie dabei oft nicht völlig frei. Wenn Ihr Unternehmen zum Beispiel einem bestimmten Managementsystem folgt, werden viele Vorgaben bereits bestehen.[117]

Unsicherheit und Friktionen können unter anderem durch unklare Anweisungen, mangelnde Informationen über Art oder erwartete Qualität einer Arbeit, aber beispielsweise auch wegen unberechenbarem oder launischem Verhalten der Führungskraft entstehen. Sie können durch klare und transparente Angaben zu folgenden Punkten gemildert werden:

- Die zu erfüllende spezifische Aufgabe
- Die erwarteten Ergebnisse (Art, Menge und Qualität)
- Die damit verbundenen Meilensteine und Fristen
- Alle anderen Informationen, die erforderlich sind, um die Erwartungen zu erfüllen

Nach der Zuweisung einer Aufgabe kann es sich lohnen, einige Kontrollfragen zu stellen. Damit kann überprüft werden, ob alle diese Punkte verstanden wurden – und vor allem, ob sie von allen auf die gleiche Weise verstanden wurden.

Überlegenswert ist auch, Anweisungen und Standards schriftlich und allenfalls auch mit Ihrer Unterschrift zu veröffentlichen. Dies gibt dem Ganzen mehr Gewicht und erhöht den positiven psychologischen Druck[118]. Gleichzeitig erhöhen die verminderte Unsicherheit und das implizite Vertrauen, das Sie in die mit der Aufgabe betrauten Personen setzen, deren Motivation und senken den Betreuungsbedarf. Auf diese Weise wird die Gesamteffizienz und -qualität der Aufgabenerfüllung (und somit letztlich des Teams) weiter erhöht.

Dies funktioniert gut bei neuen oder einmaligen Aufgaben. Viele Aufgaben treten jedoch immer wieder auf und Sie können Ihren Führungsaufwand weiter reduzieren, indem Sie allgemeine Leistungserwartungen (ALEs) festlegen. Darin werden die oben genannten Punkte in allgemeiner Form für generische Aufgaben, wie zum Beispiel für Projektanträge oder spezifische Berichte, formuliert. Sie können sich auch auf die Verwendung bestimmter Formate oder Vorlagen beziehen oder diese anfordern. Auf diese Weise wird der Erklärungsbedarf (und somit auch der Kontrollaufwand) erheblich reduziert. *Abbildung 4.11* zeigt ein Beispiel.

ALE 4	**Marketing & Vertrieb**		
Übersicht			
Aufgabe	**Marktdurchdringungsbericht**	**Ausgestellt**	2. Februar 20XX
Aufgabenverantwortlicher	piro (Stellvertreter: meis)	**Zugeordnet durch**	kong
Aufgabenbeschreibung	Regelmäßige Erstellung und Verteilung von Berichten über den Stand der Umsetzung des Marktdurchdringungsplans		
Budget	Max. 20 Stunden (keine Auszahlung von Überzeit)		
Timing (Fälligkeit/ Meilensteine)	H (veröffentlicht/versendet): 31. März, 30. Juni, 30. September, 20. Dezember Meilensteine: 1. Erster Entwurf zum Leiter Marketing & Vertrieb: H - 1 Woche 2. Anmerkung mit Antworten auf Vorstandsfragen: H + 2 Wochen		
Erwartetes Ergebnis			
Typ	Bericht (E-Mail)	**Menge**	1–3 Seiten
Empfänger	Vorstandsmitglieder	**CC**	Abteilungsleitende
Beschreibung	Tätigkeits- und Fortschrittsbericht, beginnend mit einer Zusammenfassung (max. ½ Seite) und anschließenden Details. Zu behandeln: ▪ Fortschritte seit dem letzten Bericht ▪ Aufgetretene Probleme und ergriffene Gegenmaßnahmen ▪ Finanzen (Budget, kumulierte Kosten, Restbudget) ▪ Nötige Zusatzressourcen und Unterstützung		
Bewertungskriterien	1: Inhalt und Sprachqualität 2: Professionelles Layout 3: Rechtzeitige Lieferung		
Qualität	Inhalt: ▪ Integration aller relevanten Informationen aus der Marktforschung ▪ Klare Trennung von Fakten und Interpretation ▪ Klare Markierung von Annahmen ▪ Logischer Stil ohne Redundanzen oder unnötiges Abschweifen Stil: ▪ HTML-formatiert ▪ Redigierte, fehlerfreie Sprache und Rechtschreibung ▪ In Übereinstimmung mit CD/CI		
Zusätzliche Informationen und Bemerkungen			
▪ Empfänger werden am Stichtag bedient, alle CC am Tag danach.			

Abbildung 4.11: Allgemeine Leistungserwartung (Beispiel)
(Quelle: Autor)

Was standardisiert werden soll und was nicht, hängt von einer Reihe von Dingen ab, wie zum Beispiel dem Zweck Ihres Teams, dessen Charakter und Reife, Ihrer eigenen Persönlichkeit, den individuellen Persönlichkeiten Ihrer Unterstellten und dem Vertrauen, das zwischen Ihnen und Ihrem Team besteht. Sie wollen Kreativität und Motivation nicht unterdrücken, aber Sie wollen auch nicht jede wiederkehrende Arbeit jedesmal ausführlich besprechen müssen, um sicherzustellen, dass sie Ihren Erwartungen entspricht. Wie bereits erwähnt, benötigen einige Teammitglieder sicher mehr Coaching und/oder Aufsicht als andere. Standardisierung sollte jedoch nicht auf Einzelne ausgerichtet sein, sondern für alle gelten, die an einer bestimmten Aufgabe jetzt und in Zukunft beteiligt sind.

Haben Sie die von Ihnen für wichtig befundenen Standards einmal definiert und kommuniziert, müssen Sie möglicherweise Ihr Team entsprechend schulen. Dies erhöht zwar vorübergehend Ihren eigenen Führungsaufwand, ermöglicht es Ihnen aber dafür auch, aus erster Hand zu beurteilen, ob die Aufgaben gut verstanden wurden und realistisch sind. Gleichzeitig können Ihre Teammitglieder dabei auch Fragen stellen, die ihnen beim Verstehen Ihrer Argumentation helfen. Dies wiederum erhöht deren Akzeptanz.

Produktive Meetings durchführen

Die Art und Weise, wie Meetings durchgeführt werden, spiegelt die Kompetenz einer Führungskraft recht genau wider. Sauber durchgeführte, effiziente Meetings weisen auf kompetentes Management hin, während schlecht vorbereitete und geleitete Sitzungen auch Rückschlüsse auf die mangelnde Kompetenz der entsprechenden Führungskräfte erlauben.[119]

Die fortschreitende Globalisierung der Wirtschaft hat dazu geführt, dass elektronische Mittel zum Informationsaustausch und zur Entscheidungsfindung an Bedeutung gewonnen haben. Es ist deutlich billiger und schneller, ein Meeting per Videokonferenz einzuberufen als persönlich, wenn die Teilnehmenden über mehrere Länder verteilt sind. Dennoch ist die Durchführung produktiver Meetings nach wie vor eine Schlüsselqualifikation für eine Führungskraft. So ergab beispielsweise eine 2002 publizierte Metastudie, in der 22 veröffentlichte und 5 unveröffentlichte Studien analysiert wurden, dass zum damaligen Zeitpunkt persönliche Meetings bezüglich Entscheidungseffizienz und -geschwindigkeit sowie der Zufriedenheit der Teilnehmer elektronischen Alternativen deutlich überlegen waren.[120] Obwohl die Technologie seither weiter fortgeschritten ist und kollaborative Werkzeuge den Arbeitsablauf erheblich verbessern können, werden Entscheidungen und Anweisungen auch heute immer noch am besten in persönlichen Besprechungen kommuniziert, weil dies der Führungskraft ermöglicht, ihre Argumentation zu erläutern, Fragen zu beantworten und zu überprüfen, ob Ziele und Pläne richtig verstanden wurden. Alle Teilnehmenden kriegen dabei alles synchron mit. Dies ist zwar auch etwa bei Video- oder Telefonkonferenzen der Fall, bei persönlichen Treffen können jedoch auch nonverbale Signale und unterschwellige Botschaften einfacher gelesen werden. Keines der anderen Mittel kollaborativer Entscheidungsfindung, weder asynchrone Kommunikationsmittel wie E-Mail noch synchrone Methoden wie Telefon und auch nicht Videoconferencing kann dies auf die gleiche Art und bei gleicher Qualität. *Tabelle 4.13* erläutert dies genauer.

Die Durchführung erfolgreicher, produktiver Meetings (also solcher, die nicht nur Teil eines Ersatzsoziallebens der Organisatoren zu sein scheinen) hängt von fünf Aspekten ab:

- Meeting-Grund (Zweck, Ziele)
- Meeting-Vorbereitung (Struktur, Thema, Ort, Dauer)
- Meeting-Einladung (Teilnehmende, Agenda, Begleitdokumente)
- Meeting-Management (aktiv)
- Meeting-Nachbereitung (Protokoll)

Typ	Kommunikationsmittel	Zweck erläutern	Fragen beantworten	Kontrollfragen stellen	Aufgaben verteilen	Aufzeichnung/ Transkript	Non-verbale Signale lesen	Unmittelbarkeit
Synchron	Persönliches Meeting („face-to-face")	Ja	Ja	Ja	Ja	Manuell	Ja	Hoch
	Gruppen-Video-Chats (z.B. Skype)	Ja	Ja	Ja	Ja	Manuell	Limitiert	Mittel
	Webkonferenz	Ja	Ja	Ja	Ja	Automatisch	Limitiert	Mittel
	Telefonkonferenzen	Ja	Ja	Ja	Ja	Manuell	Nein	Mittel
Semi-synchron	Gruppentext-Chats (z.B. WhatsApp, Skype)	Ja	Ja	Ja	Ja	Automatisch	Nein	Niedrig
Asynchron	Social-Media-Chats	Ja	Ja	Ja	Ja	Automatisch	Nein	Niedrig
	SMS (Text)	Limitiert	Ja	Ja	Limitiert	Limitiert	Nein	Mittel
	E-Mail	Ja	Ja	Ja	Ja	Automatisch	Nein	Niedrig

Tabelle 4.13: Kommunikationsmittel in der Teamarbeit
(Quelle: Autor)

Meeting-Grund. Hinterfragen Sie kritisch, warum das Meeting notwendig ist. Braucht es wirklich ein persönliches Treffen, um Ihre Ziele zu erreichen? Worin liegt der Zweck des Meetings? Könnte der gleiche Zweck auch anders erfüllt werden, zum Beispiel durch Versand einer E-Mail oder Einberufen einer Videokonferenz? Was genau sind die Ziele des Meetings? Möchten Sie alle auf den neuesten Stand bringen, Fortschrittsberichte einholen oder Entscheidungen treffen? Wie sollen sich die Teilnehmenden vorbereiten? Was ist das gewünschte Ergebnis?

Meeting-Vorbereitung. Definieren Sie Ablauf und Inhalt des Meetings, setzen Sie klare Fristen für die einzelnen Agendapunkte und definieren Sie, wo das Meeting stattfinden soll. An dieser Stelle sollten Sie auch bereits entscheiden, wer Notizen macht und das Protokoll erstellt (und welche Form dieses haben soll). Inhalt und Struktur werden in der Regel in einer Agenda aufgelistet, die idealerweise zusammen mit der Einladung verschickt wird. Wenn beim Meeting sowohl Informationen ausgetauscht als auch Entscheidungen getroffen werden sollen, dann trennen Sie die beiden Aspekte strukturell voneinander; tauschen Sie zuerst Informationen aus und treffen Sie erst dann die Entscheidungen (die ja möglicherweise auf diesen Informationen basieren oder diese zumindest einbeziehen sollten). Das Meeting selbst sollte so kurz wie möglich, aber so ausführlich wie nötig sein.[121] Als Faustregel gilt, dass Meetings wenn immer möglich nicht länger als 90 Minuten dauern sollten. Bei straffer Führung ist oft weniger nötig. Aber natürlich ist es bei wichtigen Themen denkbar, dass ein Meeting auch einmal länger dauert. Wichtig ist dann aber, von Anfang an entsprechend Pausen einzuplanen.

Ebenso müssen Sie entscheiden, wo das Meeting stattfinden soll. Obwohl scheinbar trivial, ist dies ein Detail, das neue Führungskräfte oft vergessen. Es ist nicht optimal, wenn sich 15 Leute zu einem Meeting treffen und dann kein Raum verfügbar ist. Haben Sie Zugang zu einem ausreichend großen Büro oder benötigen Sie einen Konferenzraum? Wie wird dieser reserviert und wer macht das? Diese Fragen sollten bereits vor dem Versand der Einladung beantwortet werden.

Schließlich müssen auch alle Unterlagen und Dokumente, die bei der Sitzung diskutiert werden sollen, vorbereitet werden. Diese können zwar durchaus auch noch (mit entsprechendem Hinweis) nach der Einladung versandt werden, die Teilnehmenden sollten aber genügend Zeit zur Vorbereitung haben.

Agenda Teamleitungs-Meeting | Abteilung International Business

Datum	**27.01.20XX**	**Teilnehmende**	vepa, konti, sepp, froh, supi
Zeit	11.00–12.30	**Entschuldigt** (Grund)	roml (Urlaub), faul (krank)
Seiten	1	**Gäste** (zu TOP)	saun (3.2)
Einladung (Tel.)	seda (6642)	**Unterlagen**	Finanzbericht Q4/20XX

TOP	Inhalt	Wer	Von ... bis	(min)
1.	**Begrüßung/Einführung**			
1.1	Übersicht/Ziele/Dauer	seda	09.00–09.05	(5)
2.	**Informationen** („Hot News", aktuelle Schwerpunkte, Hauptprobleme)			
2.1	Abteilungsebene	seda	09.05–09.20	(15)
2.2	Team-Ebene	Alle	09.20–09.40	(20)
3.	**Diskussion/Entscheidungen**			
3.1	Inhalte des nächsten Strategieworkshops	Alle	09.40–09.55	(15)
3.2	Ergänzungen Produktlinie (Diskussion Short List)	Alle	09.55–10.15	(20)
4.	**Zusammenfassung/Ausblick**			
4.1	Zusammenfassung Hauptpunkte und Entscheidungen	seda	10.15–10.20	(5)
4.2	Verschiedenes	seda	10.20–10.30	(10)
4.3	Nächstes Meeting	seda	10.30	

Abbildung 4.12: Agenda für ein Team-Meeting (Beispiel)
(Quelle: Autor)

Meeting-Einladung. Sobald diese beiden ersten Punkte geklärt sind, können Einladung und Agenda verschickt werden. Die Einladung sollte Zweck und Ziele des Meetings erläutern und die vollständige Agenda enthalten. Letzere wiederum muss alle für die Teilnehmenden relevanten Informationen über den Meeting-Ablauf enthalten. *Abbildung 4.12* zeigt ein Beispiel einer solchen Agenda für ein Treffen der Teamleiter einer Abteilung.

Welchen Personenkreis Sie einladen sollten, hängt von Zweck und Zielen des Meetings ab. Unsichere Führungskräfte versuchen manchmal, sich an einen kleinen Kreis von vertrauenswürdigen Kollegen und Kolleginnen zu halten – oder umgekehrt alle einzuladen, die sich darüber aufregen könnten, nicht eingeladen worden zu sein. Beide Ansätze sind jedoch logischerweise schlecht für die organisatorische Effizienz. Als Faustregel gilt, dass nur Personen eingeladen werden sollten, die etwas beitragen können oder von den ausgetauschten Informationen oder getroffenen Entscheidungen direkt betroffen wären. *Abbildung 4.13* zeigt eine exemplarische Agenda für ein Abteilungsmeeting, an dem alle Angehörigen der Abteilung teilnehmen.

Agenda Abteilungs-Meeting | Abteilung International Business

Datum	**27.01.20XX**	**Teilnehmende**	Alle Abteilungsangehörigen
Zeit	11.00–12.30	**Entschuldigt** (Grund)	roml (Urlaub), faul (krank)
Seiten	1	**Gäste** (zu TOP)	trula (2.1)
Einladung (Tel.)	seda (6642)	**Unterlagen**	Neue Gehaltsstruktur (2.1)

TOP	Inhalt	Wer	Von ... bis	(min)
1.	**Begrüßung/Einführung**			
1.1	Übersicht/Ziele/Dauer	seda	11.00–11.05	(5)
2.	**Informationen** („Hot News“, aktuelle Schwerpunkte, Hauptprobleme)			
2.1	Unternehmensebene	seda	11.05–11.10	(5)
2.2	Divisionsebene	seda	11.10–11.20	(10)
2.3	Abteilungsebene	seda	11.20–11.35	(15)
3.	**Berichterstattung**			
3.1	Stab	Teamleitung	11.35–11.40	(5)
3.2	Produktteam 1	Teamleitung	11.40–11.45	(5)
3.3	Produktteam 2	Teamleitung	11.45–11.50	(5)
3.4	Produktteam 3	Teamleitung	11.50–11.55	(5)
3.5	Produktteam 4	Teamleitung	11.55–12.00	(5)
4.	**Meinungsbildung**			
4.1	Produktteam 3: Neue Produktlinie	Teamleitung	12.00–12.15	(5)
5.	**Ausblick**			
5.1	Verschiedenes	seda	12.15–12.25	(10)
5.2	Abwesenheit	seda	12.25–12.30	(5)
5.3	Nächstes Meeting	seda	12.30	

Abbildung 4.13: Agenda für ein Abteilungs-Meeting (Beispiel)
(Quelle: Autor)

Die Einladung wird meist immer noch per E-Mail verschickt, obwohl Groupware-Tools[122] den Prozess effizienter gestalten könnten. Wenn Sie die Einladung verschicken, sollten Sie auch erwähnen, wie sich die Eingeladenen auf das Meeting vorzubereiten haben. Auch die Agenda selbst kann natürlich in beliebiger Form zur Verfügung gestellt werden (wichtig ist ja nur deren Inhalt, nicht deren Versandart), allerdings ist es sinnvoll, sich an eine Standardform zu halten, sodass sich Ihre Unterstellten daran gewöhnen. Eine formatierte PDF-Version, per E-Mail oder Instant Messenger verschickt, bewährt sich dabei, weil die am Meeting Teilnehmenden diese dann entweder in ausgedruckter Form oder elektronisch (zur Ansicht auf dem Bildschirm) mitnehmen können.

Meeting-Management. Keine zwei Besprechungen sind exakt gleich. Dennoch funktioniert die folgende Grundstruktur im Allgemeinen recht gut:

1. Eröffnen Sie das Meeting, indem Sie die Teilnehmenden willkommen heißen und ihnen für ihre Teilnahme danken.
2. Erinnern Sie jeden an den Zweck und die Ziele des Meetings.
3. Falls sich noch nicht alle Teilnehmenden kennen: Machen Sie eine kurze Vorstellungsrunde. Namensschilder können in einem solchen Fall auch eine gute Idee sein.
4. Falls erforderlich und anwendbar: Besprechen Sie kurz das Protokoll der letzten Sitzung und lassen Sie es formell akzeptieren. Gehen Sie auch kurz die To-do-Liste für diesen Teilnehmerkreis durch.
5. Stellen Sie die restliche Agenda vor. Falls die Zeit ausreicht und Sie es für angemessen halten: Fragen Sie, ob es zusätzliche Punkte gibt, die am Ende der Sitzung besprochen werden sollten.

6. Gehen Sie die Agenda Punkt für Punkt nacheinander durch. Fassen Sie zum Schluss jedes Punkts das Wichtigste nochmals zusammen. Dies erleichtert es den Teilnehmenden, sich an diese zu erinnern, und es erleichtert auch die Erstellung des Sitzungsprotokolls.
7. Behandeln Sie kurz die von den Teilnehmenden gewünschten zusätzlichen Aspekte (siehe Punkt 4). Dieser Teil der Sitzung wird in der Regel als „Verschiedenes" auf der Agenda aufgeführt und sollte in der Regel nicht länger als 15 Minuten dauern. Wenn sich herausstellt, dass ein Thema eine ausführliche Diskussion erfordert, verschieben Sie es auf eine separate Sitzung.
8. Führen Sie eine kurze Schlussumfrage durch, ob noch etwas unklar oder offen ist. Sprechen Sie dabei die einzelnen Teilnehmenden gezielt an. Dies stellt sicher, dass diese geistig präsent sind und sich niemand übergangen fühlt.
9. Fassen Sie die wichtigsten Ergebnisse des Meetings zum Schluss nochmals zusammen und stellen Sie insbesondere sicher, dass alle Teilnehmenden diese gleich verstehen. Nennen Sie neue Aufgaben explizit und definieren Sie die nächsten Schritte.
10. Bestimmen Sie bei Bedarf Datum, Uhrzeit und Ort für die nächste Besprechung oder, falls diese schon feststehen, erinnern Sie die Teilnehmenden daran.
11. Schließen Sie die Besprechung ab.

Meetings haben eine Tendenz, außer Kontrolle zu geraten, wenn sie nicht aktiv geführt werden. Je nach Persönlichkeit werden einige Teilnehmende versuchen, das Meeting zu dominieren, während andere möglichen Konflikten um jeden Preis aus dem Weg gehen möchten. Als Leiter führen Sie die Teilnehmenden in der Regel durch die Agenda, moderieren die Diskussion und fassen am Schluss die Ergebnisse, den Konsens und/oder die Entscheidungen zusammen. Sie müssen ein vernünftiges Gleichgewicht finden zwischen sturem Festhalten an den definierten Zeiten (was dazu führen kann, dass wichtige Punkte nicht zu Ende diskutiert werden) und dem Zulassen unvorhergesehener Diskussionsrichtungen (was jedoch zu endlosen, zirkulären Diskussionen führen kann). Ebenso ist es wichtig, allen das Recht auf Meinungsäußerung einzuräumen. Wenn Sie dabei Ihre Rolle zu aggressiv ausfüllen, fühlen sich die Teilnehmenden schnell überfahren. Sind Sie zu passiv, wird das Meeting jedoch unweigerlich vom Kurs abweichen und meist (viel) länger dauern als angekündigt. Das ist vor allem eine Frage der Erfahrung. Das Gleiche gilt für das Festlegen realistischer Zeitfenster für die verschiedenen Agendapunkte. Als neue Führungskraft fühlen Sie sich dabei möglicherweise noch nicht so sicher. Seien Sie in dem Fall lieber großzügig beim Zeitabschätzen. Ebenso sollten Sie am Ende des Meetings immer noch eine Zeitreserve von 10 bis 15 Minuten einplanen. Wenn Sie also für 90 Minuten einladen, sollten Sie eigentlich nur 75 Minuten verplanen. Kaum jemand regt sich darüber auf, dass ein Meeting zu früh beendet wird. Umgekehrt gilt das hingegen nicht.

Kommen Sie als Meetingmanager/-in immer etwas früher, um sicherzustellen, dass alles funktioniert und vorhanden ist. Erwarten Sie auch von den Teilnehmenden Pünktlichkeit. Halten Sie sich an die Agenda. Dulden Sie keine Nebengespräche, aber seien Sie immer freundlich, wenn Sie die Leute bitten, sich auf das anstehende Thema zu konzentrieren. Leiten Sie das Meeting aktiv, versuchen Sie aber nicht, Ihre persönliche Meinung durchzudrücken. Und stellen Sie sicher, dass alle Meinungen gehört werden. Anders gesagt: Ihre eigene Meinung ist wichtig und sollte genauso geäußert werden wie die der anderen Teilnehmenden, aber Sie sollten klar zwischen Ihrer Rolle als Meetingmanager/-in und der Rolle der Teilnehmenden unterscheiden. Bei der Einholung von Meinungen ist es meist eine gute Idee, in umgekehrter Reihenfolge der Seniorität vorzugehen. Lassen Sie die jüngsten oder hierarchisch niedrigstgestellten Teilnehmenden ihre Meinung zuerst äußern und die ältesten oder höchsten zuletzt. Auf diese Weise lässt sich das Problem reduzieren, dass manche Leute nicht ihre eigene Meinung äußern, sondern einfach diejenige erfahrener Kolleginnen und Kollegen. Ein Nachteil dieses Vorgehens ist allerdings, dass dies für die Teilnehmenden sehr formalistisch erscheinen mag, insbesondere in Teams mit einer sehr egalitären Kultur, etwa Expertenteams. Außerdem birgt es auch die Gefahr in sich, dass jede Person so an den eigenen Platz in dieser Hackordnung erinnert wird, was bei empfindlichen Menschen durchaus negative Auswirkungen auf die Motivation haben kann. Dies kann durch eine hierarchie- oder dienstaltersorientierte Sitzordnung geregelt werden. Wenn Sie dann nach Meinungen fragen, können Sie einfach um den Tisch herumgehen, was möglicherweise natürlicher erscheint. Selbstverständlich können clevere Teilnehmende den Grund für diese Sitzordnung ebenfalls herausfinden – insbesondere, wenn dies in Ihrer Organisation unüblich ist, und dann haben Sie wieder das gleiche Problem. Aber die Vorteile der ungefilterten Meinungsäußerung überwiegen normalerweise. Sie müssen als Meetingmanager/-in selbst beurteilen, ob dieser Ansatz in einer gegebenen Situation sinnvoll ist oder nicht.

Schließlich ist es meist eine gute Idee, am Schluss der Besprechung kurz Organisation und Ergebnisse zu überprüfen. Wurden Einladung und Agenda frühzeitig genug verteilt, sodass sich alle sauber vorbereiten konnten? Haben sie das auch tatsächlich getan? War genügend Zeit eingeplant für die Diskussion der verschiedenen Agendapunkte? Waren diese relevant? Wie effizient und effektiv war das Meeting? Diese Fragen kurz durchzugehen, kann dazu beitragen, die Produktivität von Meetings laufend zu verbessern.

Meeting-Nachbearbeitung. Das Protokoll (also die Zusammenfassung der wichtigsten Ergebnisse und Entscheidungen) sollte den Teilnehmenden innerhalb einer angemessenen Frist nach der Besprechung verteilt werden.[123] Danach gibt es in der Regel einen definierten Zeitraum für die Korrektur von Fehlern sowie für Streichungen oder die Beseitigung von Unklarheiten, bevor das Protokoll als endgültig betrachtet wird. Im Falle von sehr stark formalisierten Sitzungen, wie zum Beispiel Vorstands- oder Ausschusssitzungen, müssen diese von den Teilnehmenden formell genehmigt werden, entweder durch (in der Regel schriftliche) Zustimmung oder nach der formellen Annahme in einer nachfolgenden Sitzung[124].

Nicht jede Besprechung benötigt ein Protokoll. Wenn beispielsweise ein Abteilungsmeeting regelmäßig stattfindet und sein Zweck lediglich darin besteht, alle zu informieren, können Sie auf das Protokoll verzichten. Wenn Sie etwas besprechen, das wichtig oder einzigartig genug ist, um eine schriftliche Aufzeichnung zu rechtfertigen, sind Protokolle jedoch ein Muss. Sie sollten so kurz wie möglich, aber so lang wie nötig sein. Eine grundsätzliche Entscheidung, die Sie im Voraus fällen sollten, betrifft den Zweck und Detaillierungsgrad des Protokolls. Benötigen Sie eine wortgetreue Abschrift von allem, was gesagt wurde? Dies kann beispielsweise bei Gerichtsverhandlungen der Fall sein. Oder wird zumindest eine Zusammenfassung aller relevanten Informationen über die Sitzung und deren Inhalt benötigt, sodass andere das Besprochene nachvollziehen können, ohne weitere Dokumente einsehen zu müssen? Oder reicht ein einfaches Entscheidungsprotokoll, also eine schriftliche Zusammenfassung der getroffenen Entscheidungen? Je nachdem variiert die Vorbereitung auf das Protokoll vor und während des Meetings. Wenn Sie eine wortgetreue Abschrift benötigen, sind in der Regel entweder die Dienste von Spezialisten (zum Beispiel einer Stenografin oder eines Stenografen) oder eine Audio- oder Videoaufzeichnung der Besprechung, gekoppelt mit einer speziellen Speech-to-Text-Software und zusätzlichen Redaktionsarbeiten, gefragt. Benötigen Sie hingegen nur eine Niederschrift der getroffenen Entscheidungen, können Sie das Protokoll höchstwahrscheinlich direkt während der Sitzung schreiben. Dazu bietet es sich an, Ihre Formulierungen direkt im Besprechungsraum an die Wand oder auf einen Bildschim zu projizieren, wenn die Möglichkeit besteht. Dies ermöglicht es allen Teilnehmenden, Einwände oder Vorschläge gleich anzubringen. Auf diese Weise ist das Protokoll zum Ende der Sitzung fertig und faktisch bereits bereit zur Verabschiedung.

Die gebräuchlichste Protokollform liegt jedoch zwischen diesen beiden Extremen. Meist wird eine Zusammenfassung der wichtigsten Informationen und Ergebnisse sowie der Diskussion festgehalten. Die Erstellung dieser Art von Protokoll dauert länger als ein bloßes Entscheidungsprotokoll, benötigt aber viel weniger Zeit als eine wortgetreue Abschrift. Und die Effizienz kann deutlich gesteigert werden, indem es vor der Sitzung bereits so weit wie möglich vorbereitet wird. Informationen wie Datum, Uhrzeit, Ort und Teilnehmende sowie eine kurze Einführung zu jedem Diskussionsthema können bereits im Voraus zusammengestellt werden, sodass während oder nach der Sitzung nur die Inhalte der Diskussion und die Entscheidungen ergänzt werden müssen. Dies ermöglicht eine flotte Fertigstellung und Verteilung des Protokolls nach der Sitzung.

Die einfachste Form für diese Art Protokoll ist eine Tabelle, wie im Beispiel in *Abbildung 4.14* ersichtlich. Dieses Protokoll basiert auf der in *Abbildung 4.13* vorgestellten Agenda für ein Teamleitungs-Meeting.

Wie beim Entscheidungsprotokoll können Sie diesen vorbereiteten Protokollentwurf direkt an die Wand oder auf einen Bildschirm im Sitzungszimmer projizieren und die Teilnehmenden sich direkt äußern lassen. Dadurch wird die Anzahl nötiger Korrekturen nach der Sitzung deutlich reduziert.

Die Einhaltung dieser Tipps und Grundsätze ist zwar keine Garantie für Ihren Führungserfolg, hilft Ihnen aber auf jeden Fall dabei, effektive und effiziente Meetings durchzuführen.

Protokoll Teamleitungs-Meeting | Abteilung International Business

Datum	**27.01.20XX**	**Teilnehmende**	vepa, konti, sepp, froh, supi
Zeit	11.00–12.30	**Entschuldigt** (Grund)	roml (Urlaub), faul (krank)
Seiten	1	**Gäste** (zu TOP)	saun (3.2)
Einladung (Tel.)	seda (6642)	**Verlinkte Unterlagen**	Finanzbericht Q4/20XX
Protokoll	konti	**Abgenommen**	31.01.20XX

Trakt.	**Inhalt**	**Inhalte**	**Entscheidungen/Schlüsselpunkte**
1.	**Begrüßung/Einführung**		
1.1	Übersicht/ Ziele/Dauer	...	...
2.	**Informationen** („Hot News", aktuelle Schwerpunkte, Hauptprobleme)		
2.1	Abteilungsebene	...	...
2.2	Team-Ebene	...	...
3.	**Diskussion/Entscheidungen**		
3.1	Inhalte des nächsten Strategieworkshops	...	...
3.2	Ergänzungen Produktlinie (Diskussion Short List)	...	...
4.	**Zusammenfassung/Ausblick**		
4.1	Zusammenfassung Hauptpunkte und Entscheidungen	...	...
4.2	Verschiedenes	...	...
4.3	Nächstes Meeting	...	...

Abbildung 4.14: Vorbereitetes Meeting-Protokoll (Muster)
(Quelle: Autor)

Takeaways

Was Sie von diesem Kapitel mitnehmen sollten:

1. Das integrierte Modell effektiver Führung (IMEF) definiert vier Kernaufgaben der Führung (Auftragserfüllung, Selbstführung, Teamführung und Teammitgliederführung), welche auf einem transformationalen Fundament aus sechs Kernverhalten (die Richtung weisen; mit gutem Beispiel vorangehen; Führungspräsenz und Resilienz entwickeln; motivieren und inspirieren; rücksichtsvolles Interesse zeigen; befähigen, stimulieren und herausfordern) und neun Kernkompetenzen (analysieren; entscheiden; informieren/kommunizieren; planen; implementieren; unterstützen; kontrollieren; evaluieren; belohnen/bestrafen) der Führung basiert.
2. Ein Auftrag ist eine wichtige, übergeordnete Aufgabe oder Gruppe von Aufgaben mit dem Ziel, ein bestimmtes Endergebnis zu erzielen, während eine Aufgabe einfach eine bestimmte zu erledigende Arbeit bezeichnet.
3. Auftragserfüllung hängt von drei Elementen ab: den richtigen Fähigkeiten, der richtigen Einstellung und dem richtigen Zeitpunkt.
4. Die vier grundlegenden konzeptionellen Fähigkeiten sind Analysieren, Variantendenken, Konzeptdefinition und Planentwicklung.
5. Sieben Einstellungen sind besonders wichtig für die Teamleistung und sollten systematisch gefördert werden: ein klares Auftragsbewusstsein, hohe Zielstrebigkeit, ein ausgeprägter Kooperationsgeist, gegenseitiges Vertrauen sowie eine starke Leistungs-, Qualitäts- und Dienstleistungsorientierung. Ebenso ist ein solider moralischer Kompass wichtig.
6. Nach der sogenannten Drittelsregel sollte eine vorgesetzte Stufe nicht mehr als ein Drittel (und vorzugsweise weniger) der gesamten verfügbaren Nettozeit für die Erfüllung eines Auftrags selbst verbrauchen. Der Rest sollte den für die Umsetzung zuständigen unterstellten Stellen zur Verfügung stehen.
7. Die Schlüsselfrage der Zeitplanung lautet: Wann müssen wir wie, wie lange, in welchem Tempo und mit welchen Ressourcen handeln?
8. Zeitplanung besteht im Wesentlichen aus fünf Schritten: der Identifizierung und Zuordnung der gesamten Nettozeit und der verfügbaren Personenstunden, der Identifizierung und Bewertung der auszuführenden (Teil-)Aufgaben, der Identifizierung und Priorisierung der relevanten internen und externen Meilensteine, der Erstellung eines internen und externen Zeitplans sowie der ständigen Überwachung und regelmäßigen Aktualisierung des Zeitplans.
9. Der interne Zeitplan beinhaltet minimal alle Meilensteine des Teams, während der externe Zeitplan wichtige Ereignisse im Zusammenhang mit relevanten Interessengruppen sowie Ereignisse und Termine auf der übergeordneten und unterstellten Stufe berücksichtigt.

10. Selbstführung beinhaltet insbesondere: Die eigene Führungspräsenz zu entwickeln, die eigene Resilienz zu fördern, jederzeit mit gutem Beispiel voranzugehen, die eigene emotional-soziale Intelligenz (weiter-)zuentwickeln und die eigene Arbeits- und Freizeit sinnvoll zu strukturieren.
11. Die vier grundlegenden Interaktionsrollen einer Führungskraft sind: Trainer/-in, Befähiger/-in, Vermittler/-in und Herausforderer/-in.
12. Die Führung der einzelnen Teammitglieder beinhaltet insbesondere: motivieren und inspirieren, die Richtung weisen, befähigen, stimulieren und herausfordern, rücksichtsvolles Interesse zeigen sowie einen angemessenen Führungsrhythmus festlegen.
13. Die Führung des Teams als Ganzes beinhaltet insbesondere: das Team entwickeln, dem Team (als Ganzes) die Richtung weisen, die Situation beherrschen, Standards (durch-)setzen und produktive Meetings durchführen.
14. Erfolgreiche Teamarbeit hängt von vier Faktoren ab: Existenz gemeinsamer Ziele, Parität zwischen den Teammitgliedern, gemeinsame Verantwortung für Zusammenarbeit und Ergebnisse sowie gemeinsame Nutzung von Ressourcen.

Endnoten

1 Tatsächlich ist Führungserfahrung einer der Hauptfaktoren guter Führung. Unabhängig davon, ob Sie eine dieser sprichtwörtlichen „geborenen Führungskräfte" sind oder nicht: Je mehr Erfahrung Sie erwerben, desto besser werden Sie. Scheuen Sie sich also nicht, möglichst früh Verantwortung zu übernehmen. Siehe auch Seelhofer und Valeri (2017).

2 Scouller (2011).

3 Scouller (2011).

4 Siehe z.B. Goleman (2000) und Scouller (2011).

5 Blake und Moutons 1964 veröffentlichter sog. *Managerial Grid* (Verhaltensgitter) sieht Führung als Spannungsfeld zwischen Produktions- und Menschenorientierung, mit einem beide Ausrichtungen gleichermaßen berücksichtigenden idealtypischen Führungsstil (Team-Leadership).

6 Hersey und Blanchard (1969).

7 Adairs 1973 erstmals publiziertes *Action-Centered Leadership Model* betont eine dreifache Führungsverantwortung: Das Erfüllen von Aufträgen bedingt die effektive Führung von Teams (Team-Führung) und deren Mitgliedern (individuelle Führung).

8 Siehe z.B. Avolio and Bass (1991).

9 Adair spricht dabei jedoch von den „Kernfunktionen der Führung" (Adair, 1973).

10 Solche Belohnungen können sowohl monetärer (etwa ein Bonus) als auch nichtmonetärer (bspw. zusätzliche Freizeit oder auch einfach Lob) Natur sein. „Bedingt" ist dabei so zu verstehen, dass die Führungskraft eine versprochene Belohnung an die Erfüllung klar kommunizierter Erwartungen knüpft – und dies dann im Erfolgsfall natürlich auch einhält.

11 Siehe z.B. Podsakoff, Todor und Skov (1982).

12 Siehe z.B. Yammarino et al. (1997).

13 Siehe z.B. Richter und Piccolo (2004).

14 Siehe z.B. Parry und Proctor-Thomson (2002).

15 Als Führungskraft müssen Sie schlussendlich selbst entscheiden, wo hier für Sie die Grenze des Akzeptablen liegt. Sowohl Nulltoleranz wie auch komplettes Laissez-Faire sind meistens kontraproduktiv. Der optimale Kompromiss zwischen Härte und Toleranz kann sich je nach Situation ändern und hängt unter anderem von der Art der Arbeit und vom Reifegrad der Mitarbeitenden ab. Wo die Einhaltung von Regeln sicherheitsrelevant ist (z.B. in einem Atomkraftwerk), kann Nulltoleranz sinnvoll sein, sogar wenn sich diese negativ auf die Motivation auswirken sollte. In den meisten Fällen gilt jedoch, dass sich eine gewisse Nachsicht (innerhalb klar definierter und kommunizierter Grenzen) umso positiver auswirkt, je kompetenter und williger die Mitarbeitenden sind.

16 Siehe z.B. Bass (1985) oder Tracey und Hinkin (1998).

17 Auf Deutsch etwa „Vollspektrumführungsmodell".

18 Siehe Avolio and Bass (1991).

19 Auf Deutsch: „Die fünf Praktiken vorbildlicher Führung". Siehe Kouzes und Posner (1987).

20 Auf Deutsch „Die Drei Ebenen der Führung".

21 Siehe dazu bspw. Podsakoff, Todor und Skov (1982), Antonakis, Avolio und Sivasubramaniam (2003) oder Judge und Piccolo (2004).

22 PRINCE steht für *projects in controlled environments* und ist ein strukturierter Projektmanagementansatz, der ursprünglich in Großbritannien als Regierungsstandard für IT-Projekte entwickelt wurde. Die erste Version wurde 1989 verabschiedet. Die Zahl *2* in PRINCE2 bezieht sich auf die zweite, generischere Iteration der 1996 veröffentlichten Methode.

23 CCPM steht für *Critical Chain Project Management* und ist ein ressourcenorientierter Projektmanagementansatz, der flexibler ist als herkömmliche Modelle auf Basis der Critical-Path-Methodik. Er wurde erstmals von Eliyahu M. Goldratt in seinem 1997 erschienenen Buch *Critical Chain* vorgestellt.

24 BRM steht für *Benefits Realisation Management* und ist eine veränderungsorientierte Projektmanagementmethodik, die sich auf die Ausrichtung von Unternehmensstrategien und Projektergebnissen konzentriert.

25 SCRUM ist eine agile Projektmanagementmethode, die iterative und inkrementelle Praktiken anwendet und zunehmend zur Verwaltung komplexer Projekte, wie beispielsweise großer Software- und Produktentwicklungsanstrengungen, eingesetzt wird.

26 HERMES ist ein vereinfachter, flexibler und frei verfügbarer Projektmanagementansatz, der seit 1975 vom Schweizer Bund entwickelt und angewendet wird. In seiner neuesten Iteration beinhaltet er auch Unterstützung für agile Entwicklung (z.B. mit SCRUM). Das Akronym steht für *Handbuch der Elektronischen Rechenzentren des Bundes, eine Methode zur Entwicklung von Systemen.*

27 Eine Reihe von Studien an Zwillingen (z.B. Grigorenko, LaBuda und Carter, 1992; Finkel und McGue, 1993; McClearn et al., 1997; Bartels et al., 2002; Benyamin et al., 2005; Briley und Tucker-Drob, 2013) legt nahe, dass zwischen 60 und 80 Prozent der Unterschiede in den kognitiven Fähigkeiten von Erwachsenen auf genetische Faktoren zurückzuführen sind.

28 PESTEL ist ein Akronym für *political, economic, social* (oder *socio-demographic*), *technological, ecological* und *legal*, also politisches, wirtschaftliches, soziales (oder soziodemografisches), technologisches, ökologisches und rechtliches Umfeld. Die Aufteilung des Makroumfelds in diese Bereiche und deren Untersuchung können verwendet werden, um die wichtigsten Treiber für Veränderungen im externen Umfeld eines Unternehmens zu identifizieren.

29 Die fünf Kräfte sind die Verhandlungsmacht der Lieferanten, die Verhandlungsmacht der Käufer, die Gefahr von Neueinsteigern, die Gefahr der Substitution und die Konkurrenzsituation in der Branche.

30 SWOT ist ein Akronym für *strengths, weaknesses, opportunities* und *threats*, also Stärken, Schwächen, Chancen und Risiken. Auf Basis der Ergebnisse dieser Analyse können strategische Optionen entwickelt werden, die bspw. einer Bedrohung durch den Einsatz einer bestimmten Stärke entgegenwirken oder eine Schwäche durch die Nutzung einer Chance überwinden. Das Akronym TOWS, das für die gleichen Aspekte in umgekehrter Reihenfolge steht, bezeichnet diesen zweiten Schritt.

31 Die drei Buchstaben bezeichnen unterschiedliche Bedeutungsebenen, wobei A am meisten und C am wenigsten wichtig ist.

32 Kossiakoff et al. (2011).

33 Nelke (2012).

34 Die Brainstorming-Methode wurde vom Werbefachmann Alex F. Osborn in seinem 1948 erschienenen Buch *Your Creative Power* erstmals beschrieben. Er erläuterte darin, wie er sie aus Frustration darüber, dass seine Mitarbeitenden keine kreativen Ideen für Werbekampagnen fanden, entwickelt hatte. Der Begriff war aber bereits 1939 von einem Team unter der Leitung von Osborn geprägt worden. Die Methode basiert auf vier Grundideen: Quantität anstreben (so viele Ideen wie möglich generieren), Kritik zurückhalten (zuerst Ideen sammeln, dann diskutieren), ausgefallene Ideen begrüßen (über den Tellerrand hinaussehen) und Ideen kombinieren und verbessern („1 + 1 = 3").

35 Auch *Gruppen-Brainwriting* oder *6-3-5-Brainwriting* genannt, ist diese Methode ähnlich wie Brainstorming, erfordert aber, dass die Teilnehmenden ihre Ideen aufschreiben, statt sie mündlich auszudrücken. In seiner ursprünglichen Form, wie sie 1969 von Bernd Rohrbach in der Zeitschrift *Absatzwirtschaft* veröffentlicht wurde, besteht sie aus sechs in einem Kreis sitzenden und von einer Moderatorin oder einem Moderator koordinierten Teilnehmenden, die in einer Anzahl Runden von jeweils fünf bis zehn Minuten je drei Ideen zu einem Arbeitsblatt hinzufügen. Am Ende jeder Runde werden die Arbeitsblätter nach rechts weitergegeben, sodass sich Teilnehmende auch von vorangegangenen Ideen inspirieren lassen können. Dieser Prozess wird so lange fortgesetzt, bis jedes Arbeitsblatt komplett ist, was nach den üblichen sechs Runden insgesamt 108 Ideen ergibt.

36 Diese 1986 von Edward de Bono publizierte Kreativitätstechnik soll mittels sogenanntem parallelem Denken kreative Prozesse in Gruppen effizienter machen. Die sechs Hutfarben stehen dabei für eine bestimmte Art des Denkens (z.B. weiß für rational-analytisches und rot für emotionales). Indem sich alle Teammitglieder (im übertragenen Sinne) bewusst einen Hut gleicher Farbe aufsetzen, werden Konflikte vermieden und trotzdem alle Sichtweisen miteinbezogen.

37 TRIZ steht für *теория решения изобретательских задач*, also *teoriya resheniya izobretatelskikh zadach*, was so viel bedeutet wie „Theorie der Lösung erfindungsbezogener Aufgaben". Sie wurde ursprünglich ab 1946 vom sowjetischen Erfinder und Science-Fiction-Autor Genrich Altshuller während seiner Tätigkeit als Angestellter im Erfindungsprüfbüro der Russischen Kaspischen Flotte entwickelt.

38 USIT steht für *unified structured inventive thinking* (also „einheitlich strukturiertes erfinderisches Denken"). Es handelt sich dabei um eine Erweiterung der TRIZ-Methode, die zuerst bei der Ford Motor Company eingeführt und 1997 im Buch *Unified Structured Inventive Thinking – How to Invent* veröffentlicht wurde.

39 Obwohl die beiden Begriffe in der Literatur nicht einheitlich und oft synonym verwendet werden, wird in diesem Buch die Position eingenommen, dass Stoßrichtungen den Zielen insofern untergeordnet sind, als dass ein allgemeines Ziel aus dem erhaltenen Auftrag abgeleitet werden muss und aus einer oder mehreren spezifischen Stoßrichtungen bestehen kann, die konkretisieren, wie dieses erreicht werden soll. Für das Ziel, mit einem bestimmten Produkt innerhalb von drei Jahren Marktführer zu werden, würden die zugehörigen Stoßrichtungen z.B. festlegen, welches Umsatzwachstum und welcher Marktanteil in jedem Jahr erreicht werden soll.

40 SMART steht für *specific* (also konkret), *measurable* (messbar), *attainable* (erreichbar), *realistic* (realistisch) und *time-specific* (zeitlich fixiert).

41 Der Auftrag sollte z.B. nicht zum Anlass genommen werden, das Wohlergehen der Unterstellten zugunsten der Auftragserfüllung sinnlos zu opfern. Ebenso bilden sich Führungskräfte mit ausgeprägten Egos und wenig Empathie oft ein, dass sie im Sinne des Auftrags handeln und daher die Unterstellten (wortwörtlich oder zumindest im übertragenen Sinne) opfern müssten, auch wenn dies eigentlich aus Eigeninteresse geschieht.

42 Liang, Rajan und Ray (2008).

43 In der Projektmanagementmethodik des kritischen Pfades werden diese Pufferzeiten auch als *Float* bezeichnet.

44 Bass (1985).

45 Im Full-Range-Leadership-Modell von Avolio and Bass wird der idealisierte Einfluss in zwei Elemente unterteilt: idealisierter Einfluss (attribuiert) und idealisierter Einfluss (Verhalten).

46 Scouller (2011).

47 Scouller selbst nennt dies „die richtige Einstellung". Es wurde in diesem Buch geändert, um Verwechslungen mit der Erklärung der *richtigen Einstellung* Seite 110 ff. zu vermeiden.

48 Wagnild und Young (1990, Seite 166).

49 *Gesundheitsförderung Schweiz* (*gesundheitsfoerderung.ch*).

50 Siehe dazu bspw. Cohen und Will (1985), Beardslee (1989) oder Caplan (1990).

51 Siehe dazu bspw. Schnee (1982), Hemingway und Smith (1999) oder Elfering et al. (2005).

52 Siehe z.B. Tugade, Fredrickson und Barret (2004) oder Ong et al. (2006).

53 Siehe Rich (1997).

54 Siehe Schraeder, Tears und Jordan (2005).

55 Siehe Halcomb (2005).

56 Siehe Yaffe und Kark (2011). Der auch im Deutschen gebräuchliche englische Ausdruck *Corporate Citizenship* umschreibt den freiwilligen, also über die gesetzlichen Regelungen hinausgehenden, Beitrag einer Organisation zu nachhaltiger Entwicklung und sozialer Verantwortung. Der Ausdruck stammt von der Idee ab, dass auch Organisationen sich als „gute Bürger" in die Gesellschaft einordnen sollen.

57 Siehe Potters, Sefton und Vesterlund (2007).

58 Dieses Beispiel findet sich in der Dokumentation *Enron: The Smartest Guys in the Room* von 2005.

59 Schüz (2016).

60 Siehe Mayer und Geher (1996).

61 Siehe Goleman, Boyatzis und McKee (2002).

62 Gardner bezog sich tatsächlich auf *persönliche Intelligenzen*, Plural.

63 Anfänglich bezeichnete Bar-On das Konstrukt als *emotionale und soziale Intelligenz*, verkürzte es aber später zu emotional-sozialer Intelligenz (Bar-On, 2006).

64 Siehe Bar-On (2006, Seite 14).

65 Die Vermeidung von Unsicherheiten ist auch kulturell bedingt. Einige Kulturen, wie zum Beispiel Österreich, haben eine viel höhere allgemeine Tendenz zur Unsicherheitsvermeidung als andere, etwa Nepal oder China. Weitere Informationen finden Sie in Kapitel 5.

66 Siehe z.B. Stepien und Baernstein (2006) oder Klimecki et al. (2014).

67 Siehe Cotton (1992).

68 Siehe Bar-On (2006).

69 Siehe z.B. Arakawa und Greenberg (2007), Luthans et al. (2005) oder Seligman (1998).

70 Siehe Lyubomirsky, Sheldon und Schkade (2005).

71 Siehe dazu Layous und Lyubomirsky (2014).

72 Bar-On bezeichnet diesen Faktor einfach als soziale Verantwortung. Um Verwechslungen mit dem weit verbreiteten Konzept der sozialen Verantwortung von Unternehmen (*Corporate Responsibility*) zu vermeiden, wurde in diesem Buch die „Gruppe" hinzugefügt.

73 De Hoogh und Den Hartog (2008).

74 Bar-On (2006).

75 Siehe dazu auch das Thema *Führungsrhythmus* auf Seite 152 ff.

76 Siehe dazu auch die Erläuterung der Führungspräsenz auf Seite 123 ff.

77 Siehe dazu z.B. Way, Jimmieson und Bordia (2016) oder De Dreu und Weingart (2003).

78 Siehe De Dreu und Weingart (2003).

79 Die TK-CMI listet fünf Konfliktverhaltensweisen auf, die auf Durchsetzungsvermögen und Kooperationsbereitschaft basieren.

80 Die DISG-Bewertung basiert auf William M. Marstons DISC-Theorie, die besagt, dass Menschen ihre Emotionen in vier Grundverhalten ausdrücken: dominant, initiativ, stetig oder gewissenhaft.

81 Diese formalisierte Liste regelmäßiger Treffen wird auch als Führungsrhythmus bezeichnet.

82 Auf Deutsch bedeutet *Range of Affect* etwa „Reichweite affektiver Reaktion".

83 Der auf dieser Idee basierende Forschungsstrom ist als *Dispositionsansatz* bekannt geworden.

84 Siehe Richter, Locke und Durham (1997).

85 Auf Deutsch etwa *„grundlegende Selbstevaluationen".*

86 Siehe Hamid (1994).

87 Auf Deutsch: „Eine Theorie menschlicher Motivation".

88 Obwohl Maslows Modell die größte Verbreitung erfuhr, geht die Idee solcher aufeinander aufbauender Bedürfnisse bis in die Antike zurück. Bereits der altgriechische Philosoph Platon beschrieb eine rudimentäre Form davon. Und schon 1908 veröffentlichte der deutsche Ökonom Lujo Brentano seinen *Versuch einer Theorie der Bedürfnisse.*

89 Die amerikanische Fleischwirtschaft war Anfang des 20. Jahrhunderts berüchtigt für ihre schlechten Arbeitsbedingungen. Fehlende Sicherheitsstandards und chronische Überarbeitung der Angestellten führten zu einer Vielzahl von Unfällen. In den großen Chicagoer Fleischhöfen war die Situation besonders schlimm. Trotzdem wehrten sich die Besitzer vehement gegen jegliche Form gewerkschaftlicher Organisation. Upton Sinclairs 1906 erschienener Roman *Der Dschungel* schockierte die amerikanische Öffentlichkeit mit seinen grafischen Beschreibungen dieser Zustände, darunter eine Vielzahl unhygienischer Verarbeitungsverfahren. Im Jahr 1917 beauftragte der U.S.-Präsident Woodrow Wilson die *Federal Trade Commission* (Bundeshandelskommission) mit einer Untersuchung der gesamten Branche.

90 Auch *Motivator-Hygiene-Theorie* und *Dual-Faktor-Theorie* genannt.

91 Siehe Hartog, Muijen und Koopman (1997).

92 Siehe Banerji und Krishnan (2000).

93 Die Begriffe „inspirierend“ und „charismatisch“ werden oft synonym verwendet. Siehe dazu Bass und Stogdills 1990 erstmals erschienener Bestseller *Handbook of Leadership* (Handbuch der Führung).

94 Siehe Waldman, Balthazard und Peterson (2011).

95 Siehe Bass und Stogdill (1990).

96 Siehe Adair (1973, 1988).

97 Siehe Kouzes und Posner (1987).

98 Siehe Avolio und Bass (1991).

99 In seinem Essay *Die drei reinen Typen der legitimen Herrschaft von* 1922 identifizierte der deutsche Soziologe Max Weber drei Autoritätsarten, die das Herrschaftsrecht eines Herrschers legitimieren: rational-legal (oder bürokratisch), traditionell und charismatisch.

100 Die Hawthorne-Experimente wurden vom Management der Hawthorne Works in Auftrag gegeben, einem Werk des Telekomtechnik-Konzerns Western Electric außerhalb Chicagos. Ziel war festzustellen, ob unterschiedliche Beleuchtungsstärken am Arbeitsplatz die Produktivität der Arbeiter beeinflussten. Die Experimente, die zwischen 1924 und 1932 stattfanden, konnten dann auch tatsächlich eine Steigerung der Produktivität feststellen, wenn Änderungen an der Beleuchtung vorgenommen wurden. In einer späteren Analyse dieser Resultate wurde dieser Effekt dann jedoch statt auf die eigentliche Beleuchtungsveränderung auf die Tatsache zurückgeführt, dass den Arbeitern die Beobachtungssituation bewusst war – der mittlerweile bekannte *Hawthorne-Effekt*. Dieser gilt als real, obwohl die Experimente selbst und deren Methodik immer wieder massiv kritisiert wurden. Eine Untersuchung der Originaldaten durch die Ökonomen Stephen Levitt und John List im Jahr 2011 ergab, dass der originale Effekt zum Großteil auf das Design des Experiments zurückzuführen war. So wurden z.B. Beleuchtungsveränderungen oft am Sonntag eingeführt, womit der erste Messtag, Montag, also vor allem den „Auftankeffekt“ durch den Ruhetag, Sonntag, der Arbeiter widerspiegelte.

101 Rein statistisch gesehen hat jede größere Organisation eine bestimmte Anzahl von Führungskräften mit Persönlichkeitsstrukturen, die in der Psychologie zur sogenannten dunklen Triade – Narzissmus, Machiavellismus und Psychopathie – gezählt werden. Diese zeichnen sich unter anderem durch ein übersteigertes Selbstwertgefühl und eine rücksichtslose Haltung gegenüber anderen Menschen aus. Aber auch egoistische, selbstverliebte oder zumindest stark mit sich selbst beschäftigte Menschen tun sich schwer damit, sich für andere zu interessieren.

102 Wer solche an sich sehr sinnvollen Instrumente nutzt, sollte jedoch darauf achten, dass das Programm vorher für alle transparent gemacht wird.

103 Siehe Drucker (2004).

104 Siehe Friend and Cook (1992).

105 Siehe Seelhofer (2007).

106 Tatsächlich identifizierte Belbin in seiner ersten Veröffentlichung von 1981 nur acht Teamrollen, aber in einer Aktualisierung von 1993 überarbeitete er einige von ihnen und fügte eine neunte hinzu, „den Spezialisten“.

107 Siehe Belbin (2012).

108 Laut Belbin bedeutet dies eine Punktzahl von 70 oder mehr bei Anwendung seines Messinstruments *Belbin Team Role Inventory.*

109 Siehe Davis et al. (1992).

110 Siehe Fisher, Hunter und Macrosson (1998).

111 In früheren Versionen als „company worker“ bezeichnet.

112 In früheren Versionen als „Chairman“ bezeichnet

113 Ein Beispiel für ein negatives Ritual sind die mentalen und zum Teil auch körperlichen Schikanen für Neueintretende in vielen Internaten und auch bei einigen Streitkräften.

114 Siehe Kinsey Goman (2002).

115 Um festzustellen, ob eine Information relevant ist, fragen Sie sich, ob die Personen, denen Sie diese anvertrauen möchten, ihre Arbeit besser verrichten können, wenn sie sie jetzt oder in Zukunft besitzen. Ver-

meiden Sie es jedoch, zum Büroklatsch beizutragen. Führungskräfte, die persönliche Informationen von anderen weitergeben, verlieren rasch den Respekt und das Vertrauen ihrer Unterstellten.

116 Seelhofer und Valeri (2017).

117 Beispiele für bekannte Managementsysteme sind die der Internationalen Organisation für Normung (*International Organization for Standardization* ISO), wie ISO 9001 (Qualitätsmanagement), ISO 14001 (Umweltmanagement) und ISO 50001 (Energiemanagement).

118 Gegebenenfalls kann der Aufgabenempfänger die Zuteilung umgekehrt ebenfalls mit Unterschrift quittieren. Dies erhöht den Leistungsdruck weiter, verringert aber unter Umständen gleichzeitig auch die Motivation, da es als Zeichen mangelnden Vertrauens aufgefasst werden kann.

119 Siehe Elsayed-Elkhouly und Lazarus (1997).

120 Siehe Baltes et al. (2002).

121 Dies hängt natürlich vom jeweiligen Thema und eventuell von der Häufigkeit der Besprechungen ab. Vorstandssitzungen finden z.B. oft weniger als einmal im Monat statt, dauern dann aber einen halben Tag oder länger.

122 Beispiele sind Projektmanagementsysteme (in denen eine Besprechung Teil des Projekt-Workflows ist) und allgemeine Workflow-Systeme (die eine kollaborative Verwaltung von Dokumenten und Aufgaben ermöglichen).

123 Die Definition dessen, was „angemessen“ ist, ist von Faktoren wie der Dauer und den Umständen der Sitzung oder der Arbeitsbelastung der Protokollersteller abhängig. Es sollte jedoch einen klar kommunizierten Standard geben. Ein verbreiteter Benchmark ist vier Tage.

124 Dies geschieht in der Regel zu Beginn der Besprechung, direkt nach der Einführung.

5

Führen über Kulturgrenzen hinweg

Lernerfolge

Nach diesem Kapitel sollten Sie in der Lage sein,

- kulturelle Einflüsse auf eine Person zu verstehen,
- Bereiche der Führung zu identifizieren, in denen die Kultur eine Rolle spielen kann,
- wichtige interkulturelle Management- und Führungsmodelle zu erklären,
- kulturell universell als positiv oder negativ bewertete Führungsmerkmale zu erläutern und
- über Ihr eigenes interkulturelles Führungsverhalten nachzudenken.

Der Begriff der Kultur

Wie in *Kapitel 2* erläutert, entwickelte sich die moderne Führungstheorie überwiegend in einem kulturell recht homogenen Umfeld. Der Großteil der klassischen Studien und Modelle stammt aus den Vereinigten Staaten. Natürlich gibt es auch in anderen Regionen der Welt eine gewisse Forschungstradition zum Thema Führung, etwa im deutschsprachigen Raum, allerdings orientiert sich diese überwiegend an den klassischen Modellen oder ist von eingeschränkter wissenschaftlicher Stringenz. Lokale Führungstraditionen gibt es zwar viele, systematische empirische Forschung über die Unterschiede, welche zu Erfolg oder Misserfolg bei kulturüberschreitender Führung beitragen, ist jedoch verhältnismäßig neu.

Ein solides Verständnis für interkulturelle Unterschiede wird als wichtiger Erfolgsfaktor in internationalen Projekten und Einsätzen, von denen gemäß einer Reihe von Studien über die Hälfte scheitern, gesehen.[1] Diesbezüglich stellen sich verschiedene Fragen. Was bedeutet „Kultur" im Zusammenhang mit Führung? Sind Führungserwartungen von Unterstellten aus unterschiedlichen Kulturen gleich oder verschieden? Welche Führungsmerkmale tragen wo auf welche Weise zum Führungserfolg bei? Gibt es Führungsstile, welche überall funktionieren? Und so weiter. Diesen Fragen geht dieses Kapitel nach.

Führung ist komplex und interkulturelle Unterschiede verstärken diese Komplexität. Beim Führen über Kulturgrenzen hinweg entstehen Probleme oft aus den immer gleichen vier Faktoren:

- Verstoß gegen tief verwurzelte (meist implizite) Kernwerte und Tabus
- Verstoß gegen wichtige Traditionen oder religiöse Gefühle
- Verlassen auf Stereotype und Vorurteile sowie
- Kommunikationsfehler (sowohl verbal als auch nonverbal)

Erfolgreiche internationale Führungskräfte respektieren andere, sind geduldig und geistig flexibel, zeigen Initiative, sind gute Zuhörer und Beobachter – und können vor allem auch Mehrdeutigkeit und Unsicherheit tolerieren.[2] Gerade der letzte Punkt bezüglich Mehrdeutigkeiten fällt beispielsweise „typischen" Schweizern und Deutschen eher schwer. Man spricht diesbezüglich von Unsicherheitsvermeidung. Diese ist beispielsweise im nordeuropäischen Raum durchschnittlich höher als etwa im lateinamerikanischen Raum. Unsicherheitsvermeidung und andere sogenannte kulturelle Dimensionen werden in den nachfolgenden Unterkapiteln erläutert.

Zwei absolute Schlüsselfaktoren, um interkulturell kompetent zu werden, sind emotional-soziale Intelligenz (siehe Seite 129 ff.) und internationale Erfahrung. In der Kombination helfen sie Ihnen, potenzielle Probleme vorauszusehen – oder wenigstens auftretende Probleme und unerwartete Reaktionen im Nachhinein zu erkennen. Eine für Sie unerwartete oder unverständliche Reaktion ist ein wichtiger Indikator dafür, dass irgendwo ein kulturelles Missverständnis oder Problem aufgetaucht ist. Und Erkennen ist der erste Schritt zur Lösung.

Wenn Sie mit spezifischen Kulturen zu tun haben, können Sie sich über wichtige Traditionen, Religionen, Kernwerte und Tabus informieren und kulturspezifische verbale und nonverbale Kommunikation üben. Das Erkennen Ihrer eigenen Stereotype und Vorurteile ist schon schwieriger. Neben Selbstreflexion, etwa dem Spiegeln des eigenen Verhaltens an demjenigen anderer, ist auch konkretes Feedback einer Person, die Sie gut kennt, sehr hilfreich. Fragen Sie also eine Vertrauensperson um eine ehrliche Einschätzung, wo Sie Vorurteile oder mentale blinde Flecken haben könnten. Außerdem benötigen Sie ein ganzheitliches Führungsverständnis (siehe dazu das integrierte Modell effektiver Führung in *Kapitel 4*), solide interkulturelle Kommunikationsfähigkeiten und fundierte Kenntnisse der jeweiligen Kultur oder Kulturen. Dann stehen Sie vor einer guten Ausgangslage.

Zunächst aber beschäftigen wir uns mit dem Begriff „Kultur“. Der deutsche Duden enthält dazu neun und das Wörterbuch von PONS fünf verschiedene Bedeutungen. Diese beziehen sich auf Aspekte wie Zivilisation, Sprache, Kunst, Landwirtschaft und Bildung. Für die Führung primär relevant sind jedoch die sozialen Aspekte, wie sie im Wörterbuch von Merriam-Webster beschrieben sind. Kultur ist demnach:

- das verinnerlichte Muster von menschlichem Wissen, Glauben und Verhalten, das von der Fähigkeit abhängt, Wissen zu lernen und an nachfolgende Generationen weiterzugeben
- die Summe der gewohnheitsmäßigen Überzeugungen, sozialen Umgangsformen und materiellen Eigenschaften einer ethnischen, religiösen oder sozialen Gruppe
- die Gesamtheit charakteristischer Merkmale des täglichen Lebens (wie Lebensweise und Freizeitgestaltung), die von Menschen an einem Ort oder zu einer Zeit geteilt werden
- die Menge an Werten, Konventionen oder sozialen Praktiken, die mit einem bestimmten Feld, einer bestimmten Tätigkeit oder einem bestimmten gesellschaftlichen Merkmal verbunden sind
- die Gesamtheit an gemeinsamen Einstellungen, Werten, Zielen und Praktiken, welche eine Institution oder eine Organisation charakterisieren

Die in der Management- und Führungsliteratur verwendeten Definitionen spiegeln diese Aspekte wider. In *Tabelle 5.1* finden Sie einige Beispiele dazu.

Quelle	Definition
Edgar Schein (1980)	Kultur ist eine Reihe von Grundannahmen – gemeinsame Lösungen für universelle Probleme der äußeren Anpassung (wie man überlebt) und der inneren Integration (wie man zusammenbleibt) –, die sich im Laufe der Zeit entwickelt haben und von einer Generation zur nächsten weitergegeben werden.
Fons Trompenaars (1998)	Kultur ist die Art und Weise, wie eine Gruppe von Menschen Probleme löst und Dilemmata angeht. Kultur ist wie die Schwerkraft – man bemerkt sie erst, wenn man springt.
Geert Hofstede (2001)	Kultur ist die kollektive mentale Programmierung, welche eine Kategorie Menschen von einer anderen unterscheidet.
Charles Hill (2002)	Kultur ist ein System von Werten und Normen, die in einer Gruppe von Menschen geteilt werden und zusammengenommen ein Modell zum Leben bilden.

Quelle	Definition
House et al. (2004)	Kultur besteht aus gemeinsamen Motiven, Werten, Überzeugungen, Identitäten und Interpretationen oder Deutungen wichtiger Ereignisse, die sich aus gemeinsamen, über Generation weitergegebenen Erfahrungen von Mitgliedern von Kollektiven ergeben.

Tabelle 5.1: Kulturdefinitionen in der Managementliteratur

Eine Reihe von Autoren hat Kultur mit einer Zwiebel[3] oder einem Eisberg[4] verglichen, um deren Natur besser zugänglich zu machen. Wie eine Zwiebel besteht eine Kultur aus mehreren Schichten. Den Kern bilden tief verwurzelte Kernwerte, Einstellungen und Annahmen über das Leben und die Welt. Aus diesen wird die zweite Schicht abgeleitet, nämlich die Normen, welche eine Kulturgemeinschaft sich gibt, und die Rituale, welche diese widerspiegeln. Normen können implizit oder formalisiert sein. Und wiederum daraus wird die dritte Schicht abgeleitet, die aus „Helden" (wie etwa Film- oder Popstars) und Symbolen (zum Beispiel Bau- und Kunstwerken) besteht. Beispielsweise ist Pünktlichkeit ein wichtiger Kernwert in der Schweiz und in Deutschland. Eine daraus abgeleitete implizite Norm ist, dass man sich überall etwas vor der vereinbarten Zeit einfinden sollte, und ein daraus abgeleitetes Symbol sind die im öffentlichen und privaten Leben allgegenwärtigen Uhren. Ohne diese Zwiebel zu schälen, ist jeweils nur die äußerste Schicht sichtbar.

Und so wie bei einem Eisberg nur die Spitze aus dem Wasser ragt, ist auch von Kultur nur ein kleiner Teil sichtbar. Dieser spiegelt sich in Dingen wie Sprache, Kunst, Esskultur, Literatur, Musik, Mode et cetera. Die überwiegende Mehrheit dessen, was eine Kultur ausmacht – etwa Geschlechterrollen, Einstellungen zu Macht und Hierarchie, Vorstellungen von Freundschaft, Führungserwartungen, Tabus und so weiter – liegt jedoch „unter Wasser" und ist damit schwer fassbar, insbesondere für Außenstehende.

Aus Sicht der Führung sind vor allem zwei Arten von Kultur von besonderem Interesse, Gesellschaftskultur und Organisationskultur. Zu den kulturellen Einflüssen einer Person gehören jedoch noch weitere, nämlich einerseits die spezifische Generationenkultur, andererseits die Subkulturen von Gruppen, bei denen jemand Mitglied ist oder gern Mitglied wäre.

Die richtige Abgrenzung einer *Gesellschaftskultur* ist nicht so einfach. Einerseits stellt sich die Frage, wie diese definiert wird und auf welcher Analyseebene zwischen Gesellschaften unterschieden werden soll. Andererseits ist dies auch ein politisch geprägtes Problem. Zum Beispiel sind die Vereinigten Staaten als Schmelztiegel verschiedener Kulturen und Traditionen bekannt, die innenpolitisch nach wie vor ein ständiges Thema sind.[5] Gleichzeitig gibt es aber eine Vielzahl kultureller Merkmale und Symbole, die im Ausland pauschal als „amerikanisch" gesehen werden, beispielsweise Fast-Food-Restaurants. Oder nehmen wir das Beispiel Indien: Im zweitbevölkerungsreichsten Land der Welt werden laut letzter Volkszählung insgesamt 122 wichtige Sprachen gesprochen und sechs Religionen[6] von jeweils mehr als einer Million Menschen praktiziert. Wie wird da nun also die Gesellschaft definiert? Und selbst die Schweiz, ein kleines Land mit nur 8,3 Millionen Einwohnern, wird üblicherweise in sieben kulturell unterschiedliche Großregionen[7] unterteilt und hat vier Nationalsprachen[8]. Hochdeutsch, die gemeinsame Schriftsprache im größten Sprachraum des Landes, ist im täglichen Leben nicht sehr präsent. Stattdessen sprechen die Einwohner Schweizerdeutsch, welches aus einer Vielzahl von lokalen und regionalen Dialekten besteht, die linguistisch drei unterschiedlichen Sprachtraditionen zugeordnet sind.[9] Einige davon sind nur schwer gegenseitig verständlich.[10] Und auch zwischen den einzelnen Kantonen werden kulturelle Unterschiede manchmal richtiggehend zelebriert. Was ist hier also die kulturell relevante Gesellschaft?

Die Frage stellt sich also, mit welchem Abstraktionsgrad gearbeitet werden soll, wenn es um führungsrelevante kulturelle Unterschiede geht. Reicht es, die Schweiz als Staat zu betrachten? Sollten zumindest Sprachräume unterschieden werden? Oder ist sogar eine weitergehende Unterteilung nötig?

Je detaillierter kulturelle Unterschiede bekannt sind, desto besser kann auch auf sie eingegangen werden. Andererseits wird dadurch aber auch der Aufwand für deren Erhebung und Auswertung größer. Deshalb bediente sich ein Großteil der interkulturellen Forschung eines vermeintlichen Kniffs und untersuchte Landes- statt Gesellschaftskulturen. Leider führt dies jedoch in vielen Fällen zu problematischen Verallgemeinerungen. Als Beispiel sei Belgien aufgeführt. Die niederländischsprachigen Flamen machen ungefähr 60 Prozent der Bevölkerung aus, die französischsprachigen Wallonen etwa 40 Prozent. Wenn man davon ausgeht, dass gewisse kulturelle Unterschiede zwischen diesen Sprachgruppen herrschen, dann gehen durch eine aggregierte Betrachtung nicht nur die Eigenheiten der jeweiligen Kulturen verloren, sondern die Resultate weisen auch irreführenderweise auf eine nicht vorhandene belgische Durchschnittskultur hin, deren Kenntnis in keinem der beiden Landesteile für die Führung hilfreich wäre. Auch wenn die Gründe für diesen Ansatz also nachvollziehbar sind, so ist er problematisch.

Eine gemeinsame Sprache wird heute als wichtiger Faktor bei der Entstehung einer Gesellschaftskultur gesehen (siehe dazu das Beispiel, wie Sprache durch geografische Lage beeinflusst wird). Deshalb tendiert die neuere interkulturelle Forschung dazu, Kulturen nach Sprachregionen abzugrenzen. Auch hier muss natürlich die Balance zwischen Aufwand und Ertrag im Auge behalten werden, aber sogar bei relativ grober Unterscheidung – wie etwa der Einteilung der Schweiz oder Belgiens in einen germanischen und einen lateinischen Teil – werden die solcherart erhobenen Resultate doch deutlich verlässlicher als mit dem traditionellen länderbezogenen Ansatz, gerade auch im Hinblick auf Führungsthemen.

Organisationskultur ist in der Managementforschung etwa seit den 1960er Jahren ein wichtiges Thema. Grundannahme dieser Forschungsrichtung ist, dass organisationale Abgrenzungen und Unterteilungen spezifische Organisationskulturen und Subkulturen hervorbringen. Nach Peter Frost wird die Kultur einer Organisation durch die Mythen, Geschichten und Legenden, die in derselben kursieren, definiert.[11] Jay Barney bezieht sich auf einen komplexen Satz von Werten, Überzeugungen, Annahmen und Symbolen, die die Art und Weise definieren, wie ein Unternehmen seine Geschäfte führt.[12] Geert Hofstede, die graue Eminenz der Kulturforschung, definiert Organisationskultur als die Art und Weise, wie die Mitglieder einer Organisation miteinander, mit ihrer Arbeit und mit der Außenwelt im Vergleich zu anderen Organisationen umgehen.[13] Und Ajit Mathur spricht von der Menge an Verhalten, die in einer Organisation geschätzt und gelebt werden.[14] Es geht in der Summe also darum, wie sich eine Organisation und deren Mitglieder definieren und wie dies zum Ausdruck kommt – der gleiche Mechanismus wie bei einer Gesellschaftskultur, die sich denn auch in den spezifischen Organisationskulturen von aus diesem Gebiet stammenden Unternehmen widerspiegelt.[15]

Neben Gesellschafts- und Organisationskultur kann auch die *Generationenkultur* einen gewissen Einfluss auf eine Person ausüben. Damit sind Einstellungen und Verhaltensmuster gemeint, die typisch für während einer gewissen Zeitperiode geborene Menschen sein sollen. So sagt man von Millennials[16], dass sie Einstellungen und Überzeugungen – beispielsweise Umweltschutz oder das Offenhalten von Optionen – priorisieren, die sich von denen der Generation X[17] und den Babyboomern[18] unterscheiden.

BEISPIEL **Niederländisch in der Mitte**

Niederländisch in der Mitte

Der enge Zusammenhang von Geografie und Sprache zeigt sich deutlich im Fall von Englisch, Niederländisch und Deutsch. Linguistisch gesehen sind alle drei verwandte westgermanische Sprachen. Während die Grammatik des modernen Niederländischen dem Deutschen mehr entspricht als dem Englischen, gibt es viele Schreibweisen von Wörtern, die in allen drei ähnlich oder sogar identisch sind.

Deutsch entwickelte sich aus dem Altsächsischen, das eng mit dem Altniederländischen verwandt war. Nach einer Lautverschiebung entstand um 700 n. Chr. das Althochdeutsche, das wiederum etwa im 11. Jahrhundert – aufgrund zunehmender Verwendung von Deutsch vor Gericht – zu Mittelhochdeutsch wurde. Das frühe Neuhochdeutsche folgte nach Verdrängung des Lateinischen als Hofsprache in den germanischen Gebieten des Heiligen Römischen Reiches und Österreichs und wurde schließlich nach Standardisierung der Schriftsprache 1901 zum modernen Hochdeutsch.

Das Niederländische entstand aus der fränkischen Sprache und entwickelte sich zum Altniederländischen (oder Altniederfränkischen), das etwa zwischen dem 5. und 12. Jahrhundert gesprochen wurde. Dieses ging zunächst ins Mittelniederländische und schließlich, nach einem Prozess der Standardisierung, ab etwa dem 17. Jahrhundert ins moderne Niederländisch über.

Das Altenglische entstand aus den anglo-friesischen Dialekten, die von der Mitte des 5. Jahrhunderts bis ins 7. Jahrhundert von sächsischen, anglesischen und friesischen Eroberern nach England gebracht wurden. Stark beeinflusst auch von der Sprache nordischer Invasoren, entwickelte es sich zu Mittelenglisch und schließlich zum modernen Englisch.

Alle drei Sprachen beinhalten auch eine Reihe von Wörtern französischer Herkunft, bedingt durch die normannische Eroberung Englands, die zeitweilige französische Herrschaft in den Niederlanden und die Rolle des Französischen als *lingua franca* für Handel, Diplomatie und internationale Beziehungen im Europa der Renaissance.

Englisch	Niederländisch	Deutsch	Englisch	Niederländisch	Deutsch
alarm	alarm	Alarm	good	goed	gut
beer	bier	Bier	green	groen	grün
better	beter	besser	mother	moeder	Mutter
book	boek	Buch	needle	naald	Nadel
brown	bruin	braun	sleep	slaap	Schlaf
church	kerk	Kirche	stone	steen	Stein
day	dag	Tag	us	ons	uns
evening	avond	Abend	warm	warm	warm

Schließlich kann eine Person auch von verschiedenen Subkulturen beeinflusst werden. Zusammengefasst betreffen diese einerseits Gruppen, in denen die Person Mitglied ist, und andererseits Gruppen, zu denen sie gerne gehören würde. Dabei kann jemand sowohl zu einer oder mehrerer solcher Gruppen gehören *(Mitgliedschafts-Subkulturen)* als auch eine Zugehörigkeit anstreben *(Referenzgruppen-Subkulturen)*. Die Gruppe muss dabei nicht im sozialen Sinne existieren. Anders gesagt, deren Mitglieder müssen sich nicht kennen. Beispiele sind etwa bestimmte Berufsgruppen oder Funktionen, politische oder religiöse Gruppierungen, aber auch interessensbezogene Vereine wie Fan- oder Sportklubs. Beide Arten von Subkulturen können (müssen aber nicht) normative Vorstellungen von erwartetem Verhalten haben, welches sich auch in Ritualen und Artefakten widerspiegeln kann. Artefakte sind bestimmte Symbole oder Objekte, welche Gruppenzugehörigkeit signalisieren, also etwa Logos, Erinnerungsstücke oder Kleidung. Wer beispielsweise bei einer Bank arbeitet, wird sich oft an eine schriftliche oder zumindest implizite Kleiderordnung halten müssen. Das Gleiche gilt für das höhere Management, dort dominieren immer noch Anzüge. Wer also aktuell zum mittleren Management gehört, aber eine höhere Position anstrebt, kleidet sich vielleicht bewusst oder unbewusst bereits wie die Referenzgruppe. Wer jetzt ein Hobbysportler ist, aber Profi werden möchte, der orientiert sich bei der Trainingsplanung an diesem Ziel, nicht an anderen Hobbysportlern und so weiter.

Abbildung 5.1 stellt diese sich überschneidenden Kulturtypen grafisch dar. Sie alle können das Denken und Verhalten eines Menschen beeinflussen – meist, ohne dass dies der Person überhaupt bewusst wäre.

Früher war man der Ansicht, dass jemand mit einer bestimmten Persönlichkeit mehr oder weniger geboren wird. Heute geht man in der Psychologie mehrheitlich davon aus, dass sich die Persönlichkeit eines Menschen zwar früh bildet, sich dann aber – wenn auch eher in kleinen Schritten – während des gesamten Lebens weiterentwickelt.[19] Somit kann angenommen werden, dass die Kultur der Gesellschaft, in der jemand aufwächst, die Persönlichkeit dieser Person von der frühen Kindheit über die Jugend bis ins Erwachsenenalter beeinflusst. Das sind gleichzeitig auch die prägendsten Jahre im Leben eines Menschen – eine Zeit übrigens, in der wenig oder gar nicht über solche Einflussfaktoren reflektiert wird. Entsprechend kann davon ausgegangen werden, dass die Gesellschaftskultur den größten Teil der kulturellen Einflüsse auf eine Person ausmacht.

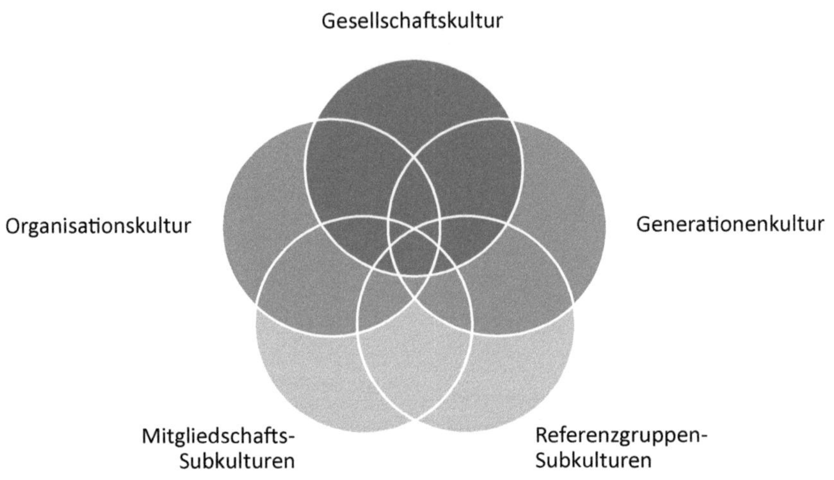

Abbildung 5.1: Kulturelle Einflüsse auf das Denken und Verhalten
(Quelle: Autor)

Der Einfluss einer bestimmten Organisations- oder Subkultur hängt stark von der Dauer ab, die ihr jemand ausgesetzt war. Auch die Empfänglichkeit der Person für solche Einflüsse spielt eine Rolle.

Genau gleich wie bei unterschiedlichen Gesellschaftskulturen können auch unterschiedliche Organisationskulturen Auslöser für Missverständnisse und Probleme sein. Dies zeigt sich zum Beispiel bei den Schwierigkeiten, eine einheitliche Organisationskultur herbeizuführen, welche viele Unternehmen nach einer Fusion oder Übernahme erleben. Aber auch in der täglichen Zusammenarbeit können solche organisationalen Kulturunterschiede auftauchen.[20] In der Vergangenheit stammten Teamleitungen zwar überwiegend aus der gleichen Organisationseinheit wie ihre Teammitglieder, sodass dies nicht so ein großes Problem war. Mit dem Zunehmen neuer Arbeits- und Zusammenarbeitsformen wie virtueller Teams wird jedoch diese Art Kulturkonflikt ebenfalls wachsen.

Der Einfluss der Generationenkultur ist oft gut erkennbar in Einstellungen und Handlungsweisen. Demgegenüber sind subkulturelle Einflüsse oft – aber nicht immer – subtiler. Beispielsweise thematisieren manche Fußballfans am Arbeitsplatz ihre Leidenschaft überhaupt nicht, während andere sehr offensiv ihre Verbundenheit mit einem bestimmten Verein kundtun.

BEISPIEL **Michaels kulturelle Einflüsse**

Michael ist ein 44-jähriger Ostschweizer Manager. Aktuell leitet er einen Schweizer Stahlbetrieb (Betrieb X) mit rund 800 Angestellten. Er ist im gebirgigen Toggenburg aufgewachsen und lebt heute in St. Gallen, der achtgrößten Stadt der Schweiz. Vor seiner unternehmerischen Laufbahn war er fast ein Jahrzehnt lang in der Unternehmensberatung tätig. Aktuell hat er keinen Verwaltungsratssitz inne, strebt aber einen an. Nach fast einem Vierteljahrhundert im Milizsystem der Schweizer Armee wurde er kürzlich zum Oberst befördert. Er ist ehemaliger Kommandant eines Bataillons und gehört dem Generalstab an, einer Elitegruppe hoch qualifizierter Stabsoffiziere mit umfangreicher Führungserfahrung und spezieller Zusatzausbildung. Seit seiner Jugend ist er begeisterter Fußballer und spielt derzeit für die Seniorenmannschaft der Bühler AG (FC BUZ) in der Schweizer Unternehmens- und Hobbysportliga. Obwohl er nicht mehr die Zeit und Energie hat, mit den jüngeren Spielern der ersten Mannschaft Schritt zu halten, vergleicht er dennoch seine eigenen fußballerischen Fähigkeiten mit deren Leistungen und ist deshalb nicht immer zufrieden mit sich selbst.

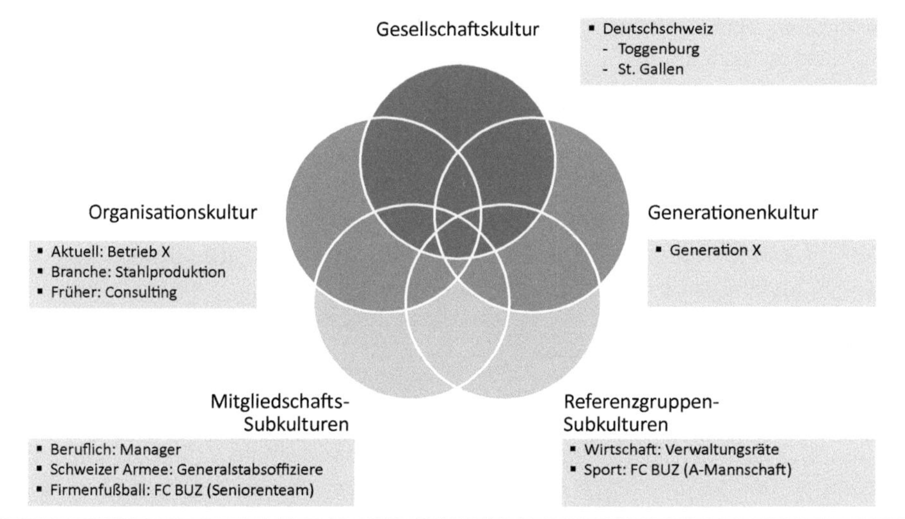

Kultur ist also vielschichtig und schwer fassbar. Den größten Einfluss auf das berufsbezogene Verhalten einer Person hat aber im Normalfall aus den dargelegten Gründen die Gesellschaftskultur. Sie ist daher auch die meisterforschte der fünf Kulturarten. Die folgenden Unterkapitel werfen aus Sicht von Management und Führung einen Blick auf wichtige Modelle und Erkenntnisse.

Einflussreiche Kulturmodelle

Seit Jahrzehnten wird das Thema Kultur wissenschaftlich untersucht. Aus Sicht der Führung sind dabei vor allem Studien interessant, die sich mit kulturellen Unterschieden auf der gesellschaftlichen Ebene beschäftigen, auch wenn deren Fokus nicht primär auf Führung lag. Im Laufe der Jahre wurde eine ganze Reihe von Beiträgen veröffentlicht, welche breit unter dem Begriff *interkulturelles Management* zusammengefasst werden. Die einflussreichsten von ihnen werden im Folgenden erläutert. Anschließend wird dann die spezifisch auf *interkulturelle Führung* ausgerichtete Forschung besprochen.

Edward T. Hall

Der wohl erste Beitrag zu dem, was später als interkulturelles Management bekannt wurde, stammt vom amerikanischen Anthropologen Edward T. Hall. In seinem 1959 erschienenen Buch *The Silent Language*[21] beschrieb er seine Beobachtung, dass sich Kulturen bezüglich des von ihren Mitgliedern bevorzugten Arbeitsstils und des darin reflektierten Zeitverständnisses in zwei primäre Gruppen einteilen ließen, monochrone und polychrone Kulturen.

Monochrone Manager bevorzugen eine serielle Arbeitsweise, in der eine Aufgabe nach der anderen erledigt wird. Ihr Zeitverständnis ist linear. Unterbrechungen sind unerwünscht. Dies spiegelt sich beispielsweise in der Tatsache wider, dass in solchen Kulturen die Tür während einer Besprechung typischerweise geschlossen ist und keine Anrufe entgegengenommen werden.

Polychrone Manager hingegen neigen dazu, sich immer um mehrere Dinge gleichzeitig zu kümmern und ihre Aufmerksamkeit zwischen diesen zu teilen. Ihr Zeitverständnis ist nichtlinear. Unterbrechungen kommen häufig vor und werden nicht negativ bewertet. Bei Besprechungen bleibt die Tür daher oft offen. Anrufe werden auch während einer Sitzung entgegengenommen.

Solange sowohl Führungskraft als auch Unterstellte den gleichen Ansatz gewöhnt sind, treten diesbezüglich wenig Probleme auf. Stimmen diese Arbeitsstile hingegen nicht überein, so kann das für beide Seiten sehr frustrierend sein.

Ein zweites Konzept, für das Hall bekannt wurde, ist dasjenige des kulturell bedingten Raumverständnisses. In seinem 1966 erschienenen Buch *The Hidden Dimension*[22] beschrieb er das menschliche Bedürfnis, zu verschiedenen Kategorien von Personen – etwa Familienangehörigen, Freunden, Arbeitskolleginnen und -kollegen und Fremden – bestimmte Distanzen einzunehmen. Hall verwendete dafür den Begriff *Proxemik*. Distanz ist hier durchaus im physischen Sinn gemeint, aber auch nonverbale Signale wie Blickkontakt, Körperstellung oder Berührungen gehören dazu. So kann beispielsweise in manchen Kulturen eine hierarchisch höhergestellte Person einer niedriger gestellten auf die Schulter klopfen, aber nicht umgekehrt. In physischer Hinsicht teilt Hall den Raum um einen Menschen herum in vier verschiedene Zonen auf:

- Intimzone
- Persönliche Zone
- Soziale Zone
- Öffentliche Zone

Jede dieser Zonen nimmt einen kulturell beeinflussten Distanzbereich ein. Für Nordeuropa und die USA beispielsweise beschrieb Hall die Intimzone als von 15 Zentimeter bis zu etwa 46 Zentimeter reichend.[23] In diese Zone dürfen ausschließlich von der Person geduldete Menschen eindringen. Sie wird für Umarmungen, Berührungen oder etwa Flüstern genutzt. Die persönliche Zone ist für gute Freunde und Verwandte vorgesehen, die soziale Zone für den Umgang mit Bekannten und die öffentliche Zone beispielsweise für das Halten von Reden oder das Erteilen von Unterricht.

Mit der Einnahme eines Abstandes senden Menschen einander implizite Signale. Entsprechen diese Signale nicht den Erwartungen, weil einem beispielsweise ein Fremder zu nahekommt, löst das Stress aus. Hier besteht Potenzial für kulturelle Missverständnisse. So ist beispielsweise die persönliche Zone in Lateinamerika und Südeuropa deutlich kleiner als im Norden. Treffen sich also „typische" Deutsche und Italiener, können sich die Deutschen schnell bedrängt vorkommen und zurückweichen, während sich die Italiener umgekehrt unnötig auf Distanz gehalten fühlen. Wie immer sind das aber natürlich Verallgemeinerungen. Am Schluss spielt immer auch die Persönlichkeit eines Menschen eine große Rolle bei solchen Interaktionen.

Schließlich ist Hall insbesondere auch für sein Konzept des *Kommunikationskontexts* bekannt, das er mit seinem im Jahr 1976 erschienenen Buch *Beyond Culture*[24] einführte. „Kontext" bezieht sich darin auf die Frage, wie viel Information in eine Kommunikation verpackt werden muss. Soll man alles, was irgendwie relevant sein könnte, mitkommunizieren? Oder darf man davon ausgehen, dass vieles nicht gesagt werden muss, weil die Adressaten dies aus dem Kontext herauslesen können? Auch diesbezüglich sieht Hall zwei gegensätzliche Grundausprägungen, Niedrigkontext- und Hochkontextkulturen. Die meisten Kulturen finden sich irgendwo dazwischen.

Niedrigkontextkulturen neigen zu vollständiger Kommunikation und schließen tendenziell alles mit ein, was zum Verständnis einer sozialen Situation erforderlich sein könnte. Der Kommunikationsstil ist betont sachlich und direkt. *Hochkontextkulturen* dagegen setzen mehr implizites Wissen aufseiten der Empfänger voraus und verwenden oft eine deutlich indirektere und blumigere Ausdrucksweise. Auch nonverbale Signale, etwa das Suchen oder Vermeiden von Blickkontakt, werden deutlich stärker als Teil der Botschaft eingesetzt als bei Niedrigkontextkulturen.

Diese Unterschiede spiegeln sich beispielsweise in der Länge von Verträgen wider, die in den USA oder in der Schweiz meist deutlich länger sind als etwa im arabischen Raum. Öffentliche Reden in Japan oder China nehmen vielfach Bezug auf historische oder kulturelle Themen, ohne dass diese erklärt werden, während in Österreich oder Deutschland mehr Kontext in die gleiche Art Rede mitverpackt wird. Für das Führen über Kulturgrenzen hinweg ist das Verständnis dafür, wie sich solche unterschiedlichen Kommunikationsstile auswirken können, natürlich äußerst wichtig.

Abbildung 5.2 stellt diese Erläuterungen grafisch dar.

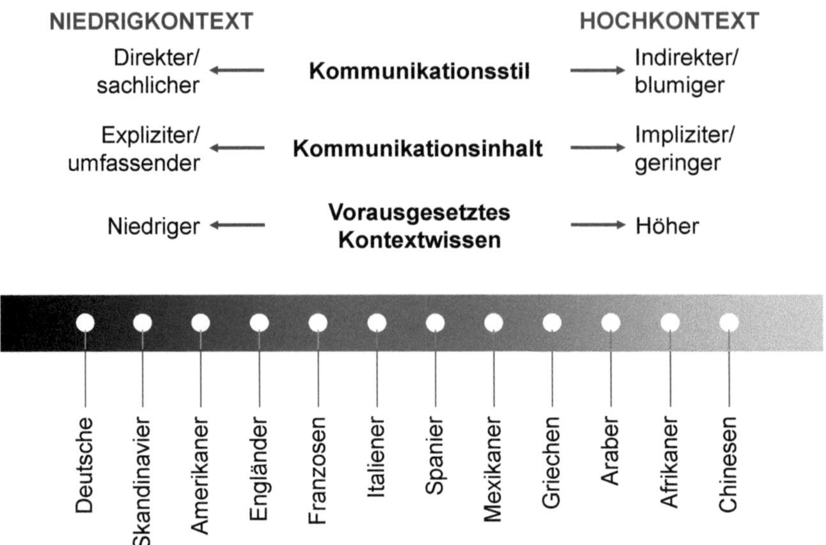

Abbildung 5.2: Hochkontext-/Niedrigkontextkommunikation
(Quelle: Autor; nach Hall, 1976)

Florence Kluckhohn und Fred Strodtbeck

Im Jahr 1961 veröffentlichten die amerikanischen Sozialanthropologen Florence Kluckhohn und Fred Strodtbeck das Buch *Variations in Value Orientations*[25]. Ihre *Wertorientierungstheorie* geht davon aus, dass die wesentlichen Bausteine einer Kultur die Werthaltungen und Einstellung von Menschen seien und diese auf relativ wenigen stabilen Werten basierten. Was variiere, seien jedoch die kulturellen Präferenzen in Bezug auf die Lösung einer begrenzten Zahl universeller Fragen, bei der aus einer Reihe von allgemein bekannten, wertorientierten Antworten ausgewählt werden müsse. Diese Fragen wurden wie folgt formuliert:

- Welcher Aspekt der Zeit sollte unser Hauptaugenmerk sein?
- Wie ist unser Verhältnis zu unserer natürlichen Umwelt?
- Wie sollen wir mit anderen umgehen?
- Was ist die wichtigste Motivation für unser Verhalten?
- Was ist die Natur der menschlichen Natur?
- Wie denken wir über den Raum um uns herum und wie nutzen wir diesen?

Die erste Frage bezieht sich auf die *Zeitorientierung.* Sollen wir uns auf die Vergangenheit, die Gegenwart oder die Zukunft konzentrieren? Sollen sich unsere Entscheidungen daher hauptsächlich an Traditionen, unmittelbaren Bedürfnissen oder prognostizierten zukünftigen Bedürfnissen ausrichten?

Die nächste Frage betrifft das *Verhältnis zur Natur.* Können wir diese beeinflussen und sollen daher versuchen, sie zu zähmen, zu lenken und zu verändern? Oder sind wir ihr hilflos ausgeliefert und müssen versuchen, möglichst in Harmonie mit ihr zu leben?

Die dritte Frage dreht sich um *soziale Beziehungen.* Was bevorzugen wir, hierarchischen oder egalitären Umgang? Oder hängt das von der jeweiligen Person ab? Bevorzugen wir diesbezüglich eher individualistische oder kollektivistische soziale Strukturen?

Die vierte Frage spricht den bevorzugten *Aktivitätsmodus* an. Sollen wir lieber genießen oder gestalten? Ist es wünschenswert, sich einfach treiben zu lassen, alles zu seiner Zeit zu erledigen und spontan zu sein, ohne höhere Ziele zu verfolgen? Sollen wir uns stattdessen auf kontinuierliche persönliche Entwicklung konzentrieren? Oder sollte unser Hauptaugenmerk vielmehr darauf liegen, konkrete Ziele zu erreichen?

Die fünfte Frage dreht sich um die *menschliche Natur.* Sind wir im Grunde genommen gut oder schlecht? Oder hängt das von den Umständen ab?

Und die sechste und letzte Frage betrifft unser *Raumverständnis.* Wem gehört der Raum um uns herum? Ist dieser öffentlich und kann von jedermann genutzt werden? Oder ist er privat und ohne Erlaubnis nicht zugänglich?

Wie Menschen diese Fragen üblicherweise beantworten, definiert nach Kluckhohn und Strodtbeck die Kultur, der sie angehören. *Tabelle 5.2* fasst diese Überlegungen zusammen.

Kulturelle Dimension	Universelle Fragen (sinngemäß)	Wertorientierungen
Zeitorientierung	Auf welche Zeit sollen wir uns ausrichten?	Vergangenheit, Gegenwart oder Zukunft
Verhältnis zur Natur	Welchen Ansatz verfolgen wir im Verhältnis zur natürlichen Umwelt?	Beherrschung (der Natur), Unterwerfung (unter die Natur) oder Harmonie (mit der Natur)
Soziale Beziehungen	Wie sollten wir mit anderen umgehen?	Hierarchisch, egalitär oder individualistisch
Aktivitätsmodus	Was ist die Hauptmotivation für unser Verhalten?	Selbstverwirklichung, persönliches Wachstum, Erreichen von Zielen
Menschliche Natur	Was ist die Natur der menschlichen Natur?	Gut, gemischt (veränderlich) oder schlecht
Raumverständnis	Wie denken wir über den Raum um uns herum und wie nutzen wir ihn?	Privat, gemischt oder öffentlich

Tabelle 5.2: Kluckhohn und Strodtbecks Wertorientierungstheorie
(Quelle: nach Kluckhohn und Strodtbeck, 1961)

Obwohl nicht so bekannt wie andere Beiträge, hat Kluckhohn und Strodtbecks Theorie die spätere Kulturforschung doch stark beeinflusst und spiegelt sich in einer Reihe anderer Modelle wider, darunter beispielsweise diejenigen von Hofstede, Trompenaars, Browaeys und Price sowie GLOBE.

Geert Hofstede

Geert Hofstede ist der wohl berühmteste Name im Bereich des interkulturellen Managements. Der gebürtige Niederländer war unter anderem Direktor des Zentrums für interkulturelle Zusammenarbeit IRIC, Personalchef von Fasson Europa sowie Professor für Organisationsanthropologie und Internationales Management an der Universität Maastricht. Nachdem er im Anschluss an sein Doktorstudium zu IBM gegangen war und dort 1965 die Abteilung Personalforschung gegründet hatte, führten er und sein Team zwischen 1967 und 1973 eine wegweisende Befragung zum Thema arbeitsbezogene Einstellungen durch. Dafür wurden innerhalb von IBM[26] mehr als 116.000 Antworten von Vertriebs- und Servicemitarbeitenden in über 70 Ländern ausgewertet. Die dabei verwendeten Fragebögen waren in 25 verschiedene Sprachen übersetzt worden. Alle Befragten führten vergleichbare Arbeiten aus und hatten einen ähnlichen Bildungshintergrund. Das Hauptargument des Forschungsteams war, dass somit gefundene Unterschiede auf „nationale Kultur“ (siehe Kapitel 5.1) zurückzuführen sein mussten. Die Umfrage wurde vier Jahre später mit vergleichbaren Ergebnissen wiederholt.

Basierend auf der Analyse der kombinierten Ergebnisse aus beiden Befragungen veröffentlichte Hofstede 1980 seinen Bestseller *Culture's Consequences*[27]. Darin stellte er seine *Kulturdimensionen-Theorie* – auch bekannt als Werte-/Glaubenstheorie oder schlicht Hofstede-Modell – vor, welche ursprünglich davon ausging, dass Kultur aus vier bipolaren Skalen bestand, die er *kulturelle Dimensionen* nannte:

- Individualismus versus Kollektivismus
- Geringe versus hohe Machtdistanz
- Maskulinität versus Femininität
- Geringe versus hohe Unsicherheitsvermeidung

Später fügte Hofstede noch zwei weitere Dimensionen hinzu:[28]

- Langfristige versus kurzfristige Orientierung[29]
- Schwache versus starke Genussorientierung

Nach Hofstede lässt sich ein Land auf jeder dieser Skalen einordnen, wodurch das entsprechende Kulturprofil entsteht.

Individualismus bezieht sich darauf, wie eng verbunden die Gesellschaft in einer Kultur ist. Für wen ist jemand verantwortlich? In sehr individualistischen Kulturen kümmern sich die Menschen vor allem um sich selbst und die unmittelbare Familie. In kollektivistischen Kulturen neigen die Menschen dazu, sich für den eigenen Schutz auf spezifische Gruppen zu verlassen, denen sie angehören, beispielsweise einen Stamm oder eine Großfamilie. Im Gegenzug sind sie dieser Gruppe gegenüber loyal. Als Beispiele wurden die USA als sehr individualistisch und Guatemala als sehr kollektivistisch eingestuft, während Argentinien dazwischen lag.

Machtdistanz gibt an, inwieweit soziale Ungleichheit und eine ungleichmäßige Machtverteilung in einer Kultur akzeptiert werden.

Maskulinität bezieht sich darauf, ob eine Kultur Leistung, Status, Durchsetzungsvermögen und „Heldentum“ oder eher eine hohe Lebensqualität, Kooperation, Bescheidenheit und Fürsorge für die Schwachen bevorzugt. Die ersteren Punkte wären typische Merkmale einer maskulinen, letztere einer feminin geprägten Gesellschaft. Die Dimension wurde von Hofstede so benannt, weil er die jeweiligen Ausprägungen als geschlechtertypisch sah.

Unsicherheitsvermeidung zeigt an, wie gut oder schlecht Mitglieder einer Kultur mit Unsicherheit umgehen können und wie stark sie versuchen, Mehrdeutigkeit und Ungewissheit zu vermeiden.

Langfristorientierung führt gemäß Hofstede dazu, dass Sparsamkeit und Bildungsanstrengungen zugunsten der Zukunft betont werden. Stärker kurzfristig orientierte Kulturen sind dagegen eher resistent gegenüber Veränderungen und berufen sich stark auf Traditionen.

Schließlich zeigt *Genussorientierung*, wie die Menschen mit ihren Trieben und Impulsen umgehen. Ein niedriger Wert in dieser Kulturdimension weist darauf hin, dass einem inneren Drang eher widerstanden wird, während ein hoher Wert anzeigt, dass kurzfristiger – also konkreter – Genuss und Spaß höher gewertet werden als langfristige – und somit abstrakte – Belohnungen für Zurückhaltung. Bei Kulturen, die stark von der protestantischen Arbeitsethik geprägt sind, ist die Genussorientierung tendenziell geringer.

Hofstedes Modell wurde bald breit bekannt und für alle möglichen Arten von Forschung verwendet, so etwa bezüglich der Rolle psychischer und kultureller Distanz beim Markteintritt im Ausland.[30]

Das nachfolgende Beispiel zeigt, wie mithilfe von Hofstedes Modell ein Vergleich zweier Kulturen vorgenommen werden kann.

BEISPIEL Kulturvergleich mit dem Hofstede-Modell

Peter Moskin ist ein 34-jähriger britischer Manager, der für ein großes Öl- und Gasunternehmen arbeitet. Vor Kurzem wurde ihm mitgeteilt, dass seine Bewerbung, um die Leitung des Ablegers in Mexico City zu übernehmen, erfolgreich war. Funktionsantritt ist in sechs Wochen. Nach seiner Ankunft dort wird er für 32 Mitarbeitende (28 mexikanische und vier britische) verantwortlich sein. Zur Vorbereitung schaut er sich zunächst eine Grafik der kulturellen Unterschiede gemäß Hofstedes Kulturdimensionen an:*

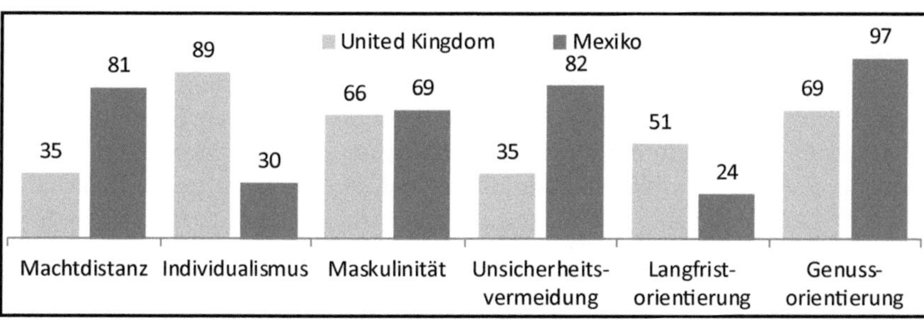

Visuell auffällig sind sofort die recht großen Unterschiede bei Machtdistanz, Individualismus und Unsicherheitsvermeidung, während die Differenz bei Langfristorientierung und Impulskontrolle weniger ausgeprägt und bei Maskulinität fast null ist. Mithilfe von Hofstedes Website* stellt Peter dann eine Liste von Erkenntnissen zusammen:

Kulturelle Dimension	**Kulturelle Präferenz**		**Wesentliche Erkenntnisse für das Verhalten in Mexiko**
	United Kingdom	**Mexiko**	
Machtdistanz	Egalitär	Hierarchisch	• Korrekte Verwendung formaler Titel ist wichtig. • Vornamen nur, wenn man sich gut kennt. • Idealer Chef ist ein „wohlwollender Diktator".
	Sehr verschieden		
Individualismus	Individualistisch	Kollektivistisch	• Loyalität ist sehr wichtig. • Führungsstil sollte gruppenorientiert sein. • Arbeitsgruppen sind wie eine Art Familie. • Unabhängiges Denken ist weniger verbreitet.
	Sehr verschieden		
Maskulinität	Maskulin	Maskulin	• Aspekte wie Kommunikationserwartungen, Meeting- und Konfliktlösungsstil, Durchsetzungsvermögen, Entschlossenheit, Leistung und Wettbewerb werden ähnlich gesehen.
	Sehr ähnlich		
Unsicherheitsvermeidung	Niedrig	Hoch	• Denken über den Tellerrand hinaus ist eher ungewöhnlich. • Emotionales Bedürfnis nach Regeln. • Improvisieren wird nicht akzeptiert. • Häufigere Kommunikation ist notwendig.
	Sehr verschieden		
Langfristorientierung	Mittel	Niedrig	• Traditionen sind sehr wichtig. • Schnelle Erfolge sind entscheidend.
	Verschieden		
Genussorientierung	Eher hoch	Hoch	• Optimismus und eine positive Einstellung werden geschätzt. • Freizeit und Großzügigkeit sind wichtig.
	Ähnlich		

** Quelle: www.hofstede-insights.com, abgerufen am 21.06.2019.*

Werden zwei Kulturen entlang der sechs Dimensionen miteinander verglichen, können daraus hilfreiche Rückschlüsse für unterschiedliche Arbeitsweisen gezogen werden. Da Hofstede ein Punktesystem verwendete, das eine Dimension ungefähr zwischen null und hundert einstuft,[31] ist dabei weniger auf die absoluten, sondern auf die relativen Unterschiede einzugehen. Wichtig ist, ob die Unterschiede klein oder groß sind und was das im Detail bedeutet. Dabei ist es sehr hilfreich, dass auf Geert Hofstedes Website entsprechende Informationen frei zugänglich und somit für jedermann nutzbar sind.

Durch solche Analysen können Führungskräfte zumindest grobe Erwartungen darüber bilden, wo mögliche Schwierigkeiten in einem internationalen Einsatz liegen könnten oder wie eine Gruppe von Mitarbeitenden in einem anderen Land auf bestimmte Managementinitiativen – wie beispielsweise leistungsorientierte Vergütungssysteme – reagieren könnte.

Abschließend sei darauf hingewiesen, dass im Rahmen der GLOBE-Studie Hofstedes Kulturdimensionen neu überprüft wurden. Im Gegensatz zu Hofstede und den meisten anderen älteren Kulturmodellen unterschied GLOBE dabei explizit zwischen kulturellen Werten und Praktiken. Wie die Diskussion der GLOBE-Resultate im Kapitel „Interkulturelle und globale Führung“ zeigen wird, ist diese Unterscheidung wichtig. Dabei stellten die Forschenden fest, dass Hofstedes Resultate zwar jeweils eng mit entweder Werten oder Praktiken korrelierten, aber kein System dahinter auszumachen war. Daher sind Hofstedes damals bahnbrechende Erkenntnisse aus heutiger Sicht als generelle Hinweise zwar immer noch wertvoll, jedoch mit etwas Vorsicht zu genießen.

Der World Values Survey

Beim *World Values Survey*[32] – abgekürzt oft einfach als WVS bezeichnet – handelt es sich um ein immenses interkulturelles Forschungsprojekt, das bereits seit 1981 läuft. Es wird von einem weltweiten Netzwerk von Sozialwissenschaftlern betreut, die in regelmäßigen, etwa fünfjährigen Abständen (sogenannten Wellen) auf Basis eines gemeinsamen, ausführlichen Fragebogens repräsentative Umfragen in fast 100 Ländern durchführen und dabei je nach Land zwischen 1.000 und 3.500 Personen befragen. Bis dato enthält die Datenbank auf diese Weise Antworten von über 400.000 Befragten, die ein breites Spektrum von Ländern – von sehr arm bis sehr reich – abdecken.

Ziel des WVS ist es, Veränderungen in den Überzeugungen, Werten und Motivationen von Menschen auf der ganzen Welt sowie deren soziale und politische Auswirkungen zu erkennen und Wissenschaftlern und politischen Entscheidungsträgern dabei zu helfen, diese zu verstehen.

Folgende Punkte werden durch das WVS untersucht:

- Unterstützung der Demokratie
- Toleranz gegenüber Ausländern und ethnischen Minderheiten
- Unterstützung der Geschlechtergleichstellung
- Rolle der Religion (und Veränderung der Religiosität)
- Auswirkungen der Globalisierung
- Einstellungen zur Umwelt, Arbeit, Familie, Politik, nationaler Identität, Kultur und Diversität
- Unsicherheit und subjektives Wohlbefinden

Eine wichtige Erkenntnis aus dem WVS ist beispielsweise, dass die Grundüberzeugungen der Menschen tendenziell eine Schlüsselrolle bei Aspekten wie Geschlechtergleichstellung, wirtschaftlicher Entwicklung oder Entstehung und Entwicklung demokratischer Institutionen spielen.

Die verschiedenen Wellen haben zu der interessanten Einsicht geführt, dass gemäß WVS definierte Kulturgruppen nicht statisch sind, sondern sich im Laufe der Zeit Verschiebungen ergeben. Diese zeigen sich deutlich in den verschiedenen Iterationen der sogenannten *Inglehart-Welzel-Kulturkarte.* Die auf der sechsten Welle (2010–2014) basierende Version ist in *Abbildung 5.3* dargestellt.[33]

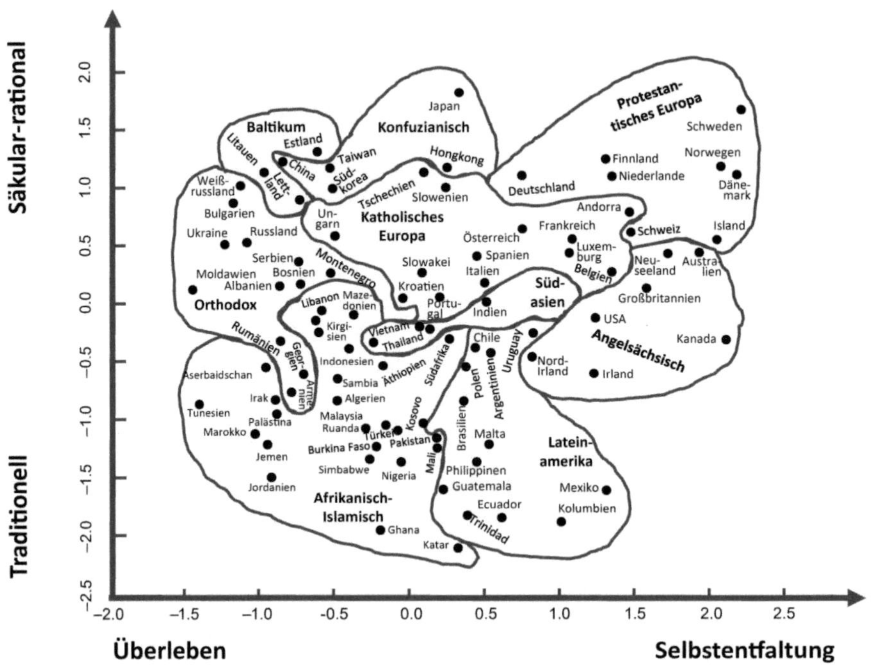

Abbildung 5.3: Kulturgruppen im World Values Survey (6. Welle)
(Quelle: nach Inglehart et al., 2014)

Die Inglehart-Welzel-Kulturkarte basiert auf der Vorstellung, dass es im Wesentlichen zwei relevante Dimensionen kultureller Variation gibt:

- Traditionelle versus säkular-rationale Werte sowie
- Überlebens- versus Selbstentfaltungswerte

Wie in anderen Modellen wird eine bestimmte Kultur irgendwo zwischen den jeweiligen Polen platziert.

Traditionelle Kulturen betonen die Rolle von Religion, Autorität und konservativen Familienwerten. Im Gegensatz dazu ist bei *säkular-rationalen Kulturen* die Akzeptanz etwa für Scheidungen und Abtreibungen höher.

Überlebenskulturen sind sehr sicherheitsbewusst, und zwar sowohl im physischen als auch im finanziellen Sinn, während *Selbstentfaltungskulturen* eine höhere Toleranz für Einwanderung zeigen, offener gegenüber Gleichstellungsthemen sind und die klare Erwartung haben, an wirtschaftlichen und politischen Entscheidungsprozessen teilzuhaben.

Die Ergebnisse aus den verschiedenen Durchführungen des World Value Surveys wurden und werden in der internationalen Presse häufig zitiert, insbesondere die Ergebnisse zum Thema Glück. Auch die Daten selbst werden verschiedentlich für weitergehende Forschung verwendet. So wurde beispielsweise mit aggregierten Daten aus den ersten drei Wellen die Hypothese getestet, dass wirtschaftliche Entwicklung mit systematischen Veränderungen der Grundwerte einhergeht.[34] Dabei wurde festgestellt, dass ökonomische Verbesserungen zwar tatsächlich zu zunehmend rationalen, toleranten und partizipativen Werten und Normen führen, jedoch das breite kulturelle Erbe einer Gesellschaft – beispielsweise der Effekt einer lange Zeit dominierenden Ideologie oder Philosophie wie dem Kommunismus, Konfuzianismus oder Katholizismus – sich trotz Modernisierung erstaunlich hartnäckig hält.

Shalom Schwartz

Shalom H. Schwartz, ein amerikanisch-israelischer Sozialpsychologe und Professor, veröffentlichte 1992 seine *Theorie allgemeiner menschlicher Werte*[35]. „Werte" sind in diesem Zusammenhang eher als allgemeine Motivationen statt als Einstellungen zu bestimmten Handlungen oder Verhaltensweisen zu verstehen. Laut Schwartz lassen sich Grundwerte identifizieren, indem man die grundlegendsten Bedürfnisse des Menschen untersucht. Diese sind aus seiner Sicht:

- Individuelle biologische Bedürfnisse
- Reibungslose Koordination und Zusammenarbeit mit anderen
- Überleben und Gedeihen als Gruppe

Schwartz sieht diese Bedürfnisse als universell an. In seiner ursprünglichen Studie wurden über 60.000 Menschen in 20 Ländern[36] befragt und teilweise auch beobachtet. Umfangreiche empirische Tests an Stichproben aus mehr als 80 Ländern haben seine Erkenntnisse seitdem weiter erhärtet.

Unter anderem auf der Arbeit von Hofstede aufbauend, dessen Arbeit er intensiv verfolgte, identifizierte Schwartz zehn allgemeine menschliche Werte:[37]

- Selbstausrichtung
- Stimulation
- Hedonismus
- Erfolg
- Macht
- Sicherheit
- Konformität
- Tradition
- Güte
- Universalismus

Schwartz stellte fest, dass die individuelle Wichtigkeit der einzelnen Werte zwar stark schwankte, die Rangfolge auf gesellschaftlicher Ebene jedoch in allen untersuchten Ländern mehr oder weniger gleich war: Güte, Universalismus und Selbstausrichtung wurden generell priorisiert, während Stimulation und Erfolg am Schluss rangierten.

Jeder dieser zehn allgemeinen Werte hat ein zentrales Motivationsziel. Schwartz fasste sie in vier Kategorien zusammen, die aus seiner Sicht ein kreisförmiges Kontinuum bilden:

- Selbsttranszendenz
- Selbstvervollkommnung
- Offenheit für Veränderungen
- Bewahrung

Tabelle 5.3 enthält eine Übersicht dieser Kategorien mit den zugehörigen allgemeinen Werten und den damit verbundenen zentralen Motivationszielen.

Laut Schwartz erlebten die untersuchten Gesellschaften überall die gleichen Konflikte: Offenheit für Veränderungen stand im Konflikt mit Bewahrungswerten, und Selbstvervollkommnung biss sich häufig mit Selbsttranszendenz. Die Art, wie Gesellschaften diese Konflikte insgesamt lösen, ist nach Schwartz eine wichtige Quelle für interkulturelle Unterschiede.

Kategorie	Allgemeiner Wert	Zentrale Motivationsziele
Selbsttranszendenz	Universalismus	Verständnis, Wertschätzung, Toleranz und Schutz des Wohlergehens aller Menschen und der Natur
	Güte	Wahrung und Verbesserung des Wohlergehens derjenigen, mit denen man häufig in persönlichem Kontakt steht (der sogenannten Ingroup)
Selbstvervollkommnung	Hedonismus	Vergnügen oder sinnliche Befriedigung für sich selbst
	Macht	Sozialer Status und Prestige, Kontrolle oder Dominanz über Menschen und Ressourcen
	Erfolg	Persönlicher Erfolg durch den Nachweis von Kompetenz gemäß herrschenden sozialen Standards
Offenheit für Veränderungen	Selbstausrichtung	Unabhängiges Denken und Handeln – Auswählen, Erschaffen, Erforschen
	Stimulation	Aufregung, Neuheit und Herausforderung im Leben
Bewahrung	Sicherheit	Sicherheit, Harmonie und Stabilität der Gesellschaft, der sozialen Beziehungen und des Selbst
	Konformität	Zurückhaltung von Handlungen, Neigungen und Impulsen, die andere stören oder schädigen und soziale Erwartungen oder Normen verletzen können
	Tradition	Respekt, Engagement und Akzeptanz der Bräuche und Ideen, die die eigene Kultur oder Religion bietet

Tabelle 5.3: Schwartz' Grundwerte und Motivationsziele
(Quelle: nach Schwartz, 1992)

Aufbauend auf seiner Theorie allgemeiner menschlicher Werte entwickelte Schwartz rund ein Jahrzehnt später seine *Theorie kultureller Wertorientierungen.* Aus seiner Sicht handelte es sich dabei um ein neues, eigenständiges Kulturmodell, das methodisch rigoros und empirisch gut validiert war und sich klar von anderen unterschied.

Den Kern dieser Theorie bildet die Annahme, dass kulturelle Wertorientierungen sich bilden und weiterentwickeln, wenn sich eine Gesellschaft mit grundlegenden Fragen und Problemen der Regulierung menschlichen Handelns befassen muss. Konkret wurden drei kritische Fragen betrachtet, mit denen alle Gesellschaften konfrontiert werden:

1. Was ist die Natur der Beziehung zwischen Individuum und Gruppe und worin besteht die Abgrenzung?
2. Wie kann die Gesellschaft gewährleisten, dass sich Menschen verantwortungsbewusst verhalten und damit zur Bewahrung des sozialen Gefüges beitragen?
3. Wie reguliert die Gesellschaft die Beziehungen der Menschen zur natürlichen und sozialen Umwelt?

Die Antwort auf jede dieser Grundfragen wird in einer von drei *kulturellen Wertdimensionen* festgehalten:

1. Autonomie versus Einbettung
2. Egalitarismus versus Hierarchie
3. Harmonie versus Beherrschung

Wie bei anderen Kulturmodellen handelt es sich dabei also um bipolare Skalen, womit sechs Ausprägungen entstehen würden. Schwartz unterscheidet allerdings insgesamt sieben sogenannte *kulturelle Wertorientierungen* – sieben (statt sechs), weil in der ersten Dimension zwei Arten von Autonomie unterschieden werden, nämlich intellektuelle und affektive (also emotionale).

Die sieben kulturellen Wertorientierungen sind somit:

- Intellektuelle Autonomie
- Affektive Autonomie
- Einbettung
- Egalitarismus
- Hierarchie
- Harmonie
- Beherrschung

Intellektuelle Autonomie bedeutet, dass Individuen dazu ermutigt werden, ihre eigenen Ideen und intellektuellen Vorstellungen unabhängig vom Gruppenkonsens zu verfolgen. Typische Beispiele sind Frankreich, die Niederlande und der französischsprachige Teil Kanadas.

Affektive Autonomie bezieht sich auf eine Situation, in der Individuen ermutigt werden, positive Erfahrungen eher emotionaler statt intellektueller Art zu suchen. Typische Beispiele sind Großbritannien, Neuseeland und der englischsprachige Teil Kanadas.

Einbettung heißt, dass eine Kultur die Aufrechterhaltung eines bestimmten Zustands fördert und Handlungen begrenzt, welche die Solidarität in der Gruppe oder die traditionelle Ordnung stören könnten. Typische Beispiele sind der Jemen, Senegal oder Nigeria.

Egalitarismus drückt einen Zustand aus, in dem Individuen zur Zusammenarbeit ermutigt werden und aufeinander und die Gruppe achten sowie zum Wohle anderer handeln, weil sie es selbst wollen. Typische Beispiele sind die Schweiz, Schweden oder Finnland.

Im Gegensatz dazu ermutigen Kulturen mit hoher Ausprägung bezüglich der *Hierarchie* Individuen, die hierarchische Verteilung der Rollen und deren Folgen zu akzeptieren und die Regeln und Verpflichtungen einzuhalten, die mit der eigenen spezifischen Rolle verbunden sind. Typische Beispiele sind Thailand, China und Südkorea.

Harmonie bedeutet, dass eine Kultur Wert darauf legt, sich in die Welt einzufügen, wie sie ist. Wertschätzen und verstehen statt lenken, verändern oder ausnutzen ist die Devise. Typische Beispiele sind Slowenien, Lettland und Ungarn.

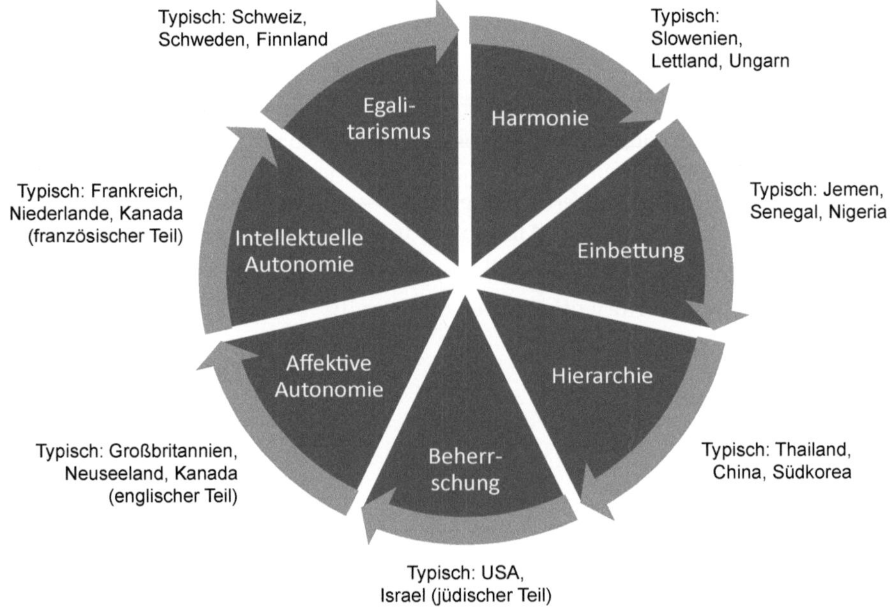

Abbildung 5.4: Kulturelle Wertorientierungen nach Schwartz
(Quelle: Autor; nach Schwartz, 2006)

Schließlich bezieht sich *Beherrschung* auf die Förderung einer aktiven Selbstbehauptung hinsichtlich der natürlichen und sozialen Umwelt mit dem Zweck, sowohl individuelle als auch kollektive Ziele zu erreichen. Etwas anders gesagt geht es dabei also um die Frage, ob das natürliche und soziale Umfeld gelenkt oder verändert werden kann und soll. Eine vorherrschende Einstellung in Kulturen mit hoher Ausprägung dieser Wertorientierung ist, dass sowohl das eigene Schicksal als auch die Natur beherrscht werden kann. Typische Beispiele sind die USA oder die jüdische Bevölkerung Israels.

Laut Schwartz führen die geteilten oder gegensätzlichen Annahmen, welche diesen kulturellen Wertorientierungen zugrunde liegen, zu einer kohärenten kreisförmigen Struktur. Kompatibilität beziehungsweise Inkompatibilität kultureller Wertorientierungen äußert sich in der Distanz voneinander. Mit anderen Worten: je näher, desto kompatibler.

Abbildung 5.4 veranschaulicht diese kreisförmige Struktur und führt Beispiele von Ländern auf, bei denen die entsprechende kulturelle Wertorientierung besonders stark ausgeprägt ist.

Benachbarte kulturelle Wertorientierungen treten häufig gemeinsam auf, beispielsweise Einbettung und Hierarchie in Ghana, Nepal und dem Iran, affektive Autonomie und Beherrschung in Japan und Australien, und Egalitarismus und intellektuelle Autonomie in Schweden, Dänemark und Österreich. *Tabelle 5.4* fasst Schwartz' Theorie kultureller Wertorientierungen zusammen.

Grundlegende gesellschaftliche Frage	Dimension	Kulturelle Wertorientierung	Erläuterung	Wichtige Werte (Beispiele)
Was ist die Natur der Beziehung zwischen Individuum und Gruppe und worin besteht die Abgrenzung?	Autonomie versus Einbettung	Intellektuelle Autonomie	Ermutigt Individuen, ihre eigenen Ideen und intellektuellen Vorstellungen unabhängig vom Gruppenkonsens zu verfolgen	Großzügigkeit, Neugierde, Kreativität
		Affektive Autonomie	Ermutigt Individuen, positive emotionale Erfahrungen zu suchen	Vergnügen, Abenteuer, ein aufregendes und abwechslungsreiches Leben
		Einbettung	Fördert Aufrechterhaltung eines bestimmten Zustands und begrenzt Handlungen, welche die Solidarität in der Gruppe oder die traditionelle Ordnung stören könnten	Respekt vor Traditionen, Sicherheit, Gehorsam, Weisheit, Ordnung der Gesellschaft
Wie kann die Gesellschaft gewährleisten, dass sich Menschen verantwortungsbewusst verhalten und damit zur Bewahrung des sozialen Gefüges beitragen?	Beherrschung versus Harmonie	Beherrschung	Fördert die aktive Selbstbehauptung hinsichtlich der natürlichen und sozialen Umwelt mit dem Zweck, sowohl individuelle als auch kollektive Ziele zu erreichen	Ehrgeiz, Erfolg, Mut, Kompetenz
		Harmonie	Legt Wert darauf, sich in die Welt einzufügen, wie sie ist	Frieden, Einheit mit Natur, Umweltschutz

Grundlegende gesellschaftliche Frage	Dimension	Kulturelle Wertorientierung	Erläuterung	Wichtige Werte (Beispiele)
Wie reguliert die Gesellschaft, wie Menschen ihre Beziehungen zur natürlichen und sozialen Welt gestalten?	Hierarchie versus Egalitarismus	Hierarchie	Ermutigt Individuen, die hierarchische Verteilung der Rollen und deren Folgen zu akzeptieren und die Regeln und Verpflichtungen einzuhalten, die mit der eigenen spezifischen Rolle verbunden sind	Soziale Macht, Autorität, Bescheidenheit, Reichtum
		Egalitarismus	Ermutigt Individuen zur Zusammenarbeit sowie dazu, aufeinander und die Gruppe zu achten und zum Wohle anderer zu handeln, weil sie es selbst wollen	Gleichstellung, soziale Gerechtigkeit, Verantwortung, Hilfe, Ehrlichkeit

Tabelle 5.4: Schwartz' Theorie der kulturellen Wertorientierungen
(Quelle: nach Schwartz, 2006)

Neben den beiden beschriebenen Beiträgen von Schwartz, der Theorie allgemeiner menschlicher Werte sowie der Theorie kultureller Wertorientierungen, fand auch seine Klassifizierung kulturell vergleichbarer Gesellschaften, sogenannter *Kulturcluster,* eine gewisse Verbreitung.[38] Im Gegensatz zu den meisten vergleichbaren Modellen leitete er diese nicht theoretisch, sondern empirisch her. Basierend auf einer Analyse seiner umfangreichen gesammelten Daten identifizierte er acht kulturell unterschiedliche Weltregionen:

- Westeuropäisch
- Osteuropäisch (orthodox)
- Mittelosteuropäisch und baltisch
- Englischsprachig
- Lateinamerikanisch
- Süd- und südostasiatisch
- Konfuzianisch-geprägt
- Muslimisch-nahöstlich und Subsahara-afrikanisch

Schwartz geht davon aus, dass Faktoren wie eine gemeinsame Sprache, Religion oder Geschichte eine wichtige Rolle für die kulturelle Nähe innerhalb der jeweiligen Region spielen. Das Gleiche gilt für den migrations- und handelsbedingten Austausch von Werten, Praktiken und Institutionen über nationale Grenzen hinweg. Interessanterweise kann dabei ein gemeinsames Erbe mehr Gewicht einnehmen als geografische Nähe. So liegt beispielsweise der französischsprachige Teil Kanadas kulturell näher bei Westeuropa – und dort naturgemäß insbesondere bei Frankreich – als beim englischsprachigen Teil Kanadas. Ebenso hat laut Schwartz die jüdische Bevölkerung Israels kulturell mehr mit den englischsprachigen Ländern gemeinsam als mit anderen Kulturen des Nahen Ostens. Im Sinne des oben erwähnten gemeinsamen kulturellen Erbes könnte dies unter anderem damit zusammenhängen, dass rund die Hälfte der heutigen Bevölkerung aschkenasischer[39] Herkunft ist, so wie es auch die meisten der Staatsgründer waren. Hinzu kommt, dass das damalige Palästina bis zur Gründung des modernen Israel 1948 während mehr als einem Vierteljahrhundert ein britisches Mandat war.

Wenn die in diesen Kulturclustern zum Ausdruck kommenden generellen kulturellen Muster mit Blick auf die geografische Lage der zugehörigen Kulturen betrachtet werden, gibt es einige wenige Ausreißer. Neben den beiden oben erwähnten – dem französischen Teil Kanadas und der jüdischen Bevölkerung Israels – sind dies Bolivien, die Türkei, der griechische Teil Zyperns, Peru und Japan.

Bolivien steht interessanterweise den kulturellen Mustern der muslimisch-nahöstlichen und Subsahara-afrikanischen Gruppe näher als denjenigen der geografisch benachbarten lateinamerikanischen Länder. Die Türkei, der griechische Teil Zyperns und Peru haben laut Schwartz mehr kulturelle Gemeinsamkeiten mit den orthodoxen osteuropäischen Kulturen als mit den jeweiligen unmittelbaren geografischen Nachbarn. Und auch Japan passt nicht wirklich zu dem kulturellen Muster der Nachbarländer, da seine Kultur zwar konfuzianisch geprägt ist, seine Ausprägung bezüglich der kulturellen Wertorientierungen Einbettung und Hierarchie jedoch deutlich niedriger und bezüglich intellektueller Autonomie und Harmonie höher ist als bei den anderen Kulturen in diesem Cluster.

Tabelle 5.5 gibt einen Überblick über die zu den Schwartz'schen Clustern gehörenden Kulturen. Die oben erläuterten „clusterfremden" Kulturen sind mit einem Stern markiert.

Kulturelles Muster	Länder
Westeuropäisch	Schweiz, Deutschland, Italien, Finnland, Spanien, Schweden, Belgien, Dänemark, Österreich, Kanada (französischer Teil)*, Niederlande, Portugal, Griechenland, Frankreich
Osteuropäisch (orthodox)	Bulgarien, Kroatien, Zypern (griechischer Teil)*, Mazedonien, Rumänien, Peru*, Russland, Serbien[40], Ukraine, Türkei*
Mittelosteuropäisch und baltisch	Slowenien, Tschechien, Lettland, Ungarn, Estland, Bosnien und Herzegowina, Georgien, Polen
Englischsprachig	Neuseeland, Großbritannien, Kanada (englischer Teil), Irland, Australien, USA, Israel (jüdische Bevölkerung)*
Lateinamerikanisch	Argentinien, Brasilien, Chile, Costa Rica, Mexiko, Venezuela
Süd- und südostasiatisch	Indien, Indonesien, Malaysia, Nepal, Philippinen, Singapur
Konfuzianisch-geprägt	Hongkong, Südkorea, Thailand, Taiwan, Japan*
Muslimisch-nahöstlich und Subsahara-afrikanisch	Bolivien*, Kamerun, Äthiopien, Iran, Israel (arabische Bevölkerung), Jordanien, Namibia, Südafrika, Uganda, Jemen, Simbabwe

** Kulturen, deren kulturelles Muster nicht ihrem geografischen Standort entspricht.*

Tabelle 5.5: Kulturelle Muster nach Schwartz
(Quelle: nach Schwartz, 2006, 2008)

Schwartz' Theorien und deren empirische Herleitungen ernteten anfänglich eine gewisse Kritik wegen der Tatsache, dass seine ursprüngliche Forschungsarbeit hauptsächlich auf Stichproben von Lehrenden und Studierenden basierte.[41] Um dieser Kritik zu begegnen, bildete er verschiedene Teilstichproben – unter anderem nach Alter, Geschlecht und Beruf – und analysierte diese erneut, mit fast identischen Resultaten.[42] Seitdem wurde seine Arbeit verschiedentlich auch durch andere Forschende überprüft, mit stabilen Resultaten. Sein Modell gilt daher als etabliert.

Fons Trompenaars und Charles Hampden-Turner

Ein weiteres, sehr bekanntes Modell wurde 1993 vom niederländischen Unternehmensberater Fons Trompenaars vorgestellt und 1997 zusammen mit dem britischen Management-Philosophen Charles Hampden-Turner überarbeitet. In *Riding the Waves of Culture*[43] führten sie ein Kulturkonstrukt ein, das frühere Forschungen integrierte und um mehrere Aspekte ergänzte. Ihr Modell basiert auf fünf interaktionsbasierten und zwei werteorientierten Dimensionen:

- Universalistisch versus partikularistisch
- Individualistisch versus kommunitär
- Neutral versus emotional
- Spezifisch versus diffus
- Leistungs- versus zuschreibungsorientiert

interaktionsbasiert

- Sequenziell versus synchron
- Interne versus externe Kontrolle

werteorientiert

Die erste Dimension, *universalistisch versus partikularistisch,* bezieht sich darauf, wie Mitglieder einer Kultur den Gültigkeitsbereich von Regeln sehen. Anders gesagt, gilt eine Regel *immer* oder sind situative Einschränkungen und Anpassungen zulässig? Dabei geht es insbesondere um soziale Aspekte, beispielsweise die Frage, ob etwa Freundschaft stärker wiegt als Regeln. Die Autoren benutzten dazu Umschreibungen spezifischer Situationen und stellten dann Fragen dazu. So wurde etwa dargestellt, wie ein Freund zu schnell fährt und einen Verkehrsunfall mit einem Verletzten verursacht – ohne Zeugen. Würde man für den Freund lügen und sagen, dass er sich an die Geschwindigkeitsvorschriften gehalten habe, käme er wahrscheinlich davon. Ob der Freund nun erwarten dürfe, dass man für ihn lüge? Die Auswertung der Antworten in ihrer Datenbank zeigte dazu große kulturelle Unterschiede.

Die zweite Dimension, *individualistisch versus kommunitär,* entspricht weitgehend Hofstedes „Individualismus versus Kollektivismus"-Vorstellung, welche wiederum auf Kluckhohn und Strodtbecks entsprechendem Konstrukt basiert.

Die dritte Dimension, *neutral versus emotional,* zeigt an, wie eine Kultur mit Emotionen umgeht, insbesondere in der Öffentlichkeit. Wird es sozial toleriert, wenn Menschen in der Öffentlichkeit laut lachen oder weinen? Wie stark werden Menschen daran gemessen, ob und wie sie ihre Emotionen unter Kontrolle haben?

Spezifisch versus diffus entspricht teilweise Edward T. Halls Konzept von Hoch- versus Niedrigkontextkommunikation, basiert aber hauptsächlich auf Kurt Lewins Feldtheorie[44]. Diese geht davon aus, dass einerseits die Psychologie einer Person das Ergebnis von Umweltfaktoren ist, andererseits diese Psychologie aber wiederum die Umwelt beeinflusst. Lewin prägte den Begriff *Lebensraum*[45], um sich auf die Summe aller Faktoren zu beziehen, die das Verhalten einer Person zu einem bestimmten Zeitpunkt beeinflussen.

Diesbezüglich verwendeten Trompenaars und Hampden-Turner das Sinnbild eines Pfirsichs mit weichem Fleisch, aber hartem Kern. Damit veranschaulichten sie Lewins Vorstellung davon, dass alle Individuen zwischen privat und öffentlich unterscheiden: Der innere Kern ist privat und relativ stabil, der Raum darum herum – also das „Fleisch um den Pfirsichkern" – ist öffentlich. Die Größe der Bereiche – was als privat und was als öffentlich gilt – ist stark kulturell geprägt. Zur Veranschaulichung erklären die Autoren, dass beispielsweise in der deutschen Kultur der private Bereich tendenziell recht groß, in der angloamerikanischen Kultur dagegen im Vergleich viel kleiner sei. Als Folge davon würden die meisten Deutschen Gegenstände wie ihren Kühlschrank oder ihr Auto als privat betrachten, während sie für die meisten Amerikaner Teil des öffentlichen Bereichs wären. Außerdem würden Deutsche dazu neigen, privat und öffentlich nicht weiter zu segmentieren; Freundschaft sei Freundschaft. Amerikaner hingegen hätten „Arbeitsfreunde", „Sportfreunde" und so weiter. In Deutschland oder in der Schweiz werde der eigene private Bereich im Allgemeinen länger und stärker geschützt als in den USA, wenn man jedoch einmal als Freund gelte, halte diese Freundschaft oft ein Leben lang. Amerikanische Freundschaften seien in der Regel fließender.

Generell neigen spezifische Kulturen (die Lewin als *U-Typen* bezeichnete) dazu, nur im öffentlichen Bereich zu interagieren, während in diffuseren Kulturen *(G-Typen)* sowohl der öffentliche als auch der private Raum geteilt werden. Als Folge davon neigen spezifische Kulturen dazu, Beruf und Privatleben klar zu trennen, während diese Unterscheidung in diffusen Kulturen so nicht existiert. Auch wird in einer spezifischen Kultur sachliche Kritik meist weniger persönlich genommen als in einer diffusen, wo eine Idee oft nicht für sich allein im Raum steht, sondern auch die Person mitrepräsentiert, die sich äußert. Und schließlich besteht ein Unterschied zwischen spezifischen und diffusen Kulturen auch darin, wie stark Menschen zwischen sozialen Rollen unterscheiden. Ist Chefin oder Chef zu sein ein Zustand oder eine Funktionsbeschreibung? Anders gesagt, gelten der Status und allenfalls die Privilegien, welche die Chefin hat, nur während der Arbeitszeit im Büro oder auch am Wochenende beim Einkaufen im Supermarkt?

Ohne diesen grundlegenden Unterschied zu verstehen, ist ein Konflikt zwischen Menschen aus spezifischen und diffusen Kulturen oft fast unvermeidlich – beispielsweise, weil der amerikanische Gast bei der ersten Einladung zu einem Schweizer nach Hause (die oft lange auf sich warten lässt) ungefragt an den Kühlschrank geht.

Leistungsorientiert versus zuschreibungsorientiert bezieht sich darauf, wie jemandem in einer Kultur Status und Respekt zugeschrieben werden. Steht dabei Leistung oder Herkunft im Vordergrund? Ist es wichtiger, die erfolgreichste Projektmanagerin oder die Tochter der Firmengründerin zu sein?

Sequenziell versus synchron orientiert sich stark an Edward T. Halls Vorstellung von monochronen und polychronen Arbeitsstilen. Es geht hier also darum, ob man lieber ein Thema nach dem anderen abarbeitet oder parallel immer an verschiedenen Dingen – die dann eben länger dauern – dran ist.

Schließlich orientiert sich die siebte Dimension, *interne versus externe Kontrolle,* einerseits an Kluckhohn und Strodtbecks grundsätzlicher Fragestellung nach der Einstellung des Menschen zur natürlichen Umwelt und andererseits an Rotters klassischer Vorstellung von interner oder externer Kontrollüberzeugung[46]. Die Dimension drückt somit aus, wie jemand über die Kräfte der Natur und des Schicksals denkt: Kontrollieren wir sie oder kontrollieren sie uns? Kulturen, in denen eine interne Kontrollüberzeugung vorherrscht, gehen davon aus, dass die Natur kontrolliert werden kann und wir unser Schicksal selbst in der Hand haben.

Trotz gelegentlicher methodischer Kritik – beispielsweise hinsichtlich der Stichprobengenerierung – wurde das Modell von Trompenaars und Hampden-Turner rasch sehr einflussreich und Fons Trompenaars selbst wurde 1999 vom *Business Magazine* zu einem der fünf besten Managementberater der Welt gekürt. Wie bei anderen Modellen ermöglicht die Betrachtung in konzeptionell gut hergeleiteten Dimensionen die Charakterisierung und den Vergleich von Kulturen hinsichtlich fundamentaler Werte und Einstellungen – und damit die Ableitung praxisrelevanter Schlüsse für die eigene Führungstätigkeit.

Richard D. Lewis

Richard D. Lewis, ein britischer Linguist, Kommunikationsberater und Autor, veröffentlichte seinen phänomenal erfolgreichen Bestseller *When Cultures Collide*[47] erstmals 1996. Darin führte er eine neuartige Betrachtungsweise interkultureller Konflikte ein. Seines Erachtens entstehen diese primär durch den Zusammenprall dreier breiter Kulturtypen:

- Linear-aktiv
- Multiaktiv
- Reaktiv

Mitglieder *linear-aktiver Kulturen* sind nach Lewis tendenziell aufgabenorientiert, kühl und sachlich, organisiert sowie entscheidungsfreudig. Vertreter *multiaktiver Kulturen* sieht er als beziehungsorientiert, warm, impulsiv, emotional und redselig und Angehörige *reaktiver Kulturen* werden als höflich, respektvoll und kompromissbereit bezeichnet. *Abbildung 5.5* stellt die von Lewis zu den entsprechenden Typen gezählten Kulturen grafisch dar.

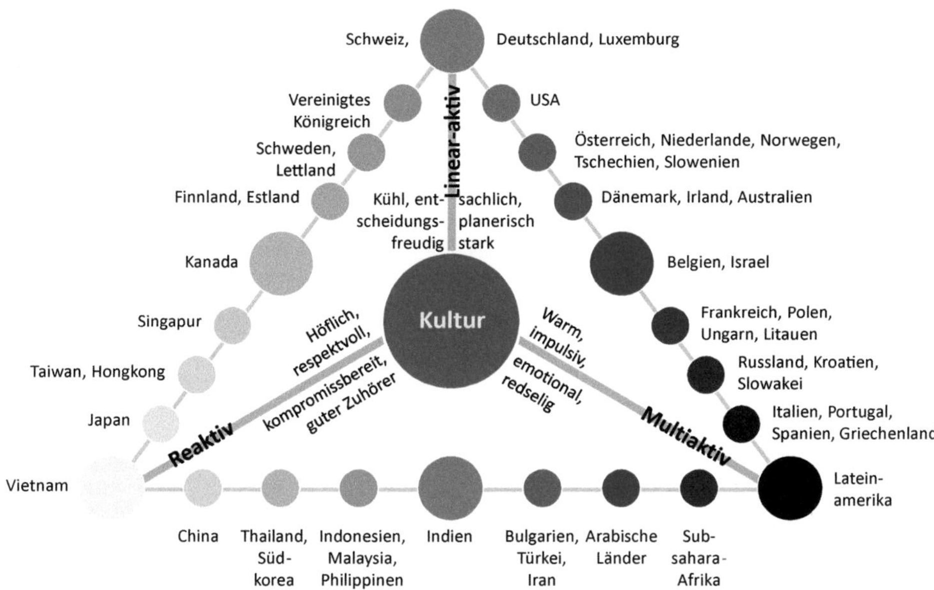

Abbildung 5.5: LMR-Kulturmodell nach Lewis
(Quelle: nach Lewis, 2006)

Alle Kulturen unterscheiden sich mehr oder weniger stark voneinander. Insgesamt lassen sich laut Lewis jedoch alle in eine der drei obigen Kategorien einordnen. *Tabelle 5.6* vergleicht diese hinsichtlich Aspekten wie Kommunikations-, Beziehungs- und Planungsverhalten.

Aspekt/ Verhalten	Typische Muster		
	Linear-aktive Kultur	**Multiaktive Kultur**	**Reaktive Kultur**
Auftreten	Eher introvertiert	Extravertiert	Introvertiert
Geduld	Geduldig	Ungeduldig	Geduldig
Privatsphäre/ Neugierde	Unaufdringlich, schätzt und schützt Privatsphäre	Neugierig, gesellig, kontaktfreudig	Respektvoll, hört gut zu
Mitteilsamkeit	Oft ruhig	Oft redselig	Oft still
Kommunikationsstil	Hält sich an Fakten, kurz und bündig, unterbricht selten	Jongliert mit Fakten, kann endlos reden, unterbricht häufig	Sieht Aussagen als Versprechen, fasst gut zusammen, unterbricht fast nie
Beziehungsverhalten	Aufgabenorientiert, sachlich, trennt Berufs- und Privatleben	Beziehungsorientiert, emotional, verwebt Berufs- und Privatleben	Beziehungsorientiert, ruhig und fürsorglich, verbindet Berufs- und Privatleben
Planungsverhalten	Plant methodisch voraus, hält sich an Pläne	Plant nur in groben Zügen, ändert Pläne häufig	Hält sich an generelle Prinzipien, nimmt nur kleine Änderungen an Plänen vor

Aspekt/ Verhalten	Typische Muster		
	Linear-aktive Kultur	**Multiaktive Kultur**	**Reaktive Kultur**
Projekt-verhalten	Teilt Projekte in Teilprojekte auf	Lässt Projekte einander beeinflussen	Sieht das Gesamtbild
Prozess- und Hierarchie-verhalten	Befolgt die korrekten Verfahren, respektiert Autorität	Zieht Fäden im Hintergrund, umgeht Autorität, sucht Direktzugang zu Schlüsselpersonen	Arbeitet in und mit Netzwerken, respektiert Autorität
Arbeitsstil	Sequenziell (macht eine Sache nach der anderen), arbeitet zu festen Zeiten	Parallel (macht mehrere Dinge auf einmal), immer auf Abruf	Reagiert, arbeitet zu flexiblen Arbeitszeiten
Pünktlichkeit	Meist pünktlich	Oft unpünktlich	Eher pünktlich
Zeitmanage-ment	Geordnet, wird von Zeitplänen getaktet	Eher chaotisch, Zeitpläne sind oft unvorhersehbar	Reagiert auf Zeitplan von Partnern
Diskussions-verhalten	Konfrontiert logisch	Konfrontiert emotional	Vermeidet Konfrontation
Körpersprache	Limitiert	Expressiv	Subtil
Gesichtsthematik	Verliert ungern das Gesicht	Hat oft eine Ausrede parat, um Gesichtsverlust zu verhindern	Macht (fast) alles, um Gesichtsverlust zu verhindern

Tabelle 5.6: Archetypische Verhaltensweisen in Lewis' Kulturmodell
(Quelle: nach Lewis, 2006: 33–34)

Kernaspekt bei der interkulturellen Zusammenarbeit ist nach Lewis nicht die Nationalität an sich, sondern die breite kulturelle Kategorie, in die jemand fällt. Menschen aus geografisch entfernten Kulturen können nach seiner Einschätzung durchaus reibungslos zusammenarbeiten, wenn diese zum gleichen Kulturtyp zählen, so etwa multiaktive Italiener und Argentinier. Gemeinsamkeiten auch bei nicht geografisch benachbarten Kulturen entstehen auf der Grundlage einer Vielzahl von Faktoren, etwa einem geteilten kulturellen oder historischen Erbe wie bei den ungarischen Minderheiten in der Slowakei und Serbien oder den ehemaligen spanischen Kolonien in Lateinamerika.

Umgekehrt kann es aber auch zwischen Mitgliedern geografisch benachbarter Kulturen zu ständigen Missverständnissen und Spannungen kommen, beispielsweise zwischen multiaktiven Franzosen und linear-aktiven Deutschen.

Lewis' Ansatz unterscheidet sich von anderen Kulturmodellen dahin gehend, dass dieser nicht auf umfangreichen empirischen Untersuchungen, sondern hauptsächlich auf seinen persönlichen Erfahrungen basiert. Dennoch ist das Modell ein praktisches Hilfsmittel, um über grundlegende kulturelle Stolpersteine in der grenzüberschreitenden Zusammenarbeit nachzudenken.

Marie-Joëlle Browaeys und Roger Price

Ein verhältnismäßig neues Kulturmodell stammt von der niederländischen Forscherin Marie-Joëlle Browaeys und dem Kulturcoach Roger Price.[48] Es teilt Kultur in acht werte- und einstellungsbasierte Messgrößen auf. Wie Schwartz verwenden die Autoren für diese den Begriff der kulturellen Werteorientierungen. Sie definieren keine neuen Kulturdimensionen, sondern fassen frühere Erkenntnisse neu zusammen. In diesem Sinne handelt es sich um eine einfach anwendbare, eingängige Zusammenfassung anderer Modelle und Studien, darunter insbesondere Hall[49] (bezüglich Arbeits- und Kommunikationsstil sowie Raumverständnis), Kluckhohn und Strodtbeck[50] (bezüglich Zeitorientierung, sozialen Beziehungen und Aktivitätsmodus) und Hofstede[51] (bezüglich sozialen Strukturpräferenzen, also Individualismus oder Kollektivismus, und der Einstellung zu Wettbewerb als Teil der „Maskulin versus feminin"-Dimension). Daraus resultieren die folgenden Werteorientierungen:

- Zeitfokus
- Zeitorientierung
- Handlungsorientierung
- Wettbewerbsorientierung
- Machtverständnis
- Raumverständnis
- Strukturpräferenzen
- Kommunikationspräferenzen

Zeitfokus bezieht sich darauf, ob eine Person lieber monochron (seriell) oder polychron (parallel) arbeitet.

Zeitorientierung betrifft die Einstellung einer Kultur gegenüber der Vergangenheit, Gegenwart und Zukunft. Was ist wichtiger, Traditionen oder unmittelbare oder potenzielle zukünftige Bedürfnisse?

Handlungsorientierung zeigt an, ob *sein* oder *tun* im Vordergrund steht. Wird Status durch Leistung oder Herkunft erlangt?

Wettbewerbsorientierung deutet an, ob in einer Kultur eher Wettbewerb oder Kollaboration bevorzugt wird.

Machtverständnis beschäftigt sich mit der Akzeptanz ungleicher Machtverteilungen und zeigt an, ob hierarchische oder egalitäre Organisationsformen bevorzugt werden.

Raumverständnis beschäftigt sich mit der Einstellung zu öffentlichem und privatem Raum. Wozu gehört unser Auto? Unser Haus? Unser Schlafzimmer oder unsere Küche? Was ist mit dem Kühlschrank? Können Freunde einfach unangemeldet vorbeikommen und sich bei uns wie zu Hause benehmen oder wird ein Gastverhalten mit Voranmeldung erwartet? Je privater eine Person ist, desto mehr Raum braucht sie, um sich zurückzuziehen, und desto weniger mag sie es, wenn andere in diesen Raum eindringen. So gesehen besteht also auch ein Zusammenhang zu Extraversion und Intraversion: Intravertierte Menschen definieren mehr Raum als privat als extravertierte.

Strukturpräferenzen betrifft die in einer Kultur bevorzugte soziale Struktur, das heißt individualistisch oder kollektivistisch, und dazugehörig die Frage, wie sich die Beziehung zwischen Individuum und Gruppe gestalten soll.

Und schließlich können Kulturen mehr oder weniger explizite *Kommunikationspräferenzen* haben. Wie viel Information wird direkt angesprochen, wie viel indirekt? Es geht hier also um den Kommunikationskontext[52]: Je niedriger dieser ist, desto weniger implizite Botschaften müssen Menschen zusätzlich zur explizit angesprochenen Information verstehen, um die gesamte Botschaft zu erfassen.

Gewicht	Kulturelle Wertorientierung							
	Zeitfokus	Kommunikations-präferenzen	Strukturpräferenzen	Raumverständnis	Machtverständnis	Wettbewerbsorien-tierung	Handlungsorientierung	Zeitorientierung
1	Mono-chron	Niedrigkon-text	Individua-listisch	Privat	Gleichbe-rechtigt	Kollabo-rativ	Sein	Vergan-genheit
2	↓	↓	↓	↓	↓	↓	↓	↓
3								Gegen-wart
4								↓
5	Poly-chron	Hochkontext	Kollekti-vistisch	Öffentlich	Hierar-chisch	Kompe-titiv	Tun	Zukunft

Tabelle 5.7: Kulturelle Wertorientierungen nach Browaeys und Price
(Quelle: nach Browaeys und Price, 2008)

Wie auch andere Kulturmodelle kann das Modell von Browaeys und Price beispielsweise dazu verwendet werden, um das kulturelle Profil einer Gruppe oder auch einer Person (sofern Sie diese sehr gut kennen) zu erstellen. *Tabelle 5.7* stellt ein Hilfsmittel dafür dar. Die Ergebnisse können dann etwa in einem Spinnendiagramm präsentiert werden, um sie optisch besser zugänglich zu machen. Nachfolgend finden Sie ein Beispiel dazu.

BEISPIEL **Lenas Kulturprofil**

Lena ist eine 28-jährige, in der Deutschschweiz aufgewachsene Österreicherin. Seit sechs Jahren arbeitet sie für die Migros, eines der größten Schweizer Einzelhandelsunternehmen, und absolviert derzeit zusätzlich berufsbegleitend eine Management-Ausbildung. Vor Kurzem wurde sie zur stellvertretenden Leiterin eines lokalen Migros-Supermarkts befördert. In ihrem neuen Team sind neben Schweizern auch Menschen aus Bosnien, Brasilien, Deutschland und Portugal vertreten. Lena kämpft ab und zu mit Missverständnissen. Sie vermutet, dass interkulturelle Unterschiede dazu beitragen. Im Rahmen ihrer Ausbildung lernte sie kürzlich das Browaeys-und-Price-Modell[1] kennen. Sie beschließt, bei sich selbst zu beginnen und über ihr eigenes kulturelles Profil nachzudenken. Schließlich kennt sie sich selbst am besten. Um festzustellen, wie ausgeprägt jede der Wertorientierungen im Modell bei ihr ist, verwendet sie ein einfaches Bewertungsraster (siehe *Tabelle 5.7*) und visualisiert dann ihr Profil in einem Spinnendiagramm.

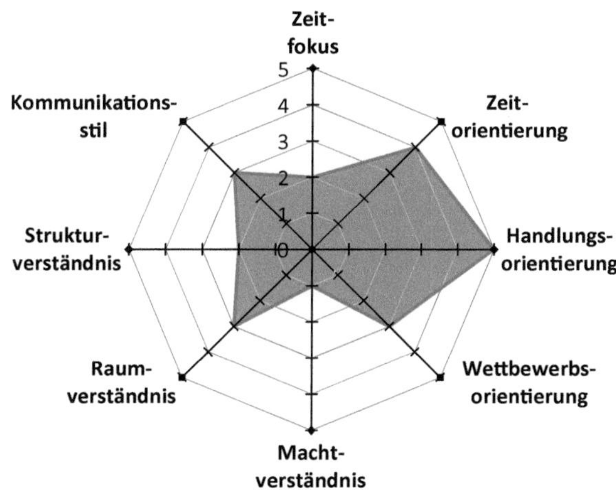

[1] *Siehe Browaeys und Price (2008).*

Interkulturelle und globale Führung: Die GLOBE-Studie

Im Vergleich zu anderen Führungsthemen fristet die spezifisch auf interkulturelle Aspekte der Führung ausgerichtete Forschung noch ein Schattendasein. Der bisher wichtigste Beitrag zu diesem Feld ist die GLOBE-Studie. Dabei steht GLOBE für *Global Leadership and Organizational Behavior Effectiveness,* also „Effektivität globaler Führung und globalen Organisationsverhaltens".

Das GLOBE-Projekt wurde von Robert House und Kollegen in vier Phasen aufgeteilt. In Phase eins wurden die konzeptionellen Grundlagen erarbeitet, die für kulturübergreifende Vergleiche nötig waren. In Phase zwei wurden dann die Auswirkungen grundlegender Merkmale gesellschaftlicher und organisationaler Kultur auf die Führung im jeweiligen Kontext und in Phase drei die Wirksamkeit bestimmter Führungsverhalten auf höheren organisatorischen Ebenen untersucht. In einer geplanten vierten Phase sollen frühere Befunde erhärtet und erweitert sowie Erkenntnisse zur Kausalität bestimmter Effekte gewonnen werden.

Bisher wurden drei Beiträge aus diesem Projekt veröffentlicht. Für die ursprüngliche GLOBE-Studie von 2004[53] sammelten mehr als 200 Forschende in 62 Ländern über zehn Jahre lang Daten zu gesellschaftlicher und organisationaler Kultur sowie zu Vorstellungen von effektiver Führung. Zu diesem Zweck wurden über 17.300 nach wissenschaftlichen Kriterien ausgewählte mittlere Führungskräfte aus 951 verschiedenen Organisationen befragt. Im Jahr 2007 folgte eine zweite Studie, in der vertieft auf Führung und Kultur in 25 der in der ersten Studie enthaltenen Länder eingegangen wurde. Schließlich folgte 2014 eine spezifisch auf das Top-Management fokussierende dritte Studie. Ab 2020 sollen zwei weitere Studien folgen, eine zum Thema kultureller Dynamik und Vertrauensbildung sowie eine zum Verhältnis von Kultur, Führung und wichtigen organisationalen Praktiken wie Personalmanagement. Gleichzeitig soll der Fokus auf 136 Länder ausgeweitet werden.

Der Ansatz des GLOBE-Projekts im Vergleich

Bis heute handelt es sich beim GLOBE-Projekt um die umfangreichste und wissenschaftlichste Untersuchung zum Thema interkulturelle Führung. Das ursprüngliche Studiendesign basierte auf 13 aus dieser Forschung abgeleiteten Grundannahmen:[54]

1. Gesellschaftliche kulturelle Werte beeinflussen das Handeln von Führungskräften.
2. Führungskräfte beeinflussen die Struktur, Kultur und Praktiken einer Organisation.
3. Gesellschaftliche kulturelle Werte und Praktiken beeinflussen Kultur und Praktiken einer Organisation.
4. Kultur und Praktiken einer Organisation beeinflussen das Verhalten von Führungskräften.
5. Die gesellschaftliche Kultur beeinflusst, wie Menschen implizite Führungserwartungen teilen.
6. Struktur, Kultur und Praktiken einer Organisation beeinflussen, wie Menschen implizite Führungserwartungen teilen.
7. Strategische Eventualitäten beeinflussen Struktur, Kultur und Praktiken einer Organisation sowie das Verhalten von deren Führungskräften.
8. Strategische Eventualitäten beeinflussen Merkmale und Verhalten von Führungskräften.
9. Kulturelle Kräfte moderieren das Verhältnis zwischen strategischen Eventualitäten und Struktur, Kultur und Praktiken einer Organisation.
10. Die Akzeptanz von Führungskräften hängt von der Interaktion zwischen kulturell bedingten impliziten Führungserwartungen sowie Führungsmerkmalen und -verhalten ab.

11. Die Interaktion zwischen Merkmalen und -verhalten der Führungskräfte und organisatorischen Eventualitäten moderiert die Effektivität der Führungskräfte.

12. Die Akzeptanz von Führungskräften beeinflusst die Effektivität von Führungskräften.

13. Die Effektivität von Führungskräften beeinflusst die Akzeptanz von Führungskräften.

Diese Grundannahmen wurden als gegeben betrachtet. Eine grundlegende Frage dabei – und bei der kulturvergleichenden Forschung überhaupt – ist die Definition und Konzeptualisierung von „Kultur". Hall, Kluckhohn und Strodtbeck, Hofstede, Trompenaars, Schwartz, Lewis und Weitere sahen den Begriff inhaltlich alle etwas anders. Es macht beispielsweise durchaus einen Unterschied, ob Kultur in zwei Dimensionen konzipiert wird (wie in der Inglehart-Welzel-Karte) oder in sieben (wie im Modell von Trompenaars). Basierend auf einer Analyse vorhandener Kulturmodelle und erweitert um aus ihrer Sicht zuvor vernachlässigte Aspekte charakterisierten die GLOBE-Forschenden Gesellschaftskultur mit neun Kulturdimensionen:

- Unsicherheitsvermeidung
- Machtdistanz
- Kollektivismus I (institutionell)
- Kollektivismus II (gruppenintern)
- Geschlechtergerechtigkeit
- Durchsetzungsvermögen
- Zukunftsorientierung
- Leistungsorientierung
- Humanorientierung

Unsicherheitsvermeidung bezeichnet das Ausmaß, in dem eine Gesellschaft, Organisation oder Gruppe auf soziale Normen, Regeln und Verfahren angewiesen ist, um die Unvorhersehbarkeit zukünftiger Ereignisse zu mildern.

Machtdistanz ist der Grad, zu dem die Mitglieder eines Kollektivs erwarten, dass Macht gleichmäßig verteilt wird.

Kollektivismus I (institutionell) gibt den Grad an, zu dem organisatorische und gesellschaftliche institutionelle Praktiken die gemeinsame Verteilung von Ressourcen und kollektives Handeln fördern und belohnen.

Kollektivismus II (gruppenintern) bezeichnet den Grad, zu dem Individuen Stolz und Loyalität sowie Zusammenhalt in ihren Organisationen und Familien zum Ausdruck bringen.

Geschlechtergerechtigkeit misst den Grad, zu dem ein Kollektiv die Ungleichheit der Geschlechter minimiert.

Durchsetzungsvermögen ist das Ausmaß, in dem Individuen in ihren Beziehungen selbstbewusst und durchsetzungsfähig auftreten.

Zukunftsorientierung meint das Ausmaß, in dem sich Individuen in zukunftsorientierte Verhaltensweisen wie Befriedigungsaufschub, Planung und vorausschauende Investitionen einbringt.

Leistungsorientierung ist der Grad, zu dem ein Kollektiv die Gruppenmitglieder für Leistung und Exzellenz ermutigt und belohnt.

Schließlich bezeichnet *Humanorientierung* den Grad, zu dem ein Kollektiv Einzelpersonen ermutigt und belohnt, fair, selbstlos, großzügig, fürsorglich und freundlich zu anderen zu sein.

Wie bei anderen Kulturmodellen kann eine Kultur mithilfe dieser neun Dimensionen charakterisiert und mehrere Kulturen können so miteinander – hinsichtlich der in den Dimensionen enthaltenen Aspekte – verglichen werden. Aufgrund der hohen Wissenschaftlichkeit in der Datengenerierung und -auswertung sind die GLOBE-Resultate im Vergleich sehr zuverlässig.

Als Nächstes erarbeitete das GLOBE-Team auf Basis vorhandener Literatur Gruppen ähnlicher Kulturen, sogenannte *Kulturcluster.* Die Mitglieder eines Clusters sollten untereinander ähnlich sein, sich aber gleichzeitig von Kulturen außerhalb des Clusters deutlich unterscheiden. Die Einteilung wurden also auf theoretischer Basis vor Beginn der eigentlichen Forschungsarbeiten definiert und war nicht das Ergebnis einer empirischen Analyse. Die Studienergebnisse bestätigten jedoch im Nachhinein deren Richtigkeit weitgehend.

Insgesamt wurden zehn Cluster definiert:

- Konfuzianisches Asien
- Südasien
- Lateinamerika
- Angelsächsisch (englischsprachige Länder)
- Osteuropa
- Germanisches Europa
- Lateinisches Europa
- Nordisches Europa
- Naher Osten
- Subsahara-Afrika

Deutlich ersichtlich ist die enge Übereinstimmung dieser Cluster mit den kulturellen Mustern nach Schwartz' (siehe Seite 205 ff.). Infolge der empirischen Validierung von Schwartz' Modell und der nachträglichen weitgehenden Bestätigung durch die gesammelten GLOBE-Daten können daher auch die GLOBE-Cluster als etabliert angesehen werden. Auch die Einteilung der Welt in „Zivilisationen", welche Samuel Huntington durch seine Kampf-der-Kulturen-Hypothese bekannt machte, weist deutliche Ähnlichkeiten auf.[55]

Tabelle 5.8 vergleicht diese drei Modelle. *Tabelle 5.9* listet zusätzlich die zu den einzelnen GLOBE-Kulturclustern zählenden Kulturen auf. Zu bemerken ist, dass GLOBE Gesellschaften, also Einheiten mit eigener kultureller Identität, und nicht politisch definierte Nationalstaaten betrachtete.

GLOBE	Schwartz	Huntington
Konfuzianisches Asien	Konfuzianisch-geprägt	Sinisch (chinesisch)
		Japanisch
		Buddhistisch
Südasien	Süd- und Südostasiatisch	Hinduistisch
Lateinamerika	Lateinamerikanisch	Lateinamerikanisch
Angelsächsisch	Englischsprachig	Westlich
Nördliches Europa	Westeuropäisch	
Germanisches Europa		
Lateinisches Europa		
Osteuropa	Osteuropäisch (orthodox)	Orthodox
	Mittelosteuropäisch und baltisch	
Naher Osten	Muslimisch-nahöstlich und Subsahara-afrikanisch	Islamisch
Subsahara-Afrika		Afrikanisch

Tabelle 5.8: Kulturtypologien im Vergleich: GLOBE, Schwartz und Huntington
(Quelle: nach Huntington, 1993, 1995; House, Hanges und Javidan, 2004; und Schwartz, 2008)

Die Differenzierung von Werten und Praktiken bei GLOBE

Ein markanter Unterschied zwischen GLOBE und früheren Forschungsarbeiten besteht in der Unterscheidung zwischen gesellschaftlichen *Werten* und *Praktiken,* also zwischen dem, was sein sollte, und dem, was tatsächlich ist, welche GLOBE vornimmt. Anders ausgedrückt: Werte stellen die Art von sozialen Normen dar, die Mitglieder dieser Kultur im Allgemeinen als Ideal betrachten, während Praktiken widerspiegeln, wie sich die Mehrheit in der Kultur wirklich verhält. Diese Unterscheidung macht die Studienresultate zwar detaillierter und präziser, dafür aber auch schwieriger zu handhaben.

Wenn Sie sich als internationale Führungskraft auf einen interkulturellen Einsatz vorbereiten, stellt sich die Frage, auf welche der beiden Sie sich stützen sollen. Als Führungskraft ist es wichtig, sich des Unterschieds zwischen Werten und Praktiken bewusst zu sein. Menschen können einen bestimmten Wert hochhalten und sehr negativ reagieren, wenn er verletzt wird, obwohl ihr Verhalten nach außen einen anderen Eindruck erweckt. Gründe für solche Abweichungen können unter anderem in positiven und negativen Anreizen wie finanziellen Verlockungen oder Gruppendruck liegen.

Cluster	Kulturen		
Konfuzianisches Asien	• China • Hongkong	• Japan • Singapur	• Südkorea • Taiwan
Südasien	• Indien • Indonesien	• Iran • Malaysia	• Philippinen • Thailand
Lateinamerika	• Argentinien • Bolivien • Brasilien • Kolumbien	• Costa Rica • Ecuador • El Salvador	• Guatemala • Mexiko • Venezuela
Angelsächsisch	• Australien • Kanada (Englisch) • England	• Irland • Neuseeland	• Südafrika (Weiß) • USA
Osteuropa	• Albanien • Georgien • Griechenland	• Ungarn • Polen • Rumänien	• Russland • Slowenien
Germanisches Europa	• Österreich • Deutschland (Ost)	• Deutschland (West) • Niederlande	• Schweiz (Deutsch)
Lateinisches Europa	• Frankreich • Israel	• Italien • Portugal	• Spanien • Schweiz (Französisch)
Nordisches Europa	• Dänemark	• Finnland	• Schweden
Naher Osten	• Ägypten • Kuwait	• Marokko • Katar	• Türkei
Subsahara-Afrika	• Namibia • Nigeria	• Südafrika (Schwarz) • Sambia	• Zimbabwe

Tabelle 5.9: GLOBE-Kulturcluster und zugehörige Kulturen
(Quelle: nach House, Hanges und Javidan, 2004)

Tatsächlich weisen alle durch GLOBE untersuchte Kulturen solche Widersprüche zwischen Werten und Praktiken auf. In einer späteren Analyse der GLOBE-Daten wurde festgestellt, dass Praktiken und Werte für sieben der neun Dimensionen negativ korrelierten.[56] Dies weist auf eine allgemeine Tendenz hin, dass Einzelpersonen anders handeln, als sie es nach ihrer Vorstellung, wie die Gesellschaft funktionieren müsste, eigentlich sollten. Dieses Paradoxon macht es auch so schwierig, in einer anderen Kultur als der eigenen kompetent zu werden.

Eine große Diskrepanz zwischen Praktiken und Werten ist also ein Hinweis darauf, dass in der besagten Kulturdimension potenzielle interkulturelle Probleme schlummern. Werte sind meist sehr tief verwurzelt, ohne dass dies einer Person immer bewusst ist. Reaktionen auf Verletzungen von Werten sind daher oft sehr heftig, weil etwas für die Person Fundamentales betroffen ist, ohne dass diese aktiv darüber reflektiert hätte. Verletzungen wichtiger gesellschaftlicher Werte sind darum klare interkulturelle Fauxpas.

Da Praktiken jedoch das sind, was man als Außenstehender viel einfacher wahrnimmt, tendieren Kulturfremde dazu, sich eher an diesen zu orientieren. Wenn man in Rom ist, soll man es ja bekanntlich wie die Römer halten. Dies nicht zu tun, kann ebenfalls ein Problem darstellen: Wenn, etwas überspitzt formuliert, alle Kulturinsider sich so verhalten, was maßt sich dann der Außenseiter an, dies anders zu machen? Nur können auf diese Weise natürlich kulturelle Werte verletzt werden, falls eine Diskrepanz zu diesen Praktiken besteht, was man dann dem Außenseiter weniger verzeiht als einem Insider. Ein fast unauflösbares Dilemma also.

Tabelle 5.10 listet für jede der neun GLOBE-Kulturdimensionen die drei Gesellschaften mit den höchsten und die drei mit den niedrigsten Resultaten für Praktiken und Werte auf. In der Spalte ganz links sind zusätzlich die Durchschnittswerte für die „Welt", also die 62 durch GLOBE untersuchten Kulturen, angegeben. Die linke Zahl stellt den „Welt"-Durchschnittswert für die Praktiken in der besagten Dimension dar, die rechte die kulturellen Werthaltungen.

Kulturdimensionen (Durchschnitt)**	**Kulturelle Praktiken***		**Kulturelle Werte***	
	Höchste	**Niedrigste**	**Höchste**	**Niedrigste**
Unsicherheitsvermeidung (P 4.17/W 4.61)	Schweiz (5.37) Schweden (5.32) Singapur (5.31)	Guatemala (3.30) Ungarn (3.12) Russland (2.88)	Thailand (5.61) Nigeria (5.60) Albanien (5.37)	Westdeutschl. (3.32) Niederlande (3.24) Schweiz (3.16)
Machtdistanz (P 5.14/W 2.77)	Marokko (5.80) Nigeria (5.80) El Salvador (5.68)	S. Afrika (S) (4.11) Dänemark (3.89) Tschechien (3.59)	Tschechien (4.35) S. Afrika (S) (3.65) Neuseeland (3.53)	Spanien (2.26) Finnland (2.19) Kolumbien (2.04)
Kollektivismus I (institutionell) (P 4.24/W 4.71)	Schweden (5.22) Südkorea (5.20) Japan (5.19)	Ostdeutschl. (3.56) Ungarn (3.53) Griechenland (3.25)	El Salvador (5.65) Brasilien (5.62) Iran (5.54)	Russland (3.89) Tschechien (3.85) Georgien (3.83)
Kollektivismus II (gruppenintern) (P 5.10/W 5.64)	Philippinen (6.36) Georgien (6.19) Iran (6.03)	Schweden (3.66) Dänemark (3.53) Tschechien (3.18)	El Salvador (6.52) Kolumbien (6.25) Neuseeland (6.21)	S. Afrika (S) (4.99) Schweiz (4.94) Tschechien (4.06)
Geschlechtergerechtigkeit (P 3.38/W 4.50)	Ungarn (4.08) Russland (4.07) Polen (4.02)	Ägypten (2.81) Kuwait (2.58) Südkorea (2.50)	England (5.17) Schweden (5.15) Irland (5.14)	Kuwait (3.45) Katar (3.38) Ägypten (3.18)
Durchsetzungsvermögen (P 4.12/W 3.83)	Albanien (4.89) Nigeria (4.79) Ungarn (4.79)	Schweiz (F) (3.47) Neuseeland (3.42) Schweden (3.38)	Japan (5.56) China (5.44) Philippinen (5.14)	Russland (2.83) Österreich (2.81) Türkei (2.66)
Zukunftsorientierung (P 3.84/W 5.44)	Singapur (5.07) Schweiz (4.73) S. Afrika (S) (4.64)	Polen (3.11) Argentinien (3.08) Russland (2.88)	Thailand (6.20) Namibia (6.12) Simbabwe (6.07)	China (4.73) Dänemark (4.33) Tschechien (2.95)

Kulturdimensionen (Durchschnitt**)	Kulturelle Praktiken*		Kulturelle Werte*	
	Höchste	Niedrigste	Höchste	Niedrigste
Leistungs-orientierung (P 4.10/W 5.88)	Schweiz (4.94) Singapur (4.90) Albanien (4.81)	Russland (3.39) Venezuela (3.32) Griechenland (3.20)	El Salvador (6.58) Simbabwe (6.45) Kolumbien (6.42)	Japan (5.17) S. Afrika (S) (4.92) Tschechien (2.35)
Human-orientierung (P 4.09/W 5.39)	Sambia (5.23) Philippinen (5.12) Irland (4.96)	Griechenland (3.34) Spanien (3.32) Westdeutschl. (3.18)	Nigeria (6.09.) Finnland (5.81) Singapur (5.79)	Costa Rica (4.99) Neuseeland (4.49) Tschechien (3.39)

* In absteigender Rangfolge (GLOBE-Skala 1–7).
** Durchschnitt der 62 Kulturen in der GLOBE-Stichprobe. P: Praktiken, W: Werte.

Schweiz bezieht sich auf die deutschsprachige, Schweiz (F) auf die französischsprachige Schweiz. S. Afrika (S) bezieht sich auf die schwarze Bevölkerung Südafrikas.

Tabelle 5.10: Kulturelle Werte und Praktiken nach GLOBE (Beispiele)
(Quelle: Autor; abgeleitet aus GLOBE-Rohdaten)

Als Führungskraft ist für Sie jedoch nicht primär die gesellschaftliche Kultur als Ganzes relevant, obwohl es selbstverständlich für Sie einfacher wird, wenn Sie diese verstehen. Von unmittelbarer Bedeutung sind die – natürlich kulturell beeinflussten – Führungserwartungen Ihrer Teammitglieder. Von daher führt kein Weg daran vorbei, diese Menschen und ihre Vorstellungen möglichst gut kennenzulernen. Je besser Sie sie verstehen, desto eher wird man Ihnen kulturelle Fehlleistungen nicht nur verzeihen, sondern Sie auch darauf hinweisen. Auf diese Weise werden Sie mit der Zeit dann nicht nur immer vertrauter mit den Bedürfnissen ihres Teams, sondern gleichzeitig auch immer kompetenter in der besagten Kultur. Allerdings ist dies gar nicht so einfach. Gerade in Kulturen mit ausgeprägter Machtdistanz kann es schwierig sein, offenes und ehrliches Feedback von Unterstellten zu erhalten. Eine hohe emotionale Intelligenz macht es bedeutend einfacher, unerwartete Reaktionen auf unabsichtlich begangene Fehler einzuordnen. Modelle wie GLOBE können Ihnen jedoch dabei helfen, sich mit grundlegenden Aspekten und Widersprüchen einer Kultur vertraut zu machen. Je mehr Menschen aus einer Kultur Sie führen, desto mehr wird die Gruppe als Ganzes diesem Bild entsprechen.

Tabelle 5.11 listet die drei Kulturen mit den größten und die drei mit den kleinsten Unterschieden zwischen Werten und Praktiken für jede der GLOBE-Kulturdimensionen auf. Die tatsächliche numerische Abweichung auf der GLOBE-Skala von eins bis sieben ist in Klammern angegeben. Der Gesamtmittelwert für die „Welt" – also wiederum die gesamte Stichprobe von 62 Kulturen – ist in der Spalte ganz links als Vergleichswert ebenfalls angegeben. Eine positive Zahl bedeutet, dass das Resultat für die Praktik höher ist als für den Wert. Eine negative Zahl bedeutet das Gegenteil.

Kulturdimensionen (Durchschnitt**)	**Interkulturelle Unterschiede zwischen kulturellen Werten und Praktiken***	
	Größte	**Kleinste**
Unsicherheitsvermeidung (–0.44)	• Deutschschweiz (2.21) • Russland (2.19) • Westdeutschland (1.90)	• Frankreich (0.17) • USA (0.15) • Malaysia (0.10)
Machtdistanz (2.37)	• Kolumbien (3.52) • Argentinien (3.31) • Ecuador (3.30)	• Bolivien (1.10) • Tschechien (-0.77) • Südafrika (Schwarz) (0.46)
Kollektivismus I (institutionell) (–0.48)	• Griechenland (-2.15) • El Salvador (-1.94) • Brasilien (-1.79)	• England (-0.04) • Irland (0.04) • USA (0.03)
Kollektivismus II (gruppenintern) (–0.54)	• Neuseeland (-2.54) • Schweden (-2.38) • Dänemark (-1.97)	• Thailand (-0.06) • Brasilien (0.02) • Indonesien (0.01)
Geschlechtergerechtigkeit (–1.12)	• Deutschschweiz (-1.96) • Irland (-1.93) • Ostdeutschland (-1.84)	• Georgien (-0.18) • Russland (-0.11) • Tschechien (0.01)
Durchsetzungsvermögen (0.30)	• Japan (-1.97) • Türkei (1.87) • Österreich (1.81)	• Irland (-0.07) • Bolivien (0.05) • Namibia (0.00)
Zukunftsorientierung (–1.60)	• Thailand (-2.78) • Argentinien (-2.70) • Guatemala (-2.67)	• Singapur (-0.44) • Dänemark (0.11) • Deutschschweiz (-0.06)
Leistungsorientierung (–1.78)	• Venezuela (-3.03) • El Salvador (-2.86) • Portugal (-2.80)	• Singapur (-0.82) • Südkorea (-0.71) • Südafrika (Schwarz) (-0.25)
Humanorientierung (–1.30)	• Spanien (-2.37) • Singapur (-2.30) • Westdeutschland (-2.28)	• Philippinen (-0.24) • Thailand (-0.21) • Neuseeland (-0.16)

* In absteigender Größenordnung (GLOBE-Skala: 1–7).
Negative Zahlen zeigen an, dass die Resultate für kulturelle Werte größer sind als für kulturelle Praktiken.
** Durchschnittlicher Unterschied zwischen Praktiken und Werten für die ganze Stichprobe von 62 Gesellschaften.

Tabelle 5.11: Intrakulturelle Unterschiede zwischen Werten und Praktiken
(Quelle: Autor; abgeleitet aus GLOBE-Rohdaten)

Durch die klare Unterscheidung zwischen Werten und Praktiken in der GLOBE-Studie konnte auch überprüft werden, inwiefern Hofstedes Ergebnisse damit übereinstimmten. Es zeigte sich, dass diese zwar jeweils durchaus mit den GLOBE-Resultaten entweder für Praktiken oder Werte korrelierten, jedoch unsystematisch. So ist beispielsweise Unsicherheitsvermeidung nach Hofstede mit dem Werte-Resultat des gleichnamigen GLOBE-Konstrukts verbunden, jedoch nicht mit demjenigen für Praktiken. Umgekehrt korrelieren die Ergebnisse für Hofstedes Machtdistanzdimension signifikant positiv mit den gleichnamigen GLOBE-Praktiken, jedoch nicht mit den entsprechenden Werten und so weiter. Da, wie bereits an früherer Stelle erwähnt, sowohl Werte als auch Praktiken wichtig sind, wenn man sich auf eine Kultur einlässt, sind Hofstedes Resultate also durchaus auch heute noch hilfreich. Nur erlauben sie nicht die Art detaillierte Auseinandersetzung mit einer Kultur, wie dies GLOBE tut.

Um dies zu verdeutlichen, sei ein weiteres Beispiel erwähnt: Die Schweiz, welche nicht weiter unterteilt wurde, hat laut Hofstede eine mittlere Unsicherheitsvermeidung. GLOBE hingegen, das zwischen deutschsprachiger und lateinischer Schweiz unterschied, zeigte in Bezug auf Erstere ein interessantes kulturelles Paradoxon auf. Die Deutschschweiz hat nämlich für die Unsicherheitsdimension das drittniedrigste Resultat aller untersuchten Länder in Bezug auf Werte, aber das höchste in Bezug auf Praktiken. Dies weist darauf hin, dass die Deutschschweizer sich als recht entspannt betrachten, was die Zukunft anbelangt, jedoch gleichzeitig große Anstrengungen unternehmen, um jegliche Art von Unsicherheit und Risiko zu vermeiden. Kein Wunder, ist die Schweiz eines der höchstversicherten Länder der Welt. Als Führungskraft ist es außerdem wichtig zu wissen, dass insbesondere Deutschschweizer Teammitglieder ein sehr starkes Informationsbedürfnis haben. Verlässt man sich hingegen auf Hofstede, dessen Resultat für diese Dimension – möglicherweise als Folge einer Vermischung von Werten und Praktiken – mittlere Unsicherheitsvermeidung vermuten lässt, werden die falschen Schlüsse für das eigene Führungsverhalten gezogen.

Kultur	GLOBE-Kulturdimension (Zahlen zeigen Unterschied zwischen kulturellen Praktiken und Werten pro Kultur*)								
	Unsicherheitsvermeidung	Machtdistanz	Kollektivismus I (institutionell)	Kollektivismus II (gruppenintern)	Geschlechtergerechtigkeit	Durchsetzungsvermögen	Zukunftsorientierung	Leistungsorientierung	Humanorientierung
Österreich	1.50	2.51	−0.43	−0.41	−1.74	1.81	−0.66	−1.66	−2.04
Deutschland (Ost)	1.22	2.85	−1.12	−0.70	−1.84	1.51	−1.28	−2.00	−2.04
Deutschland (West)	1.90	2.71	−1.03	−1.16	−1.80	1.46	−0.58	−1.77	−2.28
Niederlande	1.45	1.66	−0.09	−1.47	−1.48	1.30	−0.45	−1.17	−1.34
Schweiz (Deutsch)	2.21	2.46	−0.63	−0.97	−1.96	1.30	−0.06	−0.89	−1.94

Legende: Geringer Unterschied; Mittlerer Unterschied; Großer Unterschied

* GLOBE-Skala: 1–7. Negative Zahlen zeigen an, dass die Resultate für kulturelle Werte größer sind als für kulturelle Praktiken. Unterschiede von mehr als 1/6 der 7-Punkte- Skala gelten als mittel, solche von mehr als 1/3 als hoch.

Tabelle 5.12: Intrakulturelle Unterschiede zwischen Praktiken und Werten: Germanisches Europa *(Quelle: Autor; abgeleitet aus GLOBE-Rohdaten)*

Tabelle 5.12 verschafft Ihnen einen Überblick über die Unterschiede zwischen Praktiken und Werten in allen GLOBE-Kulturdimensionen für alle Kulturen im Cluster „Germanisches Europa".

Auch hier ist das erwähnte kulturelle Paradoxon zum Teil deutlich erkennbar. So besteht etwa im Falle Österreichs in Bezug auf Machtdistanz ein großer Unterschied zwischen Werten und Praktiken. Das Gleiche gilt für den Rest dieses Kulturclusters, mit Ausnahme der Niederlande. Aber auch in deren Fall ist die Differenz immer noch mittelgroß. Dies zeigt an, dass hierarchisches Verhalten in diesen Kulturen deutlich ausgeprägter ist, als es die durchschnittliche Führungskraft eigentlich jeweils als angemessen erachtet. Mit einem weniger hierarchischen Führungsstil, als es die Beobachtung der Kollegen und Kolleginnen vermuten ließe, würden Sie also wohl gut fahren.

Das Gleiche gilt bezüglich Unsicherheitsvermeidung und Durchsetzungsvermögen: In beiden Dimensionen sind die Resultate für kulturelle Praktiken in allen Kulturen höher, als dies die zugehörigen kulturellen Werte vermuten ließen.

Ein umgekehrtes Bild zeigt sich hinsichtlich Geschlechtergerechtigkeit und Humanorientierung. Für beide sind die Differenzen durchgängig negativ, bei jeweils mittelgroßem Unterschied. Dies weist darauf hin, dass im germanischen Europa Gleichstellung und Fürsorge für andere allgemein als wichtiger erachtet werden als in der Praxis tatsächlich gelebt.

Auch bei anderen Kulturgruppen bestehen solche Diskrepanzen. *Tabelle 5.13* zeigt die Übersicht für das angelsächsische Cluster. Bezüglich Unsicherheitsvermeidung bestehen für alle dazugehörigen Kulturen nur geringe Unterschiede. Hinsichtlich der Machtdistanz dagegen zeigt sich ein mit dem germanisch-europäischen Cluster durchaus vergleichbares, wenn auch etwas weniger einheitliches Bild. Bei allen Kulturen sind die Resultate für die Praktiken höher als für die Werte, im Fall von England, Irland und dem weißen Südafrika sogar sehr ausgeprägt, für die restlichen Kulturen mittelgroß.

Sehr einheitlich sind die Resultate bezüglich Leistungsorientierung. Hier liegt bei allen Kulturen das Ergebnis für die kulturelle Werthaltung höher als für die Praktiken. Dies bestätigt die Vorstellung, dass in angelsächsisch geprägten Kulturen Wettbewerb einen hohen Stellenwert in den Köpfen der Menschen einnimmt. Das zeigt sich beispielsweise in den USA daran, dass schon Dreijährige an Schönheitswettbewerben teilnehmen und schon Vorschüler sich landesweit in Buchstabierwettkämpfen messen. Allerdings weist das Resultat für diese Dimension auch darauf hin, dass das Verhalten der Menschen dann doch nicht ganz so sehr auf Leistung getrimmt zu sein scheint, wie es ihre Wertvorstellungen eigentlich anzeigen würden.

Kultur	GLOBE-Kulturdimension (Zahlen zeigen Unterschied zwischen kulturellen Praktiken und Werten pro Kultur*)								
	Unsicherheitsvermeidung	Machtdistanz	Kollektivismus I (institutionell)	Kollektivismus II (gruppenintern)	Geschlechtergerechtigkeit	Durchsetzungsvermögen	Zukunftsorientierung	Leistungsorientierung	Humanorientierung
Australien	0.41	1.96	–0.11	–1.58	–1.62	0.47	–1.06	–1.53	–1.30
Kanada (Englisch)	0.82	2.12	0.21	–1.71	–1.41	–0.09	–0.91	–1.66	–1.15
England	0.54	2.35	–0.04	–1.46	–1.50	0.44	–0.78	–1.81	–1.71
Irland	0.28	2.45	0.04	–0.59	–1.93	–0.07	–1.24	–1.62	–0.51
Neuseeland	0.66	1.36	0.61	–2.54	–1.01	–0.12	–2.07	–1.18	–0.16
Südafrika (Weiß)	-0.58	2.53	0.24	–1.42	–1.32	0.91	–1.54	–2.12	–2.17
USA	0.15	2.03	0.03	–1.51	–1.72	0.23	–1.16	–1.65	–1.36

Legende: Geringer Unterschied | Mittlerer Unterschied | Großer Unterschied

* GLOBE-Skala: 1–7. Negative Zahlen zeigen an, dass die Resultate für kulturelle Werte größer sind als für kulturelle Praktiken. Unterschiede von mehr als 1/6 der 7-Punkte-Skala gelten als mittel, solche von mehr als 1/3 als hoch.

Tabelle 5.13: Intrakulturelle Unterschiede zwischen Praktiken und Werten: Angelsächsische Kulturen *(Quelle: Autor; abgeleitet aus GLOBE-Rohdaten)*

Als drittes Beispiel sei hier das konfuzianisch-geprägte Cluster erörtert. Diese Kulturen verbindet ein gemeinsames kulturell-philosophisches Erbe in Form des Konfuzianismus[57]. Zunächst fällt auf, dass diese Kulturen insgesamt geringere Diskrepanzen zwischen Werthaltungen und Praktiken aufweisen als die beiden anderen erwähnten Cluster.

Bezüglich Machtdistanz ist das Bild jedoch nicht fundamental anders als beim germanischen Cluster. Fünf von sechs Kulturen weisen wiederum mittelgroße Unterschiede auf, wobei die Praktiken wie bei den anderen Clustern ausgeprägter sind als die Wertvorstellungen. Im Falle von Südkorea, welches für diese Dimension die höchste Differenz aller Kulturen im Cluster – und die elftgrößte aller Kulturen in der Studie – aufweist, ist diese Abweichung besonders ausgeprägt. Bei der Führung von Teams aus all diesen Kulturen, aber insbesondere aus Südkorea, muss also beachtet werden, dass das Mantra „beobachten und anpassen" im Sinne der situativen Führung möglicherweise zu einem deutlich hierarchischeren Ansatz verleitet, als es sich die Menschen eigentlich wünschen würden.

Auffällig ist bezüglich institutionellem Kollektivismus, dass sowohl Japan als auch Südkorea, die zwei Länder ohne substanziellen chinesischen Bevölkerungsanteil, eine deutlich höhere Abweichung zwischen Praktiken und Wertvorstellungen aufweisen als die restlichen Kulturen im Cluster. Die Praktiken sind also ausgeprägter, als dies aufgrund der Wertvorstellungen zu erwarten wäre. Die naheliegende Vermutung, dass die Erklärung im volkswirtschaftlichen Entwicklungsstand liegen könnte, greift zu kurz, da heute alle über einen vergleichbaren Stand verfügen. Jedoch brauchen die in dieser Dimension unter anderem abgebildeten Solidaritätsmechanismen, welche durch ökonomischen Erfolg begünstigt werden, viele Jahre, um richtig zu greifen, und diesbezüglich haben Japan und Südkorea eben doch einen Vorsprung gegenüber dem Rest.[58]

Ebenfalls aufschlussreich ist mit Bezug auf das Entwicklungsargument auch der Vergleich zwischen Singapur und Japan hinsichtlich der Dimension Humanorientierung. Die konfuzianischen Kerntugenden fließen sehr stark in diese Dimension ein und so ist es zunächst nicht überraschend, dass bei beiden die Resultate für Werte höher sind als für Praktiken. Jedoch ist die Diskrepanz in Singapur mehr als doppelt so groß wie in Japan, trotz vergleichbar hohem Entwicklungsstand. Anders gesagt: In Singapur werden zwar Werte wie Nächstenliebe und Fairness genauso hoch gehalten wie in Japan, dies wirkt sich jedoch im täglichen (Geschäfts-)Leben weniger stark aus. Hier lässt sich möglicherweise der Einfluss der über hundertfünfzigjährigen Vergangenheit Singapurs als britische Kolonie[59] immer noch spüren.

Schließlich ist auffällig, dass bezüglich Durchsetzungsvermögen die Wertvorstellungen in China und Japan sehr viel ausgeprägter sind, als dies die Praktiken vermuten ließen. Führungskräfte, die sich durchsetzen können, werden also geschätzt, auch wenn dies aus der Beobachtung lokaler Teamleitungen nicht unbedingt geschlossen werden könnte.

Kultur	GLOBE-Kulturdimension (Zahlen zeigen Unterschied zwischen kulturellen Praktiken und Werten pro Kultur*)								
	Unsicherheits-vermeidung	Machtdistanz	Kollektivismus I (institutionell)	Kollektivismus II (gruppenintern)	Geschlechter-gerechtigkeit	Durchsetzungs-vermögen	Zukunfts-orientierung	Leistungs-orientierung	Human-orientierung
China	–0.34	1.94	0.21	0.71	–0.62	–1.68	–0.98	–1.22	–0.96
Hongkong	–0.31	1.72	–0.30	0.21	–0.89	-0.14	–1.47	–0.85	–1.42
Japan	–0.26	2.25	1.20	–0.63	–1.14	–1.97	–0.96	–0.96	–1.11
Singapur	1.09	1.95	0.35	0.14	–0.81	–0.23	–0.44	–0.82	–2.30
Südkorea	–1.12	3.06	1.30	0.13	–1.73	0.64	–1.72	–0.71	–1.79
Taiwan	–0.97	2.09	–0.56	0.14	-0.88	0.64	–1.24	–1.18	–1.15

Legende: Geringer Unterschied · Mittlerer Unterschied · Großer Unterschied

* GLOBE-Skala: 1–7. Negative Zahlen zeigen an, dass die Resultate für kulturelle Werte größer sind als für kulturelle Praktiken. Unterschiede von mehr als 1/6 der 7-Punkte-Skala gelten als mittel, solche von mehr als 1/3 als hoch.

Tabelle 5.14: Intrakulturelle Unterschiede zwischen Praktiken und Werten: Konfuzianisch-geprägte Kulturen *(Quelle: Autor; abgeleitet aus GLOBE-Rohdaten)*

Führungsskalen und Führungsstile nach GLOBE

Neben diesem Vergleich gesellschaftlicher Kulturen wurden im Rahmen der GLOBE-Studie insbesondere auch führungsspezifische Aspekte untersucht. Eine Schlüsselfrage in diesem Zusammenhang war die Erkenntnisreichweite: Gibt es bestimmte Führungsmerkmale und -verhalten, welche in allen untersuchten Kulturen zur Führungseffektivität beitragen? Was ist also universell, was kulturspezifisch gültig?

Zu diesem Zweck wurde ein mehrstufiges Verfahren gewählt. Zunächst wurden durch eine Überprüfung der Führungsliteratur über 700 Merkmale, Verhalten und Fähigkeiten von Führungskräften identifiziert. Diese wurden dann mit Blick auf ihre interkulturelle Übertragbarkeit mit verschiedenen Techniken – beispielsweise Übersetzung/Rückübersetzung[60] – bewertet und Attribute, welche nur sehr schwierig zu übersetzen oder in bestimmten Kulturen problematisch waren, gelöscht. Dadurch reduzierte sich die anfängliche Anzahl auf 379. Anschließend wurde eine Pilotstudie durchgeführt. Auf dieser Basis entwickelten die Forschenden einen Fragebogen mit 112 Fragen, der dann in 62 Kulturen von über 17.300 repräsentativ ausgewählten Führungskräften der mittleren Ebene beantwortet wurde. Basierend auf den Ergebnissen leiteten die GLOBE-Forschenden dann mithilfe einer Faktoranalyse insgesamt 21 „universelle Führungsskalen“ oder „Faktoren erster Ordnung“ aus der großen Liste der Attribute ab. Bei diesen handelt es sich um Aggregierungen zusammenpassender Attribute – die Forschenden schlugen also den umgekehrten Weg ein, den die Merkmalsforschung mit der Zuteilung von Merkmalen zu den Big-Five-Persönlichkeitsfaktoren beschritt. Zur Führungsskala „autokratisch“ gehören beispielsweise Attribute wie „autokratisch“, „diktatorisch“, „rechthaberisch“ und „elitär“. Das GLOBE-Team ging davon aus, dass mit diesen breit akzeptierten[61] 21 universellen Führungsskalen die Führung in allen Kulturen charakterisiert werden konnte. *Tabelle 5.15* enthält eine Übersicht.

	Führungsskala („Faktor erster Ordnung“)	**Zugehörige Führungsattribute**
1	Administrativ kompetent	Ordentlich, administrativ qualifiziert, organisiert, gute/-r Administrator/-in
2	Autokratisch	Autokratisch, diktatorisch, rechthaberisch, elitär
3	Autonom	Individualistisch, unabhängig, autonom, einzigartig
4	Visionär (charismatisch I)	Mit Weitblick, vorbereitet, vorausschauend, vorausplanend
5	Inspirierend (charismatisch II)	Enthusiastisch, positiv, moralstärkend, motivweckend
6	Selbstaufopfernd (charismatisch III)	Risikotragend, selbstaufopfernd, überzeugend
7	Konfliktverursachend	Normativ, geheimnisvoll, gruppenintern konkurrierend
8	Entscheidungsfreudig	Eigensinnig, entschlossen, logisch, intuitiv
9	Diplomatisch	Diplomatisch, weltlich, lösungsorientiert, wirksam verhandelnd
10	Gesichtswahrend	Indirekt, Negatives vermeidend, ausweichend

	Führungsskala („Faktor erster Ordnung")	Zugehörige Führungsattribute
11	Human	Großzügig, mitfühlend
12	Integer	Ehrlich, aufrichtig, gerecht, vertrauenswürdig
13	Böswillig	Feindselig, unehrlich, rachsüchtig, reizbar
14	Bescheiden	Bescheiden, unaufdringlich, geduldig
15	Unbeteiligt	Nicht delegierend, mikromanaged, nicht egalitär, selbstbezogen
16	Leistungsorientiert	Verbesserungsorientiert, exzellenzorientiert, leistungsorientiert
17	Prozedural	Ritualisiert, formal, habituell, prozedural
18	Ichbezogen	Egozentrisch, unbeteiligt, einzelgängerisch, asozial
19	Statusbewusst	Statusbewusst, klassenbewusst
20	Kollaborativ (Team I)	Gruppenorientiert, kollaborativ, loyal, beratend
21	Integrierend (Team II)	Kommunikativ, teambildend, informierend, integrierend

Tabelle 5.15: Universelle Führungsskalen nach GLOBE
(Quelle: Hanges und Dickson, 2004)

Nachdem nun die 21 universellen Führungsskalen identifiziert und überprüft worden waren, zeigte eine zweite Faktoranalyse die Existenz von sechs diesen zugrunde liegenden, universellen Basisfaktoren, sogenannten Faktoren zweiter Ordnung, auf. Bei diesen handelt es sich also um Beschreibungen unterschiedlicher Führungsansätze. Diese GLOBE-Führungsstile sind:

- Charismatische/wertebasierte Führung
- Teamorientierte Führung
- Partizipative Führung
- Menschenorientierte Führung
- Selbstschützende Führung
- Autonome Führung

Diese wurden bereits in *Kapitel 3* unter „Verhalten effektiver Führungskräfte" beschrieben. Kurz zusammengefasst spiegelt *charismatische/wertebasierte Führung* die Fähigkeit einer Führungskraft in einem spezifischen kulturellen Kontext wider, andere auf der Grundlage fest verankerter Kernwerte zu inspirieren, zu motivieren und zu Höchstleistungen zu bringen. *Teamorientierte Führung* betont wirkungsvolles Teambuilding und die Erreichung gemeinsamer Ziele. Bei der *partizipativen Führung* werden die Unterstellten in die Entscheidungsfindung miteinbezogen. Mit *menschenorientierter Führung* wird ein unterstützender, durch Geduld, Rücksicht, Anteilnahme und Großzügigkeit charakterisierter Stil bezeichnet. *Selbstschützende Führung* hingegen konzentriert sich vor allem darauf, die eigene Sicherheit der Führungskraft zu gewährleisten. Und die *autonome Führung* ist durch einen unabhängigen, individualistischen und selbstständigen Ansatz der Führungskraft gekennzeichnet.

Alle diese Stile kamen in allen 62 in der GLOBE-Studie untersuchten Kulturen vor. Jeder davon lässt sich mithilfe der 21 zuvor erläuterten universellen Führungsskalen beschreiben.

Tabelle 5.16 gibt einen Überblick über die GLOBE-Führungsstile und die zugehörigen universellen Führungsskalen.

GLOBE-Führungsstile		
Charismatische/ wertebasierte Führung Inspiriert und motiviert andere auf der Grundlage fest verankerter Kernwerte zu Höchstleistungen	**Teamorientierte Führung** Erreicht Teamgeist, Loyalität und gute Zusammenarbeit im Team durch wirkungsvolles Teambuilding und die Erreichung gemeinsamer Ziele	**Selbstschützende Führung** Konzentriert sich auf die Gewährleistung der eigenen Sicherheit
Zugehörige universelle Führungsskalen: • Visionär • Inspirierend • Selbstaufopfernd • Integer • Entscheidungsfreudig • Leistungsorientiert	*Zugehörige universelle Führungsskalen:* • Kollaborativ • Integrierend • Diplomatisch • Nicht böswillig (Reversskala) • Administrativ kompetent	*Zugehörige universelle Führungsskalen:* • Ichbezogen • Statusbewusst • Konfliktverursachend • Nicht gesichtswahrend (Reversskala) • Prozedural
Partizipative Führung Bezieht andere systematisch in die Entscheidungsfindung mit ein	**Menschenorientierte Führung** Unterstützt andere und zeichnet sich dabei durch Geduld, Rücksicht, Anteilnahme und Großzügigkeit aus	**Autonome Führung** Verhält sich unabhängig, individualistisch und selbstständig
Zugehörige universelle Führungsskalen: • Visionär • Nicht autokratisch (Reversskala) • Partizipativ	*Zugehörige universelle Führungsskalen:* • Bescheiden • Human	*Zugehörige universelle Führungsskalen:* • Autonom

Tabelle 5.16: GLOBE-Führungsstile
(Quelle: nach House, Hanges und Javidan, 2004)

Obwohl alle sechs Stile in allen untersuchten Kulturen zu finden waren, wurden nur zwei von ihnen überall zu exzellenter Führung gezählt, nämlich charismatische/ wertebasierte sowie teamorientierte Führung. Partizipative Führung hingegen, die vor allem im deutschsprachigen Raum oft als idealer Führungsansatz gesehen wird, gehört im Durchschnitt aller untersuchten Kulturen nicht dazu.

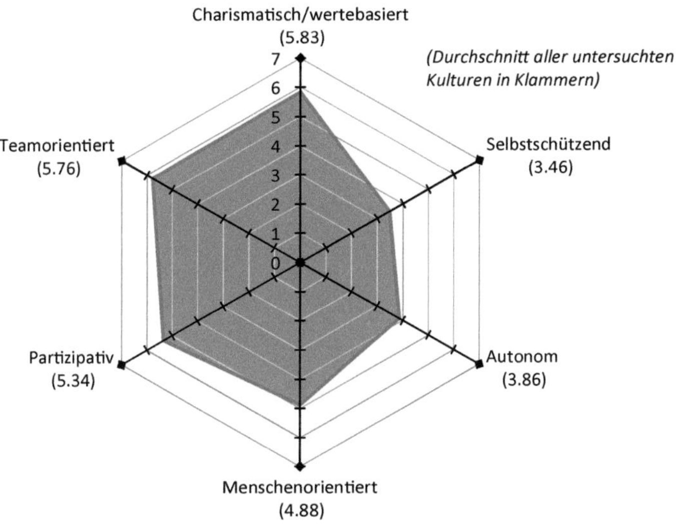

Abbildung 5.6: Globale Akzeptanz der GLOBE-Führungsstile
(Quelle: Autor; abgeleitet aus GLOBE-Rohdaten)

Wenn die einzelnen Kulturcluster separat betrachtet werden, bestätigt sich dieses Bild im Großen und Ganzen. Allerdings gibt es bezüglich der Reihenfolge der bevorzugten Führungsstile doch gewisse Unterschiede.

Charismatische/wertebasierte Führung ist mit zwei Ausnahmen in allen Kulturclustern der bevorzugte und teamorientierte Führung mit einer Ausnahme der zweitbevorzugte Führungsstil. In Osteuropa und im Nahen Osten ist die Reihenfolge umgekehrt, dort steht teamorientierte Führung an erster und charismatische/wertebasierte Führung an zweiter Stelle. Und im germanischen Europa steht partizipative Führung an zweiter und teamorientierte Führung erst an dritter Stelle.

Auch die zwei am wenigsten geschätzten Führungsstile sind immer die gleichen, nämlich autonome sowie selbstschützende Führung. In Lateinamerika und im Nahen Osten ist Erstere am Schluss der Rangliste und Letztere gleich davor, bei allen anderen Clustern ist es umgekehrt. Es scheint nachvollziehbar, dass eine Führungskraft, die nur auf sich schaut, nirgendwo als Ideal gesehen wird.

In der Mitte hingegen gibt es doch einige Varianz. So ist partizipative Führung im germanischen Europa an zweiter, im östlichen, lateinischen und nordischen Europa, in Lateinamerika, im Nahen Osten und in Südasien an dritter Stelle und in Subsahara-Afrika sowie im konfuzianischen Asien sogar erst an vierter Stelle. Das zeigt doch recht deutlich auf, dass dieser Ansatz eben nicht – wie vor allem in der deutschsprachigen Führungsliteratur oft suggeriert – ein genereller Garant für erfolgreiche Führung ist. Je nach Kultur müssen sich sehr partizipative Führungskräfte durchaus auch einmal zurücknehmen, um aufgrund des regelmäßigen Einholens von Meinungen nicht als unsicher zu gelten. Dies gilt vor allem für Kulturen mit ausgeprägter Machtdistanz und Hierarchieorientierung.

Schließlich steht menschenorientierte Führung im konfuzianischen Asien und in Subsahara-Afrika an dritter Stelle, während es in allen anderen Clustern erst an vierter (und damit drittletzter) Stelle folgt. Daraus kann geschlossen werden, dass in Übereinstimmung mit beispielsweise dem Verhaltensgitter nach Blake und Mouton ausschließlich beziehungsorientierte Führung nirgendwo als Stil gilt, der langfristigen Führungserfolg sichert. Ein gemeinsames Ziel etwa ist überall wichtig und auch administrative Kompetenz und die Fähigkeit zur Zusammenarbeit werden generell erwartet.

Tabelle 5.17 fasst diese Ausführungen zusammen. *Abbildung 5.7* enthält eine detaillierte grafische Übersicht.

Kulturcluster	**Akzeptanz**					
	Höchste	**Zweithöchste**	**Dritthöchste**	**Drittniedrigste**	**Zweitniedrigste**	**Niedrigste**
Konfuzianisches Asien	Charismatisch/ wertebasiert	Teamorientiert	Menschenorientiert	Partizipativ	Autonom	Selbstschützend
Osteuropa	Teamorientiert	Charismatisch/ wertebasiert	Partizipativ	Menschenorientiert	Autonom	Selbstschützend
Germanisches Europa	Charismatisch/ wertebasiert	Partizipativ	Teamorientiert	Menschenorientiert	Autonom	Selbstschützend
Lateinamerika	Charismatisch/ wertebasiert	Teamorientiert	Partizipativ	Menschenorientiert	Selbstschützend	Autonom
Lateinisches Europa	Charismatisch/ wertebasiert	Teamorientiert	Partizipativ	Menschenorientiert	Autonom	Selbstschützend
Nordisches Europa	Charismatisch/ wertebasiert	Teamorientiert	Partizipativ	Menschenorientiert	Autonom	Selbstschützend
Naher Osten	Teamorientiert	Charismatisch/ wertebasiert	Partizipativ	Menschenorientiert	Selbstschützend	Autonom
Südasien	Charismatisch/ wertebasiert	Teamorientiert	Partizipativ	Menschenorientiert	Autonom	Selbstschützend
Subsahara-Afrika	Charismatisch/ wertebasiert	Teamorientiert	Menschenorientiert	Partizipativ	Autonom	Selbstschützend

Tabelle 5.17: Akzeptanz der GLOBE-Führungsstile pro Kulturcluster
(Quelle: Autor; abgeleitet aus GLOBE-Rohdaten)

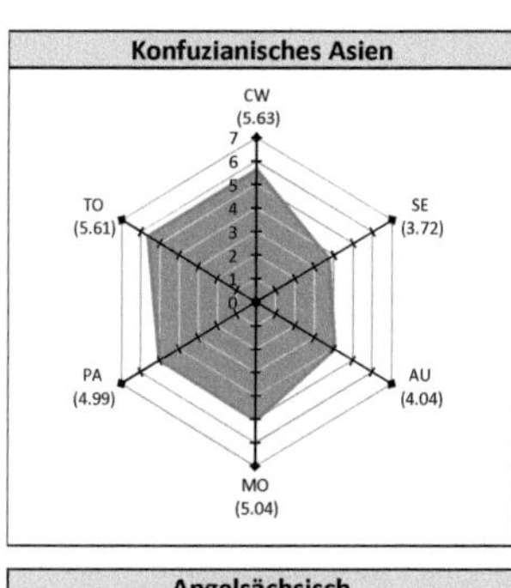

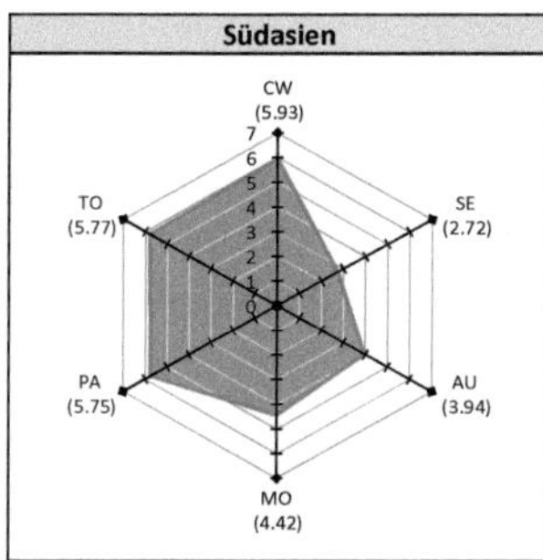

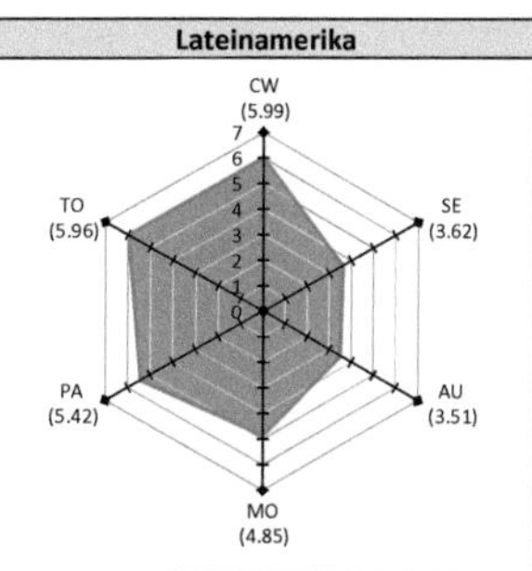

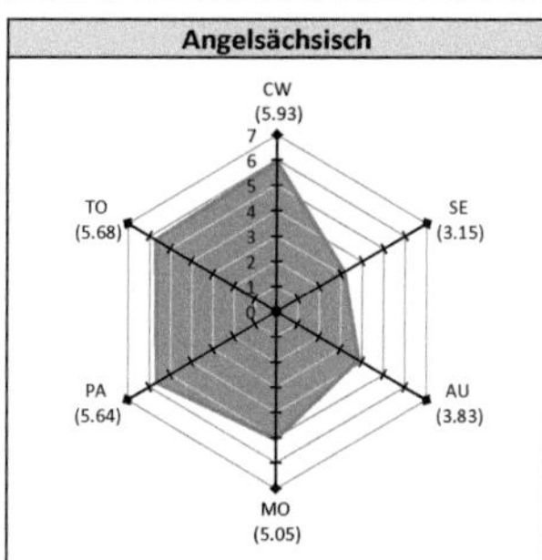

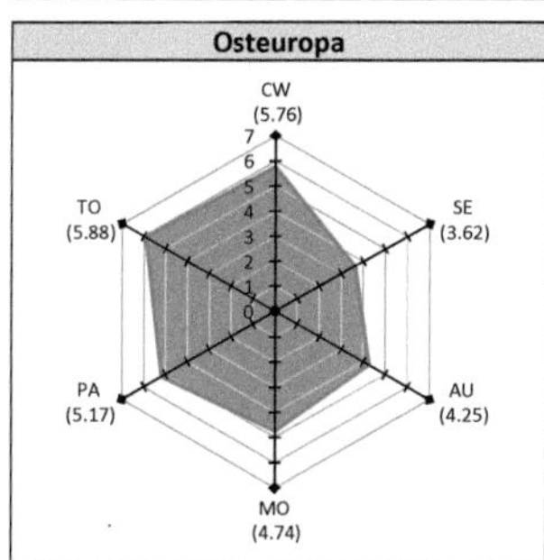

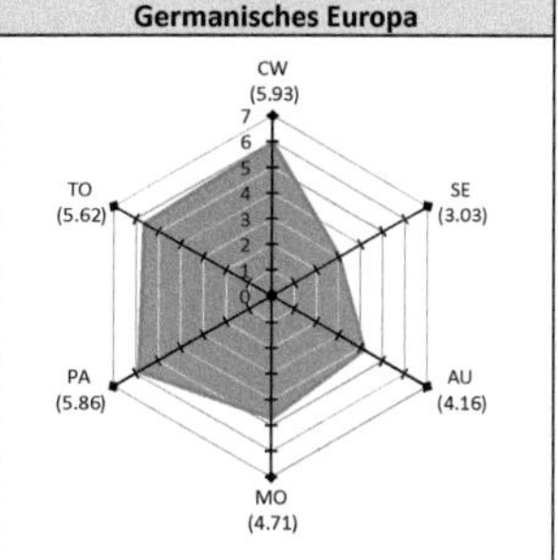

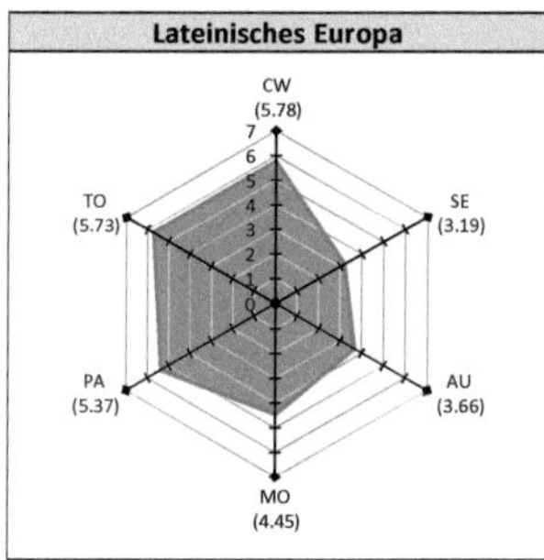

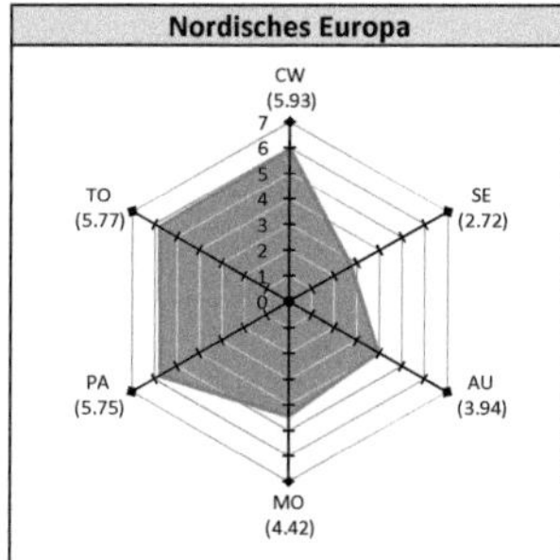

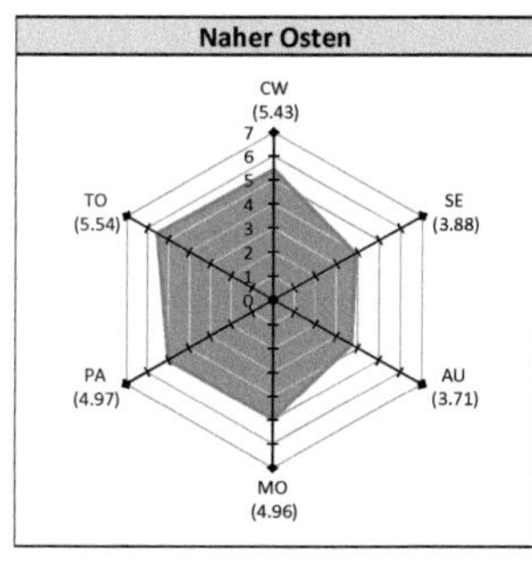

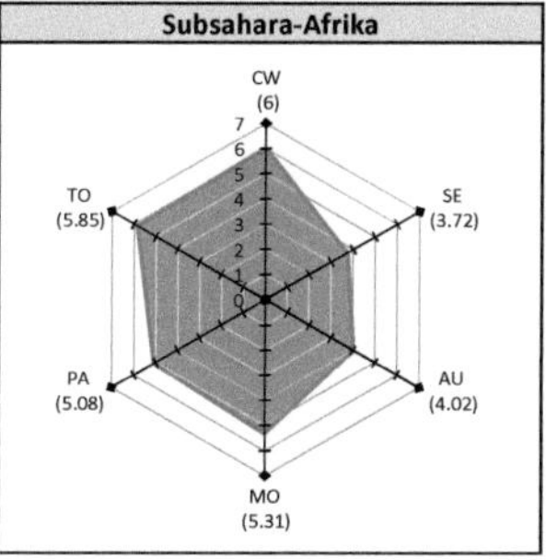

GLOBE-Führungsstile					
CW:	Charismatisch/wertebasiert	TO:	Teamorientiert	PA:	Partizipativ
MO:	Menschenorientiert	AU:	Autonom	SE:	Selbstschützend

Abbildung 5.7: Akzeptanz der GLOBE-Führungsstile pro Kulturcluster
(Quelle: Autor; abgeleitet aus GLOBE-Rohdaten)

Ein weiteres wichtiges Resultat der GLOBE-Studie besteht in der Identifikation von Führungsattributen, die entweder universell als positiv oder negativ angesehen werden oder deren Bewertung kulturspezifisch ist. Insgesamt 22 Führungsattribute wurden universell als positiv und acht als negativ gesehen. Beim Rest bestanden kulturspezifische Unterschiede. Anders gesagt, ein bestimmtes Führungsattribut – beispielsweise „schlau" – kann in manchen Kulturen positiv und in anderen negativ gesehen werden. *Tabelle 5.18* enthält eine Übersicht.

Universell positiv	Kulturspezifisch (Beispiele)		Universell negativ
• Administrativ kompetent	• Ehrgeizig	• Intuitiv	• Asozial
• Kommunikativ	• Mit Weitblick	• Logisch	• Diktatorisch
• Vertrauensbildend	• Autonom	• Mikromanaged	• Egozentrisch
• Koordinierend	• Vorsichtig	• Ordentlich	• Reizbar
• Entscheidungsfreudig	• Klassenbewusst	• Prozedural	• Einzelgängerisch
• Zuverlässig	• Mitfühlend	• Provozierend	• Nicht kooperativ
• Dynamisch	• Gerissen	• Risikotragend	• Nicht explizit
• Effektiv verhandelnd	• Herrschaftlich	• Herrschend	• Rücksichtslos
• Ermutigend	• Elitär	• Unaufdringlich	
• Exzellenzorientiert	• Enthusiastisch	• Selbstaufopfernd	
• Vorausschauend	• Ausweichend	• Sensibel	
• Ehrlich	• Formal	• Aufrichtig	
• Informiert	• Habituell	• Statusbewusst	
• Intelligent	• Unabhängig	• Unterworfen	
• Gerecht	• Indirekt	• Einzigartig	
• Motivierend	• Individualistisch	• Eigensinnig	
• Motivweckend	• Gruppenintern konkurrierend	• Weltgewandt	
• Vorausplanend	• Gruppenintern konfliktvermeidend		
• Positiv			
• Teambildend			
• Vertrauenswürdig			
• Lösungsorientiert			

Tabelle 5.18: Universelle und kulturspezifische Bewertung von Führungsattributen *(Quelle: nach House, Hanges und Javidan, 2004)*

Daraus kann geschlossen werden, dass es Elemente herausragender Führung gibt, die global identisch sind. Gleichzeitig zeigt die Liste aber auch, dass die tatsächlichen impliziten Führungserwartungen in einer Kultur sehr spezifisch sind und Sie sich als Führungskraft bei interkulturellen Einsätzen unbedingt mit diesen auseinandersetzen müssen. *Tabelle 5.19* enthält dazu eine Zusammenstellung für ausgesuchte Länder.

Kulturcluster	Kultur	Zusammenfassung impliziter Führungserwartungen	Bevorzugter Führungsstil
Konfuzianisches Asien	Hongkong	Administrativ kompetent; entscheidungsfreudig; ergebnis- und leistungsorientiert; sparsam, fleißig und pragmatisch; hält Harmonie, Ordnung und Disziplin aufrecht	Autokratisch, mit wenig Partizipation oder Rücksicht
Südasien	Indien	Charismatisch und handlungsorientiert, administrativ kompetent und eher introvertiert; mit hoher Integrität und kollektiver Einstellung	Charismatisch/wertebasiert, mit autokratischen Tendenzen
Lateinamerika	Mexiko	Sehr direktiv, autokratisch und durchsetzungsfähig; patriarchalisch, aber charismatisch; nutzt System von Belohnungen und Strafen; unterstützend; pflegt gute Beziehung zu Unterstellten mit Respekt und Empathie	Teamorientiert, mit autokratischen Tendenzen
Angelsächsisch	England	Entschlossen, visionär und inspirierend; sehr kompetent und leistungsorientiert; diplomatisch; von hoher Integrität; zugänglich	Charismatisch/wertebasiert
	USA	Exzellenzorientiert; in der Lage, durch individuelle Leistung hervorzustechen; authentisch und vertrauenswürdig; inspirierend und fokussiert; entscheidungsfreudig und handlungsorientiert; transformativ; fürsorglich und partizipativ; fördert Teamgeist	Charismatisch/wertebasiert
Osteuropa	Russland	Visionär und inspirierend; entscheidungsfreudig; administrativ kompetent; leistungsorientiert; auf die Leistung des Teams konzentriert; durchsetzungsfähig	Charismatisch/wertebasiert
Germanisches Europa	Deutschland	Leistungsorientiert und sachlich; direkt in der Kommunikation, scheut die Konfrontation nicht; partizipativ („hart in der Sache, hart im Ton, partizipativ im Ansatz")	Partizipativ, mit autonomen Tendenzen in der Entscheidungsfindung
	Deutschschweiz	Konsensorientiert, egalitär und sehr partizipativ; bescheiden im Auftreten; authentisch und kompetent; leistungsorientiert und pragmatisch; dient als positives Vorbild	Partizipativ, mit Schwergewicht auf Einbezug der Unterstellten in die Entscheidungsfindung
Lateinisches Europa	Frankreich	Visionär und dynamisch; kollaborativ und teamorientiert; ist in der Lage, sich an die Struktur des Arbeitsplatzes anzupassen und sich in das komplexe Netzwerk der persönlichen Beziehungen des jeweiligen Arbeitsmilieus zu integrieren	Partizipativ, mit Schwergewicht auf sozialen Rollen
Nördliches Europa	Finnland	Visionär und entschlossen; egalitär und partizipativ; verbindet Teamarbeit und Individualität; führt mit Zielen	Charismatisch/wertebasiert
Naher Osten	Türkei	Visionär; entscheidungsfreudig; administrativ kompetent; diplomatisch und integrierend; integer	Teamorientiert

Tabelle 5.19: Erwartungen an herausragende Führung im Vergleich
(Quelle: Autor; zusammengestellt aus Chhokar, Brodbeck und House, 2007)

Zusammenfassend lässt sich sagen, dass die GLOBE-Studie und die daraus resultierende interkulturelle Führungsforschung wesentlich zum Verständnis von Führung in anderen Kulturen beigetragen hat. Allerdings stammen die Daten der ursprünglichen GLOBE-Studie aus den 1990er und frühen 2000er Jahren. Obwohl im Kern relativ beständig,[62] können sich kulturelle Muster im Laufe der Zeit doch ändern, wie etwa die verschiedenen Wellen des *World Value Surveys* aufzeigten. Ob Geschlechtergleichheit, Homoehe oder Legalisierung von Marihuana – in den letzten Jahren hat sich dazu in vielen Kulturen einiges getan. Wieso soll das nicht auch für Führungserwartungen gelten? Das GLOBE-Team ist im Begriff, mithilfe des Forschungsprogramms *GLOBE 2020* dieser Frage nachzugehen.

Zum Abschluss: Ein Wort zu Nutzen und Grenzen von Kulturmodellen

Erfolgreiche globale Führungskräfte verfügen über ein hohes Maß an emotional-sozialer Intelligenz und haben ein gutes Verständnis für die Kernaufgaben der Führung und alles, was damit zusammenhängt. Sie beginnen als effektive Führungskräfte in ihrem eigenen kulturellen Kontext, können sich dank mentaler Offenheit und Flexibilität rasch an neue Situationen anpassen, verbessern sich laufend und profitieren von relevanter internationaler Erfahrung. Besonders wichtig dabei sind:

- Entwicklung der eigenen emotional-sozialen Intelligenz
- Erhöhung des Verständnisses für interkulturelle Unterschiede
- Detaillierte Auseinandersetzung mit relevanten Kulturen
- Internationale Erfahrung

Hinsichtlich des zweiten Punkts haben alle der in diesem Kapitel vorgestellten Kulturmodelle ihren Nutzen. Insbesondere diejenigen, die aus großen Mengen wissenschaftlich sauber erhobener empirischer Daten generiert wurden, ermöglichen wichtige, zuverlässige Einblicke in spezifische Kulturen. Dies kann für Sie sehr hilfreich sein, um Ihr gewohntes Führungsverhalten im Hinblick auf kulturüberschreitende Einsätze kritisch zu hinterfragen und mögliche Reaktionen auf Führungshandlungen und Management-Initiativen (etwa neue Lohnmodelle) abzuschätzen.

Beachten Sie jedoch, dass auch die zuverlässigsten und nach wissenschaftlichsten Kriterien erarbeiteten Modelle immer nur auf den gemittelten Antworten der Befragten beruhen. Das bedeutet daher streng genommen, dass die Resultate auch nur auf Gruppen gewisser Größe[63] angewendet werden können. Heißt das nun aber angesichts der üblichen Führungsspanne von fünf bis acht Personen, dass diese Modelle im Umgang mit Teams und einzelnen Unterstellten nutzlos sind? Nein, das tut es nicht. Sie sind trotzdem ein nützlicher Ausgangspunkt, wenn Sie versuchen, für Sie unerwartetes oder nicht nachvollziehbares Verhalten von Menschen aus anderen Kulturen zu verstehen. Außerdem bieten sie einen guten Rahmen dafür, mit anderen auf strukturierte Weise mögliche kulturelle Unterschiede zu Ihnen als Führungskraft zu diskutieren – solange Sie nicht davon ausgehen, dass das Gegenüber dann genau dem Modell entspricht.

Für den langfristigen Erfolg bei der Führung über kulturelle Grenzen hinweg führt kein Weg daran vorbei, sich ganz detailliert mit der anderen Kultur auseinanderzusetzen. Lernen Sie die Sprache. Suchen Sie so oft wie möglich den Austausch mit Einheimischen. Lesen Sie lokale Zeitungen und schauen und hören Sie lokale Sendungen. Und vor allem: Lernen Sie alle Ihre Teammitglieder so gut wie nur möglich kennen. Auch wenn kulturelle Muster uns erwiesenermaßen stark beeinflussen, so sind wir am Schluss eben doch alle Individuen, mit unserer eigenen Persönlichkeit und Tagesform.

Takeaways

Was Sie von diesem Kapitel mitnehmen sollten:

1. Interkulturelle Probleme werden oft durch einen der folgenden vier Faktoren verursacht:
   - Verstoß gegen tief verwurzelte (meist implizite) Kernwerte und Tabus
   - Verstoß gegen wichtige Traditionen oder religiöse Gefühle
   - Verlassen auf Stereotype und Vorurteile sowie
   - Kommunikationsfehler (sowohl verbal als auch nonverbal)
2. In Management und Führung sind zwei Arten von Kulturen von besonderem Interesse:
   - Gesellschaftskulturen
   - Organisationskulturen
3. Eine Person wird von fünf Arten von Kultur beeinflusst:
   - Gesellschaftskultur
   - Organisationskultur
   - Generationenkultur
   - Mitgliedschafts-Subkulturen
   - Referenzgruppen-Subkulturen
4. Der amerikanische Anthropologe Edward T. Hall ist besonders bekannt für drei Kulturkonzepte:
   - monochrone/polychrone Arbeitsstile (Zeitverständnis)
   - Hoch-/Niedrigkontextkommunikation
   - Proxemik (Raumverständnis)
5. Die Wertorientierungstheorie der amerikanischen Sozialanthropologen Florence Kluckhohn und Fred Strodtbeck besagt, dass alle Kulturen eine begrenzte Anzahl universeller Probleme beantworten müssen (Zeitorientierung, Verhältnis zur Natur, soziale Beziehungen, Aktivitätsmodus, menschliche Natur, Raumverständnis), dass aber verschiedene Kulturen unterschiedliche Präferenzen hinsichtlich einer endlichen Zahl allgemein bekannter, wertbasierter Lösungen haben.
6. Die sechs Dimensionen im Kulturmodell des Niederländers Geert Hofstede sind:
   - Individualismus versus Kollektivismus
   - Geringe versus hohe Machtdistanz
   - Maskulinität versus Femininität
   - Geringe versus hohe Unsicherheitsvermeidung
   - Langfristige versus kurzfristige Orientierung
   - Schwache versus starke Genussorientierung

7. In regelmäßigen Abständen, sogenannten Wellen, untersuchen die Forschenden des World Value Surveys sieben Kulturaspekte:
   - Unterstützung der Demokratie
   - Toleranz gegenüber Ausländern und ethnischen Minderheiten
   - Unterstützung der Geschlechtergleichstellung
   - Rolle der Religion (und Veränderung der Religiosität)
   - Auswirkungen der Globalisierung
   - Einstellungen zur Umwelt, Arbeit, Familie, Politik, nationalen Identität, Kultur und Diversität sowie
   - Unsicherheit und subjektives Wohlbefinden
8. Die sieben Archetypen von kulturellen Wertorientierungen im Modell des amerikanisch-israelischen Sozialpsychologen Shalom H. Schwartz sind:
   - Intellektuelle Autonomie
   - Affektive Autonomie
   - Einbettung
   - Egalitarismus
   - Hierarchie
   - Harmonie
   - Beherrschung
9. Die drei Dimensionen von Kultur nach Schwartz sind:
   - Autonomie versus Einbettung
   - Egalitarismus versus Hierarchie
   - Harmonie versus Beherrschung
10. Schwartz' zehn menschliche Grundwerte sind:
   - Selbstausrichtung
   - Stimulation
   - Hedonismus
   - Erfolg
   - Macht
   - Sicherheit
   - Konformität
   - Tradition
   - Güte
   - Universalismus

11. Das Kulturmodell von Fons Trompenaars und Charles Hampden-Turner besteht aus sieben Dimensionen, von denen die ersten fünf interaktionsbasiert und die anderen beiden werteorientiert sind:
    - Universalistisch versus partikularistisch
    - Individualistisch versus kommunitär
    - Neutral versus emotional
    - Spezifisch versus diffus
    - Leistungs- versus zuschreibungsorientiert
    - Sequenziell versus synchron
    - Interne versus externe Kontrolle
12. Der Brite Richard D. Lewis ging davon aus, dass interkulturelle Probleme vor allem dann entstehen, wenn mit Mitgliedern von Kulturen zusammengearbeitet werden muss, die fundamental anders funktionieren. Er unterschied drei breite Kulturtypen:
    - Linear-aktive Kulturen
    - Multiaktive Kulturen
    - Reaktive Kulturen
13. Das zusammenfassende Kulturmodell nach Browaeys und Price teilt Kultur in acht Dimensionen ein:
    - Zeitfokus
    - Zeitorientierung
    - Handlungsorientierung
    - Einstellung zu Wettbewerb
    - Machtverständnis
    - Raumverständnis
    - Strukturpräferenzen
    - Kommunikationspräferenzen
14. Die GLOBE-Kulturcluster sind:
    - Konfuzianisches Asien
    - Südasien
    - Lateinamerika
    - Angelsächsisch (englischsprachige Länder)
    - Osteuropa
    - Germanisches Europa

- Lateinisches Europa
- Nordisches Europa
- Naher Osten
- Subsahara-Afrika

15. Das GLOBE-Kulturmodell umfasst neun Dimensionen:
    - Unsicherheitsvermeidung
    - Machtdistanz
    - Kollektivismus I (institutionell)
    - Kollektivismus II (gruppenintern)
    - Geschlechtergerechtigkeit
    - Durchsetzungsvermögen
    - Zukunftsorientierung
    - Leistungsorientierung
    - Humanorientierung
16. Die sechs GLOBE-Führungsstile sind:
    - Charismatische/wertebasierte Führung
    - Teamorientierte Führung
    - Partizipative Führung
    - Menschenorientierte Führung
    - Selbstschützende Führung
    - Autonome Führung
17. Vier Schlüsselfaktoren für den interkulturellen Führungserfolg sind:
    - Entwicklung der eigenen emotional-sozialen Intelligenz
    - Erhöhung des Verständnisses für interkulturelle Unterschiede
    - Detaillierte Auseinandersetzung mit relevanten Kulturen
    - Internationale Erfahrung

Endnoten

1 Siehe dazu bspw. Lientz und Rea (2003) oder Kealy et al. (2006).

2 Siehe Daniels, Radebaugh und Sullivan (2009).

3 Siehe bspw. Hofstede (1980) oder Schein (1980).

4 Der Eisbergvergleich wurde ursprünglich von Edward T. Hall 1976 erstmals eingeführt.

5 Aktuelles Beispiel ist die zunehmende Angst vieler weißer Amerikaner, die Mehrheit in der Bevölkerung an Einwanderer und Amerikaner lateinamerikanischer Herkunft zu verlieren.

6 Hinduismus, Buddhismus, Islam, Christentum, Sikhismus und Jainismus.

7 Die Nordwest-, Mittel- und Ostschweiz, der Espace Mittelland, das Tessin (die italienische Südschweiz), die Regionen Genfersee und Zürich.

8 Deutsch, Französisch, Italienisch und Romanisch.

9 Nieder-, Hoch- und Höchstalemanisch.

10 Zum Beispiel ist das Wort für ein männliches Kind im Standarddeutschen „Junge", in den ostschweizerischen Dialekten „Bueb" und im Bernischen „Giel" (was wiederum als „giu" ausgesprochen wird).

11 Siehe Frost et al. (1985).

12 Siehe Barney (1986).

13 Siehe Hofstede, Hofstede und Minkov (2010).

14 Siehe Mathur (2019).

15 Siehe Trompenaars und Hampden-Turner (1997).

16 Millennials (oder Generation Y) sind im Allgemeinen definiert als diejenigen, die zwischen 1980 und 2000 geboren wurden.

17 Mitglieder der Generation X sind Personen, die zwischen etwa 1965 und 1979 geboren wurden.

18 Babyboomer sind solche, die zwischen etwa 1945 und 1964 geboren wurden.

19 Siehe Roberts, Wood und Caspi (2010).

20 Auch wenn Mitglieder von an sich sehr ähnlichen Organisationen wie unterschiedlichen Polizeikorps oder Streitkräften zusammenarbeiten müssen, können oft deutliche Kulturunterschiede zum Vorschein treten. So bedeutet beispielsweise das Wort „Rapport" in der Schweizer Armee ein Meeting, während damit im benachbarten österreichischen Bundesheer eine Art Anzeige wegen eines Regelverstoßes gemeint ist. Entsprechend wundern sich dann die österreichischen Kollegen immer sehr, wenn ein Schweizer mit einem lauten „Rapport!" auf ein unmittelbar bevorstehendes Meeting hinweist.

21 Auf Deutsch: „Die stille Sprache". Siehe Hall (1959).

22 Auf Deutsch: „Die versteckte Dimension". Siehe Hall (1966).

23 Hall unterschied jeweils pro Zone einen Nah- und einen Fernbereich. Diese sind hier zusammengezählt.

24 Auf Deutsch: „Jenseits der Kultur". Siehe Hall (1976).

25 Auf Deutsch: „Unterschiede in Wertorientierungen". Siehe Kluckhohn und Strodtbeck (1961).

26 IBM (die Abkürzung steht für *International Business Machines*) war damals das weltgrößte Computerunternehmen, mit rund 270.000 Mitarbeitenden im Jahr 1970.

27 Auf Deutsch: „Die Folgen von Kultur".

28 Hofstede fügte diese Dimensionen hinzu, nachdem andere Forschende – unter anderem mithilfe von Daten aus dem World Value Survey – deren Wichtigkeit aufgezeigt hatten. Siehe dazu Bond und Pang (1991) sowie Minkov (2007).

29 Hofstede bezeichnete diese Dimension ursprünglich als „konfuzianische Dynamik".

30 Siehe dazu bspw. Kogut und Singh (1988).

31 Manche Länder haben in einigen Dimensionen eine Punktzahl von über 100.

32 Auf Deutsch also etwa: „Weltwerteumfrage“.

33 Die siebte Welle wurde ab 2015 geplant und 2017 bis 2019 durchgeführt.

34 Siehe Inglehart und Baker (2000).

35 Im englischen Original: *Theory of Basic Values.*

36 Die Länder in Schwartz‘ Studie waren Australien, Brasilien, China, Deutschland, Estland, Finnland, Griechenland, Hongkong, Israel, Italien, Japan, die Niederlande, Neuseeland, Polen, Portugal, Simbabwe, Spanien, Taiwan, Venezuela und die Vereinigten Staaten.

37 Siehe dazu auch Frey (2016, Seite 10).

38 Siehe Schwartz (2008).

39 Aschkenasische Juden (oder Aschkenasim) sind Juden, deren Vorfahren sich im frühen Mittelalter entlang des Rheins im heutigen Westdeutschland und Nordfrankreich niederließen und später nach Osteuropa auswanderten. Sie sind eine von zwei großen Gruppen historisch europäischer Juden. Die andere sind die Sephardim, die sich um das Jahr 1000 als eigenständige Gruppe auf der iberischen Halbinsel bildete. Nach den meisten Schätzungen machen Aschkenasim heute über 90 % der amerikanischen Juden und etwa drei Viertel aller Juden weltweit aus.

40 In Schwartz’ Originalartikel bezog er sich immer noch auf „Jugoslawien“.

41 Konkret analysierte Schwartz 88 Stichproben von Lehrenden aus 64 Kulturen, 132 Stichproben von Studierenden aus 77 Kulturen und 16 repräsentative nationale oder regionale Stichproben aus 13 Kulturen, was insgesamt 55.022 Befragten aus 72 Ländern und 81 verschiedenen Kulturgruppen entspricht (Schwartz, 2008).

42 Schwartz (2006).

43 Auf Deutsch: „Auf den Wellen der Kultur reiten“.

44 Siehe Lewin (1939).

45 Im englischen Original: *life space*. Der Begriff ist weder inhaltlich noch konzeptionell in irgendeiner Form mit der gleichnamigen Ideologie des deutschen Kaiserreichs und später der Nationalsozialisten verbunden.

46 Siehe Rotter (1966).

47 Auf Deutsch: „Wenn Kulturen zusammenprallen“.

48 Siehe Browaeys und Price (2008).

49 Siehe Hall (1959).

50 Siehe Kluckhohn und Strodtbeck (1961).

51 Siehe Hofstede (1980, 2001).

52 Siehe Hall (1959).

53 Siehe House, Hanges und Javidan (2004).

54 Siehe House, Hanges und Javidan (2004).

55 Siehe Huntington (1993, 1995).

56 Siehe Hadwick (2011).

57 Beim Konfuzianismus handelt es sich um philosophische, politische und religiöse Vorstellungen in der Tradition des im 6. Jahrhundert vor Christus lebenden chinesischen Gelehrten Kong Zi („Meister Kong“), dessen Name im 17. Jahrhundert von christlichen Missionaren zu Konfuzius lateinisiert wurde. Kong Zi gilt vor allem in Gebieten mit beträchtlichen chinesischen oder chinesischstämmigen Bevölkerungsteilen bis heute als großes Vorbild hinsichtlich seiner moralischen Lehre und Lebensweise. Im Zentrum des Konfuzianismus steht der Mensch als Teil der Gesellschaft, der nach ethisch-moralischer Perfektion streben und sich dabei an den fünf Kardinaltugenden Nächstenliebe, Gerechtigkeit, Sittlichkeit, Weisheit

und Aufrichtigkeit orientieren soll. Der Konfuzianismus bildet zusammen mit dem Buddhismus und dem Daoismus die drei sich gegenseitig ergänzenden großen Lehren Chinas, die Drei Lehren.

58 Japan, das als einer der Hauptzulieferer für die UNO-Truppen stark vom Koreakrieg profitierte, begann seinen kometenhaften ökonomischen Aufstieg schon bald nach der Niederlage im Zweiten Weltkrieg. Bereits in den 1950er Jahren wies es die höchsten Wachstumsraten der Welt auf. Zu der Zeit hatte Südkorea immer noch eine hauptsächlich auf Agrarproduktion ausgerichtete Wirtschaft. Allerdings entwickelte sich das Land danach sehr schnell, auch wenn es immer wieder – etwa durch den Koreakrieg 1950–52, den Kollaps der ersten Republik 1960 oder die Militärdiktatur – zurückgeworfen wurde, und erreichte etwa Mitte der 1970er Jahre einen hohen Entwicklungsstand. Taiwan dagegen begann seinen wirtschaftlichen Aufstieg zwar schon Ende der 1950er Jahre, gilt aber erst seit den 1980er Jahren als entwickelte Volkswirtschaft. Das Gleiche trifft auf die ehemalige britische Kolonie Hongkong zu, die ihre Industrialisierung ebenfalls in den 1950er Jahren als wichtiger Zulieferer der von Embargos betroffenen Volksrepublik China begonnen hatte. Und auch Singapur, heute eines der hochtechnisiertesten Länder der Welt, war 1970, sieben Jahre nach der Unabhängigkeit von Großbritannien, immer noch ein Entwicklungsland, mit einem jährlichen Pro-Kopf-Einkommen von weniger als 350 US-Dollar.

59 Das koloniale Singapur wurde 1819 als Handelsposten der *British East India Company (BEIC)* gegründet. 1858 wurde es nach dem Zusammenbruch der BEIC unter die Verwaltung des britischen Raj, also der britischen Kolonie in Indien, gestellt. Nach der Besetzung durch Japan während des Zweiten Weltkriegs ging es zunächst zurück an Großbritannien, bevor es sich 1963 zusammen mit anderen ehemals britischen Gebieten Malaysia anschloss und damit die Unabhängigkeit von der britischen Krone erlangte. Schließlich wurde es 1965 nach der Eskalation ideologischer Differenzen mit dem malaysischen Partner in der heutigen Form als unabhängiger Staat gegründet.

60 Bei der Technik Übersetzung/Rückübersetzung wird beispielsweise ein Fragebogen von der Originalsprache in eine andere Sprachen übersetzt. Danach wird er auf Basis dieser Übersetzung von jemandem ohne Kenntnis des originalen Fragebogens wieder zurück in die Originalsprache übersetzt und die nun vorliegenden zwei Versionen werden in der Originalsprache miteinander verglichen. Klaffen sie weit auseinander, müssen die Formulierungen weiter geschärft und der Vorgang muss wiederholt werden.

61 Die psychometrischen Eigenschaften der GLOBE-Skalen entsprachen oder übertrafen bei einer Reihe von empirischen Tests herkömmliche Standards. Dabei unterzog man sie sowohl quantitativen (z.B. explorativer Faktorenanalyse, mehrstufiger Bestätigungsfaktoranalyse und Zuverlässigkeitsanalyse) als auch qualitativen (Q-Sortierung, Fragenbewertungsberichte) Methoden (Den Hartog et al., 1999).

62 Siehe bspw. Inglehart und Baker (2000).

63 Streng genommen wären dies Gruppen von 50 und mehr Personen.

6

Zentrale Führungsprinzipien und klassische Führungsfehler

Lernerfolge

Nach diesem Kapitel sollten Sie in der Lage sein,

- zentrale Führungsprinzipien anzuwenden sowie
- klassische Führungsfehler zu vermeiden.

Als Führungskraft stehen Sie unter ständiger Beobachtung. Alles, was Sie tun, wird bemerkt und beurteilt. Und je weniger Sie ein neues Team oder eine neue Einheit kennen, desto ausgeprägter ist dies. Das mag unfair sein, ist aber leider so.

Gerade wenn Sie ihre Führungsfunktion noch recht frisch innehaben, beschleicht Sie vielleicht manchmal das Gefühl, dass eine bestimmte Situation im Nachhinein betrachtet auch anders hätte gelöst werden können. Sicherlich haben Sie dann recht. Das macht Sie allerdings nicht zu einer schlechten Führungskraft. Wenn jemand behauptet, keine Fehler zu machen, dann stellt sich die Frage, ob seine oder ihre Selbstwahrnehmung ausreichend funktioniert. In Wirklichkeit machen *alle* Führungskräfte Fehler. Wichtig ist, dass Sie sich dieser Tatsache bewusst sind und dass Sie versuchen, die gleichen Fehler zumindest nicht zu wiederholen. Von Vorteil ist diesbezüglich, dass die meisten Führungskräfte sehr ähnliche Fehler machen, vor allem, wenn ihnen noch die Erfahrung fehlt. Indem Sie sich damit auseinandersetzen, machen Sie einen ersten Schritt zu deren Vermeidung.

Was genau stellt jedoch einen *Führungsfehler* dar? Ist das wirklich immer so eindeutig? Wie in *Kapitel 5* aufgezeigt wurde, haben alle Menschen kulturell beeinflusste implizite Erwartungen an das Verhalten von Führungskräften. Daher kann ein bestimmtes Verhalten – beispielsweise der sehr detaillierte Einbezug der Unterstellten in die Entscheidungsfindung – im Extremfall in einer Kultur zu guter Führung gehören und in einer anderen einen Führungsfehler darstellen. Es ist also bei der Auseinandersetzung mit Führungsfehlern wichtig, den kulturellen Kontext im Auge zu behalten. Gleichzeitig hat unter anderem die GLOBE-Studie aufgezeigt, dass es durchaus global einheitliche Aspekte der Führung gibt.

Führungsfehler stellen also objektiv ein dem Führungserfolg abträgliches Führungsverhalten dar. Umgekehrt kann erwünschtes Verhalten auch als allgemeines *Führungsprinzip,* also als positive Verhaltensvorstellung, formuliert werden. Führungsprinzipien und Führungsfehler sind untrennbar miteinander verwoben. Durch Einhaltung der Prinzipien können Sie solche Fehler vermeiden und durch Vermeidung der Fehler machen Sie einen großen Schritt in Richtung Einhaltung der Prinzipien. Beides trägt zu guter Führung bei.

Im Folgenden werden zehn klassische Führungsfehler und zehn zentrale Führungsprinzipien diskutiert. Diese sind universell, also unabhängig vom spezifischen kulturellen Kontext, jedoch kann die Reihenfolge ihrer Wichtigkeit je nach Kultur variieren.[1] Wenn Sie als Führungskraft aufrichtig sagen können, dass Sie diese Prinzipien größtenteils einhalten und die Fehler den überwiegenden Teil der Zeit erfolgreich vermeiden, dann haben Sie einen großen Schritt hin zu effektiver Führung getan.

Zehn klassische Führungsfehler

Wie erwähnt macht jede Führungskraft Fehler. Je erfahrener Sie werden, desto weniger Fehler sollten Sie aber natürlich machen. Indem Sie sich mit der unten stehenden Liste klassischer Führungsfehler auseinandersetzen, können Sie einen ersten Schritt dahin machen. Reflektieren Sie für sich, welche dieser Fehler Sie schon gemacht haben und welche Sie allenfalls sogar regelmäßig begehen. Sichtbewusstwerden ist der erste Schritt zur Vermeidung.

Die zehn klassischen Führungsfehler sind:

1. Höhere Standards für andere setzen als für sich selbst
2. Unliebsame eigene Aufgaben an andere delegieren
3. Andere das Gesicht verlieren lassen
4. Inkonsistent kommunizieren
5. Eigene Fehler abstreiten oder totschweigen
6. Ethische Dilemmata für andere schaffen
7. Kollektive Bestrafung
8. Versprechen brechen
9. Illoyalität nach unten oder oben
10. Ideen und Anerkennung stehlen

Fehler 1: Höhere Standards für andere setzen als für sich selbst

Wie in *Kapitel 4* unter „Standards setzen“ erläutert, kann die Festlegung klarer und realistischer Standards dazu beitragen, die Teamleistung zu steigern und gleichzeitig Ihren Führungsaufwand zu reduzieren. Leider haben jedoch manche Führungskräfte die Angewohnheit, diesbezüglich mehr von ihren Unterstellten zu verlangen, als sie selbst zu tun bereit sind. Das ist nicht nur schlecht für deren Motivation, es macht auch die Führung schwieriger, weil der Ruf der Führungskraft darunter leidet.

Wenn Sie Erwartungen deklarieren, müssen Sie sich unbedingt auch selbst daran halten. Ihre Standards sind vielleicht nicht immer populär, aber die Feststellung, dass Sie sich selbst davon nicht ausnehmen, ist wichtig für die Psychohygiene Ihres Teams. Ignorieren Sie hingegen die Regeln, wird es nicht lange dauern, bis auch Ihr Team nicht mehr darauf achtet.

So hatte etwa der Chef eines mittelständischen Schweizer Bahnkomponentenherstellers während seiner gesamten fast fünfzigjährigen Tätigkeit dort verlangt, dass alle Mitarbeitenden der Unternehmung spätestens um 7.30 Uhr morgens zur Arbeit erschienen sein mussten. Nicht ganz überraschend hatte die große Mehrheit zwar hinter seinem Rücken ständig über diese sehr unbeliebte Regel gemeckert, aber immerhin war allgemein bekannt, dass er selbst sich nicht davon ausnahm. Tatsächlich hatte er auch mit fast neunzig Jahren noch Wert darauf gelegt, selbst spätestens um 6.30 Uhr in der Früh im Büro zu sein. Nach seinem Rücktritt hielt sein Nachfolger dann zwar am allgemeinen Arbeitsbeginn fest, tauchte aber selbst oft erst Stunden später auf – und meist so aussehend, als sei er gerade aus dem Bett gekrochen. Danach dauerte es nicht lange, bis sich mehr und mehr der Angestellten ebenfalls nicht mehr an die Regel hielten und diese zu einer leeren Hülle wurde, über die man sich intern lustig machte.

Als Führungskraft sind Sie das Vorbild für Ihr Team. Es sollte Ihr Bestreben sein, relevante Standards – sowohl Ihre eigenen als auch diejenigen vorgesetzter Stufen – jederzeit ebenfalls einzuhalten. Und zwar möglichst sogar noch ein wenig genauer, als Sie es von Ihren Unterstellten verlangen. Dies trägt zu Ihrem Ruf als besonders integre Führungskraft bei und stärkt die Motivation Ihrer Teammitglieder. Gleichzeitig erhöhen Sie damit auch die Chance, dass Ihre Standards eingehalten werden, ohne dass Sie einen unverhältnismäßigen (und für beide Seiten demotivierenden) Kontrollaufwand betreiben müssen.

Fehler 2: Unliebsame eigene Aufgaben an andere delegieren

Eine zweite Versuchung, der viele Führungskräfte leider viel zu oft nachgeben, ist das Weitergeben langweiliger, unangenehmer oder sogar (im übertragenen oder wörtlichen Sinn) gefährlicher Aufgaben. Am Delegieren von Aufgaben ist grundsätzlich nichts auszusetzen. Tatsächlich ist die Fähigkeit, intelligent delegieren zu können, eine wichtige Führungskompetenz. Natürlich kann es auch Situationen geben, in denen Sie als Führungskraft die beste Frau oder der beste Mann für den Job sind oder Sie persönlich mit gutem Beispiel vorangehen wollen. Die Frage ist aber, wie man die Gesamtressourcen eines Teams am effektivsten und effizientesten nutzt. Die Chefin der Schadensabteilung einer Versicherung setzt die eigene Arbeitszeit wahrscheinlich nicht am besten ein, wenn sie persönlich Schadenszahlungen leistet, während der Rest des Teams Däumchen dreht.

Bei dem hier beschriebenen klassischen Führungsfehler geht es aber nicht darum, Aufgaben im Rahmen der Teamaufgaben sauber zu delegieren, sondern es geht um das Abwälzen von Aufgaben, die ganz klar Ihre sind und für deren Weitergabe es eigentlich keinen Grund gibt. Als Beispiel sei hier ein Hochschuldozent genannt, der als Teil der Einstellungsbedingungen einen Didaktikkurs zu absolvieren hatte. Im Rahmen dessen delegierte er den zum Bestehen nötigen Leistungsnachweis, eine Seminararbeit, mit der Bemerkung, er habe dafür keine Zeit, an seine Assistentin. Nicht nur, dass dies offensichtlich akademisch unlauter ist (Leistungsnachweise sind *immer* persönlich zu absolvieren, wie wohl jedermann weiß), damit wird für die Unterstellte, der dies ohne Zweifel bewusst ist, zusätzlich auch ein ethisches Dilemma geschaffen. Soll sie den Betrug melden oder nicht? Ist sie verpflichtet, seinen Auftrag trotzdem auszuführen, oder macht sie sich damit mitschuldig?

Führungskräfte, die dauernd solche Aufgaben weiterdelegieren, senden damit die Botschaft aus, dass sie sich über den Unterstellten stehen sehen und diese primär dazu da seien, ihnen zu dienen. Dieses Verhalten ist vor allem bei narzisstisch veranlagten Personen verbreitet. Allerdings kann es auch genau den gegenteiligen Grund haben, etwa, wenn sich jemand die Ausführung der Aufgabe nicht zutraut und das nicht zugeben will.

Wenn Sie im Stress einmal eine Aufgabe, die Sie eigentlich selbst erfüllen sollten, mit einem aufrichtigen Dankeschön an eine dazu fähige Person abtreten, macht das aus Ihnen noch keine schlechte Führungskraft. Der hier beschriebene Führungsfehler besteht in der gewohnheitsmäßigen Delegation solcher Aufgaben. Als weiteres Beispiel sei hier eine Abteilungsleiterin einer Londoner Werbeagentur erwähnt. Diese war viel unterwegs und hatte sich jeweils den letzten halben Tag des Monats reserviert, um ihre Spesen zusammenzustellen und einzureichen. In der Unternehmung war es üblich, dass dies jede und jeder selbst tat. Während eines sehr stressigen Großprojekts für einen multinationalen Ölkonzern bat sie eine der administrativen Projektmitarbeiterinnen, die nicht zu ihrer Abteilung gehörte, dies ausnahmsweise für sie zu erledigen – „um auch einen Beitrag zum Projekt zu leisten“, wie sie erklärte. Nach vier Monaten war das Projekt abgeschlossen, aber diese Mitarbeiterin erledigte weiterhin die Spesenabrechnung der Abteilungsleiterin. Die nahm sich derweil diesen halben Tag jeweils frei, „um ihre Batterien wieder aufzuladen“, wie sie freimütig erklärte. Dies machte natürlich schnell die Runde in der Unternehmung und brachte nicht nur sie selbst, sondern auch ihre Abteilung in Verruf.

Aus motivationstechnischer Sicht noch schlimmer ist jedoch die Delegation von Aufgaben, die gefährlich sind. In der modernen bürozentrierten Arbeitswelt ist diese Gefahr weniger physischer, sondern vor allem politischer Natur. Manche Führungskräfte steigen schnell und steil auf, indem sie jegliche Fehler zu vermeiden suchen. Da aber dort, wo gearbeitet wird, auch Fehler passieren, wird also auf diese Art auch jede substanzielle Arbeit oder Entscheidung vermieden. Eine einfache Art, dies zu erreichen, ist die Weitergabe aller Aufgaben, die Kontroversen nach sich ziehen könnten. Und wo das einmal nicht klappt, muss halt die Schuld für Fehler anderen zugeschoben werden. Ein Beispiel: Statt selbst in die zunehmend schwierigen Sitzungen mit dem Vorstand zu gehen, schickte der Leiter eines großen, aber vor dem Scheitern stehenden Softwareprojekts in einer amerikanischen Bank jeweils seinen stellvertretenden Projektleiter, damit sein eigenes Gesicht und sein eigener Name weniger mit dem Fiasko in Verbindung gebracht wurden. Und nachdem das Vorhaben dann definitiv fehlgeschlagen war, stellte er sich auf den Standpunkt, dass die Schuld nicht bei ihm gesucht werden könne, da er ja schließlich nicht an den Sitzungen teilgenommen habe. Als Führungskraft schädigt diese Art Verhalten natürlich nachhaltig das Vertrauen Ihrer Unterstellten in Sie – vom schlechten Vorbild, das damit abgegeben wird, ganz zu schweigen.

Fehler 3: Andere das Gesicht verlieren lassen

Die Idee des „Gesichts“, das gewahrt werden muss, ist ein universelles Konzept, das rund um den Globus vorkommt. Der Begriff bezieht sich sowohl auf das Selbstbild als auch auf den Status einer Person innerhalb einer sozialen Gruppe.[2] Abstrakt gesehen ist „Gesicht“ der Anspruch auf sozialen Wert. Wenn Sie als Führungskraft einen Gesichtsverlust für eine unterstellte Person verursachen, kann dies zu unerwartet heftigen Reaktionen, lang anhaltendem Groll und Motivationsverlust führen. Allerdings ist die Wichtigkeit, welche dem „Gesicht“ zugeschrieben wird, stark kulturell geprägt. Vor allem asiatische Kulturen messen ihm eine ungleich höhere Bedeutung bei als beispielsweise angelsächsische oder nordeuropäische Kulturen. Obwohl niemand es mag, wenn der Chef oder die Chefin mitten in einem Teammeeting vor versammelter Mannschaft laut und wütend alle Fehler einer Person aufzählt, so sind die psychischen und sozialen Folgen eines solchen Vorkommnisses für die betroffene Person je nach Persönlichkeit und Herkunft doch sehr verschieden.

Die unterschiedliche Bedeutung, welche Kulturen dem „Gesicht“ beimessen, zeigen zwei lexikografische Studien aus den frühen 1990er Jahren, die die Anzahl damit in Verbindung stehender Ausdrücke in Stichproben von chinesischen, japanischen und englischen Wörterbüchern verglichen.[3] Dabei wurde festgestellt, dass die chinesischen Wörterbücher 98, die japanischen 89 und die englischen 5 solche Begriffe enthielten. Im Japanischen und Chinesischen gab es zudem etwa gleich viele Ausdrücke für „Gesichtsverlust“ und „Gesichtswahrung“, während sich im Englischen der Großteil auf „Gesichtswahrung“ bezog.

Wie Menschen mit der Vorstellung des „Gesichts“ und dessen subjektiv wahrgenommenem Verlust umgehen, ist eng mit der Handhabung von Konflikten und Beziehungen verbunden. Dies ist der Inhalt der sogenannten *Gesichtsverhandlungstheorie.* Ursprünglich von Brown und Levinson entwickelt und 1978 erstmals publiziert[4], ist ihre zentrale These, dass sich alle Menschen im Konfliktfall vor einem Gesichtsverlust fürchten und daher „Gesichtsarbeit“ leisten. Dabei handelt es sich um eine Reihe von kommunikativen Verhaltensweisen, die zur Gesichtswahrung oder -wiederherstellung eingesetzt werden. Wie genau dies jedoch abläuft, ist stark kulturell beeinflusst.

Die Gesichtsverhandlungstheorie beschäftigt sich mit fünf Themen:[5]

- Gesichtsorientierungen
- Gesichtsbewegungen
- Interaktionsstrategien
- Konfliktkommunikationsstile
- Gesichtsrelevante Bereiche

Es werden zwei grundlegende *Gesichtsorientierungen* unterschieden, das *Eigengesicht* und das *Fremdgesicht.* Ersteres betrifft die Sorge um die eigene Ehre, das eigene Prestige und den eigenen Status sowie den Respekt, der mit der Erlangung dieser Werte einhergeht, während Letzteres dieselben Werte, aber die Sorge für eine andere Person betrifft. Damit verbunden ist im Deutschen der Begriff des „Fremdschämens“.

Das Gesichtskonzept ist eng mit den kulturellen Dimensionen Machtdistanz und Individualismus verknüpft. Individualistischere Gesellschaften neigen gemeinhin auch dazu, eine geringere Machtdistanz aufzuweisen und sich primär mit dem Eigengesicht zu befassen, während kollektivistischere Gesellschaften im Allgemeinen eine höhere Machtdistanz aufweisen und sich stärker mit dem Fremdgesicht beschäftigen.

Gesichtsbewegungen sind Optionen, die jemand während eines Konflikts hat, um Eigen- und Fremdgesicht zu wahren oder wiederzuerlangen. Je nachdem, welches Gewicht jede Partei den beiden zumisst, kann eine der folgenden Taktiken zum Einsatz kommen:

- Eigengesichtswahrung
- Fremdgesichtswahrung
- Gegenseitige Gesichtswahrung
- Gegenseitige Gesichtsvernichtung

Ob ein Konflikt tatsächlich ausbricht, hängt von verschiedenen Aspekten ab, etwa der subjektiven Bedeutung des Themas für beide Seiten, dem Vorhandensein oder Mangel an Vertrauen und der situativen Machtdistanz zwischen den beiden Parteien.

Interaktionsstrategien in Bezug auf Gesichtsarbeit ergeben sich wiederum aus der Unterscheidung zwischen Individualismus und Kollektivismus sowie aus Edward T. Halls kontextorientierter Kommunikationstheorie[6]. Eher individualistische Kulturen sind üblicherweise auch Niedrigkontextkulturen und setzen daher mehr auf explizite verbale oder schriftliche Kommunikation, während kollektivistische Kulturen zur Hochkontextkommunikation und somit zu einem stärker indirekten, kontextbasierten Kommunikationsstil tendieren. Laut Ting-Toomey und Gudykunst[7] gibt es drei grundlegende Interaktionsstrategien:

- Dominieren (mit der Absicht, zu gewinnen)
- Vermeiden (mit der Absicht, die Harmonie in der Beziehung zu erhalten)
- Integrieren (mit der Absicht, eine inhaltliche Synthese zu erreichen und gleichzeitig die Beziehung zu erhalten)

Aufgrund der in *Kapitel 5* diskutierten Unterschiede zwischen individualistischen und kollektivistischen Gesellschaften bedeutet dies in der Praxis oft, dass beispielsweise Amerikaner oder Europäer zur Wahrung des Eigengesichts einen Konflikt anzetteln, während Asiaten einen solchen zur Wahrung des Fremdgesichts gänzlich zu vermeiden versuchen. Wenn sich Ihr asiatisches Teammitglied also weigert, mit Ihnen heftig zu diskutieren oder sogar zu streiten, dann liegt das meist nicht an einem Mangel an Mut, sondern an einer impliziten, kulturell bedingten Sorge um Sie und ihr „Gesicht“.

Mit den obigen Interaktionsstrategien gehen fünf unterschiedliche *Konfliktkommunikationsstile* einher:

- Dominierend
- Vermeidend
- Nachgebend
- Kompromissbereit
- Integrierend

Der *dominierende Stil* zielt darauf ab, den Konflikt zu gewinnen, während der *vermeidende Stil* diesen zu umgehen versucht. Manche Menschen setzen dazu bewusst oder unbewusst Emotionen oder einen passiv-aggressiven Ansatz ein. Wenn also ein Teammitglied plötzlich untypisch emotional oder sarkastisch auftritt oder sich wütend davonmacht, betreibt er oder sie möglicherweise Gesichtsarbeit.

Der *nachgebende Stil* beugt sich den Wünschen der Gegenseite und versucht so, den Konflikt zu reduzieren oder beizulegen.

Ein *kompromissbereiter Stil* bezweckt, in einem schrittweisen Geben und Nehmen eine Lösung irgendwo zwischen den Positionen der beiden Seiten zu finden. Dieser

Ansatz ist mehr auf das Verhandlungsergebnis als auf die Gesichtswahrung ausgerichtet.

Im Gegensatz dazu zielt ein *integrierender Stil* zwar auch auf ein entsprechendes Verhandlungsergebnis ab, schenkt aber dem Gesicht beider Parteien viel größere Aufmerksamkeit.

Als Führungskraft sollte es daher immer Ihr Ziel sein, eine integrierende Interaktionsstrategie und einen integrierenden Konfliktkommunikationsstil zu verfolgen. Indem die Argumente beider Seiten berücksichtigt werden, wird somit auch beiden Seiten erlaubt, ihr Gesicht zu wahren.

Schließlich sind *gesichtsrelevante Bereiche* Gruppen von Problemen, die dazu führen, dass jemand überhaupt Gesichtsarbeit betreibt. Es handelt sich also um tief verwurzelte emotionale Bedürfnisse, deren tatsächliche oder empfundene Bedrohung unweigerlich eine Reaktion auslöst. Obwohl sie durch die Persönlichkeit der betroffenen Person, den kulturellen Kommunikationskontext und die spezifische Situation beeinflusst werden, zählen die meisten dieser Bedürfnisse zu einem von sechs Grundtypen:[8]

- Autonomiebedürfnis
- Zugehörigkeitsbedürfnis
- Statusbedürfnis
- Kompetenzbedürfnis
- Zuverlässigkeitsbedürfnis
- Moralbedürfnis

Das *Autonomiebedürfnis* ist das Begehren einer Person nach Unabhängigkeit, Privatsphäre und Achtung der persönlichen Grenzen.

Das *Zugehörigkeitsbedürfnis* ist der Wunsch, ein würdiger Teil von etwas zu sein.

Das *Statusbedürfnis* manifestiert sich in dem Drang, bewundert oder zumindest als wertvoll anerkannt zu werden.

Das *Kompetenzbedürfnis* bezeichnet das Verlangen, als fähig anerkannt zu werden.

Das *Zuverlässigkeitsbedürfnis* ist der Wunsch, als zuverlässig, loyal, konsistent und vertrauenswürdig wahrgenommen zu werden.

Und das *Moralbedürfnis* bezeichnet das Bedürfnis, als jemand mit Ehre und hoher Integrität angesehen zu werden.

Wird eines dieser Bedürfnisse bedroht oder verletzt, betreibt die betroffene Person Gesichtsarbeit. Dies kann unter Umständen einen Konflikt auslösen. Wenn Sie mit einem Teammitglied Probleme haben, aber nicht wissen, warum, dann fragen Sie sich, ob Sie möglicherweise unwissentlich eines oder mehrere dieser Bedürfnisse verletzt haben könnten. Das muss nicht immer so offensichtlich sein, wie das etwa bei der Kritik an einem Teammitglied in einer E-Mail an das gesamte Team ist. Eine kritische

Bemerkung oder sogar ein Blick können unter Umständen ausreichen. Auch subtile Aspekte wie die Sitzordnung während einer Veranstaltung können dazugehören.

Unterstellte das Gesicht verlieren zu lassen ist einer der häufigsten Führungsfehler überhaupt. Bei Meinungsverschiedenheiten ist in der Hitze des Gefechts schnell einmal etwas gesagt, dass man vielleicht nicht so gemeint hat. Das können Sie aber ein Stück weit steuern. Führen Sie zum Beispiel für eine unterstellte Person potenziell schwierige Gespräche grundsätzlich nur unter vier Augen durch. Und halten Sie sich ein einfaches Mantra immer vor Augen: „Lasse niemanden schlecht aussehen". Natürlich heißt das nicht, dass Sie nun jedem noch so unrealistischen und ungerechtfertigten Wunsch Ihrer Unterstellten nachgeben müssen. Um Konflikte beizulegen oder gleich ganz zu vermeiden, ist es jedoch nötig, zuerst einmal deren Auslöser zu verstehen. Dazu müssen Sie alle Ihre Teammitglieder gut kennen und auch wissen, wo deren Empfindlichkeiten liegen.

Wenn Sie es sich zur Gewohnheit machen, anderen auch im Konfliktfall immer die Gelegenheit zu geben, ihr Gesicht zu wahren, schaffen Sie damit nicht nur Vertrauen, sondern Sie gewinnen damit auch die Wertschätzung und Loyalität Ihrer Teammitglieder. Und durch Ihr gutes Vorbild wird nicht zuletzt auch die Harmonie im Team gestärkt.

Fehler 4: Inkonsistent kommunizieren

Kommunikation ist dann inkonsistent, wenn sich widersprechende offizielle Aussagen im Raum stehen. Ein typisches Beispiel sind Unternehmensfusionen, bei denen oft praktisch im gleichen Atemzug einerseits betont wird, wie vorteilhaft die Fusion für alle sei, und andererseits ein damit verbundener Personalabbau angekündigt wird. Aus Sicht der Mitarbeitenden sind beides gültige Aussagen, die sich aber nicht miteinander vereinbaren lassen.

Laut dem Wirtschaftstheoretiker und ehemaligen Harvard-Professor Chris Argyris[9] ist inkonsistente Kommunikation ein verbreitetes Problem in der heutigen Geschäftswelt. Er beobachtete drei typische Phasen:

1. Eine Führungskraft kommuniziert eine inkonsistente Botschaft.
2. Die gleiche Führungskraft verhält sich dann so, als ob die Botschaft konsistent wäre (und somit also das Problem bei den Empfängern liegen müsse).
3. Schließlich versucht die Führungskraft, sich aus dem verursachten Chaos zu befreien, indem sie das Thema als „nicht zur Diskussion stehend" deklariert.

Es ist absolut möglich, dass die inkonsistente Botschaft unabsichtlich entstand und leicht korrigiert werden könnte (Phase 1). Mit dem Versuch, das eigene Gesicht zu wahren (Phasen 2 und 3), macht die Führungskraft jedoch die Lösung des Problems praktisch unmöglich. Ganz offensichtlich ist das nicht gut für den Teamgeist.

Inkonsistente Kommunikation ist nicht dasselbe wie unangebrachte oder nicht eindeutige Kommunikation (siehe auch das Führungsprinzip 4 auf Seite 273). Es geht darum, dass sich jemand selbst widerspricht. Dafür kann es ganz unterschiedliche Gründe geben, wie beispielsweise die folgenden:

- Anbiederung
- Fehlender Überblick
- Mangelndes Interesse
- Teile-und-herrsche-Ansatz

Anbiederung. Die Führungskraft sagt jeweils jedem und jeder genau das, von dem sie annimmt, dass diese Person es hören will. Wenn unter den Adressaten aber verschiedene Interessen vertreten sind und nur bruchstückweise an Einzelne oder Teilgruppen kommuniziert wird, dann können leicht inkonsistente Botschaften entstehen. Es lohnt sich daher, wichtige Informationen immer an alle Betroffenen gleichzeitig oder, wenn das nicht möglich ist, zumindest in der genau gleichen Form zu kommunizieren.

Fehlender Überblick. Eine inkonsistente Botschaft kann auch entstehen, wenn einer Führungskraft das Gesamtbild fehlt. Wer zwar einzelne Feuer sieht, aber nicht den Wald, der hinter dem nächsten Hügel brennt, der versucht auch nur, diese einzelnen Feuer zu löschen. Vor allem in Krisen entwickelt sich die Situation jedoch rasant weiter. Da ist es schwierig, die Übersicht zu behalten. Im Moment, in dem kommuniziert wird, ist die Botschaft oft schon überholt. Daher ist es wichtig, regelmäßig zu kommunizieren, auch wenn der Neuigkeitswert der Botschaft vielleicht nicht immer überragend ist. Auch sollten Diskrepanzen zu früheren Botschaften proaktiv angesprochen und erklärt werden, statt sie aus Gesichtsgründen totzuschweigen.

Mangelndes Interesse. Es gibt auch Führungskräfte, denen es schlicht und einfach egal ist, wie ihre Botschaft bei den Unterstellten ankommt, und sich deswegen auch keine Mühe geben. Der in diesem Zusammenhang oft bemühte Ausdruck der „innerlichen Kündigung“ kann natürlich auf Führungskräfte genauso wie auf Mitarbeitende zutreffen. Dass dieses Verhalten die Motivation der Adressaten nicht gerade positiv beeinflusst, sollte klar sein. Aus Sicht der Organisation gibt es nur zwei Wege, damit umzugehen: Entweder muss der Führungskraft dabei geholfen werden, ihre Motivation wiederzufinden, oder sie muss ersetzt werden.

Teile-und-herrsche-Ansatz. Manche Führungskräfte setzen inkonsistente Botschaften auch ganz bewusst ein, um unter den Adressaten Zwietracht zu sähen. Die Gründe dafür können vielfältig sein, meistens spielt jedoch die Persönlichkeit eine Rolle dabei. Zum Beispiel haben manche Führungskräfte Angst davor, die Unterstellten könnten sich gegen einen verschwören. Andere sorgen so (bewusst oder unbewusst) dafür, dass sie sich gebraucht fühlen. Und wieder andere vertragen einfach keine Ruhe um sich herum. Manchmal kommt auch alles zusammen. So verbot etwa der Leiter einer Londoner Privatschule seinen Mitarbeitenden unter Kündigungsandrohung jeglichen privaten Kontakt untereinander, weil er Angst hatte, sie könnten hinter seinem Rücken über ihn sprechen. Gleichzeitig erzählte er bei Vieraugengesprächen jeweils den Gesprächspartnern, wer alles schlecht über sie geredet habe. Auf diese Weise schwelte dauernd irgendwo ein Konflikt und er konnte sich als unersetzlicher Mediator in Szene setzen.

Häufig aber ist sich die betroffene Führungskraft der Inkonsistenzen in ihrem Kommunikationsverhalten auch gar nicht bewusst.

Unabhängig von den Gründen kann inkonsistente Kommunikation Ihre Mitarbeitenden zur Verzweiflung treiben und Ihr Ansehen nachhaltig schädigen. Wenn Sie zu einer Person sagen, sie sei Ihr bester Mitarbeiter beziehungsweise Ihre beste Mitarbeiterin, dann aber bei einer Lohnerhöhung oder Beförderung jemand anders berücksichtigen, ist das für die Person sehr verwirrend und demotivierend.

Ein verbreitetes Problem bei regelmäßiger inkonsistenter Kommunikation ist ein zunehmender Führungsaufwand für die betroffene Führungskraft. Dieser entsteht dadurch, dass die Unterstellten sich einerseits auch für kleine Arbeitsschritte rückversichern wollen, dass alles noch gleichgeblieben ist, und andererseits möglichst alle Aufträge und Anweisungen schriftlich einfordern. Das erhöht nicht nur Ihren eigenen Aufwand beträchtlich, es reduziert mit der Zeit auch die Schlagkraft und Effizienz des gesamten Teams.

Denken Sie in Ihrer Rolle als Führungskraft regelmäßig darüber nach, was Sie auf welche Weise an wen kommuniziert haben und ob Sie in ihrer Botschaft konsistent geblieben sind. Versuchen Sie dabei, sich in die Lage der Unterstellten zu versetzen. War die Botschaft unmissverständlich oder gab es Interpretationsspielraum? Reiht es sich logisch in früher Gesagtes ein – und falls nicht, haben Sie die Gründe dafür erklärt? Und haben Sie die gleichen von verschiedenen Leuten gestellten Fragen immer gleich beantwortet? Ihre Mitarbeitenden reden miteinander, daher fällt es schnell auf, wenn Sie unterschiedlichen Personen verschiedene Antworten gegeben haben.

Eine konsistente, zielgruppengerechte Kommunikation trägt zu Ihrem Ruf als fähige und vor allem zuverlässige Führungskraft bei und stärkt das Vertrauen zwischen Ihnen und dem Team – was wiederum dazu beiträgt, den Stress Ihrer Teammitglieder zu reduzieren.

Anhand des nachfolgenden Beispiels wird das Thema der inkonsistenten Kommunikation noch einmal verdeutlicht.

BEISPIEL Inkonsistente Kommunikation

Laurant, ein 34-jähriger Westschweizer, saß frustriert am Schreibtisch und überlegte sich, ob er kündigen sollte. Bereits seit sechs Jahren war er Mitglied des globalen Business-Development-Teams bei einem großen Schweizer Textilmaschinenhersteller. In dieser Funktion gefiel es ihm eigentlich sehr gut und bis vor Kurzem hatte er seine berufliche Zukunft hier gesehen. Schon seit einiger Zeit fragte er sich, wohin ihn seine Karriere führen sollte. Nach Prüfung verschiedener Möglichkeiten hatte er sich vor drei Wochen entschieden, ein Executive-MBA-Programm zu absolvieren, um seine berufliche Entwicklung zu fördern und sich damit für eine höhere Position in Stellung zu bringen. Da solche Programme recht teuer waren und er das Gelernte gerne für die Unternehmung einsetzen wollte, fragte er nach finanzieller Unterstützung. In der Vergangenheit war die Unternehmung bei anderen Mitarbeitenden immer sehr zuvorkommend gewesen. Seit einer Reorganisation konnte das zentrale Personalmanagement allerdings nicht mehr selbst entscheiden, sondern die direkten Linienvorgesetzten mussten den entsprechenden Antrag genehmigen oder ablehnen. Aufgrund der komplexen, matrixartigen Organisationsstruktur des Unternehmens kannte Laurant seinen neuen Chef aber gar nicht persönlich. Dieser saß nämlich in China und kommunizierte mit ihm hauptsächlich per E-Mail und Videokonferenz. Als Laurant während eines Skype-Meetings vor zwei Wochen den Antrag für seine Weiterbildung gestellt und um Unterstützung gebeten hatte, meinte der Vorgesetzte zunächst noch: „Kein Problem".

Erfreut hatte Laurant an den folgenden Abenden alle Anmeldeunterlagen ausgefüllt und die provisorische Anmeldung abgeschickt. Eine Woche später war dann jedoch eine E-Mail an die ganze Abteilung verschickt worden, dass bis auf Weiteres keine Fortbildungsanträge mehr unterstützt würden. Als Laurant sich daraufhin erkundigte, ob sein bereits gestellter Antrag nun auch unter dieses Moratorium fallen würde, war ihm versichert worden, dies sei nicht der Fall und er könne den Antrag im System eintragen. Etwas verunsichert hatte Laurant dies dann am gleichen Tag noch getan. Seither waren fast zwei Wochen vergangen, ohne dass sein Vorgesetzter den mündlich bewilligten Antrag im elektronischen System freigegeben hätte. Bei bisher zwei telefonischen Rückfragen war Laurant beide Male beschieden worden, der Chef habe gerade keine Zeit, werde aber so schnell wie möglich zurückrufen – was allerdings nie erfolgte. Auch mehrere seiner E-Mails blieben unbeantwortet. Vor einigen Tagen war hingegen der Fortbildungsantrag einer Bürokollegin sofort bewilligt worden, trotz immer noch geltendem Moratorium. Für Laurant war dieses Verhalten nicht nur verwirrend, sondern auch sehr frustrierend. Da sein Vorgesetzter für ihn nicht erreichbar war, aber andere ganz offensichtlich Zugriff auf ihn hatten, fühlte er sich sehr persönlich angegriffen und geringgeschätzt. Seine Arbeitsmotivation litt massiv darunter und er begann, aktiv Stellenanzeigen zu lesen.

Fehler 5: Eigene Fehler abstreiten oder totschweigen

Ist Ihnen das auch schon passiert? Sie versuchen, jemanden auf einen begangenen Fehler anzusprechen, und die andere Person streitet entweder ab, dass ein solcher stattfand, leugnet, dass sie dafür verantwortlich war, oder beschuldigt jemand anderen.

Menschen, die sich angeblich nie irren und nie Fehler machen, findet man überall. Daher ist es nicht verwunderlich, dass es auch viele solche Führungskräfte gibt. Woher kommt das? Drei der wichtigsten Gründe dafür sind:

- Angst vor Gesichtsverlust
- Ego
- Kognitive Dissonanz

Angst vor Gesichtsverlust. Ein oft gehörtes Argument ist, dass Fehler einzugestehen oder sich sogar dafür zu entschuldigen die Führungskraft schwach erscheinen lasse und dies das Vertrauen der Unterstellten in sie untergrabe. Und natürlich ist es nicht von der Hand zu weisen, dass dauernde Fehler niemanden kompetent erscheinen lassen. Nicht jeder kleine Fehler muss offengelegt werden und nicht jede Offenlegung muss mit einer Entschuldigung verbunden sein. Eine Entschuldigung ist dann angebracht, wenn jemand durch den Fehler ungerechtfertigt benachteiligt wurde. Abstreiten oder totschweigen bringt jedoch nichts. Alle Führungskräfte machen Fehler. Daher ist der Gesichtsverlust objektiv gesehen größer, wenn jemand sich als unfehlbar hinstellt, als wenn ein begangener Fehler offen angesprochen wird.

Ego. Wenn jemand sich selbst als perfekt sieht, dann kann er oder sie es oft nicht ertragen, wenn das andere nicht auch tun. Vor allem Führungskräfte mit narzisstischen Tendenzen können eigene Fehler dann konsequent ignorieren oder, wenn sie darauf angesprochen werden, um jeden Preis abstreiten. Ein Meister darin, sogar vor einer

Kamera gemachte fehlerhafte Aussagen konsequent zu verneinen, sitzt seit 2017 im Weißen Haus.

Kognitive Dissonanz. Es gibt auch Menschen, die sich selbst davon überzeugen können, dass ein begangener Fehler entweder nie stattfand oder, falls der Fehler Folgen hat, dass er nicht ihre Schuld sei. Dies wird als kognitive Dissonanz bezeichnet und ist eine häufige Folge psychischer Auffälligkeiten wie der narzisstischen Persönlichkeitsstörung, die sich unter anderem in einem nach außen krankhaft überhöhten Selbstbild manifestiert. Gemäß der *American Psychiatric Association*[10] sehen sich Narzissten als anderen derart überlegen an, dass sie deren Gefühle und Wünsche völlig ignorieren und erwarten, unabhängig von ihren tatsächlichen Leistungen oder ihrem Status als überlegen behandelt zu werden. Narzissten pflegen oft einen sehr losen Umgang mit der Wahrheit und fallen durch einen eklatanten Mangel an Empathie und übertriebenes Misstrauen auf. Gleichzeitig sind sie meist sehr dünnhäutig und reagieren wütend auf Kritik. Es ist offensichtlich, dass eine solche Person nicht andere führen sollte.

Allerdings muss festgehalten werden, dass es dabei nicht um Menschen geht, die sich einfach gerne im Spiegel betrachten und großspurig auftreten. Es ist eine Frage der Ausprägung und Definition, wo die Grenze zum Normalen überschritten wird. Man spricht von einem „narzisstischen Persönlichkeitsstil“, wenn es sich nicht im klinischen Sinne um eine Störung handelt, jedoch ähnliche Verhaltensweisen auftreten. Solche Menschen sind vielfach sehr leistungsorientiert und ausgesprochen anspruchsvoll und statusbewusst. Ihre Präferenz für das Besondere zeigt sich oft in einem ausgefallenen Kleidungsstil. Schätzungen gehen davon aus, dass etwa ein Prozent der Bevölkerung eine narzisstische Persönlichkeitsstörung aufweist,[11] davon drei Viertel Männer. Ein narzisstischer Persönlichkeitsstil kommt deutlich häufiger vor. Die Chancen sind also groß, dass man es in seinem Arbeitsleben einmal mit solchen Vorgesetzten oder Unterstellten zu tun hat.

Unabhängig von den Gründen ist das Nichteingestehen oder Totschweigen von Fehlern – oder, noch schlimmer, das Beschuldigen von anderen – kontraproduktiv. Meist tritt das Gegenteil des beabsichtigten Effekts ein: Sie werden vom Team zunehmend nicht mehr ernst genommen, wenn Sie sich regelmäßig auf diese Weise verhalten. Auch wenn Sie sich nicht für jeden kleinen Fehler dreimal entschuldigen müssen: Bei einer Führungskraft wiegt der Vertrauensverlust deutlich höher als der vermeintliche Gesichtsverlust, wenn offensichtliche Fehler kaschiert oder abgestritten werden. Wenn Sie hingegen gemachte Fehler eingestehen und sogar Konsequenzen daraus ziehen, dann zeigt dies, dass Sie eine reife Person mit Integrität sind und sich nicht über die Unterstellten stellen.[12] Und wenn Sie es eben doch sehr stört, einen Fehler zuzugeben: Machen Sie es trotzdem und sehen Sie es als Motivation dafür, Ihre Fehlerquote weiter zu senken.

Fehler 6: Ethische Dilemmata für andere schaffen

Ethik ist zu einem wichtigen Thema am Arbeitsplatz geworden. Heute haben fast alle internationalen Unternehmen einen Ethik- und/oder Verhaltenskodex. Darin wird beispielsweise definiert, welche Art von Geschenken jemand annehmen darf oder wie man sich bezüglich Bestechung verhalten soll. Allerdings können solche Regelwerke nur die verbreitetsten und offensichtlichsten Punkte adressieren – oder sie sind so aufgebläht, dass sie faktisch wirkungslos bleiben.

Unabhängig davon, ob solche Kodizes existieren oder nicht, können Sie als Führungskraft eine Vielzahl ethischer Dilemmata für Ihre Unterstellten schaffen. Zu den häufigsten gehören:

- Verlangen von unethischem oder gar illegalem Handeln
- Zwang zum Entscheiden zwischen zwei konkurrierenden Vorgesetzten
- Weitergabe als vertraulich deklarierter Informationen über eigenes oder fremdes Fehlverhalten
- Delegation eines eigenen ethischen Dilemmas
- Angehen von Belästigten statt Belästigern
- Eigenes Fehlverhalten

Verlangen von unethischem oder gar illegalem Handeln. Wenn Sie von Ihren Unterstellten eindeutig unethisches oder gar illegales Handeln verlangen, wirft das für diese eine ganze Reihe von Fragen auf. Sollen sie nachgeben oder ablehnen – und damit Ihren Zorn riskieren? Was ist wichtiger, die Beziehung zu Ihnen oder die objektive Tatsache, dass das verlangte Handeln falsch wäre? Kann es negative Konsequenzen nach sich ziehen, wenn das herauskommt? Und so weiter. Würden Sie beispielsweise Unterstützung bieten, wenn Ihr Team für die Herstellung eines fehlerhaften Produkts verantwortlich wäre und Ihr Chef Ihnen die Vertuschung des Fehlers nahelegen würde? Und wenn Sie nun den Spieß umdrehen, wäre es in Ordnung, das von Ihren Unterstellten zu verlangen? Wer einen sauber ausgerichteten moralischen Kompass hat, muss beide Fragen mit Nein beantworten. Solches Handeln untergräbt das Vertrauen zwischen Ihnen und Ihren Unterstellten. Diese aber überhaupt in so eine Zwickmühle zu bringen, ist nicht nur ethisch falsch, es führt auch zu erhöhtem Stress und somit zu reduzierter Leistung.

Zwang zum Entscheiden zwischen zwei konkurrierenden Vorgesetzten. Führungskräfte sind oft selbstbewusste Personen. Etwas salopp formuliert: Je höher in der Organisation, desto ausgeprägter die Egos. Dies kann dazu führen, dass Unterstellte in einen Loyalitätskonflikt kommen, wenn sich zwei Vorgesetzte streiten. Wenn dies beispielsweise der eigene Chef sowie dessen Vorgesetzte sind, in wessen Ecke soll man sich im Konfliktfall dann stellen? Ist man zur Loyalität gegenüber der hierarchisch höheren Person verpflichtet oder zu derjenigen, zu der man die engere Beziehung hat? Insbesondere schwierig wird es, wenn Neutralität nicht akzeptiert wird und beide Vorgesetzte Parteinahme einfordern. Besonders ausgeprägt ist dieses Problem in Matrixstrukturen. Eigentlich mit der hehren Absicht eingeführt, den Informationsfluss zu verbessern und beispielsweise eine Markt- und Produktsicht zu kombinieren, führen die Doppelunterstellungen in klassischen Matrixorganisationen zu häufigem Tauziehen zwischen zwei Führungskräften. Die Leidtragenden sind dann jeweils deren Unterstellte – und die Organisation als Ganzes, deren Effizienz und Entscheidungsfähigkeit schwindet.

Weitergabe als vertraulich deklarierter Informationen über eigenes oder fremdes Fehlverhalten. Manche Führungskräfte meinen, durch das Teilen von vertraulichen Informationen, die eigentlich nichts mit der betroffenen Person zu tun haben, eine besondere Beziehung zu Unterstellten aufbauen zu können. Diese Art Anbiederung hat eigentlich immer negative Auswirkungen. Für die Unterstellten besonders schwierig ist es jedoch, wenn sie in den Besitz vertraulicher Informationen über Fehlverhalten kommen – insbesondere, wenn dieses die vorgesetzte Person (also Sie) betrifft. Sind Sie nun verpflichtet, das Geheimnis zu bewahren und somit das Vertrauen in Sie nicht zu enttäuschen? Oder wiegt die moralische Pflicht, die Information an die richtige Stelle weiterzugeben, höher? Wenn Ihr verheirateter Chef vor Ihnen mit seiner romantischen Affäre mit einer jüngeren Mitarbeiterin angibt, wie reagieren Sie dann? Unabhängig von der – persönlichkeits- und beziehungsbedingten – Antwort auf diese Frage erzeugt so eine Situation Stress für alle Involvierten.

Delegation eines eigenen ethischen Dilemmas. Manche Führungskräfte gehen mit schwierigen Situationen so um, dass sie deren Lösung einfach an Unterstellte delegieren. Wenn Sie beispielsweise den Auftrag erhalten, Ihr Team von acht auf sechs Personen zu reduzieren, dann haben Sie mehrere Möglichkeiten, damit umzugehen. Sie können die zwei Teammitglieder willkürlich oder nach festgelegten Kriterien (beispielsweise nach Seniorität oder Jahresevaluation) auswählen und diese entlassen oder versuchen, sie woanders in der Organisation unterzubringen. Oder Sie weigern sich – und riskieren damit, selbst gefeuert zu werden. Sie können auch selbst zurücktreten – und müssen damit die Wahl zwar nicht treffen, ändern aber nichts an der Tatsache, dass zwei Personen wohl entlassen werden. Oder Sie können jemanden aus Ihrem Team beauftragen, die Wahl zu treffen. Schwache Führungskräfte wählen manchmal die letzte Option. Damit ist das eigene ethische Dilemma in deren Augen dann entschärft. Objektiv gesehen stimmt das aber natürlich nicht. Wenn Sie diese Entscheidung weitergeben, liegt die Verantwortung ja trotzdem noch bei Ihnen. Dazu kommt das ethische Dilemma für die nun solcherart Beauftragten. In Wirklichkeit ist die Entscheidung für diese Personen wahrscheinlich sogar noch schwieriger zu treffen, weil sie eine engere Beziehung zu den Kollegen oder Kolleginnen haben als Sie. Das ist nicht nur eindeutig unmoralisch, sondern es führt auch zu großem Stress bei den Betroffenen und untergräbt Ihre Position als Führungskraft nachhaltig.

Angehen von Belästigten statt Belästigern. Leider kommt Belästigung am Arbeitsplatz immer wieder vor. Vor allem sexuelle Belästigung, aber auch Mobbing ist in den letzten Jahren zunehmend in den Fokus gerückt. Als positive Folge davon trauen sich mehr Betroffene, sich zu wehren und dies zu melden. Diesbezüglich versuchen aber leider manche Führungskräfte, lieber das Symptom (die Meldung) statt das Problem (die Belästigung) anzugehen. Es wird dann etwa an die Loyalität der betroffenen Person appelliert oder darauf hingewiesen, welche negativen Folgen für die Organisation die Meldung haben könnte. Manchmal werden Opfer auch bedroht, etwa mit Jobverlust. Oder es wird versucht, mithilfe fadenscheiniger Gründe das Problem durch die Entlassung des – oft weiblichen und meist in hierarchisch tieferer Stellung stehenden – Opfers zu umgehen. Vor allem im Fall von sexueller Belästigung oder Gewalt kommt dazu oft noch eine Art fehlgeleitete Geschlechtersolidarität, welche die meist männlichen Täter davonkommen lässt. Ein typisches Beispiel dafür ist die Reihe von Fällen sexueller Belästigung im Silicon Valley in den letzten Jahren. Während die meisten

Opfer, die an die Öffentlichkeit gingen, auch im Erfolgsfall intern einen schweren Stand hatten und zumeist die Unternehmung und oft auch die Branche bald darauf verließen, fanden sogar die wenigen Belästiger, die überhaupt sanktioniert wurden, schnell wieder eine gut bezahlte Führungsposition.

Dieses typische Verhalten – die Opfer zu Tätern machen – stellt Betroffene vor ein fast unlösbares Dilemma: Melden und damit möglicherweise negative Konsequenzen in Kauf nehmen oder stillschweigen und weiterhin belästigt werden? Auch die besten Mitarbeitenden werden so schnell ihre Motivation verlieren und, sofern ihnen das möglich ist, die Unternehmung verlassen. Das dies nicht im Sinne der Organisation sein kann, sollte selbstverständlich sein.

Eigenes Fehlverhalten. Schließlich kann Ihr eigenes Fehlverhalten auch für andere ein ethisches Dilemma schaffen. Haben Sie beispielsweise eine Festanstellung und daneben noch ein eigenes Geschäft, könnten Sie versucht sein, Aufgaben aus Letzterem durch Unterstellte im Hauptjob ausführen zu lassen. Davon würden Sie persönlich natürlich profitieren, es wäre aber nicht nur ein Vertrauens- und Vertragsbruch gegenüber Ihrem Arbeitgeber, sondern die Betroffenen könnten sich auch hin- und hergerissen fühlen zwischen gerechtfertigter Ablehnung der entsprechenden Aufgaben und dem Wunsch, Sie loyal zu unterstützen – wodurch sich diese dann aber faktisch zu Mittätern machen würden.

Ethische Dilemmata lauern in vielen Situationen und die oben stehende Liste ist keineswegs vollständig. Reflektieren Sie als Führungskraft immer offen und ehrlich, ob Ihre Handlungen die Unterstellten in eine Zwickmühle bringen könnten oder nicht. Versetzen Sie sich in deren Lage, wenn Sie Erwartungen formulieren oder Informationen teilen. Als Führungskraft ist es Ihre Aufgabe, ethische Dilemmata für Ihre Unterstellten im Voraus zu erkennen und zu vermeiden.[13] Eine offene Kommunikation mit ehrlichem Feedback und eine Kultur des Vertrauens können wesentlich dazu beitragen.

Fehler 7: Kollektive Bestrafung

Kollektive Bestrafung ist immer noch eine recht häufig angewandte Führungstechnik, insbesondere in sehr hierarchischen Organisationen. Wenn die Schuldigen für ein Fehlverhalten nicht eruierbar sind, weil sie beispielsweise von den anderen gedeckt werden, kann eine Führungskraft versucht sein, die ganze Gruppe zu bestrafen. Meist wird als Argument ins Feld geführt, dass damit die Gruppenmitglieder sich zukünftig stärker selbst kontrollieren und dies darum für die Gruppenkohäsion und damit auch den Teamgeist langfristig besser sei. Die Befürworter kollektiver Bestrafung verweisen in der Regel auf historische Beispiele, die angeblich deren Wirksamkeit demonstrieren.

So wurden beispielsweise im gerade erst vereinten China unter Kaiser Qin Shi Huang (221–207 v. Chr.) Verrat, Täuschung, Verleumdung und das Studium verbotener Bücher mit der Tötung der gesamten Großfamilie des Täters, einschließlich Tanten, Onkeln, Cousins und sogar Enkelkindern, geahndet.[14]

Bei den Legionen des antiken Roms wurde die Praxis der sogenannten Dezimierung sowohl als Strafe als auch als Abschreckungsmittel eingesetzt. Betroffene Einheiten wurden in Zehnergruppen eingeteilt und aus jeder Gruppe wurde dann ein Soldat zufällig (meist durch Auslosung) zur Hinrichtung durch die Hände seiner Kameraden ausgewählt. Diese uralte Strafe soll zum Beispiel 71 v. Chr. vom römischen Konsul Marcus Licinius Crassus während des Dritten Sklavenkrieges gegen Spartacus und seine Sklavenarmee wiederbelebt und nach der Niederlage von zwei Legionen unter dem Kommando seines Leutnants Mummius tatsächlich auf mindestens eine Kohorte[15] angewandt worden sein. Auch während des Römischen Bürgerkriegs (49–45 v. Chr.) drohte Gaius Julius Caesar der 9. Legion mit Dezimierung, führte diese dann aber nicht durch.

Im mittelalterlichen germanischen Recht bezeichnete der Begriff *Sippenhaft* die rechtliche Verpflichtung einer Familie, kollektiv für die Verbrechen eines ihrer Mitglieder geradezustehen.[16]

Im 18. Jahrhundert verabschiedeten die britischen Kolonialherren 1774 eine Reihe von Gesetzen,[17] die Massachusetts unter anderem seine Selbstverwaltung entzogen. Auch die Armee der Union während des Amerikanischen Bürgerkriegs von 1861 bis 1865, die preußische Armee während des Deutsch-Französischen Kriegs von 1870 bis 1871, die britische Armee während des Zweiten Burenkriegs von 1899 bis 1902, die deutsche Armee während des Ersten Weltkriegs und sowohl die deutsche als auch die sowjetische Armee während des Zweiten Weltkriegs verwendeten kollektive Bestrafung gegen die Zivilbevölkerung, meist als Vergeltung für Angriffe im Guerillastil. Es gibt also viele historische Beispiele. Aber bedeutet dies, dass kollektive Bestrafung eine gute Idee ist? Die Antwort ist Nein.

Studien[18] haben gezeigt, dass es die oft behauptete positive Wirkung auf die Leistung des Teams und die Selbstkontrolle innerhalb der Gruppe gar nicht gibt, womit ein Hauptargument für kollektive Bestrafung wegfällt. Stattdessen führt sie zu starkem Groll auf Sie als Führungskraft und schädigt das Vertrauen zwischen Ihnen und Ihrem Team erheblich. Sie kann zwar das Team durchaus im gemeinsamen Hass auf Sie näher zusammenbringen, aber es kann auch den gegenteiligen Effekt haben und den Teamgeist nachhaltig schädigen, wenn Teammitglieder sich deshalb gegeneinander wenden. Und eine Situation, in der die Teammitglieder die Führungskraft hassen, ist für den langfristigen Erfolg eines Teams sowieso nicht förderlich. Ebenso sendet kollektive Bestrafung das Signal aus, dass Ihnen der Sinn für Fairness fehlt und Sie nicht in der Lage sind, Ihr Team korrekt zu führen.

Obwohl manchmal vielleicht verlockend, ist kollektive Bestrafung daher kein brauchbares Führungsinstrument.

Fehler 8: Versprechen brechen

Wie generell im Leben ist das Brechen von Versprechen auch in der Führung keine gute Idee. Schon unseren Kindern bringen wir bei, dass ein einmal gemachtes Versprechen um jeden Preis eingehalten werden sollte. In einer Führungsfunktion vergessen das manche Menschen dann aber leider rasch wieder.

Manchmal ändert sich die Situation tatsächlich so, dass sich das ursprüngliche Versprechen nicht mehr einhalten lässt. Versprechen sollten daher auch nie leichtfertig gemacht werden. Müssen Sie aber wirklich einmal ein Versprechen brechen, so müssen Sie sich zumindest erklären. Besteht ein gutes Vertrauensverhältnis zum Team, werden Ihre Unterstellten offen für Ihre Argumente sein. Leider ist das für manche Führungskräfte ein Problem. „Ich muss mich nicht erklären, ich bin hier der Chef" ist kein unbekannter Ausspruch in vielen Arbeitsumgebungen. Umgekehrt erwarten Sie aber von Ihren Unterstellten auch, dass diese sich erklären, wenn sie eine gemachte Zusage – etwa bezüglich eines Abgabetermins – nicht einhalten können. Und Führung ist keine Einbahnstraße. Sie sollten hier also mit gutem Beispiel vorangehen.

Allerdings kann es auch einmal vorkommen, dass Sie sich gar nicht bewusst sind, überhaupt ein Versprechen abgegeben zu haben. Hier spielen interkulturelle Unterschiede eine Rolle. Vor allem in konfuzianisch-geprägten Kulturen besteht die Tendenz, jegliche offizielle Aussage als Versprechen aufzufassen, auch wenn aus westlicher Sicht nie ein solches geäußert wurde. Schauen Sie sich dazu das nachfolgende *Beispiel* an.

BEISPIEL Peters unbewusstes Versprechen

Peter, ein 43-jähriger Partner bei der österreichischen Tochtergesellschaft eines großen multinationalen Beratungsunternehmens, hatte ein Problem mit einer seiner direkt unterstellten Teamleiterinnen. Yusheng, mit 37 etwas jünger als er, aber sehr erfahren, hatte sich in den letzten Wochen zunehmend seltsam aufgeführt. Sie war Leiterin eines kleinen Teams von China-Experten, welches die Unternehmung in Wien stationiert hatte, um lokale Unternehmen mit Verbindungen zum Reich der Mitte zu bedienen. Sie stammt ursprünglich aus Guangzhou, war aber mit einem Österreicher verheiratet und lebte schon seit fast zehn Jahren in Wien. Sie und Peter arbeiteten bereits sechs Jahre zusammen und hatten aus Peters Sicht eigentlich immer eine ausgezeichnete, wenn auch etwas distanzierte Beziehung gehabt.

Seit Kurzem schien Yusheng jedoch irgendwie verändert. Er hatte das Gefühl, sie gehe ihm bewusst aus dem Weg. Und wenn eine Begegnung doch einmal unvermeidlich war, gab es immer diesen fast unmerklichen Unterton in ihrer Stimme, den Peter nicht richtig einordnen konnte. Ihre Antworten und Aussagen wurden zunehmend sarkastisch, wenn auch immer auf subtile Weise. Dieses ungewohnt passiv-aggressive Verhalten verwirrte Peter. Was steckte wohl dahinter? Ärger zu Hause? Probleme bei der Arbeit? Aber was? Er zerbrach sich den Kopf, konnte aber keinen Grund dafür ausmachen. Nach einer Weile begann er, ihr gegenüber autoritärer und ungeduldiger aufzutreten. Dies wiederum verschärfte die Situation weiter. Schließlich hatte Peter genug. Zum Glück stieß er gerade zu der Zeit während eines Impulsreferats bei einem Management-Workshop auf Lewis' MLR-Kulturmodell[1] und dessen Prämisse, dass Menschen aus reaktiven Kulturen oft aus westlicher Sicht normale Aussagen als Versprechen auffassten. Konnte es das sein?

Er packte die Gelegenheit beim Schopf und bat Yusheng, die am gleichen Workshop teilnahm, mit ihm zurück nach Wien zu fahren. Diese willigte zögerlich ein. Unterwegs versuchte er dann, möglichst taktvoll seine Beobachtungen und Fragezeichen anzusprechen. Zu seiner Überraschung reagierte Yusheng sehr positiv und offen. Und tatsächlich: Nach einer Vorstandssitzung vor drei Wochen hatte Peter seinem Team die Forderung der europäischen Zentrale weitergeleitet, aus Kostengründen bis auf Weiteres auf Überstunden zu verzichten, da diese nach österreichischem Arbeitsrecht ausbezahlt werden müssten. Yusheng hatte dies in ihrem Team sofort durchgesetzt, andere jedoch nicht. Peter sah sich in dieser Angelegenheit nur als Mittler. Für Yusheng war damit aber ein implizites Versprechen verbunden, dass alle anderen Teams auf die gleiche Weise handeln würden – was nicht geschah. Damit hatte sie aus ihrer Sicht gegenüber ihrem Team ihr Gesicht verloren. Als Vorgesetzter sah sie es als Peters Verantwortung an, die anderen dazu zu zwingen. Peter stimmte dem zwar nur teilweise zu, akzeptierte aber, dass es bei Yusheng so angekommen war. Die beiden diskutierten die Angelegenheit während der rund 45-minütigen Rückfahrt in die Stadt ausführlich und begannen, den jeweils anderen Standpunkt zu verstehen und zu respektieren. Yusheng schätzte Peters Initiative sehr und war offen genug, auch über ihre eigene Reaktion nachzudenken. Schließlich konnten die beiden das Problem hinter sich lassen und ihr normales Arbeitsverhältnis wieder aufnehmen.

[1] Multiaktiv/linear-aktiv/reaktiv. Siehe *Kapitel 5*.

Behalten Sie diese Tatsache im Kopf, wenn Sie beispielsweise chinesische Mitarbeitende führen.

Seien Sie also zurückhaltend, wenn Sie Versprechungen machen, aber setzen Sie alles daran, diese dann auch einzuhalten. Und behalten Sie gemachte Versprechen im Auge, am besten schriftlich. Wenn Sie sich einen Ruf erarbeiten, dass man sich auf Sie verlassen kann, dann erhöht dies das Vertrauen Ihrer Teammitglieder in Sie erheblich – und reduziert damit gleichzeitig Ihren Führungsaufwand.

Fehler 9: Illoyalität nach unten oder oben

Loyalität ist oft ein kompliziertes Konzept. Viele Führungskräfte fordern Loyalität bei den Unterstellten ein, sind aber gegenüber eigenen Vorgesetzten offen illoyal. Dieses Verhalten wirft bei den Unterstellten natürlich die Frage auf, wie es denn um die Loyalität nach unten – also zu Ihnen – steht, wenn es darauf ankommt.

Und tatsächlich liefern manche Führungskräfte ohne Gewissensbisse ihre Unterstellten ans Messer, um nicht selbst die Verantwortung für Misserfolge oder Fehler – etwa ein in den Sand gesetztes Projekt – übernehmen zu müssen. Das beantwortet dann die Frage nach der Loyalität nach unten natürlich gleich ziemlich abschließend und nachhaltig. Und wenn das Vertrauen einmal dahin ist, wird die Zusammenarbeit sehr schwierig. So kam beispielsweise ein Bereichsleiter bei einer großen französischen Versicherungsgesellschaft mit seinem neuen Chef, einem von außen angeworbenen CEO, nicht zurecht. Jedes Mal, wenn dieser Bereichsleiter von einem bilateralen Gespräch mit seinem Chef zurückkam, beschwerte er sich laut und heftig über ihn. Wer ihn dabei hören konnte, war ihm egal. Häufig nutzte er auch seine eigenen Managementmeetings auf Divisionsebene dazu, seine Unzufriedenheit auszudrücken. Das führte dazu, dass es seinen eigenen Unterstellten zunehmend unangenehm war, mit ihm zu sprechen, da man nie wusste, ob er wieder mit dem gleichen Thema anfangen würde. Einige Male rief er sogar einen seiner Unterstellten nur deshalb an, um sich über den CEO zu beschweren. Dieses Verhalten brachte den Unterstellten – und auch die anderen Teammitglieder – natürlich in einen offensichtlichen Loyalitätskonflikt. Sie begannen sich zu fragen, wem sie nun stärker verpflichtet seien: ihrem direkten Chef, den sie aber zunehmend infrage stellten, oder dem beliebten neuen CEO. Außerdem fragten sie sich, ob der Bereichsleiter wohl hinter ihrem Rücken auch so über sie sprach. Insgesamt litt dessen Reputation und das Verhältnis zwischen ihm und seinem Team erheblich unter diesem Verhalten.

Ihre Teammitglieder haben – im normalen Rahmen natürlich – das Recht darauf, sich von Ihnen unterstützt und gedeckt zu fühlen. Das heißt nicht, dass Sie sie auch bei jedem Fehlverhalten decken müssen. Aber wenn mit Ihrer Einwilligung oder sogar auf Ihre Anordnung hin etwas getan wurde, muss Ihr Team auf Ihre Rückendeckung zählen können.

Illoyalität nach oben wirft bei den Unterstellten automatisch Fragen um Ihre Vertrauenswürdigkeit auf. Und Illoyalität nach unten bringt nicht nur das Problem mit sich, dass umgekehrt die Loyalität der Unterstellten dann auch rasch und merklich schwindet, Ihr Führungsaufwand kann sich auch markant erhöhen, weil sich Unterstellte für jeden kleinen Arbeitsschritt absichern wollen.

Fehler 10: Ideen und Anerkennung stehlen

Vielleicht hatten Sie auch schon einmal eine gute Idee und besprachen die voller Enthusiasmus mit jemandem, der diese dann als eigene ausgab. So etwas ist natürlich äußerst ärgerlich. Leider ist es aber in den Führungsetagen ein recht verbreitetes Verhalten – besonders, wenn wenig Gefahr besteht, dass die so betrogene Person es herausfindet. Dabei geht es um die ungerechtfertigte Beanspruchung *persönlicher* Leistungen. Wenn Sie als verantwortliche Führungskraft Lob und Anerkennung für die gute Leistung Ihres Teams entgegennehmen, ist daran nichts auszusetzen – solange Sie dies auch weitergeben. Das Stehlen von Ideen und das ungerechtfertigte Einheimsen von Anerkennung für Leistungen, die jemand anders erbracht hat, ist hingegen Gift für das Vertrauen Ihrer Unterstellten in Sie und für Ihren Ruf in der Organisation.

Gründe für ein solches Verhalten gibt es ganz verschiedene, etwa übersteigerter Ehrgeiz, krampfhafte Suche nach Anerkennung und Lob oder Angst vor Gesichts- oder sogar Jobverlust. Die Persönlichkeit spielt eine große Rolle dabei. Wer die Folgen des eigenen Tuns nicht oder nur schlecht abschätzen kann, über wenig Empathie verfügt, schlechte Impulskontrolle oder eine gering ausgeprägte Leistungsorientierung hat, ist besonders anfällig.

Sehr verbreitet ist dieses Verhalten in Expertenorganisationen, etwa in der Forschung oder in Beratungsunternehmen. Doktoranden erledigen zum Beispiel einen ansehnlichen Teil der Forschungsarbeit an Universitäten. Manchmal veröffentlichen Professoren dann diese Ergebnisse unter eigenem Namen – ohne Nennung derjenigen, welche die Hauptarbeit leisteten. Dies ist natürlich unethisch und verstößt auch gegen akademische Richtlinien, kommt aber trotzdem immer wieder vor.

In einem weiteren Beispiel verdankte ein ehemaliger Top-Manager einer Schweizer Großbank seine Karriere vor allem der Tatsache, dass er recht früh einen vielversprechenden Nachwuchsmanager identifizierte und in sein Team versetzen ließ. Dieser war in der Folge dann bald für eine Reihe spektakulärer Erfolge verantwortlich, die der Vorgesetzte für sich beanspruchte und auf deren Grundlage er befördert wurde. In der nun höheren Position holte er wiederum den Nachwuchsmann nach, der für weitere Erfolge sorgte, was erneut zur Beförderung des Vorgesetzten führte und so weiter. Auf diese Weise schafften es schließlich beide bis auf die oberste Unternehmensebene, obwohl objektiv betrachtet nur einer von ihnen wirklich wertvolle Arbeit für das Unternehmen geleistet hatte.

Beispiele wie diese gibt es viele. Aus Organisationssicht ist das ganz klar unerwünschtes und schädliches Tun. Aber auch für Sie als Führungskraft ist es im eigenen Interesse, solches Verhalten zu meiden wie der Teufel das Weihwasser. Nicht nur, dass es unmoralisch ist, fremde Leistungen als die eigenen auszugeben. Solche Handlungen haben auch die Tendenz, zur Unzeit wieder ans Tageslicht zu kommen. Für Ihren Ruf als integre, vertrauenswürdige Führungskraft ist das pures Gift. Und ist dieser Ruf erst einmal ruiniert, wird nicht nur die Zusammenarbeit mit Ihrem Team aufgrund von mangelndem Vertrauen und sinkender Motivation sehr schwierig, es kann auch Ihre weitere Karriere stören. Wenn Sie etwas zynisch betrachten, wer es alles in die Chefetage schafft, dann wundert Sie diese Aussage vielleicht. Aber ethisches Verhalten ist in Ihrem ureigensten Interesse. Sogar wenn Sie nicht allein die moralische Richtigkeit überzeugt, sollten Sie nur schon aus Risikoüberlegungen solches Verhalten vermeiden. Es treibt einen Keil zwischen Sie und das Team und demotiviert Ihre Teammitglieder. Etwas überspitzt gesagt: Wieso sollten sich diese anstrengen, wenn Sie nachher sowieso wie ein Geier angeflogen kommen und den ganzen Ruhm allein einheimsen? Dabei lässt sich dies leicht vermeiden. Stellen Sie sicher, dass Sie immer sehr korrekt und transparent sind, was Ideen und Leistungen anbelangt. Ehre, wem Ehre gebührt. Dies wird Ihre Unterstellten glücklicher, die Leistung des Teams effektiver und Ihr Leben als Führungskraft einfacher machen.

Zehn zentrale Führungsprinzipien

Ein Führungsprinzip ist eine positiv formulierte allgemeine Verhaltensempfehlung zur Steigerung der Führungswirksamkeit. Es handelt sich dabei also sozusagen um eine Art *Best Practice,* wie sie in der Managementliteratur so beliebt ist. Als Führungskraft hilft Ihnen die Beachtung von allgemeinen Führungsprinzipien dabei, auf Basis bewährter Grundsätze Ihre Effektivität zu steigern und gleichzeitig klassische Führungsfehler zu vermeiden.

Zehn besonders zentrale Führungsprinzipien sind:

1. Verstehen und respektieren Sie Ihre Führungsaufgaben.
2. Vermeiden Sie universell abgelehnte Führungsverhalten.
3. Kennen und beachten Sie die impliziten Führungserwartungen in Ihrem Führungskontext.
4. Formulieren Sie Ihre Erwartungen unmissverständlich.
5. Seien Sie führungstechnisch und fachlich kompetent.

6. Kommunizieren Sie zielgerichtet.
7. Zeigen Sie vorbildlichen Einsatz.
8. Kümmern Sie sich um Ihre Unterstellten.
9. Führen Sie von vorne.
10. Wahren Sie jederzeit Ihre Integrität.

Natürlich ist die oben stehende Liste nicht vollständig. Man könnte auch 20 oder 50 Führungsprinzipien formulieren. In diesen zehn Prinzipien ist jedoch schon eine Menge Führungswissen enthalten. Ihre Auswahl erfolgte auf Basis fundierter Forschung[19], ergänzt mit der rund dreißigjährigen Führungserfahrung des Autors in unterschiedlichen kulturellen Kontexten. Sie ergänzen die sechs Kernpraktiken guter Führung und stehen im Einklang mit Ihren Hauptaufgaben als Führungskraft. Und alle entsprechen auch einfach dem gesunden Menschenverstand. Dieser sowie eine gute Portion Augenmaß sind sowieso ganz zentral in der Führung.

Prinzip 1: Verstehen und respektieren Sie Ihre Führungsaufgaben

Das *integrierte Modell effektiver Führung (IMEF)* führt die folgenden Kernaufgaben erfolgreicher Führung auf:

- Auftragserfüllung
- Selbstführung
- Teamführung
- Teammitgliederführung

Um diese Aufgaben zu erfüllen, müssen Sie auch die im Modell enthaltenen Kernverhalten und -kompetenzen der Führung abdecken. Die Kernverhalten sind:

- Die Richtung weisen
- Mit gutem Beispiel vorangehen
- Führungspräsenz und Resilienz entwickeln
- Motivieren und inspirieren
- Rücksichtsvolles Interesse zeigen
- Befähigen, stimulieren und herausfordern

Und die dafür nötigen Kernkompetenzen (oder auch Managementkompetenzen) sind:

- Analysieren
- Entscheiden
- Informieren/kommunizieren
- Planen
- Implementieren

- Unterstützen
- Kontrollieren
- Evaluieren
- Belohnen/bestrafen

Für jede dieser Aufgaben und Kompetenzen und zu jedem dieser Verhalten brauchen Sie eine klare Vorstellung davon, was genau dies in Ihrem spezifischen Führungskontext bedeutet. Nehmen Sie sich regelmäßig Zeit, um zu reflektieren, wo Sie diesbezüglich stehen. Wie gut haben Sie sich selbst im Griff? Wie steht es um Ihre Führungspräsenz? Wie weisen Sie Ihrem Team und den einzelnen Teammitgliedern die Richtung? Auf welche Art motivieren und inspirieren Sie? Wie gut planen Sie? Belohnen Sie genügend und bestrafen Sie gegebenenfalls auch einmal? Und so weiter. Sie sollten jederzeit eine gute Vorstellung davon haben, wo Sie in Bezug auf jeden dieser Punkte stehen und was Sie auf welche Weise weiter verbessern möchten. Es kann hilfreich sein, sich darüber mit anderen Führungskräften – allenfalls solchen außerhalb Ihres eigenen beruflichen Umfelds – auszutauschen. Je nachdem können dafür auch Führungskräfte-Entwicklungsmaßnahmen (siehe *Kapitel 7*) wie Coachings oder die Teilnahme an einem Führungsprogramm sinnvoll sein.

Prinzip 2: Vermeiden Sie universell abgelehnte Führungsverhalten

Menschen sind sehr unterschiedlich bezüglich ihrer Erwartungen an Führungskräfte. Manche mögen es überhaupt nicht, wenn man zu viel Interesse an ihnen zeigt. Andere hingegen sind unzufrieden, wenn man sich nicht regelmäßig erkundigt, wie es ihnen geht und was sie tun. Manche mögen detaillierte Instruktionen, andere nicht. Manche suchen die Nähe der Führungskraft aktiv und andere gehen dieser lieber aus dem Weg. Als Führungskraft müssen Sie mit jedem Ihrer Unterstellten einen angemessenen Umgang finden. Dennoch gibt es Führungsverhalten, die universell – also unabhängig vom organisationalen und kulturellen Kontext – abgelehnt werden. Die GLOBE-Studie[20] identifizierte die folgenden acht:

- Asozial (von akzeptierten sozialen Normen abweichen)
- Diktatorisch (absoluten Gehorsam fordern)
- Egozentrisch (sich selbst permanent in den Vordergrund stellen)
- Reizbar (leicht aufbrausen)
- Einzelgängerisch (den Kontakt mit anderen vermeiden)
- Nicht kooperativ (sich der Zusammenarbeit verweigern)
- Nicht explizit (missverständlich kommunizieren)
- Rücksichtslos (die Bedürfnisse anderer nicht berücksichtigen)

Achten Sie als Führungskraft unbedingt darauf, diese Verhaltensweisen zu vermeiden. Dies mag gar nicht so einfach sein, wenn Sie multikulturell zusammengesetzte Teams führen. Asozialität ist ein Stück weit vom Kontext abhängig. Welche sozialen

Normen zwingend einzuhalten sind, hängt von kulturell geprägten Wertvorstellungen ab. Ob Sie bereits als asozial gelten, wenn Sie regelmäßig nicht an Firmenveranstaltungen teilnehmen, hängt von der Unternehmenskultur ab. In einer Beratungsgesellschaft mag das anders sein als an einer Universität. Auch was jemand als diktatorisch betrachtet, mag von Mensch zu Mensch verschieden sein. Und das Gleiche gilt natürlich auch für alle anderen dieser Verhaltensweisen.

Hier gilt es also, ein gesundes Maß anzustreben. Anders formuliert: Es geht um Ihren üblichen Modus Operandi. Wenn Sie einmal eine Entscheidung allein fällen, weil Sie unter Zeitdruck sind, dann macht Sie das noch lange nicht zum Diktator. Wenn Sie hingegen gewohnheitsmäßig allein entscheiden, jegliche Diskussion verhindern und absoluten Gehorsam einfordern, sieht das schon anders aus. Wenn Sie obligatorische Teamevents durchführen lassen, selbst jedoch nie teilnehmen, mag man Sie schon als asozial betrachten. Und wenn Sie zwar teilnehmen, aber nie mit jemandem reden, wird man Sie unweigerlich für einzelgängerisch halten.

Reflektieren Sie regelmäßig, ob Sie in letzter Zeit eines oder mehrere dieser Verhalten an den Tag gelegt haben. Wenn ja, gab es dafür rational nachvollziehbare Gründe oder handelt es sich um ein Muster? Bitten Sie dafür ruhig eine Vertrauensperson um Feedback. Eine Außensicht ist immer hilfreich. Wenn Sie ehrlich mit sich selbst sind und feststellen müssen, dass einer oder mehrere dieser Punkte Sie beschreibt, dann ist es Zeit, etwas dagegen zu tun.

Prinzip 3: Kennen und beachten Sie die impliziten Führungserwartungen in Ihrem Führungskontext

Abgesehen von den im vorherigen Prinzip angesprochenen universell abgelehnten Führungsverhalten zeigte die GLOBE-Studie[21] auch auf, dass die Wahrnehmung vieler Führungsmerkmale und -verhalten kulturell bedingt ist und je nach Kontext positiv oder negativ gesehen wird.

Im Wissen, dass alle Menschen implizite Erwartungen darüber haben, was exzellente Führung ausmacht, und dass diese stark kulturell geprägt sind, ist das Verständnis dieser Erwartungen im jeweiligen Kontext zentral für Ihren Führungserfolg. Was gilt als hervorragende Führung? Was bedeutet das für Sie? Um sich hier ein Bild zu machen, gibt es verschiedene Quellen. Für kulturell bedingte Führungserwartungen bietet die GLOBE-Studie sehr zuverlässige Informationen. In Vorbereitung für einen internationalen Einsatz können diese etwa durch interkulturelle Trainings, Einführungsbesuche, Expertengespräche und so weiter ergänzt werden. Für neue Organisationskontexte – etwa nach einem Stellenwechsel – bieten sich Gespräche mit Kollegen und Kolleginnen, Vorgesetzten und so weiter an. Wenn Sie beispielsweise neu eine Abteilung von Softwareentwicklern übernehmen sollen und eine zentrale Führungserwartung dort wäre, dass auch Führungskräfte programmieren können, dann sollten Sie im Bedarfsfall die Anstrengung machen, dies zu erlernen. Vielleicht werden Sie deshalb nicht gleich der beste Entwickler oder die beste Entwicklerin im Team, aber Sie werden auf ganz andere Art und Weise mit Ihren Teammitgliedern sprechen können und sich deren Respekt verdienen. Und wenn Sie neu ein Team von Schweizerinnen und/oder Schweizern führen und irritiert darüber sind, dass diese überall mitreden wollen, sollten Sie trotzdem versuchen, Ihr Team aktiv in die Entscheidungsfindung einzubeziehen. Die Motivation Ihrer Unterstellten wird steigen und die Implementation der gefundenen Lösungen viel einfacher vonstattengehen.

Genau gleich, wie Sie Ihren Mitarbeitenden Ihre Erwartungen glasklar mitteilen sollten, müssen Sie umgekehrt auch deren – gerechtfertigte – Führungserwartungen kennen, verstehen und berücksichtigen, um langfristig erfolgreich führen zu können.

Prinzip 4: Formulieren Sie Ihre Erwartungen unmissverständlich

Vielleicht kennen Sie diese Situation: Sie haben eine Regel aufgestellt oder eine Aufgabe erteilt, die aus Ihrer Sicht sonnenklar war, und trotzdem wurde sie nicht eingehalten oder erfüllt. Je nach Persönlichkeit weisen manche Führungskräfte in solchen Situationen die Schuld automatisch den Unterstellten zu. Korrekt wäre es allerdings möglicherweise, diese bei sich selbst zu suchen.

Falls eine Aufgabe nicht Ihren Erwartungen entsprechend erledigt oder eine von Ihnen aufgestellte Regel nicht eingehalten wurde, gibt es dafür vier übliche Gründe:

- Das beauftragte Teammitglied war nicht *fähig,* die Aufgabe zu erfüllen oder die Regel einzuhalten.
- Das beauftragte Teammitglied war nicht *willens,* die Aufgabe zu erfüllen oder die Regel einzuhalten.
- Die Aufgabe oder Regel *kann* nicht erfüllt beziehungsweise eingehalten werden.
- Sie haben die Aufgabe oder Regel nicht *eindeutig genug* erläutert.

Der erste Punkt betrifft die Personalselektion und -entwicklung, der zweite Ihre Beziehung zur betroffenen Person und Ihren Führungsstil und der dritte Ihre konzeptionellen Fähigkeiten.

Der vierte Punkt hingegen bezieht sich auf zwei verbreitete, miteinander verbundene Probleme: implizite Annahmen und die sogenannte Sender-Empfänger-Problematik. Wenn Menschen Botschaften formulieren, gehen sie oft von impliziten Annahmen darüber aus, was für die Adressaten alles klar sein sollte und daher nicht in die Botschaft mit verpackt werden muss. Somit wird dann die Botschaft beim Sender – also bei Ihnen – anders interpretiert als bei den Empfängern, also beispielsweise Ihrem Team, was zu Missverständnissen führt. Wie bereits erläutert, ist die Menge an üblichen Kontextinformationen in der Kommunikation stark kulturell geprägt. Das sind allerdings nur die übergeordneten Kommunikationsmuster. Bei jeder einzelnen Botschaft – etwa der Erteilung einer Aufgabe oder der Aufstellung einer Regel – stellt sich die gleiche Frage auch. Anders gesagt: Nur weil die Aufgabe oder die Regel in Ihrem Kopf mit Ihrer Erfahrung und Ihrem Kontextwissen eindeutig und klar war, heißt das noch nicht, dass das Gleiche auch für Ihre Unterstellten – mit anderen Erfahrungen und möglicherweise eingeschränkterem Kontextverständnis – gilt. Hier ist es sehr wichtig, sich in die Lage der Betroffenen zu versetzen und die Sache mit deren Augen betrachten zu können. Je besser Sie diese kennen, desto einfacher wird Ihnen dies fallen.

Kommunikation ist eine zentrale Führungskompetenz. Weder Ihre Teammitglieder noch Ihre Kolleginnen und Kollegen oder Vorgesetzten sind Gedankenleser. Fragen Sie sich daher immer, ob Sie sich wirklich unmissverständlich erklärt haben. Ist glasklar, was Sie erwarten? Stellen Sie sich dabei jeweils mindestens die folgenden Fragen:

- Haben Sie das erwartete Ergebnis klar und deutlich erläutert?
- Haben Sie sich adressatengerecht erklärt?
- Haben Sie durch ein paar gezielte Fragen überprüft, ob die Botschaft richtig angekommen ist?

Die Erläuterung der erwarteten Ergebnisse ist nicht ganz so trivial, wie es scheint. Wie viel Handlungsspielraum wollen Sie den Unterstellten bei der Ausführung der Aufgabe oder Einhaltung der Regel gewähren? Solange diese kompetent sind, lohnt es sich hier meist, auf Auftrags- statt Befehlstaktik zu setzen und nur das erwartete Ergebnis sowie allenfalls gewisse Meilensteine auf dem Weg dahin zu definieren, aber nicht jeden einzelnen Schritt.

Auch adressatengerechte Kommunikation ist in der Führung immer ein wichtiges Thema. Sowohl Sprache als auch Formulierungen spielen dabei eine Rolle. Wenn die Unternehmenssprache französisch ist, Sie aber nur auf Deutsch kommunizieren, dann wird das für die Unterstellten natürlich schwierig. Und auch wenn die Sprache dieselbe ist: Wenn man ein Fremdwörterbuch braucht, um Ihren Ausführungen folgen zu können, ist das meist auch eher kontraproduktiv. Außerdem stellt sich die Frage, ob Sie Ausdrücke vermieden haben, die unterschiedlich interpretiert werden können. Beispielsweise ist der Begriff „Profit" nicht eindeutig genug, da es verschiedene Methoden gibt, diesen zu messen. Wenn Sie also Profitziele formulieren, müssen Sie spezifisch angeben, wie die zu messen sind.

Schließlich kann durch einige gezielte Kontrollfragen zur rechten Zeit überprüft werden, ob wirklich alles klar ist. Lassen Sie dazu die Betroffenen Ihr Verständnis der Aufgabe oder Regel in eigenen Worten umschreiben. Damit können Sie gleichzeitig feststellen, ob diese sich mental damit auseinandergesetzt haben und ob deren Verständnis Ihrer Absicht entspricht.

Es kann sich lohnen, wichtige Aufgaben und Regeln schriftlich zu formulieren. Möglicherweise wollen Sie diese sogar unterzeichnen. Und vielleicht lassen Sie dann die Adressaten ebenfalls unterzeichnen. Menschen neigen dazu, einem unterschriebenen Dokument mehr Beachtung zu schenken – insbesondere, wenn ihre eigene Unterschrift auch dabei ist.

Wenn Sie sich angewöhnen, Ihre Erwartungen immer klar und unmissverständlich zu formulieren, dann reduzieren Sie damit einerseits Ihren eigenen Führungsaufwand und steigern andererseits die Motivation Ihrer Teammitglieder, die so mit weniger Hin und Her (und damit mentalem Stress) bei der Arbeit sein können.

Prinzip 5: Seien Sie führungstechnisch und fachlich kompetent

Die Reputation ist ein wichtiges Kapital einer Führungskraft. Das militärische Prinzip, dass der Vorgesetzte mindestens genauso gut (oder vorzugsweise noch besser) ausgebildet sein sollte wie die Unterstellten, kann in anderen Bereichen nicht immer angewendet werden. Aufgrund der modernen Arbeitsteilung ist es unrealistisch, als Führungskraft auch in einer Expertenorganisation alles besser zu wissen und zu können als die Unterstellten – auch wenn manche Führungskräfte sich das irrtümlich einbilden. Jedoch sollten Sie nicht nur führungstechnisch, sondern auch fachlich fit sein. Beides stärkt Ihre Führungspräsenz, wirkt sich positiv auf die Arbeit des Teams aus und bringt Ihnen den Respekt Ihrer Teammitglieder ein.

Mit „führungstechnisch" sind hier die transformationalen und transaktionalen Komponenten guter Führung gemäß dem *integrierten Modell effektiver Führung* gemeint. Diese sind in *Kapitel 4* im Detail erklärt. Wie gut können Sie analysieren, planen, Aufgaben delegieren und koordinieren? Wie motivieren und inspirieren Sie Ihr Team? Auf welche Weise weisen Sie die Richtung? Wie gut erfüllen Sie jede der vier Kernaufgaben der Führung? Je besser sie führen und managen, desto besser für die Arbeit Ihres Teams. Gleichzeitig steigt damit Ihr Ansehen als Führungskraft, was die Führung mit der Zeit einfacher macht.

„Fachlich" bezieht sich auf die in einem spezifischen Funktionsgebiet benötigten Kenntnisse. Wenn Sie beispielsweise ein Team von Bauingenieuren leiten, aber selbst noch nie etwas von Statik gehört haben, könnte das schwierig sein. Am einfachsten ist es natürlich, wenn Sie einen ähnlichen Ausbildungshintergrund haben wie Ihre Teammitglieder. Dies ist auch ein relativ üblicher Karriereweg, insbesondere in den sogenannten MINT-Bereichen, also allem, was Mathematik, Ingenieurs- und Naturwissenschaften sowie Technik anbelangt. Allerdings birgt dieser Ansatz gewisse Risiken. Vor allem in Expertenorganisationen werden Menschen oft wegen ihrer Fachkenntnisse statt wegen ihres Führungspotenzials befördert. Dies führt dann möglicherweise zu der paradoxen Situation, dass zwar die Person dann fachlich sehr anerkannt, aber als Führungskraft wegen oft fehlender Sozialkompetenzen trotzdem nicht akzeptiert ist. Dies bringt Unruhe in die Organisation und stresst alle Involvierten. Für solche Fälle bieten sich spezialisierte Führungsprogramme und Weiterbildungen wie MBA[22]- und Executive-MBA-Programme an.

Oft ist es jedoch schlicht nicht möglich, von Anfang an alle fachlichen Qualifikationen und Erfahrungen mitzubringen. So ist es in manchen Unternehmen üblich, dass Manager mit dem Potenzial für höhere Aufgaben in Abständen von einigen Jahren regelmäßig den Funktionsbereich wechseln, etwa von den Finanzen über das Marketing zum Business Development, um sich so zusätzliche Erfahrungen und Fähigkeiten anzueignen. Manchmal wird das auch mit Auslandsaufenthalten kombiniert. Solche Führungskräfte werden immer wieder mit neuen Führungskontexten konfrontiert, in denen neue Fähigkeiten gefragt sind, die sie möglicherweise noch nicht mitbringen.

Und auch in vielen Querschnittsbereichen gibt es oft Lücken im sehr heterogenen Fähigkeitsprofil einer Führungskraft. In der Wirtschaftsinformatik beispielsweise war es lange Zeit nicht üblich, dass die Projektleitenden selbst programmieren konnten, weil dies in ihrer Ausbildung als unnötig erachtet worden war. In dieser Ausgangslage dann ein Team von Softwareentwicklern zu führen, ist keine leichte Aufgabe. In Krankenhäusern ist der Direktor oder die Direktorin oft nicht medizinisch ausgebildet und kann daher den Druck an der hippokratischen Front nicht vollständig einschätzen. Und auch an vielen Universitäten gibt es eine klare Trennung zwischen Lehr- und Forschungspersonal auf der einen Seite und der Verwaltung auf der anderen. Nur weil es diese Beispiele gibt, heißt das aber nicht, dass diese Art fachlicher Ignoranz sinnvoll ist. Nicht nur wird es so schwierig, die Qualität der Arbeit im Team zu überprüfen, auch sich den Respekt der Teammitglieder zu verdienen stellt eine Herausforderung dar. Strengt sich die betroffene Führungskraft aber an und lernt zumindest die Grundlagen, dann stößt dies normalerweise auf Anerkennung.

Prinzip 6: Kommunizieren Sie zielgerichtet

Manche Führungskräfte haben den Eindruck, Aussagen müssten immer bestimmt und absolut sein, weil man sonst schwach wirke. Herumzudrucksen und sich nicht festlegen zu können macht auch tatsächlich keinen besonders guten Eindruck. Andererseits ist eine klare Aussage, bei der sich aber dann herausstellt, dass die Führungskraft sie wider besseren Wissens geäußert hat, noch viel kontraproduktiver.

Gerade in Kulturen, in denen Unsicherheitsvermeidung sehr ausgeprägt ist, wie zum Beispiel in der Schweiz, besteht ein großes Informationsbedürfnis der Mitarbeitenden. Hier müssen Sie als Führungskraft einen Kompromiss finden zwischen angemessener Informationsfrequenz auf der einen Seite und Korrektheit dieser Informationen auf der anderen.

Seien Sie daher in der Kommunikation zwar proaktiv, aber immer auch sorgfältig. Fragen Sie sich im Voraus nicht nur *wie,* sondern auch *warum* Sie etwas sagen wollen und an *wen* die Kommunikation gerichtet sein soll. Brauchen die Adressaten die Information zwingend? Wenn nein, hilft es der Sache, wenn sie diese trotzdem erhalten? Haben Sie genügend zuverlässige Fakten als Basis? Ist jetzt überhaupt der richtige Zeitpunkt? Erlaubt die Situation überhaupt ein Abwarten? Wird Ihr Team eine Verzögerung akzeptieren? Dies ist die Art Fragen, die Sie für sich selbst beantworten sollten, bevor Sie offiziell kommunizieren.

Aber auch bei inoffiziellen Aussagen sollten Sie ausreichend sorgfältig und bedacht vorgehen. Es kann zwar gelegentlich verlockend sein, ein wenig Büroklatsch zu betreiben. Leider wird dies aber zumeist negative Auswirkungen auf Ihren Ruf haben, insbesondere, wenn über Kollegen oder Kolleginnen hergezogen wird. Als Führungskraft werden Sie diesbezüglich an einem höheren Standard gemessen als die Teamkollegen bzw. -kolleginnen. Seien Sie sich dessen jederzeit bewusst.

Prinzip 7: Zeigen Sie vorbildlichen Einsatz

Als Führungskraft stehen Sie im Rampenlicht. Wenn Sie nachlässig sind, werden es manche Unterstellte auch sein. Wenn Sie vorbildlichen Einsatz zeigen, wird dies auch bei den Unterstellten zum Standard werden. Etwas plakativ formuliert: Weshalb sollte sich Ihr Team anstrengen, wenn es offensichtlich ist, dass Sie es nicht tun? Natürlich werden manche Menschen trotzdem ihr Bestes geben, je nach Persönlichkeit. Aber insgesamt überträgt sich das Vorbild immer auf die Teamleistung.

Jederzeit noch ein wenig höheren Einsatz zu zeigen kann sehr anstrengend sein. Wenn in Ihrem Verantwortungsbereich für ein dringendes Projekt einmal Abend- oder sogar Wochenendarbeit angesagt ist, dann müssen Sie ebenfalls zur Stelle sein. Wenn ein Ihnen unterstellter Projektleiter vor dem Vorstand über ein fehlgeschlagenes Projekt Bericht erstatten muss, dann sollten Sie ebenfalls dort sein, um ihm Rückendeckung zu geben. Und wenn der Standard beim jährlichen Wohltätigkeitslauf 10 Kilometer sind, dann machen Sie 15.

Wenn Sie den Ruf haben, auf Ihre Unterstellten aufzupassen, selbst immer Vollgas zu geben und nichts von den Unterstellten zu verlangen, dass Sie selbst nicht auch zu tun bereit sind, dann wird Ihnen Ihr Team auch in schwierigen Zeiten überallhin folgen. Sie müssen der Maßstab sein, an dem andere gemessen werden.

Prinzip 8: Kümmern Sie sich um Ihre Unterstellten

Sir Richard Branson, Gründer und Aufsichtsratspräsident der Virgin Group, erklärte in einem Blog-Post 2015 Folgendes: „Kümmere dich um deine Leute und sie kümmern sich um deine Geschäfte."

Sich um die Mitarbeitenden zu kümmern, wird bei Umfragen unter Führungskräften regelmäßig als einer der wichtigsten Erfolgsfaktoren in der Führung betrachtet.[23] Andererseits zeigte ein Gallup-Bericht aus dem Jahr 2015, dass mehr als zwei Drittel der amerikanischen Arbeitnehmer sich emotional nicht mehr mit ihrer Arbeit verbunden fühlten, weil sie das Gefühl hatten, ihr Beitrag – und damit sie selbst – würden im großen Ganzen nichts zählen. Es scheint nicht zu weit hergeholt, dass die Zahlen in anderen entwickelten Ländern ähnlich aussehen. Dieses fehlende geistige Engagement ist ein offensichtliches Problem für eine Organisation.

In Übereinstimmung mit Frederick Herzbergs Zwei-Faktoren-Theorie der Motivation steigt das Engagement Ihrer Teammitglieder und deren Identifikation mit der Organisation markant, wenn diese feststellen, dass Sie als Vorgesetzte oder Vorgesetzter sich um sie kümmern. Das beinhaltet das Berücksichtigen der spezifischen Situation einer Person und das Belohnen guter Leistungen, aber auch die Rückendeckung, die sie von Ihnen erhalten.

Wie Sie dies tun, hängt von einer Reihe von Faktoren ab, wie beispielsweise Ihrem persönlichen Stil, dem Charakter des Teams, den Erwartungen der einzelnen Teammitglieder und den zur Verfügung stehenden Mitteln. Wichtig ist nur, dass Sie diesen Aspekt ernst nehmen und Ihre Unterstellten dies auch spüren.

Sich um die Unterstellten zu kümmern bedeutet auch nicht, sich im Blake-und-Mouton'schen Country-Club-Stil nur noch um deren persönliche Bedürfnisse zu sorgen und die anstehenden Aufgaben zu ignorieren. Hier muss eine Balance erreicht werden. Manchmal werden die Menschen etwas stärker priorisiert und manchmal wird es die Aufgabe, aber es müssen immer beide Aspekte im Auge behalten werden.

Nach einem Tag in der Prärie fütterten Cowboys zuerst ihre Pferde, bevor sie selbst aßen. Und genauso dürfen Sie als Führungskraft auch Ihre eigenen Bedürfnisse nicht über diejenigen Ihrer Teammitglieder stellen. Wenn diese jedoch merken, dass Sie Ihr Bestes geben, um sich im Rahmen der Möglichkeiten für deren Wohlergehen einzusetzen, wird dies die Motivation der einzelnen Teammitglieder und das Vertrauen zwischen Ihnen und dem Team sehr positiv beeinflussen.

Prinzip 9: Führen Sie von vorne

Ein Sprichwort besagt: „Es ist einfacher, ein Stück Seil zu ziehen, als es zu stoßen." Ihr Team ist zwar kein Stück Seil, aber das Prinzip bleibt dasselbe. Wenn Sie für Ihr Team greifbar und präsent sind, ist Ihre Wirkung als Führungskraft ungleich höher, als wenn Sie vom Bürostuhl aus per E-Mail führen.

Die israelischen Streitkräfte sind bekannt für ihr fest verankertes Ethos der Führung von vorne. Es wird als wichtiger Faktor für ihre Effektivität angesehen, führte aber in vergangenen Konflikten immer wieder zu überproportional hohen Verlusten unter Unteroffizieren und Zugführern.

Das Gegenteil, nämlich Führung von hinten, wurde von der Sowjetischen Armee während des Zweiten Weltkriegs praktiziert. Das Argument dafür war, der Staat habe zu viel Zeit und Geld in die Ausbildung eines Offiziers investiert, um ihn danach einfach zu verheizen – was implizit natürlich bedeutete, dass die gleiche Einschränkung für einfache Soldaten nicht galt, die oft minimal ausgebildet und schlecht ausgerüstet in die Schlacht gehen mussten.[24]

Tatsächlich ist Führung von vorne anspruchsvoll und verschleißanfällig: Stress ist unter Führungskräften ein allgemein bekanntes Problem. Außerdem macht Sie die Führung von vorn anfälliger für Büropolitik und erhöht die Chance, dass man Sie für Misserfolge verantwortlich macht. Wieso also sollten Sie sich das antun?

Wie an verschiedenen Stellen erwähnt ist Führungspräsenz ein ganz wichtiger Faktor dabei, dass andere einer Person folgen *wollen*. Führung von vorne erhöht Ihre Führungspräsenz, sowohl im wörtlichen als auch im übertragenen Sinn. Mit Ihren Leuten im sprichwörtlichen Sumpf zu stehen und gemeinsam an Lösungen zu arbeiten schweißt zusammen. Außerdem hilft es Ihnen dabei, direkt und ungefiltert mitzubekommen, was so läuft. Der wichtigste Aspekt ist aber die psychologische Wirkung auf das Team: Ganz offensichtlich besteht ein großer Unterschied zwischen „Folgt mir!" und „Also, Leute, lasst mich dann mal wissen, wann alles erledigt ist …". Wenn Ihre Unterstellten sich ungerecht behandelt fühlen, trägt das zu deren Stress bei. Umgekehrt ist das Gefühl, dass die Chefin oder der Chef seinen Beitrag jederzeit leistet und immer für einen da ist, ein wichtiger psychischer Hygienefaktor.

Selbst in Funktionen, in denen es unpraktisch wäre, die ganze Zeit bei seinen Unterstellten zu sein, ist Erfahrung aus erster Hand wichtig. Wenn Sie ein Team von Verkäufern leiten, sollten Sie zumindest zwischendurch auch mal einen Verkauf tätigen.[25] Wenn Sie Manager in einer Bank sind, dann stellen Sie sicher, dass Sie auch ab und zu einmal mit einem Kunden sprechen. Und wenn Sie in einem produzierenden Betrieb arbeiten, zeigen Sie Ihr Gesicht regelmäßig in der Fabrik.

Sowohl aus ethischer als auch aus praktischer Sicht gibt es keine Alternative zur Führung von vorne für einen langfristigen Erfolg der Teamführung. Die Wirkung der Aussage „Das Projekt liegt im Rückstand; ich brauche einige Leute, die das am Wochenende aufholen!“ ist eindeutig nicht dieselbe wie bei „Das Projekt liegt im Rückstand; ich werde dieses Wochenende arbeiten, um aufzuholen, und ich brauche einige Leute, die mir helfen!“. Wenn Sie vorne ziehen statt hinten stoßen, werden Ihnen die Leute viel bereitwilliger folgen.

Prinzip 10: Wahren Sie jederzeit Ihre Integrität

Integrität ist die Einhaltung moralischer Prinzipien. An und für sich sollte dies ohne Angabe weiterer Gründe ein Ziel jeder Führungskraft sein. Dennoch ist die Wahrung absoluter Integrität nicht nur aus ethischer, sondern auch aus praktischer Sicht in Ihrem Interesse als Führungskraft.

Menschen brauchen und wollen Vorbilder. Gutes und schlechtes Handeln einer Führungskraft beeinflusst auch das Verhalten der betroffenen Unterstellten. Ob unfaire Bevorzugung einzelner Teammitglieder, das Mitnehmen des einen oder anderen Pakets Druckerpapier oder Bestechung: Irgendwann kommt alles raus. Eine typische Reaktion ist dann: „Ja, wenn der/die das darf, dann ...“. Einerseits ist das natürlich nicht im Sinne der Organisation, andererseits macht es Ihnen auch das Führen schwieriger. Willkür oder Bevorzugung von Teammitgliedern beispielsweise ist Gift für den Zusammenhalt im Team. Druckerpapier für private Zwecke mitzunehmen ist Diebstahl. Wenn dieses Verhalten unweigerlich Nachahmer findet, kostet es die Organisation mit der Zeit einiges. Außerdem vermindert es den Respekt Ihrer Unterstellten vor Ihnen. Und Bestechung ist nicht nur an den meisten Orten eine Straftat (auch wenn Korruption leider ein weitverbreitetes Problem bleibt), sie trägt auch ein großes Reputationsrisiko für die Organisation in sich. Außerdem laufen Sie als Führungskraft Gefahr, dass das Wissen um solches Fehlverhalten dafür genutzt werden könnte, Sie etwa bei Lohnerhöhungen oder Beförderungen subtil oder auch ganz offen zu erpressen.

Der Ruf einer Führungskraft ist Ihr Kapital. Wenn Sie den Ruf haben, absolute, bedingungslose Integrität jederzeit aufrechtzuerhalten, erhöht das den Respekt anderer vor Ihnen ungemein und wirkt als positives Vorbild über Ihr Team hinaus.

Takeaways

Was Sie von diesem Kapitel mitnehmen sollten:

1. Diese zehn klassischen Führungsfehler sollten Sie vermeiden:
   - Höhere Standards für andere setzen als für sich selbst
   - Unliebsame eigene Aufgaben an andere delegieren
   - Andere das Gesicht verlieren lassen
   - Inkonsistent kommunizieren
   - Eigene Fehler abstreiten oder totschweigen
   - Ethische Dilemmata für andere schaffen
   - Kollektive Bestrafung
   - Versprechen brechen
   - Illoyalität nach unten oder oben
   - Ideen und Anerkennung stehlen
2. Diese zehn zentralen Führungsprinzipien sollten Sie jederzeit einhalten:
   - Verstehen und respektieren Sie ihre Führungsaufgaben.
   - Vermeiden Sie universell abgelehnte Führungsverhalten.
   - Kennen und beachten Sie die impliziten Führungserwartungen in Ihrem Führungskontext.
   - Formulieren Sie Ihre Erwartungen unmissverständlich.
   - Seien Sie führungstechnisch und fachlich kompetent.
   - Kommunizieren Sie zielgerichtet.
   - Zeigen Sie vorbildlichen Einsatz.
   - Kümmern Sie sich um Ihre Unterstellten.
   - Führen Sie von vorne.
   - Wahren Sie jederzeit Ihre Integrität.

Endnoten

1 Die Idee des Gesichtwahrens existiert z.B. in allen Kulturen, ist aber in Asien viel wichtiger und komplexer als in westlichen Kulturen.

2 Siehe Cardon und Scott (2003).

3 Siehe Carr (1992, 1993).

4 Diese Theorie wurde im Laufe der Zeit von verschiedenen Autoren mehrfach aktualisiert. Die neueste Fassung wurde 2005 von Ting-Toomey und Gudykunst veröffentlicht.

5 Siehe Ting-Toomey und Gudykunst (2005).

6 Siehe Hall (1959).

7 Siehe Ting-Toomey und Gudykunst (2005).

8 Siehe Ting-Toomey und Gudykunst (2005).

9 Siehe Argyris (2000).

10 Auf Deutsch: „Amerikanische Psychiatrische Gesellschaft".

11 Siehe Murphy, Cowan und Sederer (2009, Seite 29).

12 Ein recht oft gehörtes Argument besagt, dass in Ländern mit hoher Machtdistanz solches Verhalten eher akzeptiert würde. Die GLOBE-Studie zeigte allerdings, dass diesbezüglich mit Ausnahme der Tschechischen Republik in fast allen untersuchten Kulturen ein wesentlicher Unterschied zwischen kulturellen Praktiken und Werten bestand. In allen Kulturclustern betrugen die aggregierten Werte weniger als 60 % der Praktiken. Und sogar für die Länder mit der höchsten Machtdistanz bestand ein markanter Unterschied (Marokko 54 %, Nigeria 45 % und El Salvador 47 %). Mit anderen Worten, auch in Ländern, in denen die gelebte Machtdistanz hoch ist, wünschten sich die im Rahmen der Studie befragten mittleren Führungskräfte einen Umgang mehr auf Augenhöhe.

13 Für eine umfangreichere Abhandlung über die ethische Dimension von Führung siehe Schüz (2016).

14 Dies wurde als die *Vernichtung der neun Verwandschaften* bezeichnet.

15 Eine römische Kohorte bestand damals aus etwa 500 Legionären.

16 Diese Praxis wurde im 20. Jahrhundert von den Nationalsozialisten wiederbelebt.

17 Die sogenannten *Intolerable Acts*, also „unerträglichen Rechtsakte".

18 Siehe z.B. Dickson (2007).

19 Insbesondere Avolio und Bass (1991, 2002), Cohen (1998), die GLOBE-Studie (d.h. House, Hanges und Javidan, 2004; und Chhokar, Brodbeck und House (2007), Scouller (2011) sowie Seelhofer und Valeri (2017).

20 Siehe House, Hanges und Javidan (2004).

21 Siehe House, Hanges und Javidan (2004).

22 MBA steht für *Master of Business Administration* und stellt einen typischen, international vergleichbaren betriebswirtschaftlichen Studiengang für Hochschulabsolventen aus nichtkaufmännischen Gebieten wie Ingenieurwissenschaften, Medizin oder Psychologie dar. Ein *Executive MBA* ist in der Regel ein berufsbegleitendes MBA-Studium für Teilnehmende, die bereits über Berufs- und Führungserfahrung verfügen.

23 Siehe bspw. Cohen (1998).

24 Die Sowjetarmee war auch für ein wirkungsvolles, aber aus heutiger Sicht äußerst zweifelhaftes „Führungsinstrument" bekannt: Politische Offiziere (sogenannte *Kommissare* oder *Politruks*) wurden mit Pistolen hinter den vorrückenden Soldaten positioniert, um diejenigen in den Rücken zu schießen, die zurückwichen oder zu fliehen versuchten.

25 Allerdings kann es kontraproduktiv und schlecht für den Teamgeist sein, mit Unterstellten direkt um die gleichen Verkäufe zu konkurrieren. Siehe Seelhofer und Valeri (2017).

7 Führungskräfteentwicklung

Lernerfolge

Nach diesem Kapitel sollten Sie in der Lage sein,

- den Wert einer systematischen Führungskräfteentwicklung einzuschätzen,
- Ihre eigenen diesbezüglichen Bedürfnisse sowie diejenigen Ihrer Teammitglieder zu beurteilen,
- einfache Führungskräfte-Entwicklungsprogramme zu strukturieren und umzusetzen sowie
- den Erfolg von Aktivitäten zur Führungskräfteentwicklung zu beurteilen.

Führungskräfte-Entwicklungsprogramme (FEP) gibt es wie Sand am Meer. Sehr oft auch im Deutschen mit dem englischen Begriff *Leadership Development* umschrieben, sind sie ein wichtiger Umsatzbringer für viele Coaching- und Weiterbildungsinstitutionen. Ihre starke Präsenz am Markt und die Dauerhaftigkeit zeigen, dass sowohl Unternehmen als auch potenzielle und aktuelle Führungskräfte diese für gewinnbringend halten.

Dem steht gegenüber, dass es für solche Programme keinen einheitlichen Standard gibt und deren Qualität gemäß einer Reihe von Studien stark variiert.[1] Viele Führungskräfte-Entwicklungsmaßnahmen erreichen ihr Ziel nicht oder nur teilweise. So fallen sie in wirtschaftlich schwierigeren Zeiten oft als Erste dem Rotstift zum Opfer. Diesbezüglich ist allerdings zu sagen, dass Führungskräfteentwicklung ein kontinuierlicher, nie abgeschlossener Prozess ist. Etwas kann immer weiter verbessert werden. Die Frage ist nur, ob Organisation und betroffene Führungskraft willens sind, Geld und Zeit dafür in die Hand zu nehmen.

Entwicklungsmaßnahmen können verschiedene Ziele verfolgen, beispielsweise die Vermittlung einer Grundbefähigung durch ein ganzes Führungsprogramm oder die Arbeit an einer konkreten Fähigkeit wie sicherem Auftreten oder sachlicher Diskussionsführung. Im breiteren Sinn werden oft auch generalistische Managementweiterbildungen zur Führungskräfteentwicklung gezählt.

Damit Führungskräfteentwicklung jedoch Erfolg hat, müssen auf Grundlage einer individuellen Potenzial- und Standortbestimmung spezifische zu erreichende Ziele definiert und die zu treffenden Maßnahmen darauf ausgerichtet werden. Dies ist natürlich recht aufwendig und für die Organisation stellt sich daher die Frage, ob sie bereit ist, in die Person zu investieren. Außerdem steigen die Erfolgsaussichten zusätzlich, wenn die zu entwickelnde Person die Gelegenheit hat, das Gelernte regelmäßig praktisch anzuwenden. Ebenfalls sind führungsrelevante organisatorische Gegebenheiten – beispielsweise eine starke kulturelle Durchmischung oder ein hohes Branchentempo – zu berücksichtigen.

Einerseits bezwecken Führungskräfte-Entwicklungsprogramme also, die Führungsfähigkeiten einer Person systematisch zu verbessern, andererseits steigt damit aber auch die gesamte Führungsqualität in der Organisation. Der Begriff wird nicht trennscharf verwendet und kann sowohl ein standardisiertes Führungsprogramm als auch eine individuell zugeschnittene Sammlung von Maßnahmen bezeichnen. Um eine gute Mischung zwischen betriebswirtschaftlicher Effizienz und individueller Förderung zu erreichen, verbinden manche Programme beide Logiken, indem sie sowohl einheitliche Elemente zur Steigerung der Führungs-Grundbefähigung aller Teilnehmenden als auch maßgeschneiderte Elemente zur Berücksichtigung spezifischer Bedürfnisse der einzelnen Teilnehmenden enthalten.

In Bezug auf Sie als Führungskraft stellt sich die Frage, ob bei Ihnen Entwicklungsbedarf besteht – und falls ja, in welcher Form. Daher beginnt idealerweise jede Entwicklungsphase zunächst mit einer Analyse des aktuellen Zustands. Dabei muss streng genommen zwischen zwei aus Sicht der Organisation unterschiedlichen Zwecken unterschieden werden:

- Führungskräfteauswahl
- Führungskräfteweiterentwicklung

Führungskräfteauswahl bezieht sich auf die Beförderung einer Person in eine Führungsposition. Insbesondere, wenn diese Person davor noch nie geführt hat und daher also führungsmäßig ein unbeschriebenes Blatt ist, stellt die Beurteilung des Führungspotenzials aus Sicht der Organisation eine wichtige Entscheidungsgrundlage dar.

Führungskräfteweiterentwicklung umfasst demgegenüber die Weiterentwicklung der Fähigkeiten einer Person, die bereits führt – und damit aber natürlich auch die Steigerung ihres Führungspotenzials im Hinblick auf mögliche höhere Weihen.

Aus praktischer Sicht ist dieser Unterschied allerdings eher unerheblich, und mit der Bezeichnung „Führungskräfteentwicklung" werden gemeinhin beide Aspekte zusammengefasst. Die zu durchlaufenden Schritte, wenn auch nicht deren Zweck und Fokus, sind dieselben. Was sich unterscheidet, ist die Größe der zu füllenden Lücken.

Diesbezüglich stellt sich eine Reihe von Fragen: Wie steht es um Sie bezüglich Ihres situativen Bewusstseins und Ihrer emotionalen Intelligenz? Wie gut erfüllen Sie die Kernaufgaben der Führung?[2] Wo sind Ihre Stärken und Schwächen in Bezug auf die Kernverhalten und -kompetenzen der Führung? Welche Aspekte Ihrer Persönlichkeit helfen Ihnen bei der Führung, welche stehen Ihnen möglicherweise manchmal im Weg? Daraus lässt sich dann Ihr Entwicklungsbedarf herleiten und priorisieren. Anschließend werden diejenigen Aspekte ausgewählt, an denen als Nächstes gearbeitet werden soll, und es wird ein darauf zugeschnittenes Maßnahmenpaket zusammengestellt. Nach Durchführung dieser Maßnahmen ist schließlich auch zu überprüfen, ob diese ihren Zweck erfüllt haben. Wurden die richtigen Schwerpunkte gesetzt? Waren die Maßnahmen geeignet, die Ziele zu erreichen? Was kann aus diesen Erfahrungen für ein nächstes Mal gelernt werden?

Im Allgemeinen sollte ein Führungskräfte-Entwicklungsprogramm daher aus den folgenden drei generischen Teilen bestehen:

1. Lücken- und Bedarfsanalyse
2. Entwicklungsaktivitäten
3. Wirkungsüberprüfung

Sind alle drei abgeschlossen, beginnt das Ganze von vorn. Dieser Ansatz folgt also der Logik des bekannten Deming-Kreises[3]. Im Einklang mit dieser Philosophie der kontinuierlichen Verbesserung ist Ihre Entwicklung als Führungskraft nie abgeschlossen.

Lücken- und Bedarfsanalyse

Führungskräfteentwicklung kostet Zeit und Geld. Je genauer sie daher auf die Bedürfnisse der zu entwickelnden Person zugeschnitten ist, desto besser. Jedes entsprechende Programm sollte zunächst mit einer Lücken- und Bedarfsanalyse beginnen. Dabei wird das aktuelle Profil mit den benötigten Kompetenzen verglichen. Diese können entweder generisch oder konkret auf eine spezifische Position zugeschnitten sein.

Aus generell-abstrakter Sicht sollten Sie als Führungskraft in der Lage sein,

- Aufträge zuverlässig zu erfüllen,
- dabei sich selbst, das Team und dessen Mitglieder effektiv zu führen,
- die sechs Kernverhalten und neun Kernkompetenzen der Führung situativ angemessen zu beherrschen,
- kulturelle Unterschiede zu verstehen und damit umzugehen sowie
- Ihre eigenen Entwicklungsbedürfnisse sowie diejenigen von Unterstellten zu erkennen und die notwendigen Entwicklungsmaßnahmen einzuleiten.

Wichtige allgemeine Führungsfähigkeiten und -eigenschaften, die mithilfe von Entwicklungsmaßnahmen positiv beeinflusst werden können, sind beispielsweise Ihre emotionale Intelligenz, Ihre Anpassungsfähigkeit an Veränderungen oder Ihre Belastbarkeit. Wie an anderer Stelle bereits verschiedentlich erwähnt, sind für die Entwicklung Ihrer Führungspräsenz und für Ihre Akzeptanz bei den Unterstellten auch fachliche Fähigkeiten gewinnbringend. Und sollten Sie internationale Aufgaben übernehmen, benötigen Sie die entsprechende interkulturelle Sensibilität und Erfahrung. Es kann daher sinnvoll sein, auch solche Aspekte in ein Führungskräfte-Entwicklungsprogramm zu integrieren.

Durch eine saubere Definition des benötigten oder erwünschten Fähigkeitsprofils und einer Analyse, wo die zu entwickelnde Führungskraft diesbezüglich steht, können Maßnahmen abgeleitet und priorisiert werden. Oft wird diese Analyse vor allem für höhere Führungspositionen im Rahmen eines professionellen Assessments abgeklärt. Diese werden von spezialisierten Unternehmen auf Grundlage standardisierter Aufgaben, Tests und Rollenspiele durchgeführt und meist durch Psychologen begleitet. Als Führungskraft kann eine solche vergleichende Außenperspektive sehr hilfreich sein. Wenn Sie Ihr Profil gerne etwas weniger aufwendig analysieren möchten, können beispielsweise folgende Ansätze nützlich sein:

- Selbstreflexion
- Persönlichkeitstests
- Vignettenbasierte Rollenspiele
- Eignungstests
- Gespräche mit Führungs- und Bildungsexperten
- Feedback von Mitarbeitenden, Vorgesetzten, Kollegen und Kolleginnen sowie Coaches

Selbstreflexion ist der einfachste und schnellste Weg, um Ihre Defizite als Führungskraft zu analysieren. Wenn Sie bereits über fundierte Erfahrungen verfügen und das Gefühl haben, sich selbst ganz gut zu kennen, können Sie so sehr rasch zu einem Ergebnis kommen. Der Nachteil ist, dass so möglicherweise wichtige Aspekte wegen blinder Flecken in der eigenen Wahrnehmung übersehen werden. Auch wenn Sie „nur" Ihr eigenes Entwicklungsprogramm zusammenstellen, ist es daher eine gute Idee, auch eine Außensicht zu integrieren, beispielsweise durch Gespräche mit führungserfahrenen Vertrauenspersonen.

Persönlichkeitstests sind eine weitere Möglichkeit, eine möglichst objektive Außensicht zu bekommen. Richtig angewendet, können sie dazu verwendet werden, die tatsächlichen (statt selbst wahrgenommenen) Merkmals- und Verhaltensmuster einer Person zu bestimmen. Dies kann sehr hilfreich sein. Zum Beispiel beschreiben sich Führungskräfte häufig als extravertiert, auch wenn sie es nicht sind, weil sie bewusst oder unbewusst festgestellt haben, dass extravertierte Personen schneller vorankommen. Daher gewöhnen sich manche Menschen im Lauf ihrer Karriere ein nach außen extravertiertes Verhalten an, auch wenn sie sich dadurch innerlich unwohl fühlen. Ihre tatsächlichen Präferenzen zu realisieren und zu akzeptieren kann Ihnen dabei helfen, als Führungskraft authentischer zu wirken und gleichzeitig Ihren mentalen Stress zu reduzieren. In der Führungskräfteentwicklung verbreitete Persönlichkeitstests sind beispielsweise der OPQ32[4] oder auch der Myers-Briggs Typenindikator[5].

In *vignettenbasierten Rollenspielen* werden Führungskräfte mit fiktiven oder realen Szenarien konfrontiert, die eine Analyse und Entscheidung erfordern. Dies ist ein typisches Element von Führungsassessments. Oft werden dabei beispielsweise schwierige Personal- oder Verkaufsgespräche simuliert, in denen die evaluierte Person ganz bewusst unter Druck gesetzt wird. Auch wenn der fiktive Charakter den Teilnehmenden durchaus bewusst ist, lassen sich auf diese Weise trotzdem verschiedene Aspekte gut überprüfen, etwa analytisches Denken, zeitgerechtes Entscheiden oder ganz generell das Verhalten unter Druck.

Eignungstests können dabei helfen, vor allem fachliche Bereiche zu identifizieren, die verbessert werden sollten, wie zum Beispiel Projektmanagement, Sprachkenntnisse, Selbstmanagementfähigkeiten und so weiter.

Gespräche mit Führungs- und Bildungsexperten können einem die Augen für bisher unbekannte oder nicht bedachte Lücken und Bedürfnisse öffnen.

Auf die gleiche Weise kann auch *Feedback von Unterstellten, Vorgesetzten, Kollegen und Kolleginnen sowie Coaches* Ihnen helfen, sich über blinde Flecken in Ihrer Selbstwahrnehmung hinwegzusetzen, indem Sie gemeinsam Ihre Stärken und Schwächen diskutieren und die Vor- und Nachteile bestimmter Entwicklungsaktivitäten beleuchten. Wichtig ist dabei, dass es sich um Vertrauenspersonen handelt. Ein Nachteil im Vergleich zu den Gesprächen mit Experten ist, dass diesen Vertrauenspersonen möglicherweise das Fachwissen fehlt. Dafür kennen diese Sie aber viel besser, als es Außenstehende könnten.

Im Idealfall werden mehrere oder sogar alle dieser Ansätze kombiniert, um ein möglichst vollständiges und objektives Bild der Entwicklungsbedürfnisse zu erlangen. Sind diese einmal identifiziert, können konkrete Entwicklungsmaßnahmen festgelegt und umgesetzt werden.

Entwicklungsmaßnahmen

Nach Abschluss der Lücken- und Bedarfsanalyse werden die identifizierten Entwicklungsbedürfnisse strukturiert und in einem schriftlichen Entwicklungsplan festgehalten. Dieser nennt und priorisiert die identifizierten Bereiche, die definierten Entwicklungsaktivitäten und den Zeitrahmen, innerhalb dessen jede Aktivität abgeschlossen werden soll. Ebenso sollten klare Erfolgsindikatoren festgelegt werden, also Messgrößen, aufgrund derer Sie feststellen können, ob das mit einer bestimmten Aktivität verbundene Ziel erreicht wurde oder nicht.

Die konkreten Entwicklungsaktivitäten können eine Vielzahl von Formen annehmen.[6] Die folgenden sind Beispiele:

- Standardisierte Weiterbildungsprogramme und -kurse
- Maßgeschneiderte Trainingsprogramme und -kurse
- Führungskräfte-Coachings
- Mentoring
- Erfahrungsaustausch
- On-the-job-Training

Standardisierte Weiterbildungsprogramme und -kurse haben den Vorteil, dass sie auf einem stringenten, von Fachleuten auf Grundlage bekannter Kompetenzprofile für bestimmte Funktionen oder Positionen zusammengestellten Curriculum aufbauen. Beispiele sind die in der Schweiz verbreiteten MAS[7] und CAS[8]. Eine weltweit sehr verbreitete Weiterbildung für Führungskräfte ist der MBA[9]. Auch kürzere, noch stärker spezialisierte Kurse, beispielsweise generische interkulturelle Trainings, gehören dazu. Der Nachteil solcher Programme und Kurse ist, dass aufgrund des standardisierten Inhalts und der im Vergleich meist größeren Teilnehmergruppe nicht oder nur ungenügend auf spezifische individuelle Bedürfnisse eingegangen werden kann.

Dies bieten hingegen *maßgeschneiderte Trainingsprogramme und -kurse.* Je nachdem, wer sie zusammenstellt, können sie genauso fachlich fundiert sein, haben aber den Vorteil, dass auf die ganz konkrete Situation der betroffenen Führungskraft oder Gruppe von Führungskräften eingegangen werden kann. Wenn sich jemand beispielsweise auf einen Branchenwechsel oder Auslandseinsatz vorbereitet, können die Inhalte spezifisch darauf ausgerichtet werden. Als Nachteil ist diese Form der Führungskräfteentwicklung tendenziell teurer als bei standardisierten Weiterbildungsprogrammen. Außerdem ist es auch hier so, dass die involvierten Fachleute die konkrete Arbeitssituation der Teilnehmenden meist nicht oder nur ungenügend kennen und auf diese unter anderem aus zeitlichen Gründen auch nur begrenzt eingegangen werden kann. Und wenn das Training in der Gruppe stattfindet, was aus Kostengründen meist der Fall ist, kann auch auf die individuellen Bedürfnisse nur begrenzt eingegangen werden.

Wenn dieser Aspekt wichtig ist, bietet sich ein *Führungskräfte-Coaching* an. Dabei steht eine im Idealfall selbst führungserfahrene Fachkraft der zu entwickelnden Führungskraft regelmäßig zur Verfügung, um gemeinsam konkrete Probleme aus deren

Führungsalltag zu diskutieren, Lösungen zu entwickeln und Feedback und Tipps zu geben. Meist kommt diese Fachkraft von außerhalb der Organisation.

Sehr ähnlich funktioniert *Mentoring.* Auch hier handelt es sich um eine Form von Coaching, allerdings stammt hier die betreuende Person üblicherweise aus der Organisation und ist meist hierarchisch höher eingestuft und deutlich älter und erfahrener als die betreute Führungskraft. Oft begleitet eine Mentorin oder ein Mentor die Führungskraft langfristig, also durch mehrere Phasen ihrer Karriereentwicklung.

Ebenfalls in eine ähnliche Richtung geht die Vernetzung zum Zweck des *Erfahrungsaustauschs.* Manche Organisationen kennen zum Beispiel sogenannte Führungszirkel. Meist ist dies ein regelmäßiger Anlass mit dem Ziel, führungsrelevante Themen zu diskutieren, Führungskräfte zusammenzubringen und der zu entwickelnden Führungskraft die Gelegenheit zu geben, von der Erfahrung anderer, idealerweise erfahrenerer Führungskräfte zu profitieren.

Eine ganz andere Maßnahme ist *On-the-job-Training.* Dabei wird einer Person eine Funktion oder Position übertragen, für die sie eigentlich noch nicht qualifiziert ist. Die Idee dahinter ist, dass eine lernfähige und -willige Person so aufgrund des aufgebauten Drucks (und oft auch Frusts) sich sehr rasch die nötigen Kompetenzen aneignet. Eine solche Maßnahme kann in Ausnahmefällen sinnvoll sein, sollte aber abgefedert werden, indem der betroffenen Führungskraft beispielsweise zusätzlich ein Mentoring oder Coaching ermöglicht wird.

Oft beginnen Führungskräfte einen Entwicklungsplan zunächst motiviert oder sogar enthusiastisch. Je nach konkreten Aktivitäten macht sich dann jedoch bald einmal der doppelte Druck von Arbeit und Weiterbildung bemerkbar. Insbesondere, wenn dieser dann auch noch negative Auswirkungen auf das Privatleben haben sollte, wird der Sinn der Entwicklungsmaßnahmen zunehmend hinterfragt. Es lohnt sich daher für Sie, die folgenden Fragen im Voraus zu beantworten:

- Was motiviert Sie zur Führungskräfteentwicklung? Welche Ziele möchten Sie damit erreichen?
- Wie können Ihre identifizierten Entwicklungsbedürfnisse mit optimaler Effizienz und Effektivität erfüllt werden?
- Wann ist aus persönlicher und beruflicher Sicht der optimale Startzeitpunkt?
- Wann müssen die Entwicklungsmaßnahmen spätestens abgeschlossen sein?

Motivation. Wieso haben Sie sich zur Führungskräfteentwicklung entschlossen? Ist der Auslöser ein nächstes Karriereziel? Möchten Sie Ihr bestehendes Team besser führen? Haben Sie Defizite identifiziert, die Sie unabhängig davon schließen möchten? Oder hat man Ihnen die Maßnahme einfach nahegelegt? Manche Teilnehmende an Führungskräfte-Entwicklungsprogrammen werden durch Vorgesetzte angemeldet, insbesondere wenn das Training intern durchgeführt wird. Die Umsetzung eines Entwicklungsplans ist jedoch leichter, wenn auch ein konkretes persönliches Ziel dahintersteckt. Fragen Sie sich also, was dieses ist, und machen Sie sich ein Bild über den entstehenden zeitlichen und finanziellen Aufwand, bevor Sie sich anmelden oder zusagen – sofern Sie eine Wahl haben. Um wirklich Nutzen daraus zu ziehen, müssen Sie von der Maßnahme überzeugt sein.

Effizienz und Effektivität. Wie bei fast allem im Leben müssen die konkreten Entwicklungsmaßnahmen im Spannungsfeld zwischen Wirksamkeit und Kosten festgelegt werden. Wie Ihr Entwicklungsbedarf am effizientesten und effektivsten bedient werden kann, hängt von Ihren persönlichen und beruflichen Umständen ab. Manchmal ist ein firmeninternes Programm am besten geeignet, zu anderen Zeiten kann ein standardisiertes Programm an einer Business School besser sein, und manchmal ist der beste Weg ein persönliches Coaching. Oft bietet sich auch eine Kombination standardisierter und individualisierter Elemente an, etwa ein Managementstudiengang mit starker Führungskomponente, begleitet von einem Führungskräfte-Coaching am Arbeitsplatz. Wenn Ihr Arbeitgeber Sie dabei unterstützt oder sogar dazu drängt, ist die Höhe der finanziellen Beteiligung meist ein Stück weit Verhandlungssache. Je mehr Nutzen die Organisation aus Ihrer Weiterentwicklung ziehen kann, desto mehr wird sie Ihnen hoffentlich auch entgegenkommen. Wichtig dabei ist, nicht nur die finanziellen Aufwände im Auge zu behalten. Auch der entstehende Zeitaufwand kann beträchtlich sein. Die Frage stellt sich dann beispielsweise, ob alles, ein Teil oder nichts davon als Arbeitszeit gilt. Eine Abmachung mit dem Arbeitgeber sollte also sowohl die Kosten als auch den Zeitaspekt regeln.

Optimaler Startzeitpunkt. Zuerst die schlechte Nachricht: Den optimalen Startzeitpunkt gibt es nicht. Sie werden immer Gründe finden, weshalb später vielleicht doch besser wäre. Wenn Sie auf den perfekten Moment warten, kann es also sein, dass Sie Ihre Weiterentwicklung als Führungskraft gar nie in die Hand nehmen. Dennoch ist es eine gute Idee, zunächst eine (tabellarische) Aufstellung über Ihre mit der Entwicklungsmaßnahme verbundenen Ziele und Ihre berufliche und private Situation zu machen. Wenn Sie beispielsweise gerade in eine neue Position befördert wurden und dazu noch ein Neugeborenes zu Hause haben, würde die Aufnahme eines Managementstudiums den Bogen im Moment möglicherweise überspannen. In diesem Fall sollten Sie für sich selbst jedoch definieren, wie lange Sie sich Zeit geben wollen. Bei definiertem Entwicklungsbedarf ist das auf jeden Fall besser als einfach einmal abzuwarten. Die Frage nach dem idealen Zeitpunkt stellt sich übrigens für jede Entwicklungsaktivität separat. Auch wenn Sie das Studium um ein Jahr verschieben, können Sie möglicherweise mit einem begleitenden Coaching am Arbeitsplatz trotzdem schon starten.

Spätester Abschluss. Schließlich fragt sich im Hinblick auf Ihre Ziele für jede einzelne Entwicklungsaktivität auch, wann diese abgeschlossen sein soll. Wenn es um Defizite geht, die Ihnen die Führung Ihres jetzigen Teams erschweren, ist dies idealerweise möglichst bald. Wenn Sie hingegen auf die Übernahme einer Stelle zur Abteilungsleitung vorbereitet werden sollen, die in drei Jahren frei wird, dann wäre das gleichzeitig auch der spätestmögliche Abschluss – wobei in der Realität oft eine solche Position eingenommen wird, bevor Entwicklungsaktivitäten abgeschlossen oder sogar begonnen worden sind. Ideal ist das aber natürlich nicht.

Sind diese Fragen alle beantwortet, kann der konkrete Entwicklungsplan aufgestellt werden. *Tabelle 7.1* enthält ein einfaches Beispiel.

Kernaufgaben der Führung	Entwicklungsbedarf	Entwicklungsziele	Aktivitäten (Dauer)	Abgeschlossen in/bis	Erfolgskriterien
Auftragserfüllung	Taktisches und strategisches Denken	• Strategisch und taktisch denken • Den größeren Zusammenhang sehen • In Optionen denken	• Executive MBA (24 Monate)	12 Monate(n) (nimmt bereits teil)	Bewertungen, Feedback (Dozierende)
	Projektmanagement	• Probleme in Teilprobleme aufteilen • Realistische Projektplanung	• Executive MBA (24 Monate)	12 Monate(n) (nimmt bereits teil)	Noten, Feedback (Dozierende, Chef/-in)
	Zeitmanagement	• Verbesserung des Zeitmanagements	• Firmeninterner Kurs (3 Einzeltage)	2 Monate(n)	Feedback (Team, Chef/-in)
	...	• ...	• ...	...	...
Selbstführung	Selbstmanagement	• Steigerung der Selbstdisziplin • Eruieren der tatsächlichen persönlichen Präferenzen	• Gespräche mit Partner/-in, Team und Chef/-in • Persönlichkeitstests (OPQ32)	6 Monate(n)	Feedback (Partner/-in, Team, Chef/-in, Coach)
	Work-Life-Balance	• Stress abbauen • Familienleben verbessern	• Woche stärker strukturieren • Min. 3 x pro Woche Abendessen zu Hause	Sofort	Selbsteinschätzung, Feedback (Familie)
	Unterstützende Führung	• Die Unterstützungsbedürfnisse des Teams verstehen • Die Kerninhalte der Servant-Leadership-Philosophie verstehen	• Selbststudium • Besprechung des Buches mit dem Chef/-in	2 Monate(n)	Selbsteinschätzung
	Resilienz	• Mit Rückschlägen besser umgehen lernen	• Selbststudium • Diskussionen mit Kollegen/Kolleginnen	3 Monate(n)	Selbsteinschätzung, Feedback
	Emotional-soziale Intelligenz	• Verbesserung der emotional-sozialen Intelligenz	• EQ-Persönlichkeitstest • Spezialisiertes EQ-Training (6 Kurstage)	9 Monate(n)	Testergebnisse, Feedback (Trainer/-in)
	...	...	...	...	...

Tabelle 7.1: Führungskräfte-Entwicklungsprogramm (Beispiel)
(Quelle: Autor)

Wirkungsüberprüfung

Die jüngere Forschung[10] hat die Notwendigkeit einer Wirksamkeitsanalyse für die Führungskräfteentwicklung ins Zentrum gerückt, da ohne diese eine kontinuierliche Verbesserung nicht möglich ist. Diese Überprüfung kann sowohl externe als auch interne und sowohl quantitative als auch qualitative Elemente umfassen:

- Kompetenzüberprüfung
- Repetitionstests
- Experteneinschätzung
- Selbsteinschätzung
- 360-Grad-Feedback (Vorgesetzte, Kolleginnen und Kollegen, Unterstellte)

Bei den standardisierten Programmen besteht die *Kompetenzüberprüfung* oft in einer Schlussprüfung oder Abschlussarbeit. Mit solchen Eignungstests werden Kompetenzen, die zu Beginn der Entwicklungsphase noch nicht vorhanden waren – und darum auch noch nicht getestet werden konnten – überprüft.

Im Gegensatz dazu werden mit *Repetitionstests* bereits einmal getestete Aspekte zum Zweck der Fortschrittsbeurteilung erneut getestet.

Eine *Experteneinschätzung* ist hilfreich, um vor allem für nicht quantitativ messbare Aspekte eine Außensicht zu erhalten. Die beteiligten Experten können Coaches oder Mentoren sein, die Sie bereits während Ihrer Entwicklungsmaßnahmen begleitet haben. Um ein möglichst objektives Bild zu erhalten, kann es allerdings sinnvoll sein, bisher unbeteiligte Experten heranzuziehen.

Weniger aufwendig, allerdings auch weniger objektiv, ist die *Selbsteinschätzung*. Überlegen Sie sich, wo Sie zu Beginn der Entwicklungsmaßnahmen standen und wo Sie jetzt stehen. Ein hilfreiches Werkzeug für die eigene Fortschrittsbeurteilung ist ein Entwicklungsprotokoll, in dem Sie den ursprünglichen Entwicklungsplan, alle während der verschiedenen Entwicklungsaktivitäten gemachten Beobachtungen, formelles und informelles externes Feedback, persönliche Erkenntnisse, zusätzlich identifizierte Entwicklungsbedürfnisse und alle anderen relevanten Informationen aufschreiben.

Schließlich stellt das sogenannte *360-Grad-Feedback* die systematische Verbindung von Einschätzungen der Vorgesetzten, Kolleginnen und Kollegen sowie Unterstellten dar. Dieses auch in der Personalbeurteilung zunehmend eingesetzte Instrument versucht, eine möglichst objektive Einschätzung dadurch zu erhalten, dass verschiedene Perspektiven miteinbezogen werden. Vorgesetzte sind oft erfahrener als die zu entwickelnde Führungskraft. Unterstellte sind direkt von deren Führungsansatz betroffen. Und Kolleginnen und Kollegen können ihre Beobachtungen ohne Einschränkungen durch eine hierarchische Beziehung kundtun. Außerdem haben sie eigene Vorstellungen, wie die Dinge zu erledigen sind, und können daher mögliche Alternativen aufzeigen.

Oft ist es nützlich, die Wirksamkeitsbeurteilung aufgrund einer Kombination von mehreren dieser Elemente vorzunehmen. Je nach Dauer eines Entwicklungsplans kann es auch sinnvoll sein, schon während dessen Umsetzung Fortschrittsbeurteilungen vorzunehmen. Auf deren Grundlage können Bereiche identifiziert werden, in denen der Fortschritt zu langsam oder gar nicht erkennbar ist. Je nachdem kann es sich dann anbieten, das Training entweder zu verstärken oder, falls sich eine Maßnahme als nicht zielführend herausstellt, auf Alternativen umzustellen.

Viele Organisationen haben diesen Prozess formalisiert. Im Endeffekt sind aber trotzdem Sie selbst für Ihren Erfolg verantwortlich. Führungskräfteentwicklung ist von Natur aus individuell. Sie sollten sich also Ihrer besonderen Entwicklungsbedürfnisse bewusst sein, ein gut strukturiertes Programm entwickeln, das diese adressiert, und dieses Programm mit Tatkraft und Ehrgeiz abschließen. Messen Sie regelmäßig Ihre Fortschritte und begrüßen Sie ausdrücklich das externe Feedback von Vorgesetzten, Unterstellten und Kolleginnen sowie Kollegen, aber auch von Freunden und der Familie. Führen Sie ein persönliches Entwicklungsprotokoll und zögern Sie nicht, bei Bedarf Unterstützung bei erfahrenen Führungskräften oder Bildungsexperten zu holen. Der Erfolg wird Sie für die geleistete Arbeit belohnen.

Takeaways

Was Sie von diesem Kapitel mitnehmen sollten:

1. Führungskräfte-Entwicklungsprogramme – oft auch als Leadership-Development-Programme bezeichnet – zielen darauf ab, das Führungspotenzial und die Führungsfähigkeiten einer Führungskraft systematisch zu verbessern.
2. Ein Führungskräfte-Entwicklungsprogramm besteht aus drei Elementen:
   - Lücken- und Bedarfsanalyse
   - Entwicklungsaktivitäten
   - Wirkungsüberprüfung
3. Übliche Ansätze in der Lücken- und Bedarfsanalyse sind:
   - Selbstreflexion
   - Persönlichkeitstests
   - Vignettenbasierte Rollenspiele
   - Eignungstests
   - Gespräche mit Führungs- und Bildungsexperten
   - Feedback von Mitarbeitenden, Vorgesetzten, Kolleginnen und Kollegen sowie Coaches
4. Verbreitete Führungskräfte-Entwicklungsmaßnahmen sind:
   - Standardisierte Weiterbildungsprogramme und -kurse
   - Maßgeschneiderte Trainingsprogramme und -kurse
   - Führungskräfte-Coachings
   - Mentoring
   - Erfahrungsaustausch
   - On-the-job-Training
5. Folgende grundlegenden Fragen müssen Sie beantworten, bevor ein Führungskräfte-Entwicklungsprogramm begonnen wird:
   - Was motiviert Sie zur Führungskräfteentwicklung? Was sind Ihre Ziele?
   - Wie können Ihre identifizierten Entwicklungsbedürfnisse mit optimaler Effizienz und Effektivität erfüllt werden?
   - Wann ist aus persönlicher und beruflicher Sicht der optimale Startzeitpunkt?
   - Wann müssen die Entwicklungsmaßnahmen spätestens abgeschlossen sein?

6. Ein grundlegender Führungskräfte-Entwicklungsplan besteht aus folgenden Komponenten:
   - Entwicklungsbedarf
   - Entwicklungsziele
   - Entwicklungsaktivitäten
   - Fertigstellungsdatum
   - Erfolgskriterien
7. Die Wirkungsüberprüfung eines Führungskräfte-Entwicklungsprogramms umfasst gemeinhin eines oder mehrere der folgenden Elemente:
   - Kompetenzüberprüfung
   - Repetitionstests
   - Experteneinschätzung
   - Selbsteinschätzung
   - 360-Grad-Feedback (Vorgesetzte, Kolleginnen und Kollegen, Unterstellte)

Endnoten

1 Siehe dazu bspw. McCauley und Hughes-James (1994), Collins (2001), Day und Halpin (2001), Russon und Reinelt (2004), Collins und Holton (2004) oder Black und Earnest (2009).

2 Siehe dazu das integrierte Modell effektiver Führung in Kapitel 4.

3 Der Deming-Zyklus besteht aus vier Schritten, die sich iterativ wiederholen: planen (des Prozesses), ausführen (des Prozesses), überprüfen (der Ergebnisse) und handeln (zur Verbesserung des Prozesses). Dieser ist nach dem amerikanischen Ingenieur, Professor und Unternehmensberater W. Edwards Deming benannt, der durch seine Arbeit zum Thema kontinuierliche Verbesserung einen großen Einfluss auf die japanische Produktion und Wirtschaft nach dem Zweiten Weltkrieg hatte und später ein sehr erfolgreicher Berater für Qualitätsmanagement in den Vereinigten Staaten war.

4 Der OPQ32 misst auf Grundlage der Big-Five-Persönlichkeitsfaktoren die Präferenzen einer Person bezüglich verschiedener Arbeitsstile.

5 Der Myers-Briggs Typenindikator ist zwar vor allem im Coachingbereich noch verbreitet, wird aber von der seriösen Führungsforschung kaum noch eingesetzt, weil er aus wissenschaftlicher Sicht unzuverlässig ist.

6 Siehe dazu bspw. Day und Halpin (2001) oder Black und Earnest (2009).

7 MAS steht für *Master of Advanced Studies*. Es handelt sich um meist zweijährige Teilzeitstudiengänge, mit denen spezialisiertes Fachwissen zu einem bestimmten Themenbereich (bspw. Produktmarketing oder Cyber Security) erlangt werden kann.

8 CAS steht für *Certificate of Advanced Studies*. Es handelt sich um relativ kurze (meist etwa 12 Kurstage innerhalb von rund 6 Monaten umfassend) und stark spezialisierte Lehrgänge zu einem Fachthema. Manche MAS-Programme setzen sich aus mehreren CAS zusammen.

9 MBA steht für *Master of Business Administration*. Meist wird zwischen klassischem MBA und Executive MBA unterschieden. Ersterer wird vor allem in den USA tendenziell ohne oder nur mit wenig Berufserfahrung und ohne Führungserfahrung absolviert und umfasst daher mehr Stoff als der meist berufsbegleitende Executive MBA, der sich an bereits berufs- und führungserfahrene Personen richtet. Beide Typen sind auf die Erlangung von sowohl führungsspezifischen als auch klassisch betriebswirtschaftlichen Fähigkeiten ausgerichtete, praxisorientierte Studiengänge auf Hochschulstufe. Obwohl die Bezeichnungen MBA und EMBA weltweit vorkommen, unterscheiden sich die tatsächlichen Programme allerdings oft stark bezüglich Inhalt, Niveau und Dauer.

10 Siehe bspw. Kirchner und Akdere (2014).

8

Schlusswort: Mitarbeitendenführung auf einen Blick

Sie haben das Ende des Buches erreicht. Herzlichen Glückwunsch zu dieser Leistung – schließlich war dies eine ganze Menge an Informationen. Wenn Sie alles verstanden haben und die aufgezeigten Methoden anwenden können, haben Sie einen großen Schritt hin zu effektiver Führung gemacht. Nachfolgend sollen noch einmal die Kernaussagen des Buches kurz zusammengefasst werden.

Als effektive Führungskraft müssen Sie parallel die vier Kernaufgaben der Führung im Auge behalten:

- Aufträge zuverlässig erfüllen
- Sich selbst dabei zielführend führen
- Das Team als Ganzes führen
- Die einzelnen Teammitglieder führen

Zu diesem Zweck müssen Sie sowohl sechs Kernverhalten an den Tag legen als auch neun Kernkompetenzen beherrschen. Die sechs Kernverhalten sind:

- Ihren Unterstellten die Richtung zu weisen
- Dabei mit gutem Beispiel voranzugehen
- Ihre Führungspräsenz und Resilienz laufend zu entwickeln
- Auf dieser Grundlage Ihr Team jederzeit zu motivieren und zu inspirieren
- Rücksichtsvolles Interesse an anderen zu zeigen sowie
- Ihre Unterstellten zu befähigen, zu stimulieren und herauszufordern

Die neun Kernkompetenzen sind:

- Eine Situation oder ein Problem korrekt und vollständig zu analysieren
- Auf dieser Grundlage zeitgerecht zu entscheiden
- Alle Betroffenen rechtzeitig und vollständig zu informieren und generell ziel- und adressatengerecht zu kommunizieren
- Auf Basis der getroffenen Entscheidung genau zu planen
- Den Plan zeitgerecht und vollständig zu implementieren
- Ihre Teammitglieder bei der Umsetzung ihrer Aufgaben zu unterstützen
- Ergebnisse in angemessener Form und Frequenz zu kontrollieren
- Die Qualität der geleisteten Arbeit zu evaluieren
- Ihre Unterstellten für besonders gute Leistungen zu belohnen (und für grobes Fehlverhalten notfalls zu bestrafen)

Um Aufträge zuverlässig zu erfüllen, müssen Ihre Fähigkeiten, Ihre Einstellung und die verfügbare Zeit stimmen. Sie benötigen Führungs- und Managementfähigkeiten sowie aufgabenbezogene und konzeptionelle Fähigkeiten. Grundlage allen Handelns sollte ein gesunder moralischer Kompass sein. Zusätzlich sollten Sie die folgenden Einstellungen bewusst kultivieren:

- Ein klares Auftragsbewusstsein
- Hohe Zielstrebigkeit
- Einen starken Kooperationsgeist
- Ausgeprägte Leistungs-, Qualitäts- und Dienstleistungsorientierung

Bezüglich des Faktors Zeit muss die zur Verfügung stehende Nettozeit für die Auftragserfüllung ausreichen. Tut sie das nicht, muss entweder mehr Zeit organisiert werden – beispielsweise indem ein Antrag auf Verlängerung gestellt wird, wenn es sich um einen Auftrag von oben handelt – oder, wo das nicht möglich ist, müssen mehr Ressourcen eingesetzt werden.

Wichtige Elemente der Selbstführung sind:

- Ihre Führungspräsenz zu entwickeln
- Ihre Resilienz zu fördern
- Jederzeit mit gutem Beispiel voranzugehen
- Ihre emotional-soziale Intelligenz zu entwickeln
- Ihre Arbeits- und Freizeit sinnvoll zu strukturieren

Die Art und Weise, mit der Sie sich selbst führen, spiegelt sich in der Führung anderer wider. Dabei müssen Sie neben der Führung des Teams als Ganzes auch einen individuellen Ansatz für jedes Teammitglied finden. Als Führungskraft erfüllen Sie dabei der Situation angepasst die folgenden vier grundlegenden Interaktionsrollen:

- Trainer/-in
- Befähiger/-in
- Vermittler/-in
- Herausforderer/-in

Bei der Führung der einzelnen Teammitglieder müssen Sie:

- Motivieren und inspirieren
- Die Richtung weisen
- Befähigen, stimulieren und herausfordern
- Rücksichtsvolles Interesse zeigen
- Einen angemessenen Führungsrhythmus festlegen

Dabei müssen Sie immer das Befähigungsdreieck (auch bekannt als Kongruenzprinzip) im Auge behalten: Wenn Sie jemandem einen Auftrag erteilen und er oder sie die Verantwortung für die Ergebnisse tragen soll, muss diese Person auch die nötigen Kompetenzen erhalten.

Im Hinblick auf die Führung des Teams als Ganzes müssen Sie zusätzlich:

- Das Team entwickeln
- Dem Team (als Ganzes) die Richtung weisen
- Die Situation beherrschen
- Standards (durch-)setzen
- Produktive Meetings durchführen

Dabei wenden Sie situativ für jedes Teammitglied und auch das Team als Ganzes den im Moment passenden Führungsstil an. Die Palette verfügbarer Führungsstile wird in einer Reihe von Modellen zusammengefasst. Grundsätzlich wird aber einerseits zwischen eher aufgaben- oder beziehungsorientierter Führung und andererseits zwischen eher direktiver oder delegativer Führung unterschieden.

Bei der Zusammenstellung und personellen Weiterentwicklung des Teams ist darauf zu achten, dass dieses gut ausbalanciert ist. Das gilt normalerweise sowohl für die Rollen, die jemand im Team einnehmen kann (zusammengefasst entweder Denken, Handeln oder Beziehungsmanagement) als auch für eine gute Durchmischung hinsichtlich Alter und Geschlecht – und in einem internationalen Umfeld auch Kultur.

Bezüglich der Teamentwicklung ist Ihre Rolle als Führungskraft je nach Phase, in der sich das Team befindet, unterschiedlich. In der Kontaktphase („forming") stellen Sie sicher, dass die einzelnen Teammitglieder genügend Gelegenheiten haben, sich kennenzulernen. In der Konfliktphase („storming“) sind Sie Vermittler, schaffen Versöhnungsmöglichkeiten und moderieren einen Konsens über die einzuschlagende Richtung. In der Kontraktphase („norming“) fördern Sie mit geeigneten Mitteln die Kreativität der Teammitglieder und stellen sicher, dass alle – Sie eingeschlossen – über die eigene Nasenspitze hinausschauen. In der Leistungsphase („performing“) stellen Sie primär optimale Rahmenbedingungen für Ihre Teammitglieder sicher, damit diese ihre beste Arbeit leisten können. Und während allen Phasen legen Sie die sechs Kernverhalten der Führung an den Tag.

Um die Situation jederzeit zu beherrschen, fördern Sie in Ihrem Verantwortungsbereich eine Kultur der Transparenz und stellen zu gegebener Zeit gezielte Fragen. Außerdem sollten Sie sich den Ruf als eine sehr integre Führungskraft verdienen, weil so die Leute von sich aus zu Ihnen kommen und Ihnen das daher erleichtert, generell auf dem Laufenden zu bleiben.

Als gute Führungskraft kümmern Sie sich ganz allgemein um die Menschen um Sie herum. Sie hören gut zu und sind in der Lage, Gräben in Beziehungen zuzuschütten und einen starken Teamgeist zu wecken. Aufgrund Ihrer emotionalen Intelligenz können Sie Menschen gut einschätzen und bei Bedarf interkulturelle Konflikte frühzeitig erkennen und proaktiv lösen. Sie behalten das Ganze im Blick und denken unter Druck klar, sodass Sie jederzeit gute Entscheidungen treffen. Sie sind in der Lage, Ihr Team auch in schwierigen Lagen zu motivieren, und identifizieren, wählen und entwickeln kontinuierlich die richtigen Personen für die richtigen Positionen.

Als Führungskraft entwickeln Sie auch sich selbst ganz bewusst kontinuierlich weiter. Ebenso sind Sie sich der zehn klassischen Führungsfehler bewusst und vermeiden diese nach Möglichkeit.

Diese sind:

- Höhere Standards für andere setzen als für sich selbst
- Unliebsame eigene Aufgaben an andere delegieren
- Andere das Gesicht verlieren lassen
- Inkonsistent kommunizieren
- Eigene Fehler abstreiten oder totschweigen
- Ethische Dilemmata für andere schaffen
- Kollektive Bestrafung
- Versprechen brechen
- Illoyalität nach unten oder oben sowie
- Ideen und Anerkennung stehlen

Zudem haben Sie stets die zehn zentralen Führungsprinzipien im Blick und bemühen sich, sie jederzeit zu befolgen:

- Verstehen und respektieren der vier Führungsaufgaben
- Vermeiden universell abgelehnter Führungsverhalten
- Kennen und beachten der impliziten Führungserwartungen im Führungskontext
- Formulieren unmissverständlicher Erwartungen
- Führungstechnisch und fachlich kompetent sein
- Zielgerichtet kommunizieren
- Vorbildlichen Einsatz zeigen
- Sich um die eigenen Unterstellten kümmern
- Von vorne führen
- Jederzeit die Integrität wahren

Aufgeteilt nach einzelnen Aspekten der Führung fasst *Tabelle 8.1* die Kernelemente guter Führung in etwas anderer Form nochmals zusammen.

Wenn Sie all diese Punkte verstanden haben und nachvollziehen können, sollten Sie gut vorbereitet sein auf die kommenden Führungsherausforderungen. Die in diesem Buch vorgestellten Theorien, Modelle, Prinzipien und Beispiele sollen Ihnen dabei eine Unterstützung sein. Letztlich müssen Sie jedoch Ihren eigenen Weg finden.

Viel Glück und Erfolg dabei!

<table>
<tr><th></th><th></th><th>Selbstführung</th><th>Teamführung
(kollektiv/individuell)</th><th>Auftragserfüllung</th></tr>
<tr><td>F</td><td>Formulieren</td><td>• Mentale Vorbereitung auf Veränderungen
• Persönliche Werte formulieren</td><td>• Die Richtung weisen
• Ein gemeinsames Ziel moderieren</td><td>• Herausfordernde, aber erreichbare Ziele setzen
• Klare Standards festlegen und durchsetzen
• Zeitgerecht entscheiden</td></tr>
<tr><td rowspan="2">U</td><td rowspan="2">Umfeld</td><td>• Führungspräsenz entwickeln
• Mit gutem Beispiel vorangehen
• Den eigenen kulturellen Hintergrund verstehen</td><td>• Kongruenz Aufgaben – Kompetenzen – Verantwortung sicherstellen
• Positives Arbeitsklima fördern
• Relevante Kulturen verstehen
• Kultur der Transparenz schaffen
• Initiative fördern
• Regelmäßige Highlights sicherstellen</td><td>• Genügend Zeit und Ressourcen sicherstellen
• Zielführendes Arbeitsumfeld sicherstellen
• Situation beherrschen</td></tr>
<tr><td colspan="3">• Angemessenen Führungsrhythmus festlegen und einhalten</td></tr>
<tr><td rowspan="2">E</td><td rowspan="2">Energie</td><td>• Eigene Resilienz entwickeln
• Arbeits- und Freizeit sinnvoll strukturieren</td><td>• Motivieren und inspirieren
• Rücksichtsvolles Interesse zeigen
• Befähigen, stimulieren und herausfordern
• Leistung anerkennen</td><td>• Zeitgerecht informieren
• Adressatengerecht kommunizieren
• Unterstützen
• Belohnen oder bestrafen</td></tr>
<tr><td colspan="3">• Aufgaben und Aufträge zuverlässig erfüllen</td></tr>
<tr><td>H</td><td>Handeln</td><td>• Situativ angemessene Interaktionsrolle einnehmen
• Richtiges Timing sicherstellen</td><td>• Situativ angemessenen Führungsstil anwenden
• Konflikte managen</td><td>• Analysieren
• Planen
• Implementieren
• Produktive Meetings durchführen</td></tr>
<tr><td>R</td><td>Regenerieren</td><td>• Eigene Work-Life-Balance sicherstellen</td><td>• Work-Life-Balance im Auge behalten
• Erfolge feiern</td><td></td></tr>
<tr><td rowspan="2">E</td><td rowspan="2">Entwickeln</td><td colspan="2">• Nötige Fähigkeiten und zielführende Einstellung sicherstellen</td><td rowspan="2">• Kontrollieren
• Evaluieren</td></tr>
<tr><td>• Emotional-soziale Intelligenz entwickeln</td><td>• Team entwickeln
• Teammitglieder fördern und fordern
• Führungsnachwuchs auswählen</td></tr>
<tr><td>N</td><td>Nachverfolgen</td><td>• Regelmäßig reflektieren</td><td>• Regelmäßig Feedbackgespräche durchführen</td><td>• Fortschritt regelmäßig beurteilen, Lehren ableiten</td></tr>
</table>

Tabelle 8.1: Führen im Überblick (FUEHREN)
(Quelle: Autor)

Quellenverzeichnis

Adair, J. (1973). Action-Centered Leadership, New York: McGraw-Hill.

Adair, J. (1988). Effective Leadership, London: Pan Books.

Ames, D. R. und Flynn, F. J. (2007). What Breaks a Leader: The Curvilinear Relation Between Assertiveness and Leadership, Journal of Personality and Social Psychology, 92(2): 307–324.

Arakawa, D. und Greenberg, M. (2007). Optimistic Managers and their Influence on Productivity and Employee Engagement in a Technology Organisation: Implications for Coaching Psychologists, International Coaching Psychology Review, 2(1): 78–89.

Argyris, C. (2000). Flawed Advice and the Management Trap: How Managers Can Know When They're Getting Good Advice and When They're Not, New York: Oxford University Press.

Arvey, R. D. (2009). Why face-to-face business meetings matter, White Paper for the Hilton Group, *https://www.vdr-service.de/fileadmin/der-verband/fachthemen/studien/hilton_WhyFace-to-FaceBusinessMeetingsMatter_2009.pdf*, abgerufen am 21.05.2017.

Avolio, B. J. und Bass, B. M. (1991). The Full Range Leadership Development Programs: Basic and Advanced Manuals, Binghamton, NY: Bass, Avolio & Associates.

Avolio, B. J. und Bass, B. M. (2002). Developing Potential across a Full Range of Leadership, Mahwah, NJ: Lawrence Erlbaum Associates.

Banerji, P. und Krishnan, V. R. (2000). Ethical Preferences of Transformational Leaders: An Empirical Investigation, Leadership and Organization Development Journal, 21(8): 405–413.

Barney, J. B. (1986). Organizational Culture: Can it be a Source of Sustained Competitive Advantage?, Academy of Management Review, 11(3): 656–665.

Bar-On, R. M. (1997). The Emotional Quotient Inventory (EQ-i): A Test of Emotional Intelligence, Toronto: Multi-Health Systems.

Bar-On, R. M. (2006). The Bar-On Model of Emotional-Social Intelligence (ESI), Psicothema, 18(1): 13–25.

Baron-Cohen, S. und Wheelwright, S. (2004). The Empathy Quotient: An Investigation Of Adults With Asperger Syndrome Or High Functioning Autism und Normal Sex Differences, Journal of Autism and Developmental Disorders, 34(2): 163–175.

Bartels, M., Rietveld, M. J., Van Baal, G. C. und Boomsma, D. I. (2002). Heritability of Educational Achievement in 12-Year-Olds and the Overlap with Cognitive Ability, Twin Research and Human Genetics, 5(06): 544–553.

Bass, B. M. (1985). Leadership and Performance beyond Expectations, New York: Free Press.

Bass, B. M. und Stogdill, R. M. (1990). Bass & Stogdill's Handbook of Leadership: Theory, Research und Managerial Applications, 3. Ed., New York: Free Press.

Beardslee, W. (1989). The Role of Self-Understanding in Resilient Individuals: The Development of a Perspective, American Journal of Orthopsychiatry, 59: 266–278.

Belbin, R. M. (2012). Team Roles at Work, New York: Routledge.

Bennis, W. und Nanus, B. (1985). Leadership: The Strategies for Taking Charge, New York: Harper & Row.

Benyamin, B., Wilson, V., Whalley, L. J., Visscher, P. M., & Deary, I. J. (2005). Large, Consistent Estimates of the Heritability of Cognitive Ability in Two Entire Populations of 11-Year-Old Twins from Scottish Mental Surveys of 1932 and 1947, Behavior Genetics, 35(5): 525–534.

Black, A. M. und Earnest, G. W. (2009). Measuring the Outcomes of Leadership Development Programs, Journal of Leadership & Organizational Studies, 16(2): 184–196.

Blake, R. und Mouton, J. (1964). The Managerial Grid: The Key to Leadership Excellence, Houston: Gulf Publishing.

Bobic, M. P. und Davis, W. E. (2003). A Kind Word for Theory X: Or Why so Many Newfangled Management Techniques Quickly Fail, Journal of Public Administration Research and Theory, 13(3): 239–264.

Bond, M. H. und Pang, M. K. (1991). Trusting to the Tao: Chinese Values and the Re-centering of Psychology, Bulletin of the Hong Kong Psychological Society, 26–27: 5–27.

Bouchard, T. J. und McGue, M. (2003). Genetic and Environmental Influences on Human Psychological Differences, Journal of Neurobiology 54(1): 4–45.

Brentano, L. (1908). Versuch einer Theorie der Bedürfnisse, Sitzungsberichte der Königlich Bayerischen Akademie der Wissenschaften, Philosophisch-Philologische und Historische Klasse, Vol. 10.

Briley, D. A. und Tucker-Drob, E. M. (2013). Explaining the Increasing Heritability of Cognitive Ability Across Development: A Meta-Analysis of Longitudinal Twin and Adoption Studies, Psychological Science, 24(9): 1704–1713.

Brodbeck, F. S. und Frese, M. (2007). Societal Culture and Leadership in Germany, in: Chhokar, J. S., Brodbeck, F. C. und House, R. J. (Eds.), Culture and Leadership Across the World: The GLOBE Book of In-Depth Studies of 25 Societies, New York, NY: Lawrence Erlbaum Associates, 147–214.

Browaeys, M. J. und Price, R. (2019). Understanding Cross–Cultural Management, 4. Auflage, Essex: Pearson.

Brown, P. und Levinson, S. C. (1978). Universals in Language Usage: Politeness Phenomena, in: Goody, E. (Ed.), Questions and Politeness: Strategies in Social Interaction, Cambridge: Cambridge University Press, 56–310.

Burns, J. M. (1978). Leadership, New York: Harper & Row.

Caplan, G. (1990). Loss, Stress und Mental Health, Community Mental Health Journal, 26: 27–48.

Cardon, P. und Scott, J. C. (2003). Chinese Business Face: Communication Behaviors and Teaching Approaches, Business Communication Quarterly, 66: 9–22.

Carlyle, T. (1841). On Heroes, Hero-Worship und The Heroic in History, London: James Frasier.

Carnegie, D. (1936). How to Win Friends and Influence People, New York: Simon and Schuster.

Carr, M. (1992). Chinese „Face" in Japanese and English (Part 1), Review of Liberal Arts, 84: 39–77.

Carr, M. (1993). Chinese „Face" in Japanese and English (Part 2), Review of Liberal Arts, 85: 69–101.

Carroll, G. (1984). Dynamics of Publisher Succession in Newspaper Organizations, Administrative Science Quarterly, 29: 93–113.

Cattell, R. B. (1946). The Description and Measurement of Personality, New York: World Book.

Chhokar, J. S., Brodbeck, F. C. und House, R. J. (Eds.) (2007). Culture and Leadership Across the World: The GLOBE Book of In-Depth Studies of 25 Societies, New York, NY: Lawrence Erlbaum Associates.

Cialdini, R. (1984). Influence: The Psychology of Persuasion, New York: William Morrow & Co.

Clark, D. (1998). Leadership Style Survey, *http://www.nwlink.com/~donclark/leader/survstyl.html*, abgerufen am 05.08.2017.

Cohen, S. und Wills, T. A. (1985). Stress, Social Support und the Buffering Hypothesis, Psychological Bulletin, 98(2): 310–357.

Cohen, W. A. (1998). Business is not War, but Leadership is Leadership, Business Forum, 23(3/4): 10–14.

Collins, D. B. (2001). Organizational Performance: The Future Focus of Leadership Development Programs, Journal of Leadership Studies, 7(4): 43–54.

Collins, D. B. und Holton, E. F. (2004). The Effectiveness of Managerial Leadership Development Programs: A Meta Analysis of Studies from 1982 to 2001, Human Resource Development Quarterly, 15(2): 217–248.

Cotton, K. (1992). Developing Empathy in Children and Youth, Portland: Northwest Regional Educational Laboratory.

Cowley, W H. (1931). The Traits of Face-to-Face Leaders, Journal of Abnormal & Social Psychology. 26(3): 304–313.

Credit Suisse (2016). The Business Plan: A Must for Business Success, 2016 ed., Zurich: Books on Demand.

Daniels, J., Radebaugh, L. und Sullivan, D. (2009). International Business: Environment and Operations, 12th ed., Upper Saddle River, NJ: Prentice Hall.

Davis, J., Millburn, P., Murphy, T. und Woodhouse, M. (1992). Successful Team Building: How to Create Teams that Really Work, London: Kogan Page.

Day, D. V. und Halpin, S. M. (2001). Leadership Development: A Review of Industry Best Practices, U.S. Army Technical Report 1111, *http://www.au.af.mil/au/awc/awcgate/army/ tr1111.pdf*, abgerufen am 26.11.2015.

De Dreu, C. K. und Weingart, L. R. (2003). Task Versus Relationship Conflict, Team Performance und Team Member Satisfaction: A Meta-Analysis, Journal of Applied Psychology, 88(4): 741–749.

De Hoogh, A. H. und Den Hartog, D. N. (2008). Ethical and Despotic Leadership, Relationships with Leader‘s Social Responsibility, Top Management Team Effectiveness and Subordinates‘ Optimism: A Multi-Method Study, The Leadership Quarterly, 19(3): 297–311.

Den Hartog, D. N., House, R. J., Hanges, P. J., Ruiz-Quintanilla, S. A., Dorfman und 140 other contributors (1999). Culture Specific and Cross-Culturally Generalizable Implicit Leadership Theories: Are Attributes of Charismatic/Transformational Leadership Universally Endorsed? Leadership Quarterly, 10(2): 219–256.

Deresky, H. (2003). International Management, 4th ed., Upper Saddle River, NJ: Prentice Hall.

Dickson, E. (2007). On the (In)Effectiveness of Collective Punishment: An Experimental Investigation, NYU Working paper, *http://www.nyu.edu/gsas/dept/politics/faculty/dickson/dickson_collectivepunishment.pdf*, abgerufen am 21.07.2017.

Dorian, D., McCutcheon, A., Evans, M., MacMillan, K., McGillis, L., Pringle, D., Smith, S. und Valente, A. (2004). Impact of Manager‘s Span on Leadership and Control, Canadian Health Services Research Foundation.

Drucker, P. (2004). What Makes an Effective Executive, Harvard Business Review, 82(6): 58–36.

EFQM (2012). An Overview of the EFQM Excellence Model, Bruxelles: EFQM.

Elfering, A., Grebner, S., Semmer, N. K. und Kaiser-Freiburghaus, D. (2005). Chronic Job Stressors and Job Control: Effects on Event-Related Coping Success and Well-Being, Journal of Occupational and Organizational Psychology, 78: 237–252.

Elsayed-Elkhouly, S. M. und Lazarus, H. (1997). Why is a third of your time wasted in meetings?, Journal of Management Development, 16(9): 672–676.

Fiedler, F. E. (1967). A Theory of Leadership Effectiveness, New York: McGraw-Hill.

Fiedler, F. E., und Garcia, J. E. (1987). New Approaches to Effective Leadership: Cognitive Resources and Organizational Performance, New York: Wiley.

Fiedler, F. E. Chemers, M. M. und Mahar, L. (1976). Improving Leadership Effectiveness: The Leader Match Concept, New York: Wiley.

Finkel, D. und McGue, M. (1993). The Origins of Individual Differences in Memory Among the Elderly: A Behavior Genetic Analysis, Psychology and Aging, 8: 527–537.

Fisher, S. G., Hunter, T. A. und Macrosson, W. D. K. (1998). The Structure of Belbin's Team Roles, Journal of Occupational and Organizational Psychology, 71(3): 283–288.

Fleishman, E. A. (1953). The Description of Supervisory Behavior, Journal of Applied Psychology, 37(1), 1.

Frederick, H., Mausner, B. und Snyderman, B. (1959). The Motivation to Work, New York: Wiley.

French, J. and Raven, B. (1959). The Bases of Social Power, in: Studies in Social Power, D. Cartwright (ed.), Ann Arbor: Institute for Social Research, 150–167.

Frey, D. (2016). Einführung: Über die Wichtigkeit von Werten im täglichen Miteinander, in: Frey, D. (Hrsg.), Psychologie der Werte, Berlin: Springer.

Friedman, S. D. und Singh, H. (1989). CEO Succession and Stockholder Reaction: The Influence of Organizational Context and Event Content, Academy of Management Journal, 32/4: 718–744.

Friend, M. und Cook, L. (1992). Interactions: Collaboration Skills for School Professionals, New York: Longman.

Frost, P. J., Moore, L. F., Louis, M. R. E., Lundberg, C. C. und Martin, J. E. (1985). Organizational Culture, New York: Sage.

Galton, F. (1869). Hereditary Genius. New York: Appleton.

Gardner, H. (1983). Frames of Mind, New York: Basic Books.

Goldratt, E. M. (1997). Critical Chain, Great Barrington: North River Press.

Goleman, D. (1995). Emotional Intelligence, New York: Bantam Books.

Goleman, D. (1998). Working with Emotional Intelligence, New York: Bantam Books.

Goleman, D. (2000). Leadership that Gets Results, Harvard Business Review, March/April: 82–83.

Goleman, D., Boyatzis, R. und McKee, A. (2002). Primal Leadership: Realizing the Power of Emotional Intelligence, Boston: Harvard Business School Press.

Goman, C. K. (2002). Five Reasons People Don't Tell What They Know, Knowledge Management CRM Magazine, February.

Greenleaf, R. K. (1970). The Servant as Leader, Cambridge, MA: Center for Applied Studies.

Greenleaf, R. K. (2002). Servant Leadership: A Journey into the Nature of Legitimate Power and Greatness, 25th Anniversary Ed., New York: Paulist Press.

Grigorenko, E. L., LaBuda, M. C. und Carter, A. S. (1992). Similarity in General Cognitive Ability, Creativity und Cognitive Style in a Sample of Adolescent Russian Twins, Acta Geneticae Medicae et Gemellologiae: Twin Research, 41(01): 65–72.

Grusky, O. (1963). Managerial Succession and Organizational Effectiveness, American Journal of Sociology, 69: 21–30.

Halcomb, K. A. (2005). Smoke-Free Nurses: Leading by Example, Workplace Health & Safety, 53(5): 209–212.

Hall, E. T. (1959). The Silent Language, New York: Doubleday.

Hall, E. T. (1966). The Hidden Dimension, New York: Doubleday.

Hall, E. T. (1976). Beyond Culture, New York: Doubleday.

Hamid, P. N. (1994). Self-Monitoring, Locus of Control und Social Encounters of Chinese and New Zealand Students, Journal of Cross-Cultural Psychology, 25: 353–68.

Hanges, P. J. und Dickson, M. W. (2004). The Development and Validation of the GLOBE Culture and Leadership Scales, in: House, R. J., Hanges, P. J. und Javidan, M. (Eds.), Culture, Leadership und Organizations: The GLOBE Study of 62 Societies, New York: Sage, 122–151.

Hanges, P. J., House, R. J., Ruiz-Quintanilla, S. A., Dickson, M. W. und 170 co-authors (1999). The Development and Validation of Scales to Measure Societal and Organizational Culture, Leadership Quarterly, 10(2): 291–256.

Hartog, D. N., Muijen, J. J. und Koopman, P. L. (1997). Transactional versus Transformational Leadership: An Analysis of the MLQ, Journal of Occupational and Organizational Psychology, 70(1): 19–34.

Hemingway, M. A. und Smith, C. S. (1999). Organizational Climate and Occupational Stressors as Predictors of Withdrawal Behaviours and Injuries in Nurses, Journal of Occupational and Organizational Psychology; 72: 285–299.

Hersey, P. und Blanchard, K. H. (1969). Management of Organizational Behavior – Utilizing Human Resources, New Jersey: Prentice Hall.

Herzberg, F. (1964). The Motivation-Hygiene Concept and Problems of Manpower, Personnel Administrator, 27(1): 3–7.

Herzberg, F. (1968). One More Time: How Do You Motivate Employees, Harvard Business Review, January: 46–57.

Hill, C. W. L. (2002). International Business: Competing in the Global Market Place, 3rd ed., New York: McGraw-Hill.

Hirschhorn, L. (1983). Managing Rumors, in: Hirschhorn, L. (ed.), Cutting Back, San Francisco: Jossey–Bass, 54–56.

Hofstede, G. (1980). Culture‘s Consequences, Beverly Hills, CA: Sage Publications.

Hofstede, G. (2001). Culture's Consequences: International Differences in Work-Related Values, 2nd ed., Beverly Hills, CA: Sage Publications.

Hofstede, G., Hofstede, G. J. und Minkov, M. (2010). Cultures and Organizations: Software of the Mind, New York: McGraw-Hill.

Hogan, R., Curphy, G. J. und Hogan, J. (1994). What We Know About Leadership: Effectiveness and Personality, American Psychologist, 49: 493–504.

Holt, R. (1982). Occupational Stress, in: Goldberger, L. und Breznitz, S. (Eds.), Handbook of Stress: Theoretical and Clinical Aspects, New York: Free Press, 419–444.

House, R. J. (1971). A Path-Goal Theory of Leader Effectiveness, Administrative Science Quarterly, 16: 321–339.

House, R. J., Dorfman, P. W., Javidan, M., Hanges, P. J., Sully de Luque, M. F. (2014). Strategic Leadership Across Cultures: The GLOBE Study of CEO Leadership Behavior and Effectiveness in 24 Countries, Thousand Oaks, Ca: Sage.

House, R. J., Hanges, P. J. und Javidan, M. (Eds.) (2004). Culture, Leadership und Organizations: The GLOBE Study of 62 Societies, New York: Sage.

Huntington, S. P. (1993). The Clash of Civilizations?, Foreign Affairs, 22–49.

Huntington, S. P. (1997). The Clash of Civilizations and the Remaking of World Order, New York: Penguin.

Ilies, R., Morgeson, F. P. und Nahrgang, J. D. (2005). Authentic Leadership and Eudaemonic Well-being: Understanding Leader-Follower Outcomes, Leadership Quarterly, 16(3): 373–394.

Inglehart, R. (1997). Modernization and Postmodernization: Cultural, Economic and Political Change in 43 Societies, Princeton, NJ: Princeton University Press.

Inglehart, R. und Baker, W. E. (2000). Modernization, Cultural Change und The Persistence of Traditional Values, American Sociological Review, 65(1): 19–51.

Inglehart, R., Haerpfer, C., Moreno, A., Welzel, C., Kizilova, K. Diez-Medrano, J., Lagos, M., Norris, P., Ponarin, E., Puranen, B. und weitere (Hrsg.) (2014). World Values Survey: Round Six – Country-Pooled Datafile, *http://www.worldvaluessurvey.org/WVSDocumentationWV6.jsp*, abgerufen am 22.06.2019.

Ionel, S. (2011). Explicit Teaching of the Pragmatic Concept of Face, Youth on the Move – Teaching Languages for International Study and Career-Building, Bucarest, May 13–14, Conference Proceedings.

Johnson, G. (1992). Managing Strategic Change – Strategy, Culture and Action, Long Range Planning, 25(1): 28–36.

Judge, T. A. und Piccolo, R. F. (2004). Transformational and Transactional Leadership: A Meta-Analytic Test of their Relative Validity, Journal of Applied Psychology, 89(5): 755.

Judge, T. A., Bono, J. E., Ilies, R. und Gerhardt, M. W. (2002). Personality and Leadership: A Qualitative and Quantitative Review, Journal of Applied Psychology, 87(4): 765–780.

Judge, T. A., Locke, E. A. und Durham, C. C. (1997). The Dispositional Causes of Job Satisfaction: A Core Evaluations Approach, Research in Organizational Behavior, 19: 151–188.

Jung, C. G. (1921). Psychologische Typen, Zürich: Rascher.

Kealey, D. J., Protheroe, D. R., MacDonald, D. und Vulpe, T. (2006). International Projects: Some Lessons on Avoiding Failure and Maximizing Success, Performance Improvement, 45(3): 38–46.

Kemp, C. F., Zaccaro, S. J., Jordan, M. und Flippo, S. (2004). Cognitive, Social und Dispositional Influences on Leader Adaptability, poster presented at the 19th Annual Meeting of the Society for Industrial and Organizational Psychology in Chicago.

Kenny, D. A. und Zaccaro, S. J. (1983). An Estimate of Variance due to Traits in Leadership, Journal of Applied Psychology, 68(4), 678–685.

Kirchner, M. J. und Akdere, M. (2014). Leadership Development Programs: An Integrated Review Of Literature, The Journal of Knowledge Economy & Knowledge Management, 9: 137–146.

Kirkpatrick, S. A. und Locke, E. A. (1991). Leadership: Do Traits Matter?, Academy of Management Executive, 5, 48–60.

Klimecki, O. M., Leiberg, S., Ricard, M. und Singer, T. (2014). Differential Pattern of Functional Brain Plasticity after Compassion and Empathy Training, Social Cognitive and Affective Neuroscience, 9(6): 873–879.

Kluckhohn, F. R. und Strodtbeck, F. L. (1961). Variations in Value Orientations, Evanston, IL: Row, Peterson.

Kogut, B. und Singh, H. (1988). The Effect Of National Culture On The Choice Of Entry Mode. Journal of International Business Studies, 19(3): 411.

Kopelman, R. E., Prottas, D. J. und Falk, D. W. (2010). Construct Validation of a Theory X/Y Behavior Scale, Leadership & Organization Development Journal, 31(2): 120–135.

Kossiakoff, A., Sweet, W. N., Seymour, S. J. und Biemer, S. M. (2011). Systems Engineering Principles And Practice, 2nd ed., Hoboken: Wiley.

Kouzes, J. M. und Posner, B. Z. (1987). The Leadership Challenge, Hoboken, NJ: Wiley.

Lawter, L., Kopelman, R. E. und Prottas, D. J. (2015). McGregor‘s Theory X/Y and Job Performance: A Multilevel, Multi-source Analysis, Journal of Managerial Issues, 27(1–4): 84–101.

Layous, K. und Lyubomirsky, S. (2014). The How, Who, What, When und Why of Happiness: Mechanisms Underlying the Success of Positive Interventions, in: Gruber, J. und Moscowitz, J. (Eds.), Positive Emotion: Integrating the Light Sides and Dark Sides. New York: Oxford University Press, 473–495.

Leung, T. K. und Chen, R. (2001). Face, Favor and Positioning – A Chinese Power Game, European Journal of Marketing, 37: 1575–1598.

Lewin, K. (1939). Field Theory and Experiment in Social Psychology, American Journal of Sociology, 44(6): 868–896.

Lewin, K., Lippitt, R. und White, R. K. (1939). Patterns of aggressive behavior in experimentally created social climates, Journal of Social Psychology, 10, 271–301.

Lewis, R. D. (1996). When Cultures Collide: Leading across Cultures, London: Nicholas Brealey International.

Lewis, R. D. (2006). When Cultures Collide: Leading across Cultures, 3rd ed., London: Nicholas Brealey International.

Liang, P. J., Rajan, M. V. und Ray, K. (2008). Optimal Team Size and Monitoring in Organizations, Accounting Review, 83(3): 789–822.

Liddel Hart, B. H. (1967). Strategy, 2nd ed., London: Faber & Faber Ltd.

Lieberson, S. und O‘Connor, J. F. (1972). Leadership and Organizational Performance: A Study of Large Corporations, American Sociological Review, 37: 117–130.

Lientz, B. P. und Rea, K. P. (2003). International Project Management, San Diego: Academic Press.

Locke, E. A. (1976). The Nature and Causes of Job Satisfaction, in: Dunnette, M. D. (ed.), Handbook of Industrial and Organizational Psychology, Chicago: Rand McNally, 1297–1349.

Lord, R. G., De Vader, C. L. und Alliger, G. M. (1986). A Meta-Analysis of the Relation between personality Traits and Leadership Perceptions: An Application of Validity Generalization Procedures, Journal of Applied Psychology, 71: 402–410.

Luft, J. und Ingham, H. (1950). The Johari Window: A Graphic Model of Interpersonal Awareness, Proceedings of the Western Training Laboratory in Group Development.

Luthans, F., Avolio, B. J., Walumbwa, F. und Li, W. (2005). The Psychological Capital of Chinese Workers: Exploring the Relationship with Performance, Management and Organization Review, 1: 249–271.

Lyubomirsky, S. (2008). The How of Happiness: A New Approach to Getting the Life you Want, New York: Penguin.

Lyubomirsky, S., Sheldon, K. M. und Schkade, D. (2005). Pursuing Happiness: The Architecture of Sustainable Change, Review of General Psychology, 9(2): 111.

Madsen, M. T. (2001). Leadership and Management Theories Revisited, DDL Working Paper 4.

Maier, N. R. F. (1963). Problem-Solving Discussions and Conferences: Leadership Methods and Skills, New York: McGraw-Hill.

Maslow, A. H. (1943). A Theory of Human Motivation, Psychological Review, 50(4): 370–396.

Mathur, A. (2019). Organizational Culture – What Why How: A Quick Primer for Practicing Managers, Chennai: Notion Press.

Mayer, J. D. und Geher, G. (1996). Emotional Intelligence and the Identification of Emotion, Intelligence, 22: 89–113.

McCauley, C. D. und Hughes-James, M. (1994). An Evaluation of the Outcomes of a Leadership Development Program, Greensboro: NC: Center for Creative Leadership.

McClearn, G. E., Johansson, B., Berg, S., Pedersen, N. L., Ahern, F., Petrill, S. A. und Plomin, R. (1997). Substantial Genetic Influence on Cognitive Abilities in Twins 80 or More Years Old, Science, 276(5318): 1560–1563.

McGregor, D. M. (1960). The Human Side of Enterprise, New York: McGraw-Hill.

McKee, R. und Carlson, B. (1999). The Power to Change, Austin, TX: Grid International Inc.

Minkov, M. (2007). What Makes us Different and Similar: A New Interpretation of the World Values and Other Cross-Cultural Data, Sofia: Klasika y Stil.

Murphy, M. J., Cowan, R. L. und Sederer, L. I. (2009). Blueprints Psychiatry, Baltimore: Wolters Kluwer.

Nelke, M. (2012). Strategic Business Development for Information Centers and Libraries, Oxford: Chandos.

Nicholson, N. (2003). How to Motivate Your Problem People, Harvard Business Review, January.

Nietzsche, F. (1883). Also sprach Zarathustra, Band 1. Chemnitz: Schmeitzner.

Nietzsche, F. (1883). Also sprach Zarathustra, Band 2. Chemnitz: Schmeitzner.

Nietzsche, F. (1884). Also sprach Zarathustra, Band 3. Chemnitz: Schmeitzner.

Nietzsche, F. (1891). Also sprach Zarathustra, Band 4. Leipzig: Naumann.

Ong, A. D., Bergeman, C. S., Bisconti, T. L. und Wallace, K. A. (2006). Psychological Resilience, Positive Emotions und Successful Adaptation to Stress in Later Life, Journal of Personality and Social Psychology, 2006, 91(4): 730–749.

Osborne, A. F. (1948). Your Creative Power, New York: Scribner.

O'Shea, P. G., Foti, R. J., Hauenstein, N. M. und Bycio, P. (2009). Are the Best Leaders Both Transformational and Transactional? A Pattern-oriented Analysis, Leadership, 5(2): 237–259.

Pantović-Stefanović, M., Dunjić-Kostić, B., Gligorić, M., Lačković, M., Damjanović, A. und Ivković, M. (2015). Empathy Predicting Career Choice in Future Physicians, Engrami-časopis za kliničku psihijatriju, psihologiju i granične discipline, 37(1): 37–48.

Parry, K. W. und Proctor-Thomson, S. B. (2002). Perceived Integrity of Transformational Leaders in Organisational Settings, Journal of Business Ethics, 35(2): 75–96.

Peterson, S. J., Walumbwa, F. O., Byron, K., Myrowitz, J. (2008). CEO Positive Psychological Traits, Transformational Leadership und Firm Performance in High-Technology Start-ups and Established Firms, Journal of Management, 20(4): 1–21.

Podsakoff, P. M., Todor, W. M. und Skov, R. (1982). Effects of Leader Contingent and Non-contingent Reward and Punishment Behaviors on Subordinate Performance and Satisfaction, Academy of Management Journal, 25(4): 810–821.

Potters, J., Sefton, M. und Vesterlund, L. (2007). Leading-by-Example and Signaling in Voluntary Contribution Games: An Experimental Study, Economic Theory, 33(1): 169–182.

Punnett, B. J. und Withane, S. (1990). Hofstede's Value Survey Module: To Embrace or Abandon? That is the Question, in: Prasad, S. B. (ed.), Advances in International Comparative Management, 5, Greenwich, CT: JAI Press.

Raven, B. H. (1965). Social Influence and Power, in: Steiner, I. D. und Fishbein, M. (Hrsg.), Current Studies in Social Psychology, New York: Holt, Rinehart, Winston, 371–382.

Rich, G. A. (1997). The Sales Manager as a Role Model: Effects on Trust, Job Satisfaction und Performance of Salespeople, Journal of the Academy of Marketing Science, 25(4): 319–328.

Roberts, B., Wood, D. und Caspi, A. (2010). The Development of Personality Traits in Adulthood, in: John, O, Robins, R. und Pervi, L. (Eds.), Handbook of Personality: Theory and Research, 3rd ed., New York: Guilford Press, 375–398.

Rohrbach, B. (1969). Kreativ nach Regen-Methode 635, eine neue Technik zur Lösung von Problemen. Absatzwirtschaft, 12: 73–75.

Rokeach, M. (1979). Understanding Human Values: Individual and Societal, New York: Free Press.

Rooke, D. und Torbert, W. R. (2005). Seven Tranformations of Leadership, Harvard Business Review, April: 66–67.

Rost, J. C. (1993). Leadership for the Twenty-First Century, Westport, CT: Greenwood.

Rotter, J. (1966). Generalized Expectancies for Internal versus External Control of Reinforcement, Psychological Monographs: General & Applied, 80(1): 1–28.

Rowland, K. M. und Gardner, D. M. (1973). The Uses Of Business Gaming In Education And Laboratory Research, Decision Sciences, 4(2): 268–283.

Şahin, F. (2012). The Mediating Effect of Leader-Member Exchange on the Relationship Between Theory X and Y Management Styles and Affective Commitment: A Multilevel Analysis, Journal of Management & Organization, 18(2): 159–174.

Salancik, G. und Pfeffer, J. (1977). Constraints on Administrative Discretion: The Limited Influence of Mayors on City Budgets, Urban Affairs Quarterly, 12/4: 473–496.

Samuels, J., Nestadt, G., Bienvenu, O. J., Costa, P. T., Riddle, M. A., Liang, K. Y. und Cullen, B. A. (2000). Personality Disorders and Normal Personality Dimensions in Obsessive-Compulsive Disorder, British Journal of Psychiatry, 177(5): 457–462.

SBA (o.J.). Write Your Business Plan, *https://www.sba.gov/starting–business/write–your–business–plan*, abgerufen am 31.03.2017.

Schein, Edgar H. (1980): Organizational Psychology, Englewood Cliffs, NJ: Prentice-Hall Inc.

Schraeder, M., Tears, R. S. und Jordan, M. H. (2005). Organizational Culture in Public Sector Organizations: Promoting Change through Training and Leading by Example, Leadership & Organization Development Journal, 26(6): 492–502.

Schüz, M. (2016). Angewandte Unternehmensethik: Grundlagen für Studium und Praxis, Hallbergmoos: Pearson.

Schwartz, S. H. (1992). Universals in the Content and Structure of Values: Theoretical Advances und Empirical Tests in 20 Countries, Advances in Experimental Social Psychology, 25: 1–65.

Schwartz, S. H. (2006). A Theory of Cultural Value Orientations: Explication And Applications, Comparative Sociology, 5(2): 137–182.

Schwartz, S. H. (2008). Cultural Value Orientations: Nature and Implications of National Differences, Moscow: SU HSE.

Scouller, J. (2011). The Three Levels of Leadership: How to Develop Your Leadership Presence, Knowhow and Skill. Cirencester: Management Books 2000.

Seelhofer, D. (2007). New Brooms: the Antecedents and Effects of Foreign CEO Succession, Merenschwand: Edubook.

Seelhofer, D. (2011). The Contingent Importance of Leadership, SML Working Paper.

Seelhofer, D. (2017). Interpersonal Leadership: An Applied Guide, Zurich: OGMA.

Seelhofer, D. und Valeri, G. (2017). The Interplay Between Leadership and Team Performance: An Empirical Investigation of Effective Leader Traits and Behaviours in a Major Swiss HR Consulting Firm, Central European Business Review, March.

Seligman, M. (1998). Learned Optimism, New York: Pocket Books.

Shell liveWIRE (2015). Contents of a Business Plan, *http://www.shell–livewire.org/business-library/business-plans/business-plan-contents*, abgerufen am 31.03.2017.

Sickafus, E. (1997). Unified structured inventive thinking: How to invent, Grosse Ile, MI: Ntelleck.

Simonton, D. K. (1985). Intelligence and Personal Influence in Groups: Four Nonlinear Models, Psychological Review, 92(4): 532–547.

Snow, B. R. (1982). Safety Hazards as Occupational Stressors: A Neglected Issue, Occupational Health Nursing; 30(10): 38–42.

Spears, L. (2010). Character and Servant Leadership: Ten Characteristics of Effective, Caring Leaders, Journal of Virtues & Leadership, 1(1): 25–30.

Spreng, R. N., McKinnon, M. C., Mar, R. A. und Levine, B. (2009). The Toronto Empathy Questionnaire: Scale Development and Initial Validation of a Factor-Analytic Solution to Multiple Empathy Measures, Journal of Personality Assessment, 91(1): 62–71.

Stepien, K. A. und Baernstein, A. (2006). Educating for Empathy, Journal of General Internal Medicine, 21(5): 524–530.

Stogdill, R. M. (1948). Personal Factors Associated with Leadership: A Survey of the Literature, Journal of Psychology, 25, 35–71.

Swiss Army (2004). Operative Führung XXI, Bern: Schweizerische Eidgenossenschaft.

Tahir, K. H. K. und Iraqi, K. M. (2018). Employee Performance and Retention: A Comparative Analysis of Theory X, Y and Maslow‘s Theory, Journal of Management Sciences, 5(1): 100–110.

Tannenbaum, R. und Schmidt, W. H. (1958). How to Choose a Leadership Pattern, Harvard Business Review, 36: 95–102.

Thompson, J. D. (1967). Organizations in Action, New York: McGraw-Hill.

Thorndike, E. L. (1920). Intelligence and Its Uses, Harper’s Magazine, 140: 227–235.

Ting-Toomey, S. (1988). Intercultural Conflict Styles: A Face Negotiation Theory, in: Kim, Y. und Gudykunst, B. (Eds.), Theories in Intercultural Communication, Newbury Park, CA: Sage, 213–238.

Totan, T., Doğan, T. und Sapmaz, F. (2012). The Toronto Empathy Questionnaire: Evaluation of Psychometric Properties Among Turkish University Students, Egit Arast, 12: 179–98.

Tracey, J. B. und Hinkin, T. R. (1998). Transformational Leadership or Effective Managerial Practices?, Group & Organization Management, 23(3): 220–236.

Trompenaars, F. und Hampden-Turner, C. (1997). Riding the Waves of Culture: Understanding Diversity in Global Business, New York: McGraw-Hill.

Tuckman, B. W. (1965). Developmental Sequence in Small Groups, Psychological Bulletin, 63(6): 384–399.

Tuckman, B. W. und Jensen, M. A. (1977). Stages of Small-Group Development Revisited, Group & Organization Management, 2(4): 419–427.

Tugade, M. M., Fredrickson, B. L. und Feldman Barret, L. (2004). Psychological Resilience and Positive Emotional Granularity: Examining the Benefits of Positive Emotions on Coping and Health, Journal of Personality, 72(6): 1161–1190.

Tupes, E. C. und Christal, R. E. (1992). Recurrent Personality Factors Based on Trait Ratings, Journal of Personality, 60(2): 225–251.

U.S. Army (2006). FM 6–22, Army Leadership (Competent, Confident and Agile), October.

Upton, S. (1906). The Jungle, New York: Doubleday, Jabber & Company.

Van Dick, R. und West, M. A. (2018). Teamwork, Teamdiagnose, Teamentwicklung, 2. Auflage, Göttingen: Hogrefe, 23.

Vroom, V. H. und Jago, A. (1988). The New Leadership: Managing Participation in Organizations, Upper Saddle River, NJ: Prentice-Hall.

Vroom, V. H. und Yetton, P. W. (1973). Leadership and Decision-Making, Pittsburgh, PA: University of Pittsburgh Press.

Wagnild, G. M. und Young, H. M. (1993). Development and Psychometric Evaluation of the Resilience Scale, Journal of Nursing Measurement, 1(2): 165–178.

Waldman, D. A., Balthazard, P. A. und Peterson, S. J. (2011). Leadership and Neuroscience: Can we Revolutionize the Way that Inspirational Leaders are Identified and Developed?, Academy of Management Perspectives, 25(1): 60–74.

Wang, X. und Walker, G. J. (2011). The Effect of Face on University Students‘ Leisure Travel: A Cross-Cultural Comparison, Journal of Leisure Research, 43(1): 133–147.

Wasserman, N., Nohria, N. und Anand, B. N. (2001). When Does Leadership Matter? The Contingent Opportunities View of CEO Leadership, Harvard Business School Working Paper, No. 01–063.

Way, K. A., Jimmieson, N. L. und Bordia, P. (2016). Shared Perceptions of Supervisor Conflict Management Style: A Cross-Level Moderator of Relationship Conflict and Employee Outcomes, International Journal of Conflict Management, 27(1): 25–49.

Wright, T. A. und Cropanzano, R. (2000). Psychological Well-Being and Job Satisfaction as Predictors of Job Performance, Journal of Occupational Health Psychology, 5(1): 84–94.

Yaffe, T., und Kark, R. (2011). Leading by Example: The Case of Leader OCB, Journal of Applied Psychology, 96(4): 806.

Yammarino, F. J., Dubinsky, A. J., Comer, L. B. und Jolson, M. A. (1997). Women and Transformational and Contingent Reward Leadership: A Multiple-Levels-of-Analysis Perspective, Academy of Management Journal, 40(1): 205–222.

Zaccaro, S. J., Kemp, C. und Bader, P. (2004). Leader Traits and Attributes, in: Antonakis, J., Cianciolo, A. T. und Sternberg, R. J. (Eds.), The Nature of Leadership, Thousand Oaks, CA: Sage, 101–124.

Zicarelli, R. (2000). The Military Advantage: Why Don‘t More Companies Seize It by Recruiting Veterans?, Across the Board, Jan/Feb: 20–26.

Index

F

G

H

I

J

K

S

T

U

V

W

Z